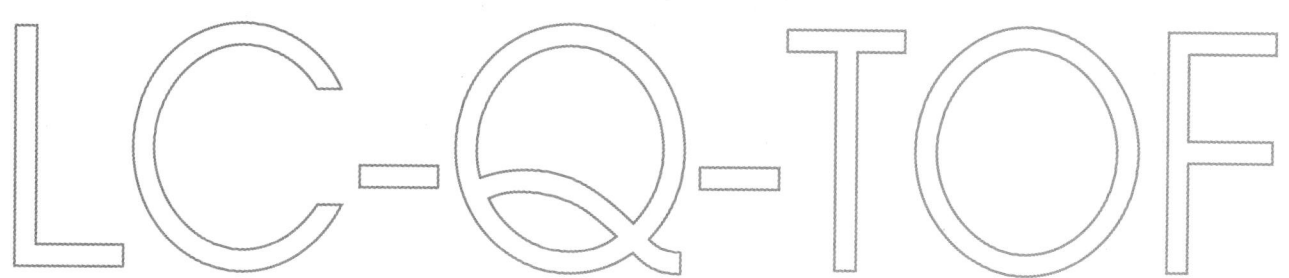

食品中危害物
液相色谱－四极杆－飞行时间质谱图集

非法添加物质

主　编　姜　洁
副主编　张丽华　吴燕涛　史海良

中国轻工业出版社

图书在版编目（CIP）数据

食品中危害物液相色谱-四极杆-飞行时间质谱图集：非法添加物质/姜洁主编.—北京：中国轻工业出版社，2022.7
ISBN 978-7-5184-3897-6

Ⅰ.①食… Ⅱ.①姜… Ⅲ.①食品污染—有害物质—色谱-质谱—图集 Ⅳ.①TS207.5-64

中国版本图书馆CIP数据核字（2022）第034672号

责任编辑：罗晓航　　责任终审：劳国强　　整体设计：锋尚设计
策划编辑：罗晓航　　责任校对：朱燕春　　责任监印：张　可

出版发行：中国轻工业出版社（北京东长安街6号，邮编：100740）
印　　刷：北京君升印刷有限公司
经　　销：各地新华书店
版　　次：2022年7月第1版第1次印刷
开　　本：889×1194　1/16　印张：17.5
字　　数：500千字
书　　号：ISBN 978-7-5184-3897-6　定价：180.00元
邮购电话：010-65241695
发行电话：010-85119835　传真：85113293
网　　址：http://www.chlip.com.cn
Email：club@chlip.com.cn
如发现图书残缺请与我社邮购联系调换
211607K1X101ZBW

本书编写人员

主　编 姜　洁
副主编 张丽华　吴燕涛　史海良
参编人员（以姓氏拼音排序）
　　　　　耿健强　郝　杰　李　龙　林　立　刘　琪　毛　婷
　　　　　穆同娜　邵瑞婷　史　娜　孙晓冬　王　浩　武艳如
　　　　　杨丽梅　于晓瑾　张　杉　赵　婷　赵文霞　周瑞泽

前　言

一饭膏粱，维系万家；肉鱼果蔬，关系大局。进入新时代，人民群众对食品更加敏感，对食品安全有着更高的期待和要求，保障食品安全尤为重要。

党中央明确提出实施食品安全战略，让人民吃得放心。但是我国食品安全工作仍面临不少困难和挑战，其中比较突出的就是食品中非法添加问题，人民群众反映强烈。而且，一旦食品中非法添加导致发生系统性、区域性重大食品安全风险，将造成极大经济损失和政治影响，风险隐患早发现、早处置具有重要意义。

北京市食品安全监控和风险评估中心姜洁博士带领"食品安全关键技术研发"国家重点专项"危害物高分辨质谱全谱识别技术与多级质谱数据库构建"课题技术团队，勇担首都食品安全技术保障职责使命，坚持人民至上、对标国际一流、强化科技创新，聚焦食品中非法添加这一重点风险，细致谋划，精益求精，锐意攻坚。历时5年，深入研究建立食品中非法添加物高分辨质谱全谱识别技术等硬核技术，并在食品安全风险监测和风险防控工作中深度运用，取得了突出实效，有效发挥食品安全风险识别筛查技术"火眼金睛"作用，有力防控食品安全风险，为确保人民群众舌尖上的安全，提升人民群众的获得感、幸福感、安全感，以及更好地服务党和国家工作全局提供坚实有力的科技支撑。

鸳鸯绣出度金针。姜洁博士带领课题团队深入总结研究成果，出版食品中131种非法添加物高分辨质谱图集，与广大食品安全技术保障工作者共享交流，以期共同提高。

编　者
2022年4月

目 录
（以中文名首字的汉语拼音排序）

第一部分　仪器分析参考条件 ··· 1

第二部分　化合物性质及图谱 ··· 3

 1　阿苯达唑（Albendazole） ··· 4

 2　阿罗洛尔（Arotinolol） ·· 6

 3　阿扑吗啡（Apomorphine） ·· 8

 4　阿普唑仑（Alprazolam） ··· 10

 5　阿替洛尔（Atenolol） ·· 12

 6　阿昔洛韦（Acyclovir） ··· 14

 7　阿扎哌隆（Azaperone） ·· 16

 8　艾地那非（Aildenafil） ··· 18

 9　艾司唑仑（Estazolam） ·· 20

 10　螺内酯（Spironolactone） ··· 22

 11　奥沙西泮（Oxazepam） ·· 24

 12　奥西那林（Orciprenaline） ·· 26

 13　班布特罗（Bambuterol） ··· 28

 14　倍他洛尔（Betaxolol） ··· 30

 15　苯丙酸诺龙（Nandrolone phenylpropionate） ······································· 32

 16　苯海拉明（Diphenhydramine） ·· 34

 17　苯甲酸雌二醇（Estradiol benzoate） ··· 36

 18　苯氧丙酚胺（Isoxsuprine） ·· 38

 19　苯乙醇胺A（Phenylethanolamine A） ··· 40

 20　比索洛尔（Bisoprolol） ·· 42

 21　吡布特罗（Pirbuterol） ··· 44

 22　表睾酮（Epitestosterone） ··· 46

 23　丙磺舒（Probenecid） ·· 48

 24　丙硫氧嘧啶（Propylthiouracil） ··· 50

25	丙卡特罗（Procaterol）	52
26	勃地酮（Boldenone）	54
27	布美他尼（Bumetanide）	56
28	醋酸甲地孕酮（Megestrol acetate）	58
29	醋酸氯地孕酮（Chlormadinone acetate）	60
30	醋酸美仑孕酮（Melengestrol acetate）	62
31	醋酸羟孕酮（Hydroxyprogesterone acetate）	64
32	地西泮（Diazepam）	66
33	蒂巴因（Thebaine）	68
34	丁丙诺啡（Buprenorphine）	70
35	多塞平（Doxepin）	72
36	伐地那非（Vardenafil）	74
37	芬氟拉明（Fenfluramine）	76
38	氟甲睾酮（Fluoxymesterone）	78
39	福莫特罗（Formoterol）	80
40	睾酮（Testosterone）	82
41	豪莫西地那非（Homo sildenafil）	84
42	红地那非（Acetildenafil）	86
43	灰黄霉素（Griseofulvin）	88
44	白霉素 A1（Leucomycin A1）	90
45	甲苯达唑（Mebendazole）	92
46	甲苯磺丁脲（Tolbutamide）	94
47	甲睾酮（Methyltestosterone）	96
48	甲基硫脲嘧啶（Methylthiouracil）	98
49	甲硫噻唑（Methimazole）	100
50	甲羟孕酮（Medroxyprogesterone）	102
51	咖啡因（Caffeine）	104
52	卡利普多（Carisoprodol）	106
53	卡马西平（Carbamazepine）	108

54 卡维地洛（Carvedilol） …… 110
55 可待因（Codeine） …… 112
56 可的松（Cortisone） …… 114
57 可尔特罗（Colterol） …… 116
58 克仑塞罗（Clencyclohexerol） …… 118
59 克仑潘特（Clenpenterol） …… 120
60 克仑特罗（Clenbuterol） …… 122
61 克仑西罗（Clenhexerol） …… 124
62 拉贝洛尔（Labetalol） …… 126
63 利多卡因（Lidocaine） …… 128
64 利福昔明（Rifaximin） …… 130
65 利托君（Ritodrine） …… 132
66 利血平（Reserpine） …… 134
67 硫代豪莫西地那非（Thiohomo sildenafil） …… 136
68 硫代西地那非（Thiosildenafil） …… 138
69 罗通定（Rotundine） …… 140
70 罗非昔布（Rofecoxib） …… 142
71 罗红霉素（Roxithromycin） …… 144
72 氯丙那林（Clorprenaline） …… 146
73 氯氮卓（Chlordiazepoxide） …… 148
74 氯安定（Clonazepam） …… 150
75 麻黄碱（Ephedrine） …… 152
76 马布特罗（Mabuterol） …… 154
77 马喷特罗（Mapenterol） …… 156
78 吗啡（Morphine） …… 158
79 美洛昔康（Meloxicam） …… 160
80 美托洛尔（Metoprolol） …… 162
81 美雄酮（Metandienone） …… 164
82 咪达唑仑（Midazolam） …… 166

#	名称	页码
83	米非司酮（Mifepristone）	168
84	那可丁（Noscapine）	170
85	那莫西地那非（Norneosildenafil）	172
86	纳多洛尔（Nadolol）	174
87	奈必洛尔（Nebivolol）	176
88	喷布特罗（Penbutolol）	178
89	齐帕特罗（Zilpaterol）	180
90	羟基豪莫西地那非（Hydroxyhomosildenafil）	182
91	羟甲基克仑特罗（Hydroxymethylclenbuterol）	184
92	曲安奈德（Triamcinolone acetonide）	186
93	曲马多（Tramadol）	188
94	去甲替林（Nortriptyline）	190
95	去氧苯巴比妥（Primidone）	192
96	去氧皮质酮（Desoxycorticosterone）	194
97	炔诺酮（Norethindrone）	196
98	炔诺孕酮（Norgestrel）	198
99	群勃龙（Trenbolone）	200
100	瑞普特罗（Reproterol）	202
101	瑞舒伐他汀（Rosuvastatin）	204
102	塞来昔布（Celecoxib）	206
103	赛庚啶（Cyproheptadine）	208
104	三唑仑（Triazolam）	210
105	沙丁胺醇（Salbutamol）	212
106	沙美特罗（Salmeterol）	214
107	舒巴坦匹酯（Sulbactam pivoxil）	216
108	司坦唑醇（Stanozolol）	218
109	索他洛尔（Sotalol）	220
110	他达那非（Tadalafil）	222
111	特布他林（Terbutaline）	224

- 112 妥布特罗（Tulobuterol） ... 226
- 113 维兰特罗（Vilanterol） ... 228
- 114 西布特罗（Cimbuterol） ... 230
- 115 西地那非（Sildenafil） ... 232
- 116 西马特罗（Cimaterol） ... 234
- 117 四烯雌酮（Altrenogest） ... 236
- 118 硝西泮（Nitrazepam） ... 238
- 119 雄烯二酮（Androstenedione） ... 240
- 120 溴布特罗（Brombuterol） ... 242
- 121 溴代克仑特罗（Bromchlorbuterol） ... 244
- 122 异克仑潘特（Clenisopenterol） ... 246
- 123 印楝素（Azadirachtin） ... 248
- 124 茚达特罗（Indacaterol） ... 250
- 125 罂粟碱（Papaverine） ... 252
- 126 右美沙芬（Dextromethorphan） ... 254
- 127 孕酮（Progesterone） ... 256
- 128 扎莱普隆（Zaleplon） ... 258
- 129 左炔诺孕酮（Levonorgestrel） ... 260
- 130 唑吡坦（Zolpidem） ... 262
- 131 N-去甲西地那非（N-Desmethyl sildenafil） ... 264

参考文献 ... 266

第一部分
仪器分析参考条件

本书对食品中 131 种非法添加危害物的高分辨质谱谱图进行了汇编。所列数据、谱图均通过本实验室对相应标准物质的采集获取。具体实验条件如下：

1. 仪器

超高效液相色谱 – 四极杆 – 飞行时间质谱仪（UPLC – Q – TOF）。

2. 液相色谱条件

液相色谱柱：ACQUITY UPLC BEH C18（2.1mm × 100mm，1.7μm）。

流速：0.45mL/min。

柱温：45℃。

流动相：A：1mol/L 乙酸铵溶液 10mL（pH 5.0）+ 990mL 水；

B：1mol/L 乙酸铵溶液 10mL（pH 5.0）+ 990mL 甲醇。

梯度洗脱条件：

时间/min	流动相 A/%	流动相 B/%
0	98	2
0.25	98	2
12.25	1	99
13.00	1	99
13.01	98	2
17.00	98	2

进样量：5μL。

进样温度：10℃。

3. 质谱条件

电喷雾离子源（ESI）；毛细管电压 3.0kV；离子源温度 120℃；萃取电压 4.0V；锥孔电压 20.0V；锥孔气流量 50L/h；脱溶剂气温度 550℃；脱溶剂气流 1000L/h。采用全信息串联质谱法（MS^E）采集数据，质量扫描范围 m/z 50 ~ 1000；低碰撞能量 4eV；高碰撞能量 10 ~ 45eV。实验中使用亮氨酸脑啡肽 [2ng/mL，乙腈:水 = 1:1（体积比）稀释] 进行质量数实时校正。

第二部分
化合物性质及图谱

1 阿苯达唑
(Albendazole)

(1) 化合物信息

中文名	阿苯达唑
别名	肠虫清、抗蠕敏、扑尔虫
CAS 登录号	54965-21-8
分子式	$C_{12}H_{15}N_3O_2S$
结构式	
单一同位素相对分子质量	265.0885
离子加合形式	ESI 源，$[M+H]^+$
色谱保留时间	8.48min

(2) 提取离子流色谱图

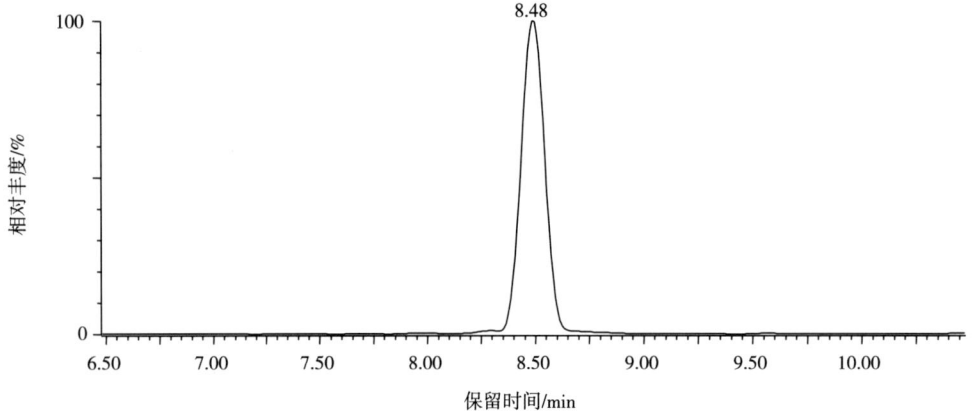

(3) 母离子质谱图

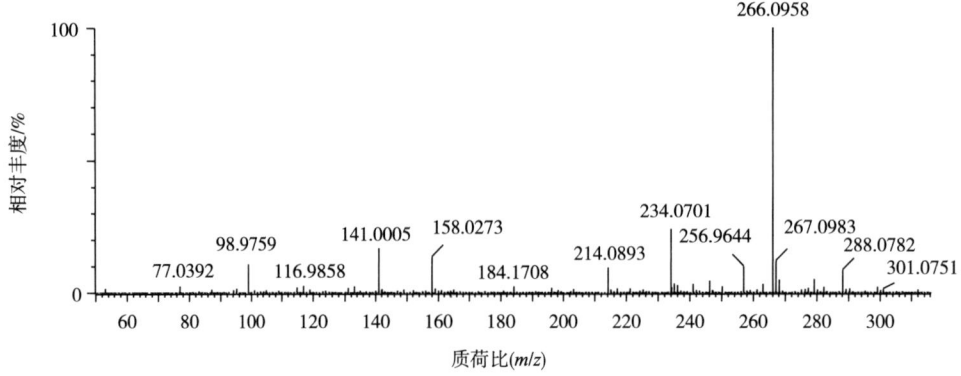

（4）子离子质谱图

①碰撞能量 15 eV

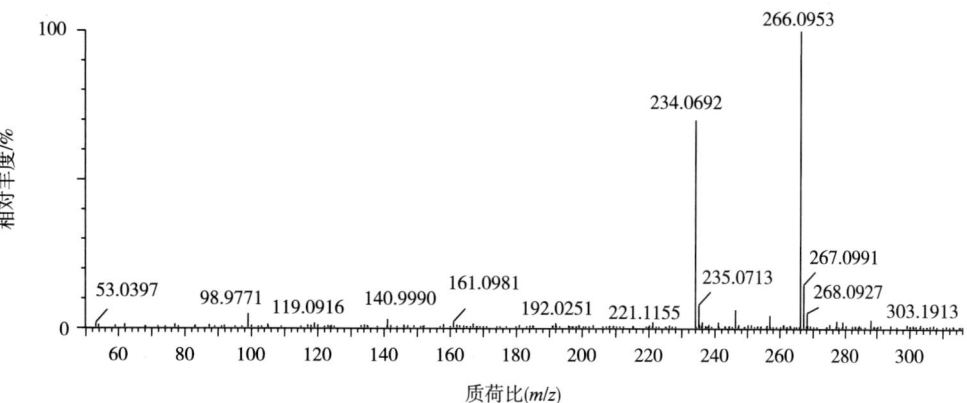

②碰撞能量 30 eV

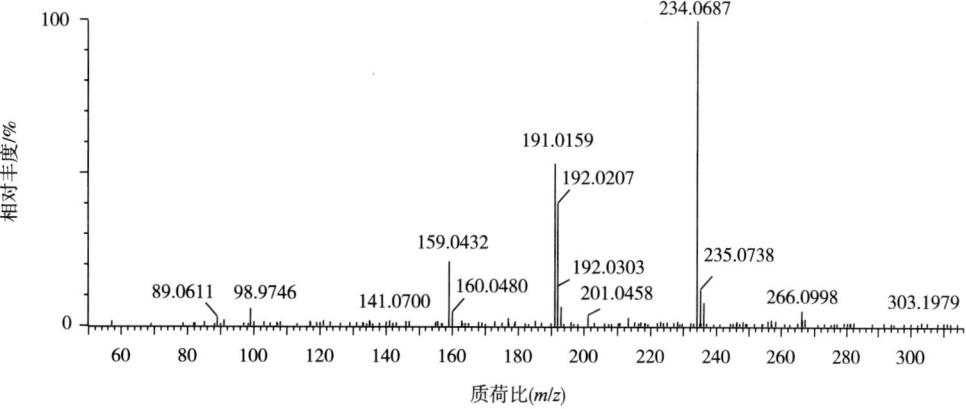

③碰撞能量 45 eV

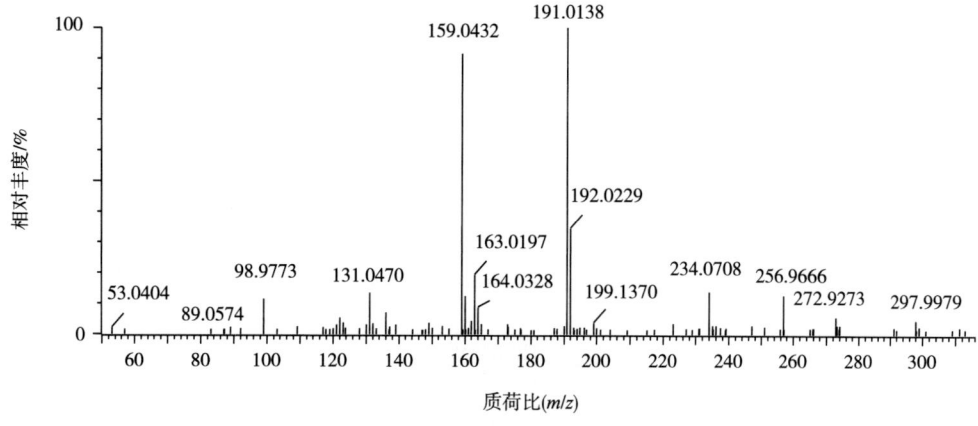

2 阿罗洛尔
(Arotinolol)

（1）化合物信息

中文名	阿罗洛尔
别名	—
CAS 登录号	68377-92-4
分子式	$C_{15}H_{21}N_3O_2S_3$
结构式	
单一同位素相对分子质量	371.0796
离子加合形式	ESI 源，[M+H]$^+$
色谱保留时间	5.39min

（2）提取离子流色谱图

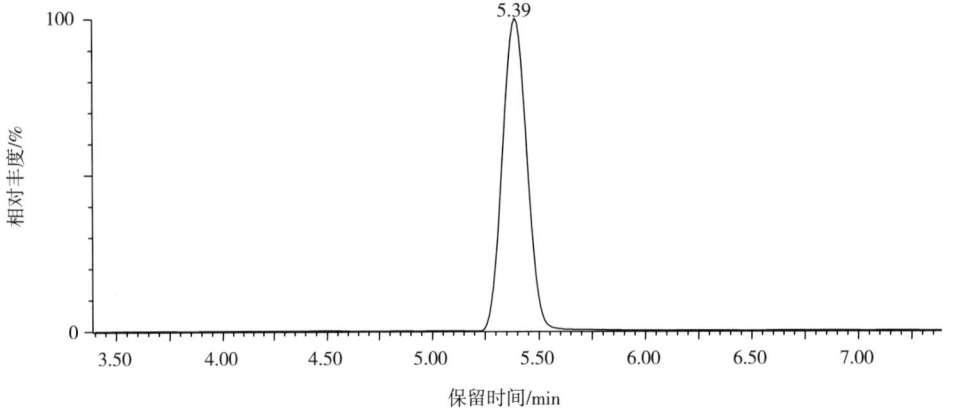

（3）母离子质谱图

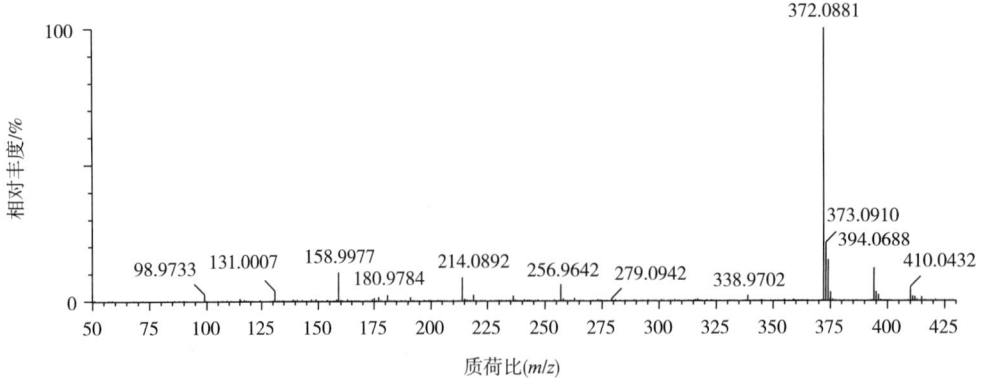

（4）子离子质谱图

①碰撞能量 15eV

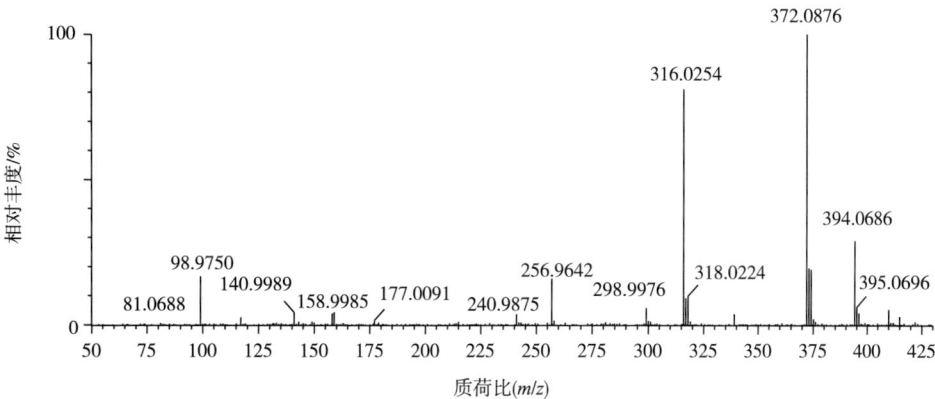

②碰撞能量 30eV

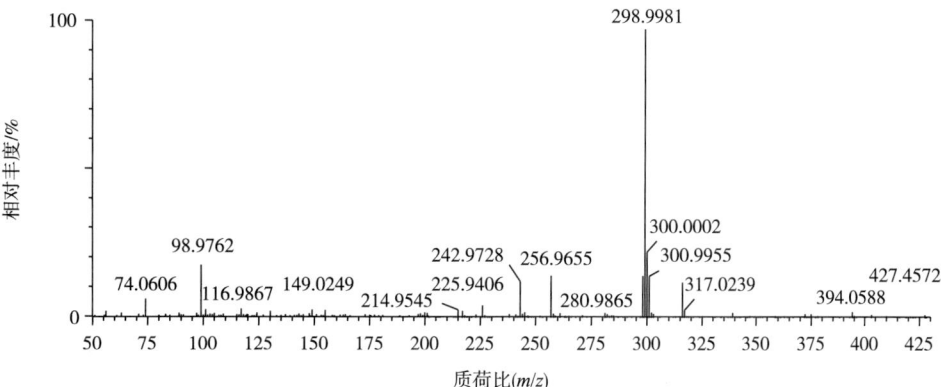

③碰撞能量 45eV

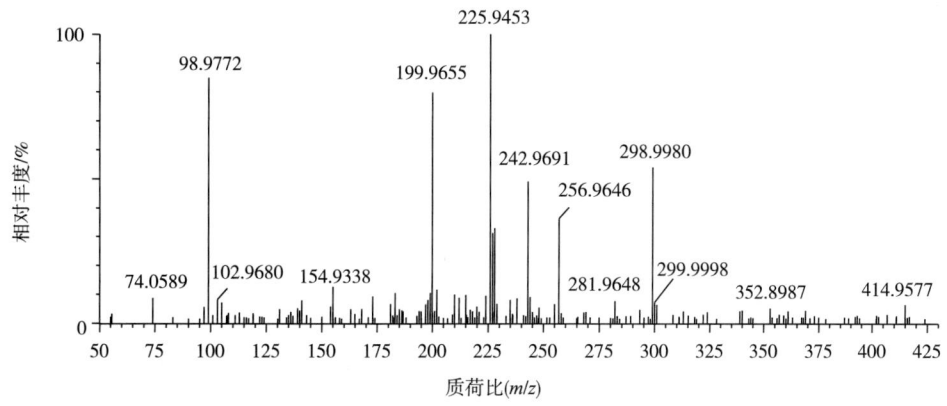

3 阿扑吗啡
(Apomorphine)

(1) 化合物信息

中文名	阿扑吗啡
别名	阿朴吗啡、去水吗啡、缩水吗啡
CAS 登录号	58-00-4
分子式	$C_{17}H_{17}NO_2$
结构式	
单一同位素相对分子质量	267.1259
离子加合形式	ESI 源，$[M+H]^+$
色谱保留时间	4.20min

(2) 提取离子流色谱图

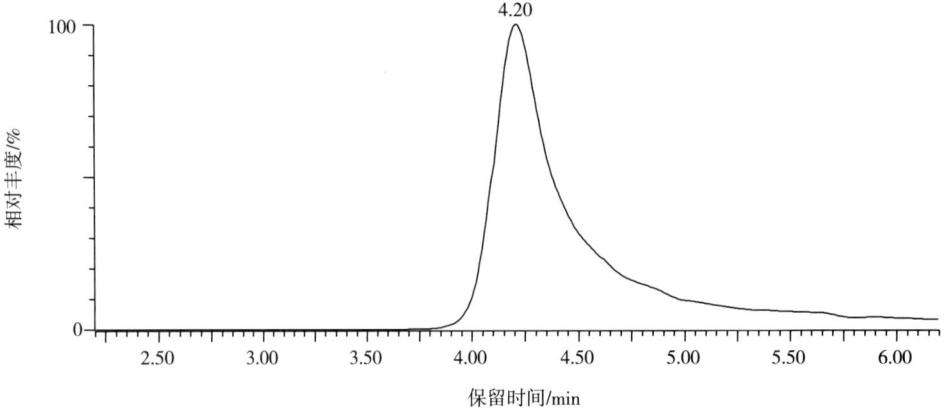

(3) 母离子质谱图

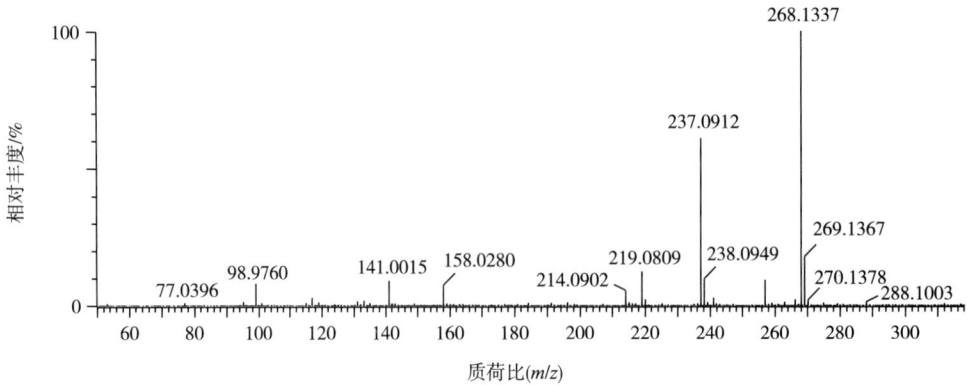

（4）子离子质谱图

① 碰撞能量 15eV

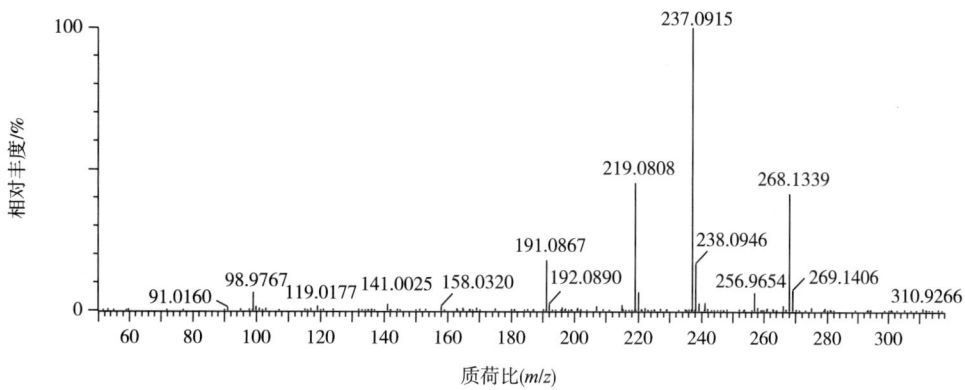

② 碰撞能量 30eV

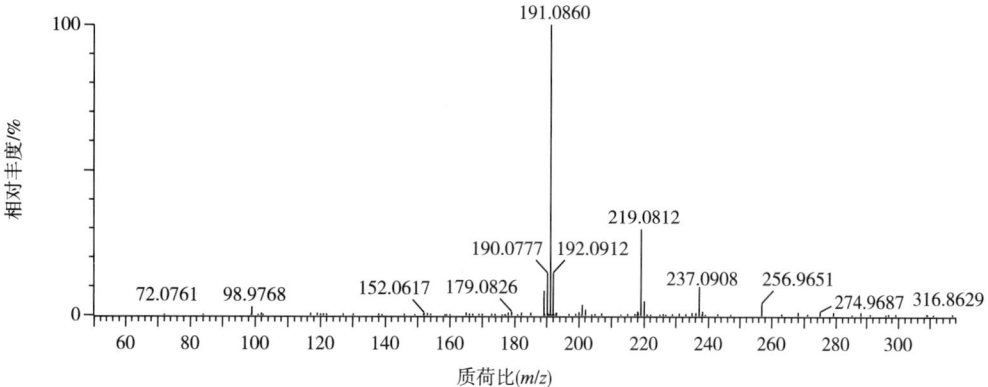

③ 碰撞能量 45eV

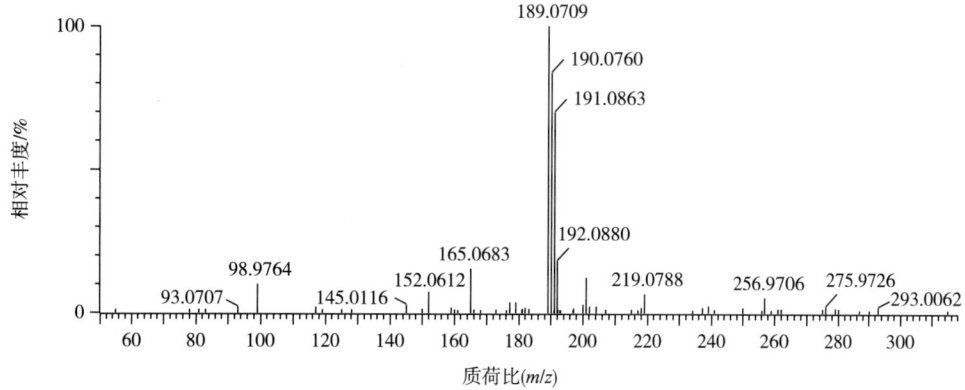

4 阿普唑仑
(Alprazolam)

(1) 化合物信息

中文名	阿普唑仑
别名	佳静安定、甲基三唑安定
CAS 登录号	28981-97-7
分子式	$C_{17}H_{13}ClN_4$
结构式	
单一同位素相对分子质量	308.0829
离子加合形式	ESI 源，$[M+H]^+$，$[M+Na]^+$
色谱保留时间	7.97 min

(2) 提取离子流色谱图

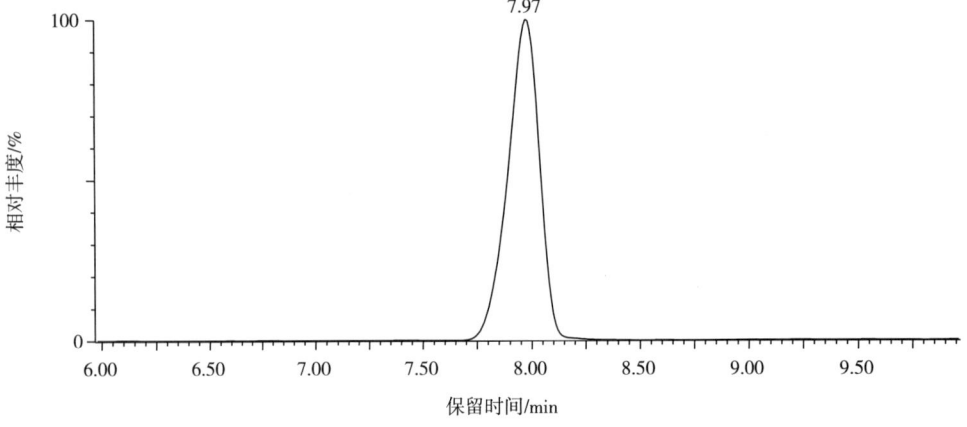

(3) 母离子质谱图

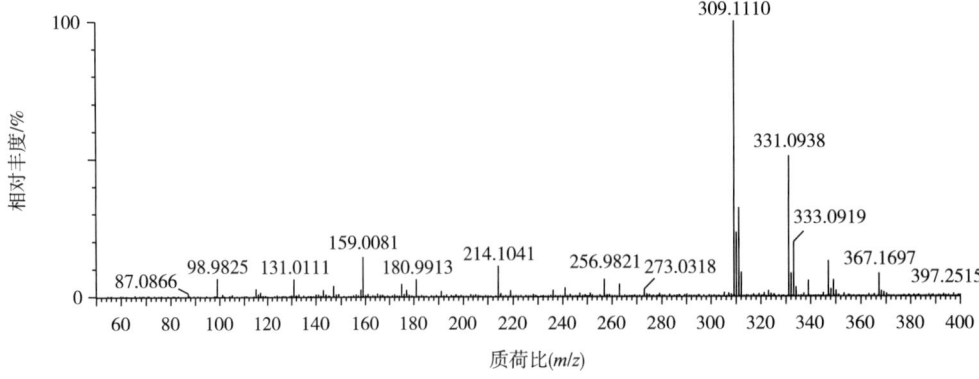

（4）子离子质谱图

①碰撞能量 15eV

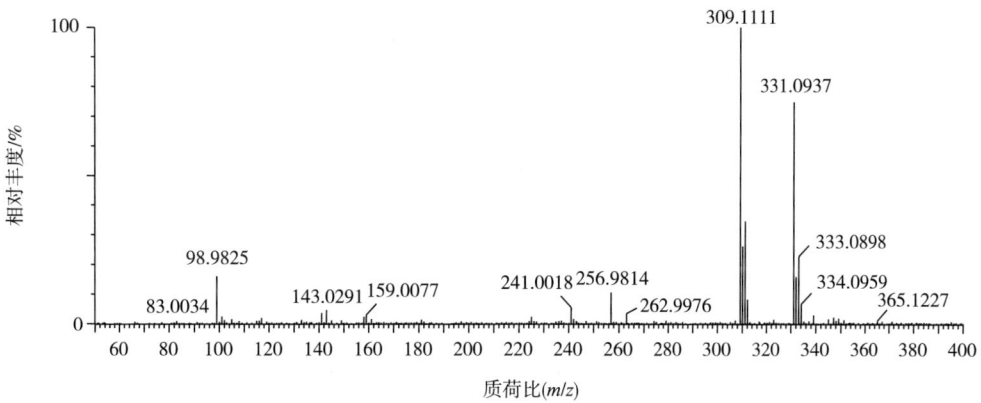

②碰撞能量 30eV

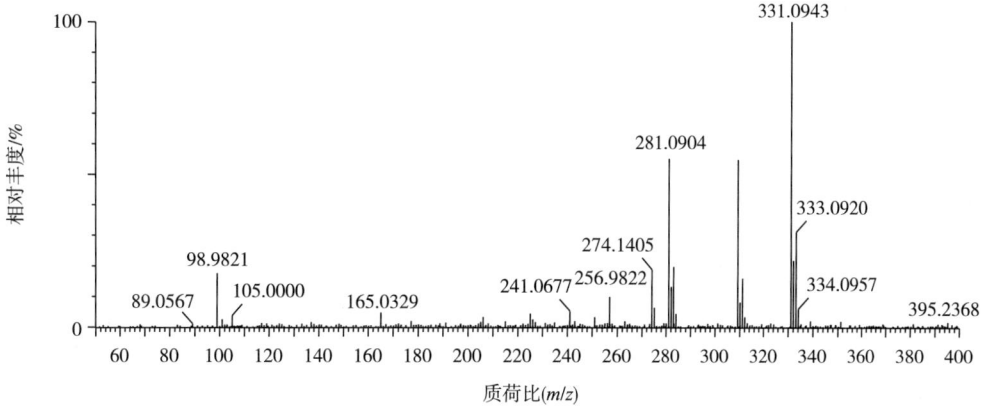

③碰撞能量 45eV

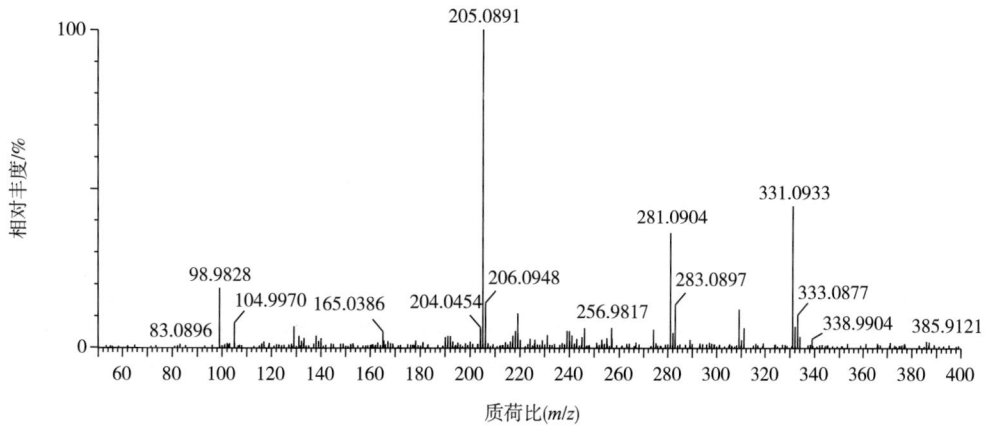

5 阿替洛尔
(Atenolol)

(1) 化合物信息

中文名	阿替洛尔
别名	阿坦洛尔、氨酰心安
CAS 登录号	29122-68-7
分子式	$C_{14}H_{22}N_2O_3$
结构式	
单一同位素相对分子质量	266.1630
离子加合形式	ESI 源，$[M+H]^+$，$[M+Na]^+$
色谱保留时间	2.73 min

(2) 提取离子流色谱图

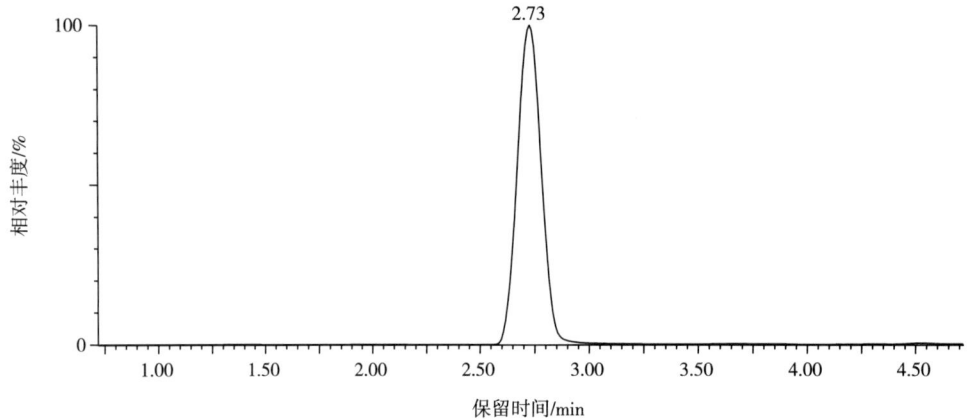

(3) 母离子质谱图

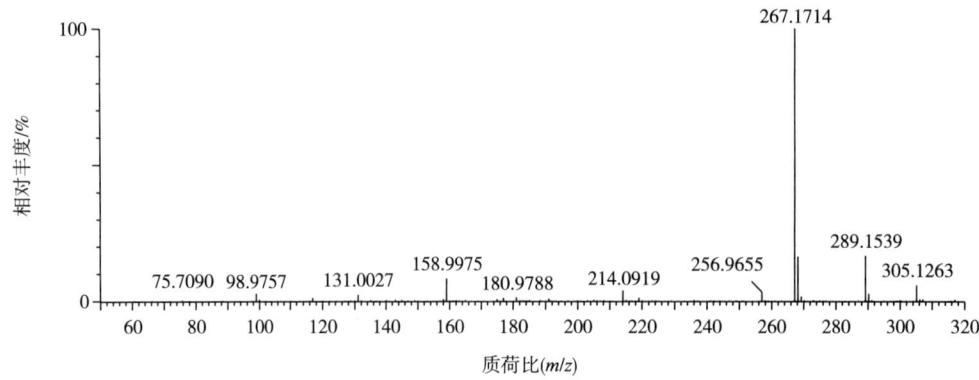

（4）子离子质谱图

①碰撞能量15eV

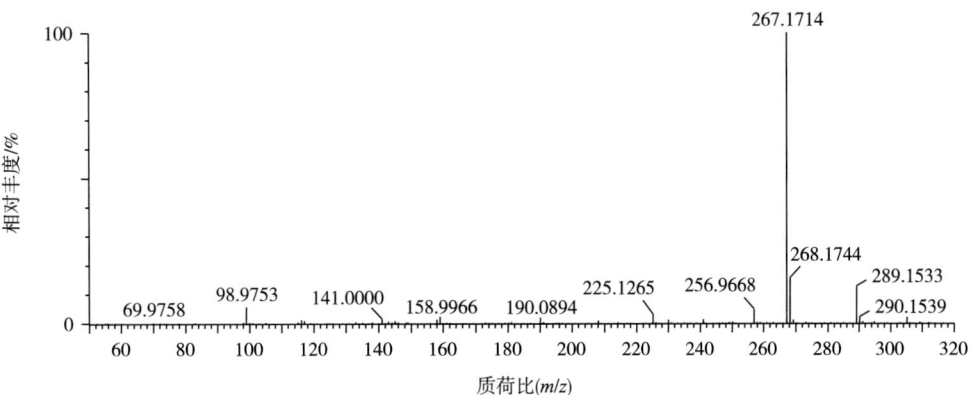

②碰撞能量30eV

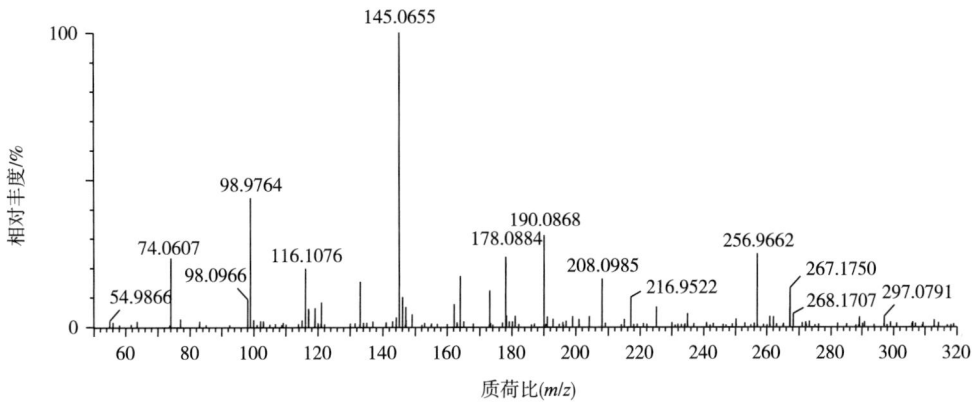

③碰撞能量45eV

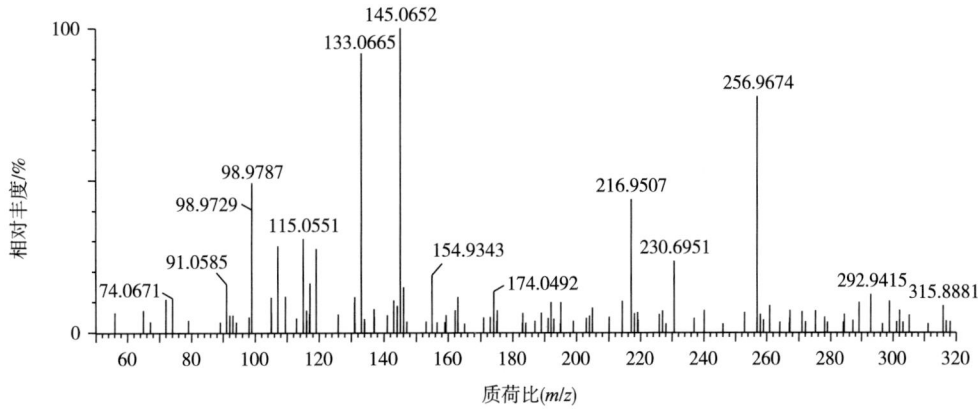

6 阿昔洛韦
(Acyclovir)

(1) 化合物信息

中文名	阿昔洛韦
别名	开链鸟嘌呤核苷、无环鸟苷、羟乙氧甲鸟嘌呤
CAS 登录号	59277-89-3
分子式	$C_8H_{11}N_5O_3$
结构式	
单一同位素相对分子质量	225.0862
离子加合形式	ESI 源，[M+Na]$^+$
色谱保留时间	1.60min

(2) 提取离子流色谱图

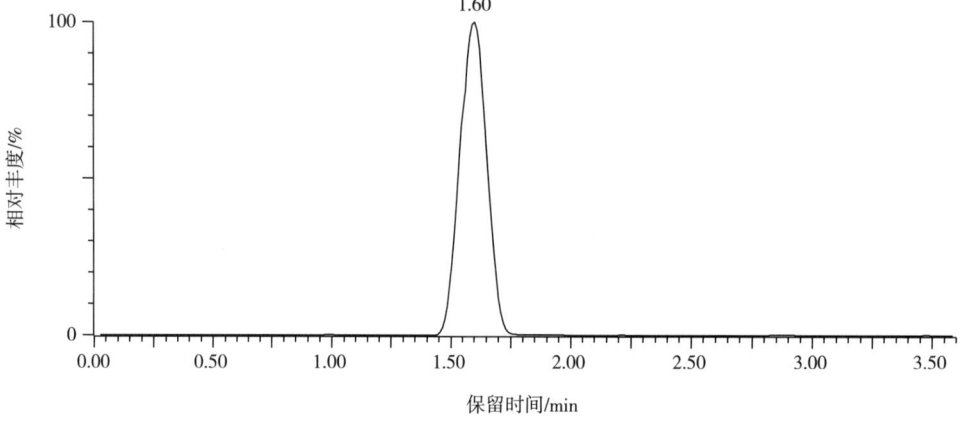

(3) 母离子质谱图

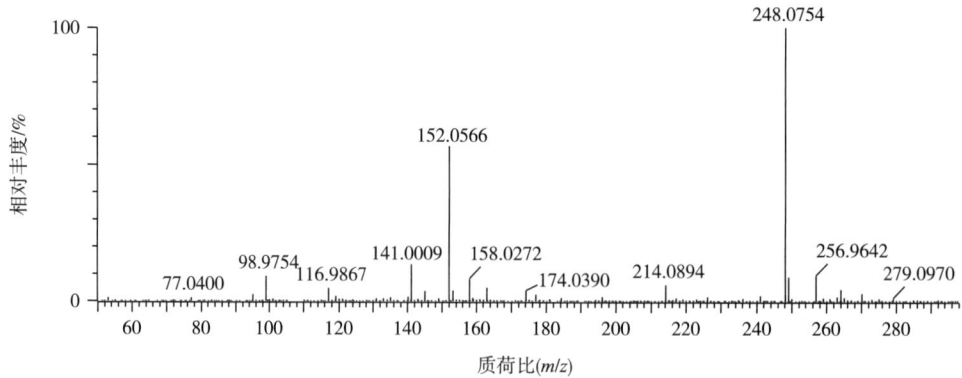

（4）子离子质谱图

①碰撞能量15eV

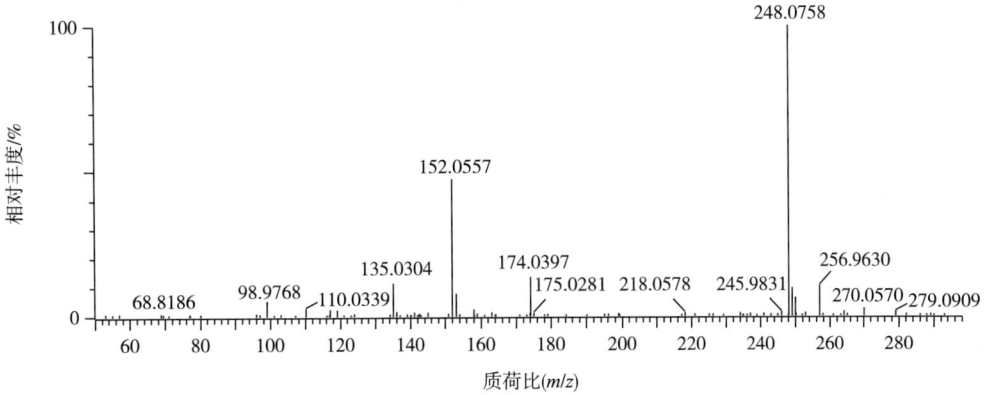

②碰撞能量30eV

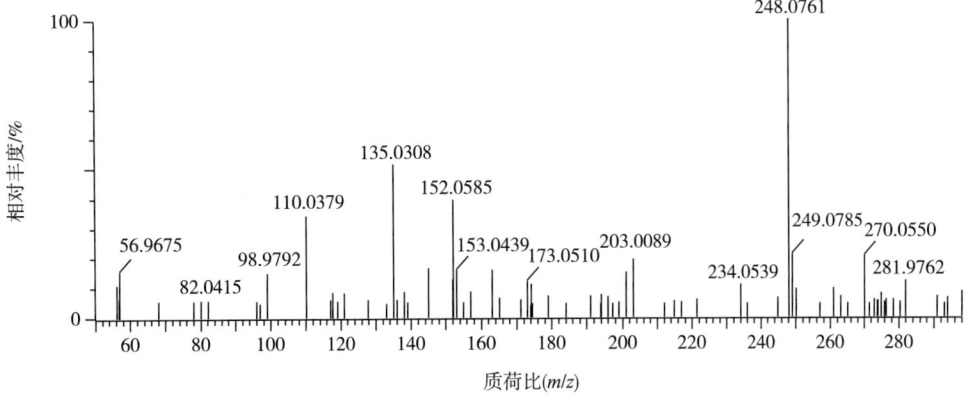

③碰撞能量45eV

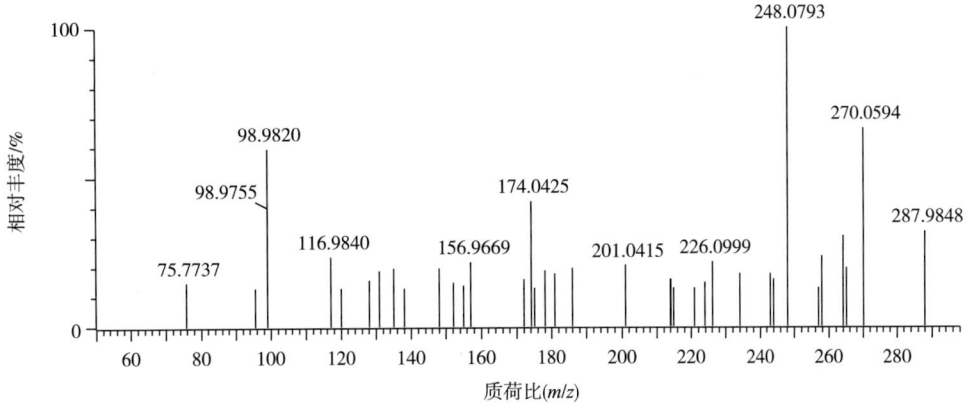

7 阿扎哌隆
(Azaperone)

(1) 化合物信息

中文名	阿扎哌隆
别名	氟苯酮哌吡嗪
CAS 登录号	1649－18－9
分子式	$C_{19}H_{22}FN_3O$
结构式	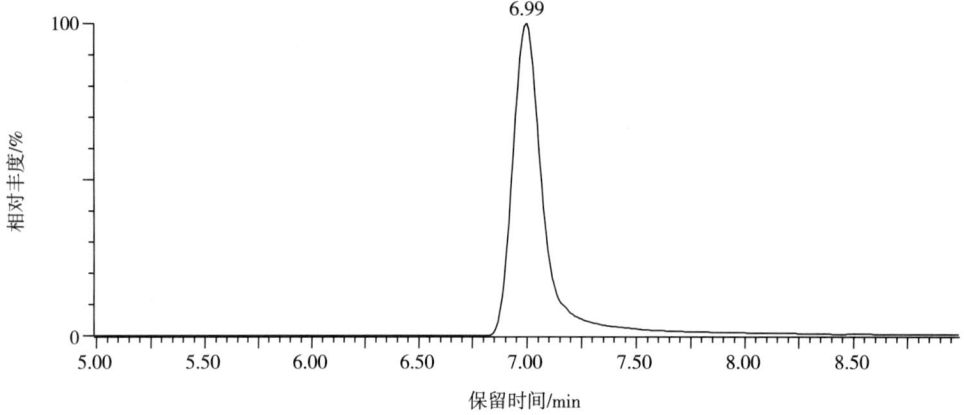
单一同位素相对分子质量	327.1747
离子加合形式	ESI 源，[M+H]$^+$
色谱保留时间	6.99min

(2) 提取离子流色谱图

(3) 母离子质谱图

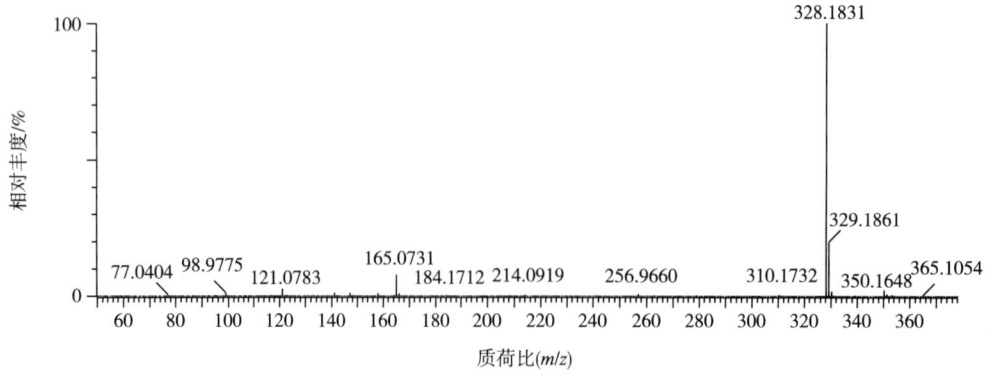

（4）子离子质谱图

①碰撞能量 15eV

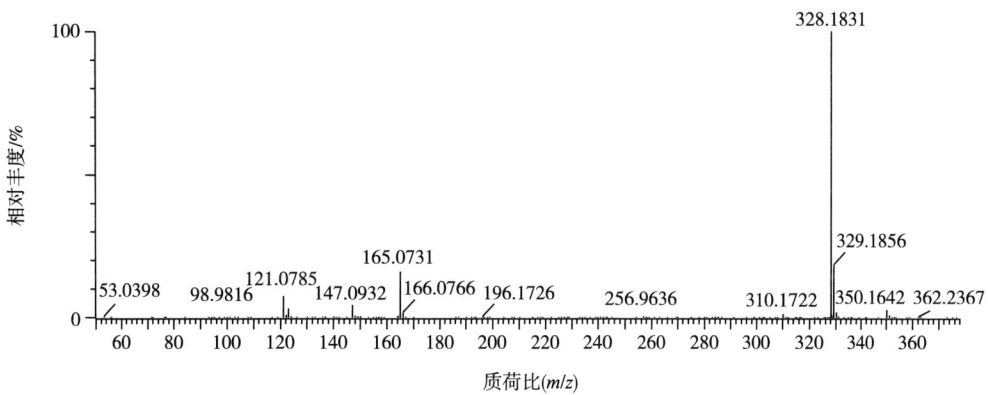

②碰撞能量 30eV

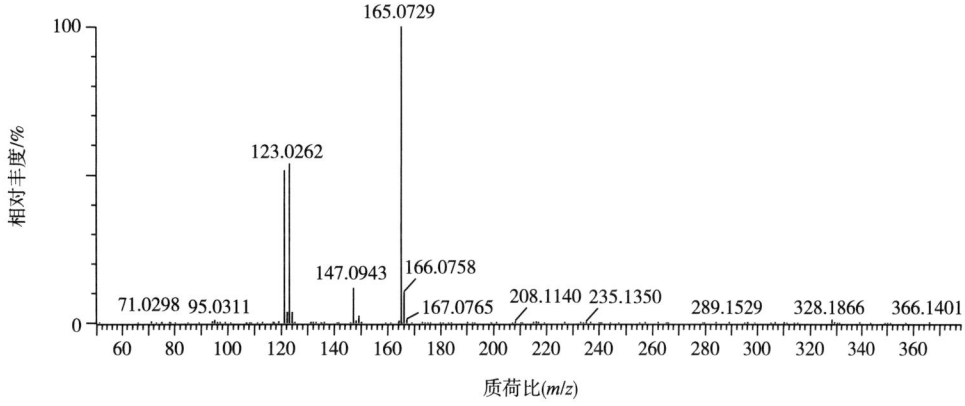

③碰撞能量 45eV

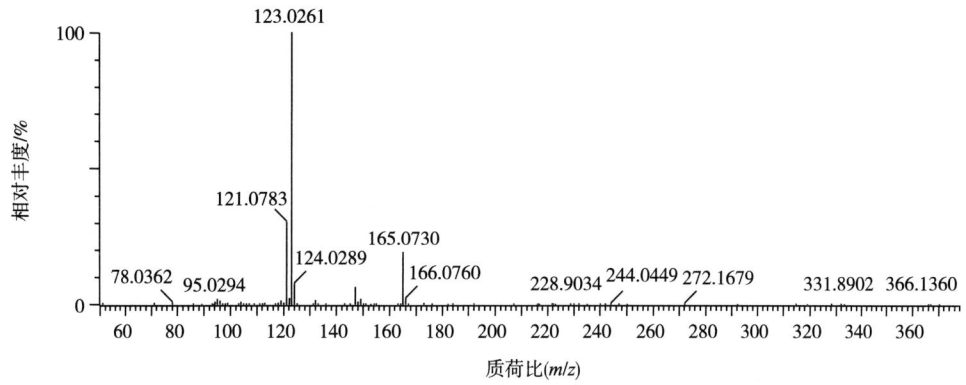

8 艾地那非
(Aildenafil)

(1) 化合物信息

中文名	艾地那非
别名	甲异西地那非、爱地那非
CAS 登录号	496835-35-9
分子式	$C_{23}H_{32}N_6O_4S$
结构式	
单一同位素相对分子质量	488.2206
离子加合形式	ESI 源，$[M+H]^+$，$[M+Na]^+$，$[M+K]^+$
色谱保留时间	7.94min

(2) 提取离子流色谱图

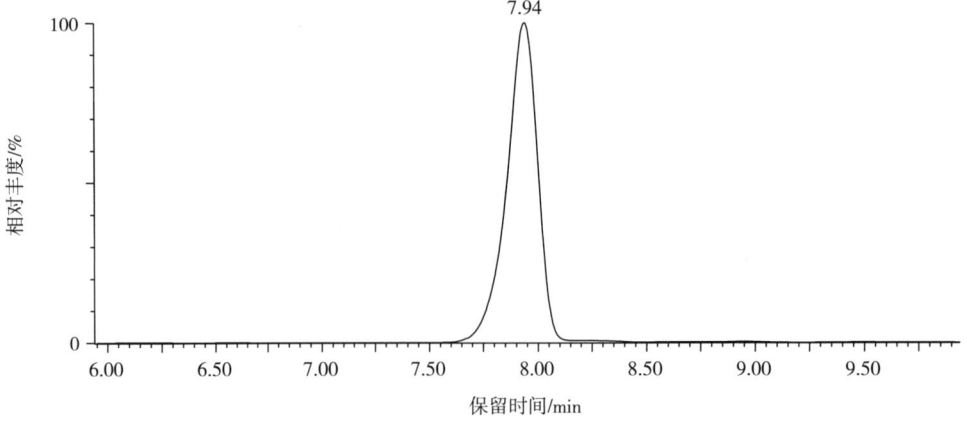

(3) 母离子质谱图

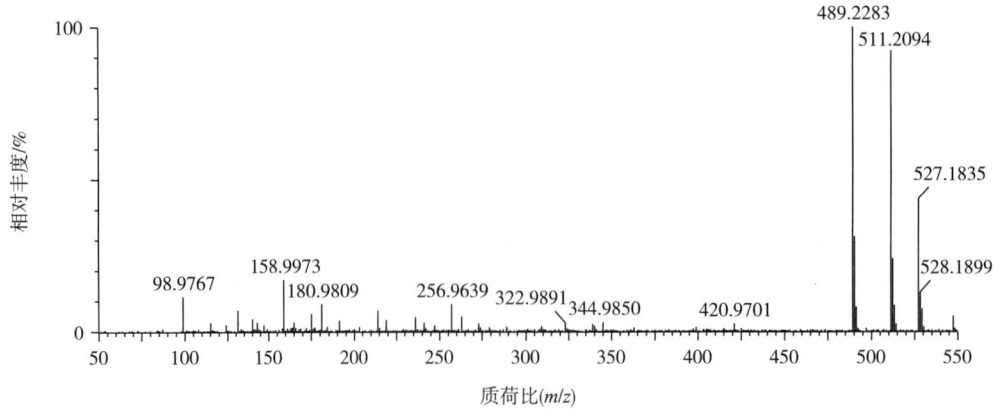

（4）子离子质谱图
　①碰撞能量15eV

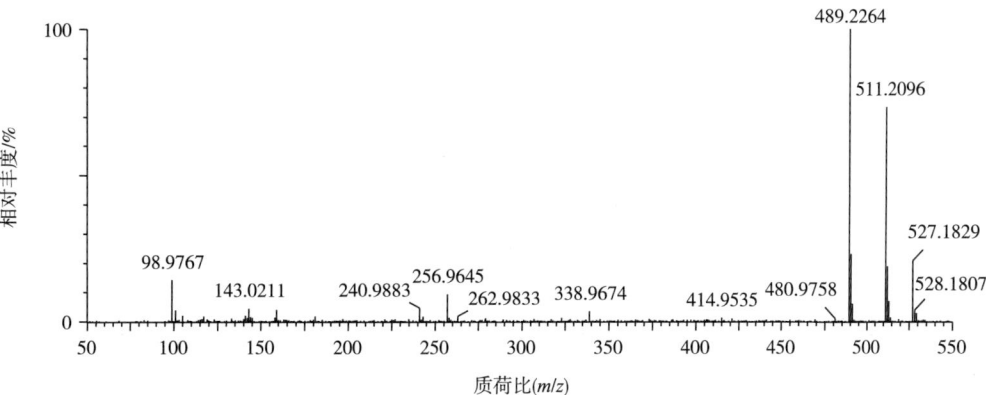

　②碰撞能量30eV

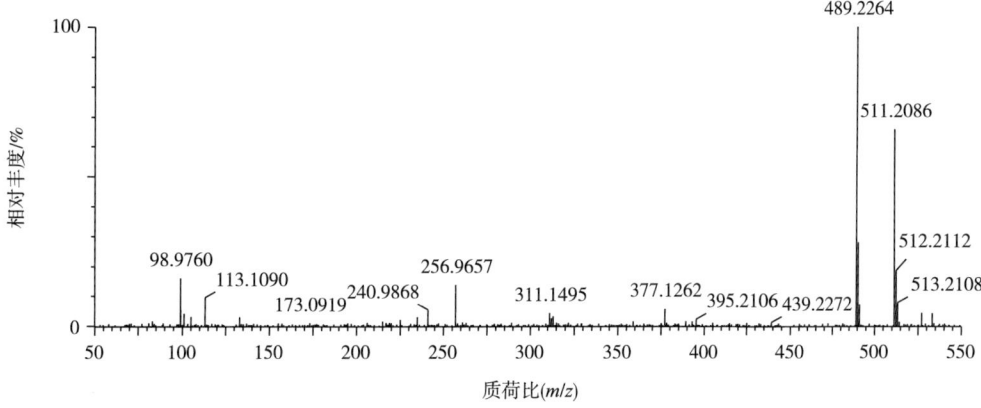

　③碰撞能量45eV

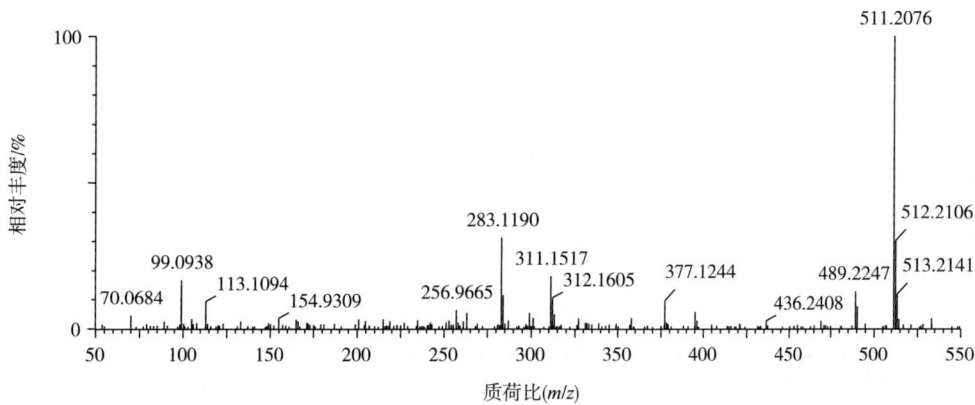

9 艾司唑仑
(Estazolam)

(1) 化合物信息

中文名	艾司唑仑
别名	舒乐安定
CAS 登录号	29975-16-4
分子式	$C_{16}H_{11}ClN_4$
结构式	
单一同位素相对分子质量	294.0672
离子加合形式	ESI 源，$[M+H]^+$，$[M+Na]^+$，$[M+K]^+$
色谱保留时间	7.67min

(2) 提取离子流色谱图

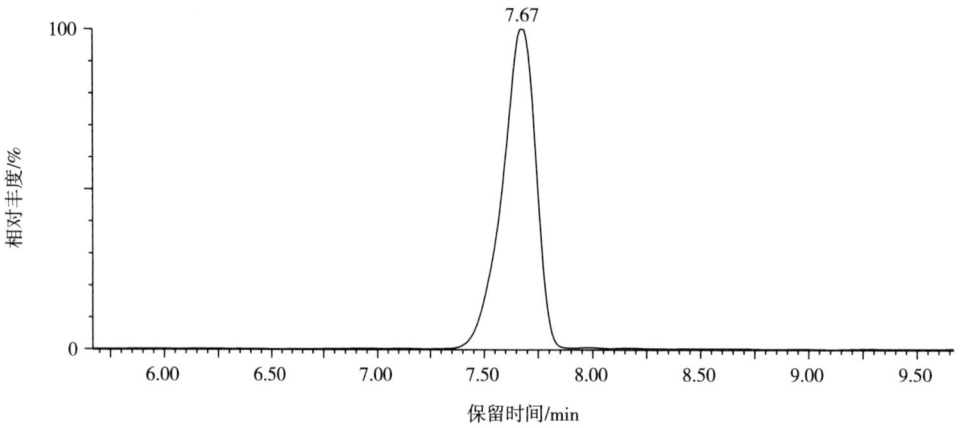

(3) 母离子质谱图

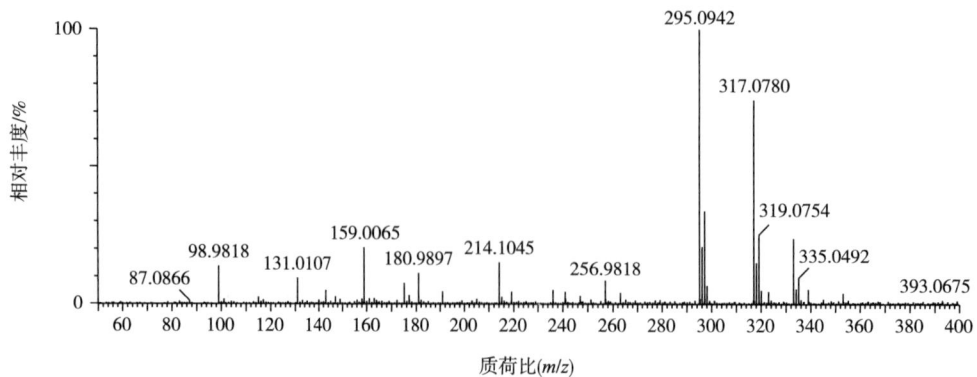

（4）子离子质谱图

①碰撞能量15eV

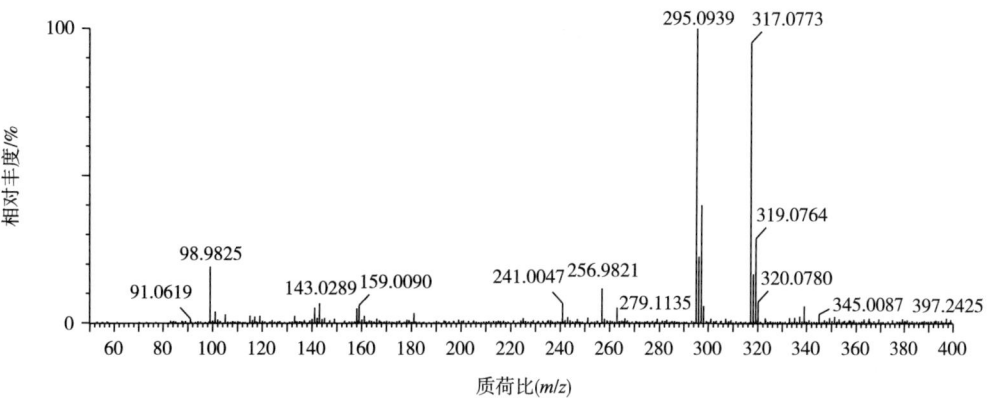

②碰撞能量30eV

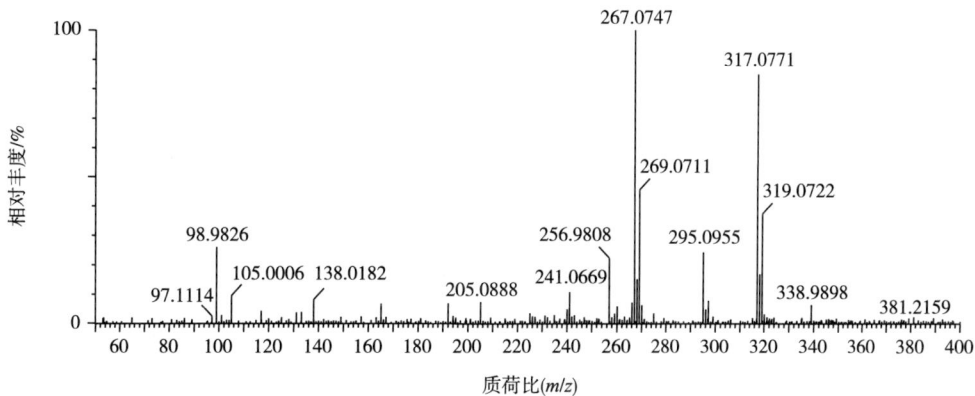

③碰撞能量45eV

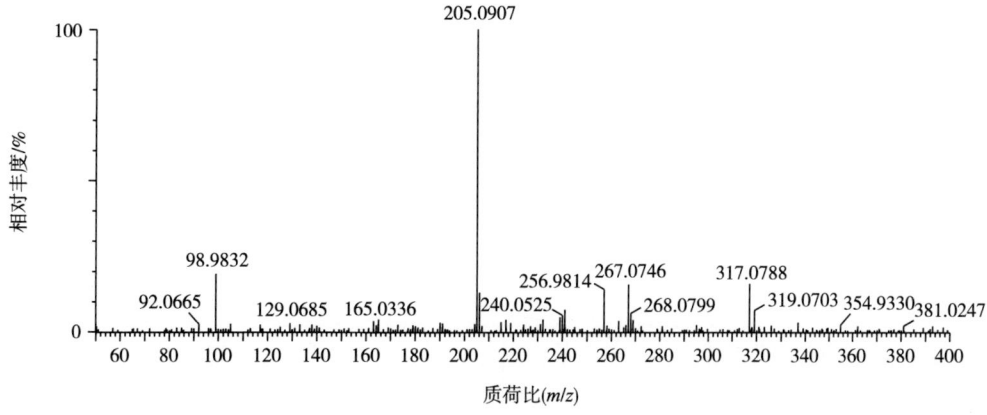

10 螺内酯
(Spironolactone)

(1) 化合物信息

中文名	螺内酯
别名	安体舒通
CAS 登录号	52-01-7
分子式	$C_{24}H_{32}O_4S$
结构式	
单一同位素相对分子质量	416.2021
离子加合形式	ESI 源，[M+Na]$^+$
色谱保留时间	8.52min

(2) 提取离子流色谱图

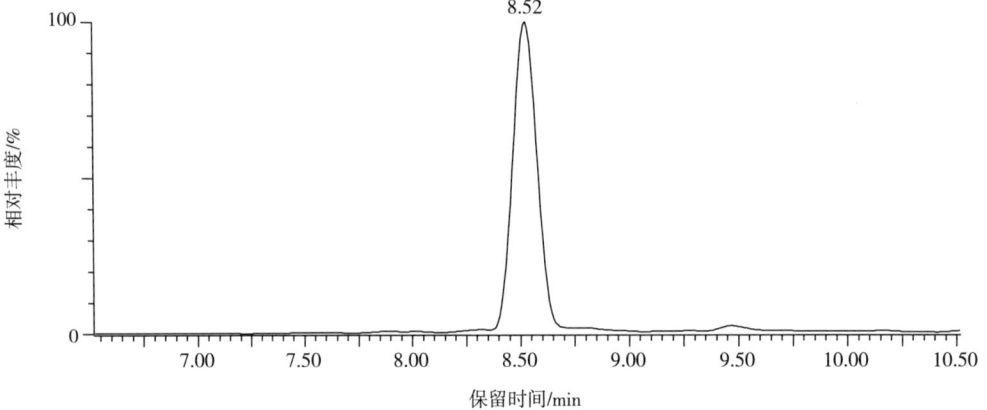

(3) 母离子质谱图

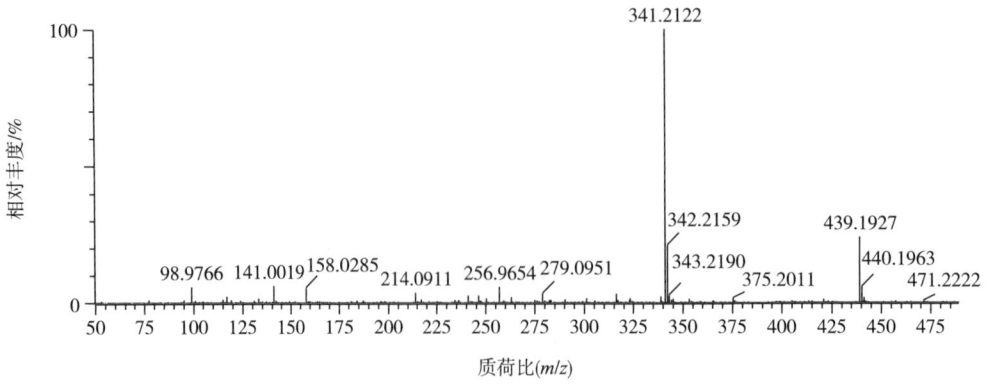

（4）子离子质谱图

①碰撞能量15eV

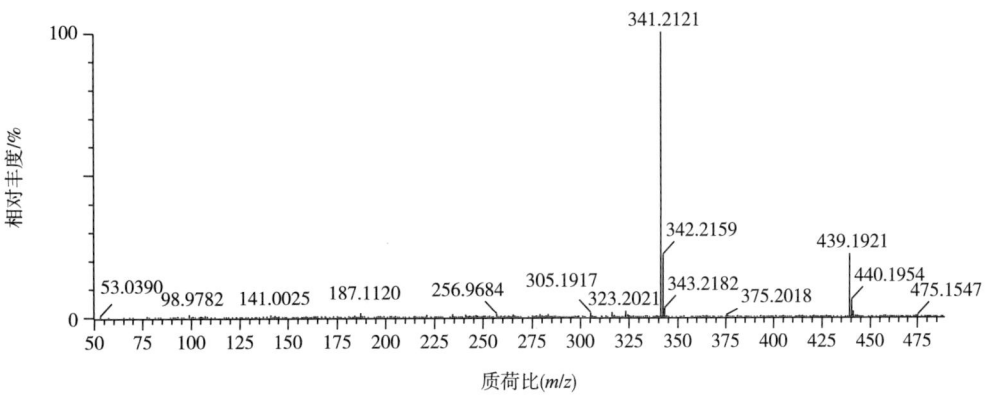

②碰撞能量30eV

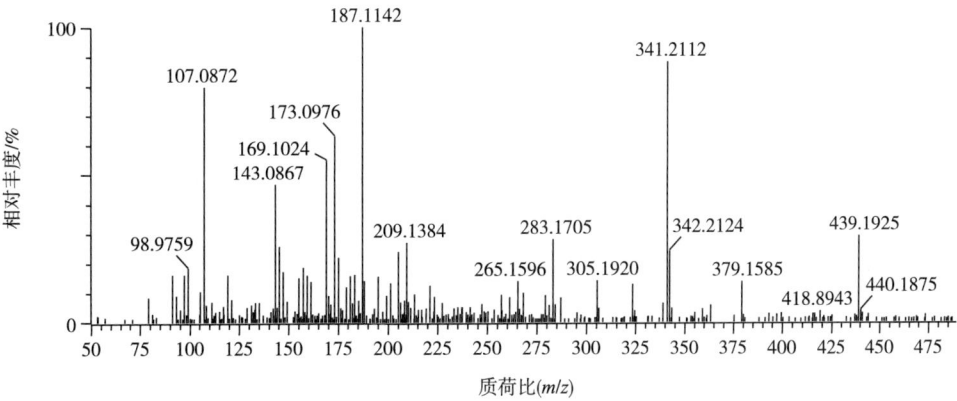

③碰撞能量45eV

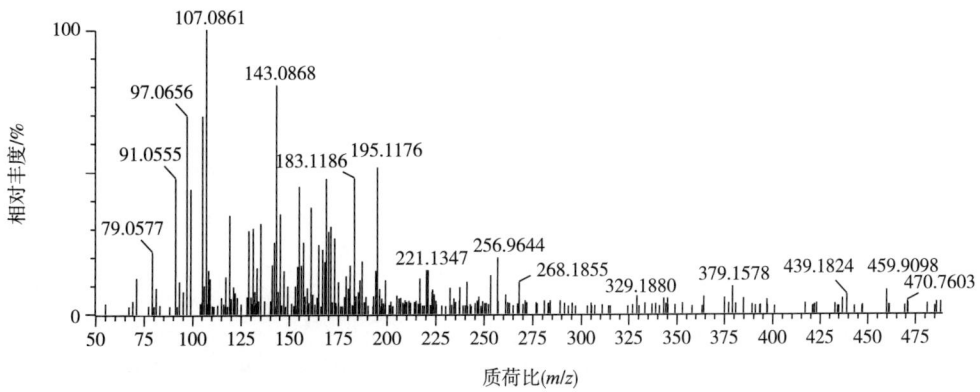

11 奥沙西泮
(Oxazepam)

（1）化合物信息

中文名	奥沙西泮
别名	舒宁、羟苯二氮䓬、去甲羟安定
CAS 登录号	604-75-1
分子式	$C_{15}H_{11}ClN_2O_2$
结构式	
单一同位素相对分子质量	286.0509
离子加合形式	ESI 源，$[M+H]^+$，$[M+Na]^+$
色谱保留时间	7.93min

（2）提取离子流色谱图

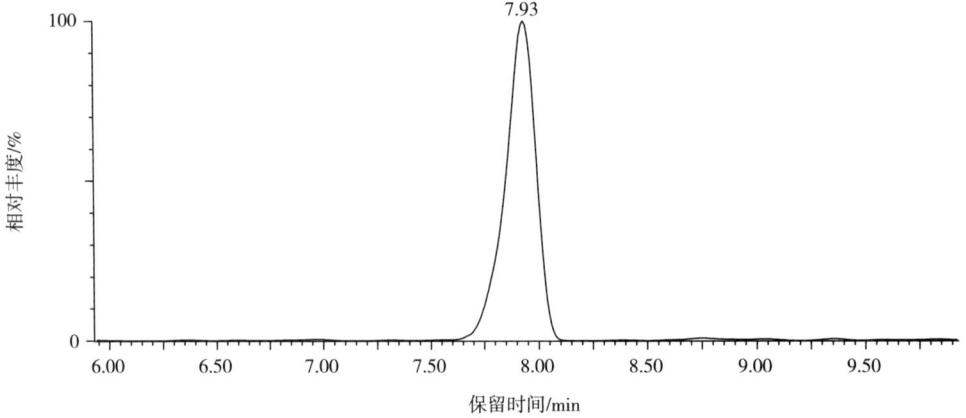

（3）母离子质谱图

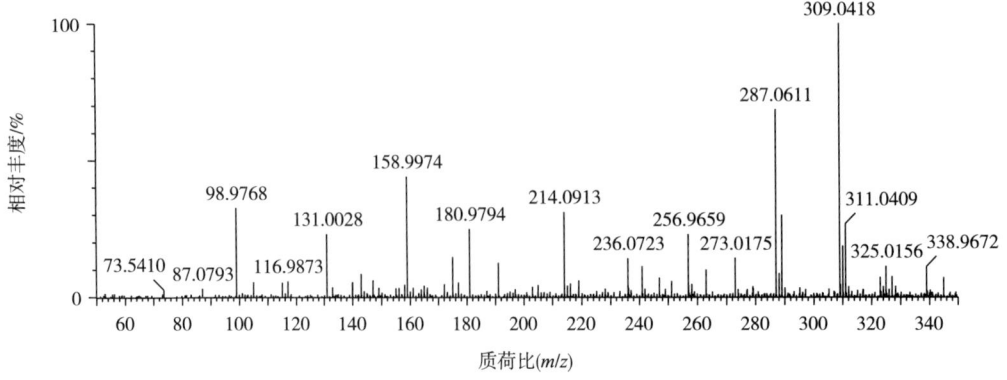

（4）子离子质谱图

① 碰撞能量 15eV

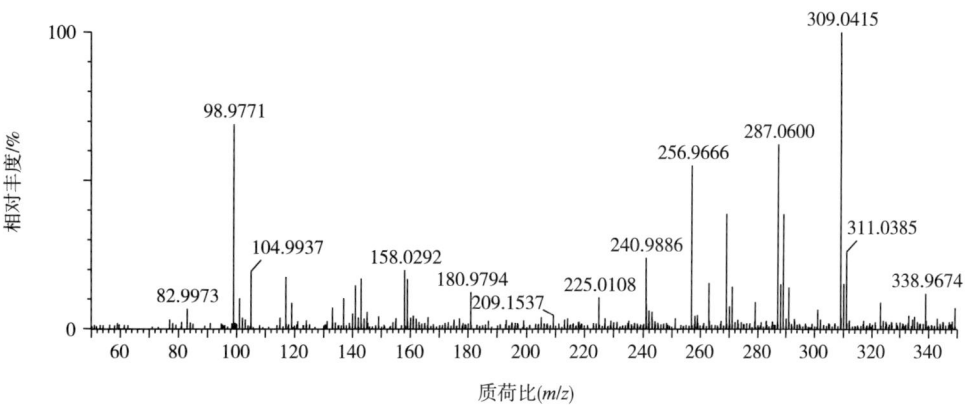

② 碰撞能量 30eV

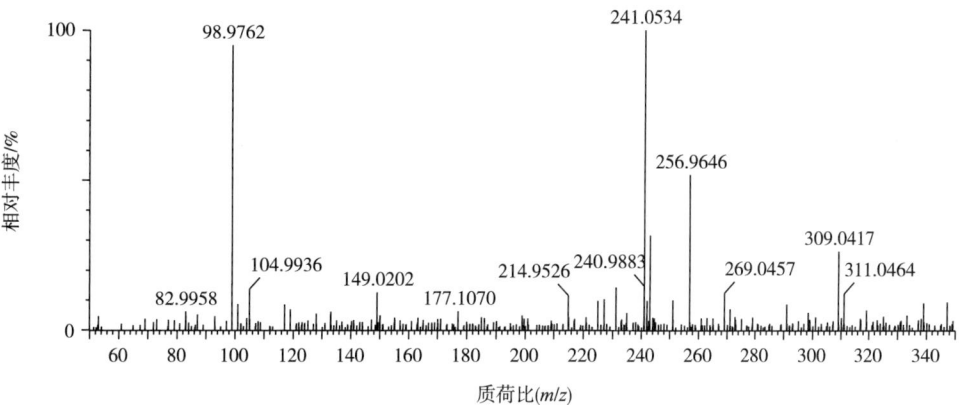

③ 碰撞能量 45eV

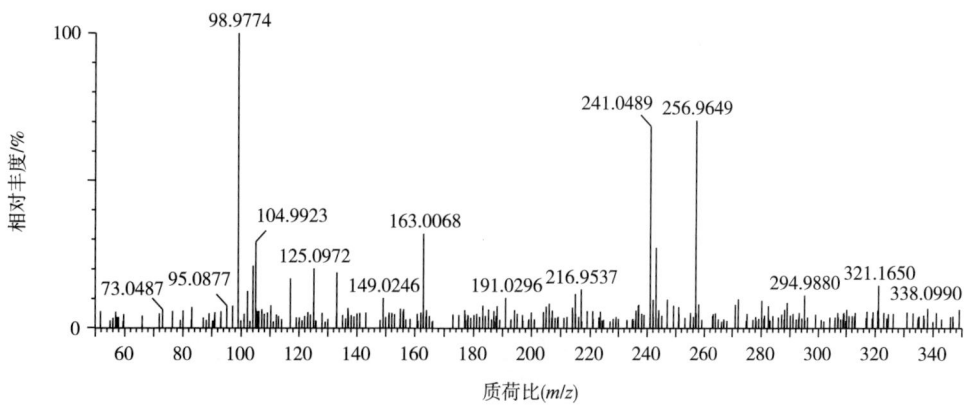

12 奥西那林 (Orciprenaline)

（1）化合物信息

中文名	奥西那林
别名	异丙喘宁、间羟异丙基肾上腺素
CAS 登录号	586-06-1
分子式	$C_{11}H_{17}NO_3$
结构式	
单一同位素相对分子质量	211.1208
离子加合形式	ESI 源，$[M+H]^+$
色谱保留时间	1.89min

（2）提取离子流色谱图

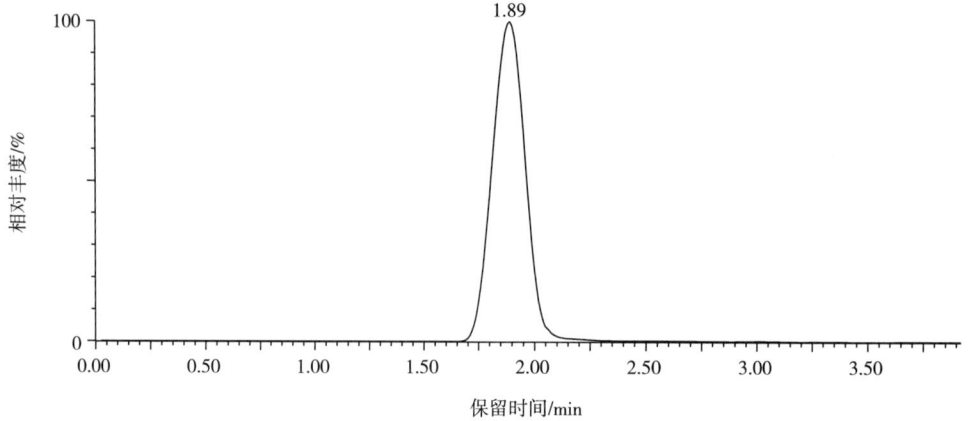

（3）母离子质谱图

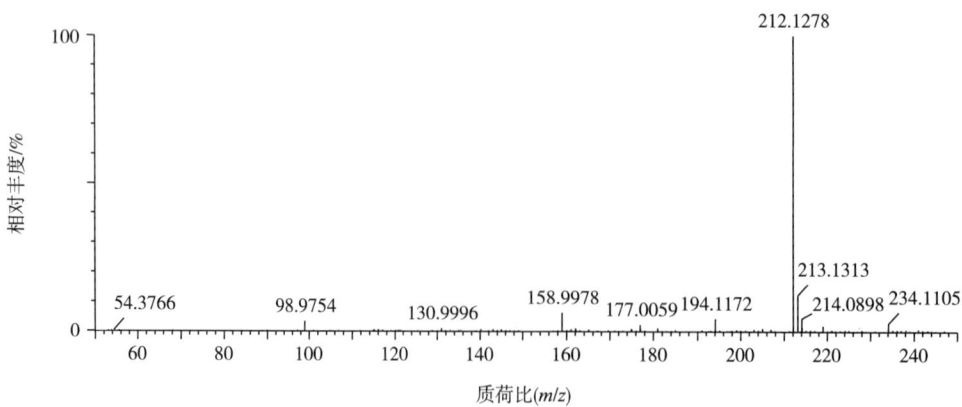

（4）子离子质谱图
　①碰撞能量 15eV

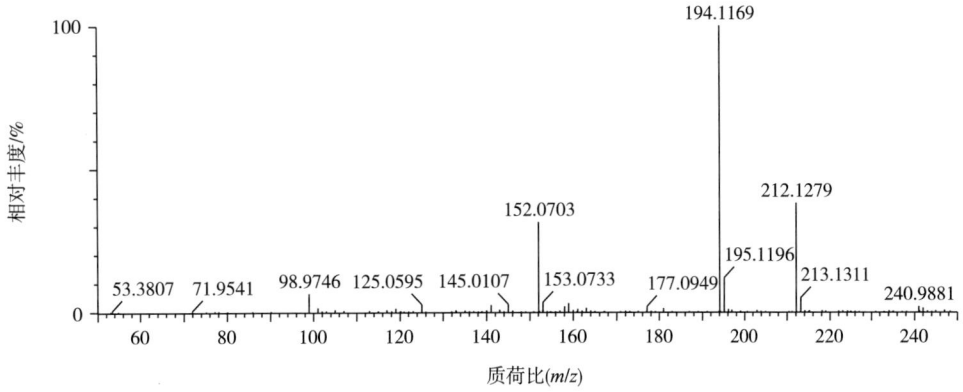

　②碰撞能量 30eV

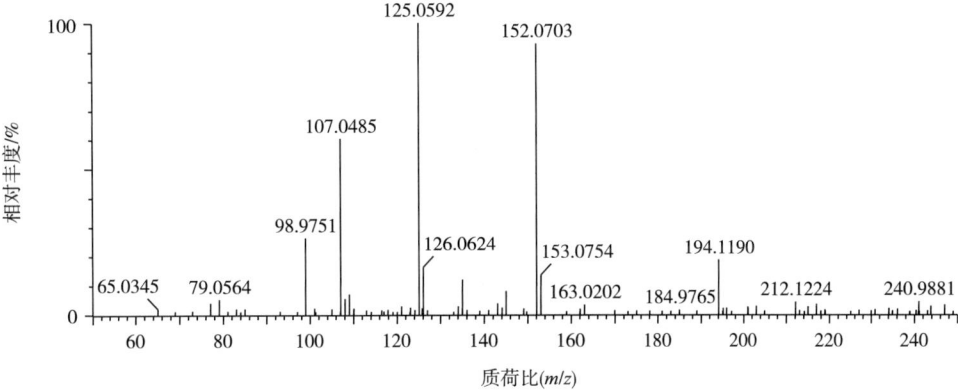

　③碰撞能量 45eV

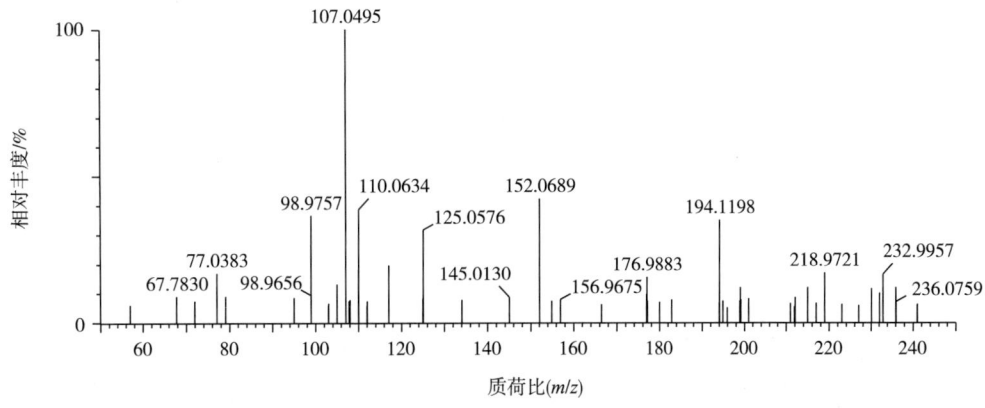

13 班布特罗
(Bambuterol)

(1) 化合物信息

中文名	班布特罗
别名	—
CAS 登录号	81732-65-2
分子式	$C_{18}H_{29}N_3O_5$
结构式	
单一同位素相对分子质量	367.2107
离子加合形式	ESI 源，$[M+H]^+$
色谱保留时间	5.82min

(2) 提取离子流色谱图

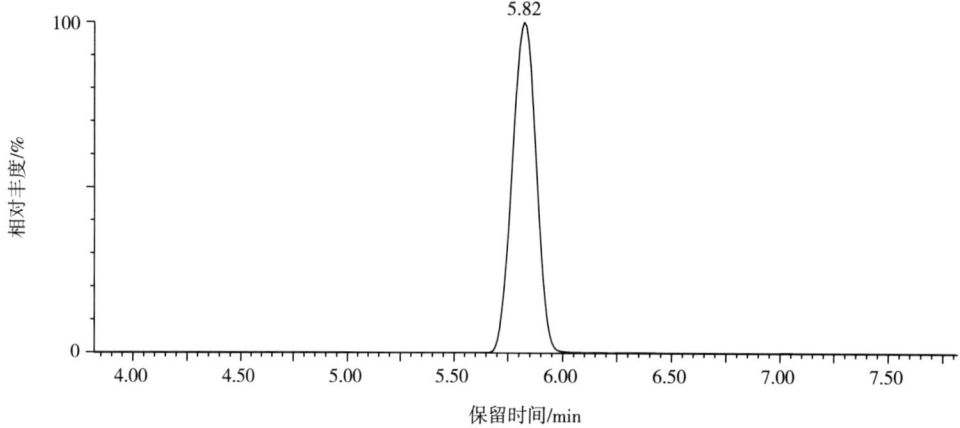

(3) 母离子质谱图

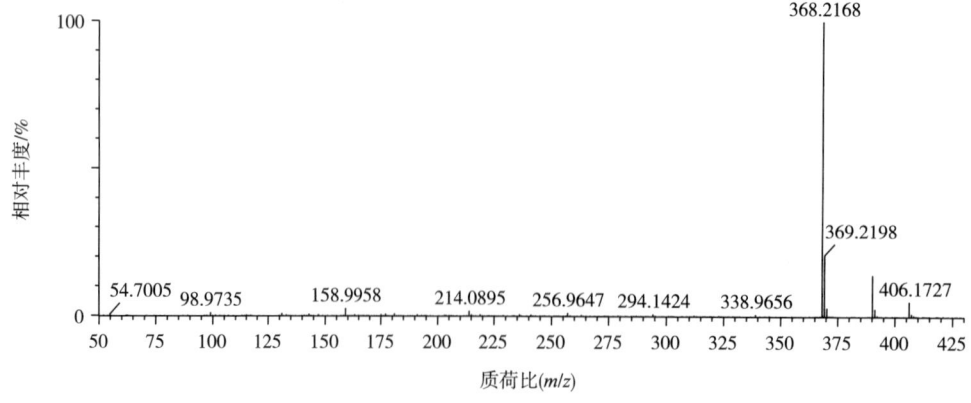

（4）子离子质谱图

①碰撞能量15eV

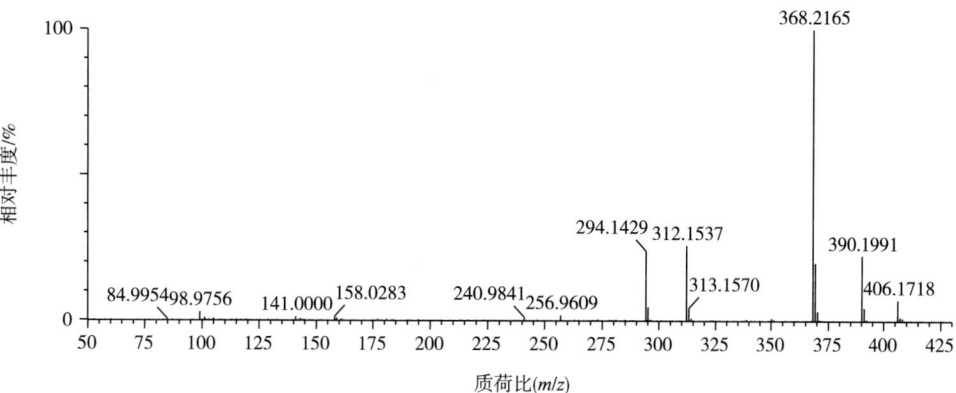

②碰撞能量30eV

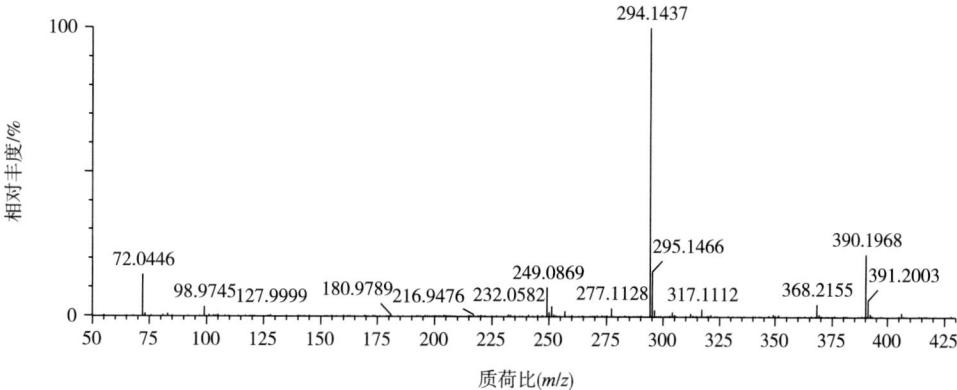

③碰撞能量45eV

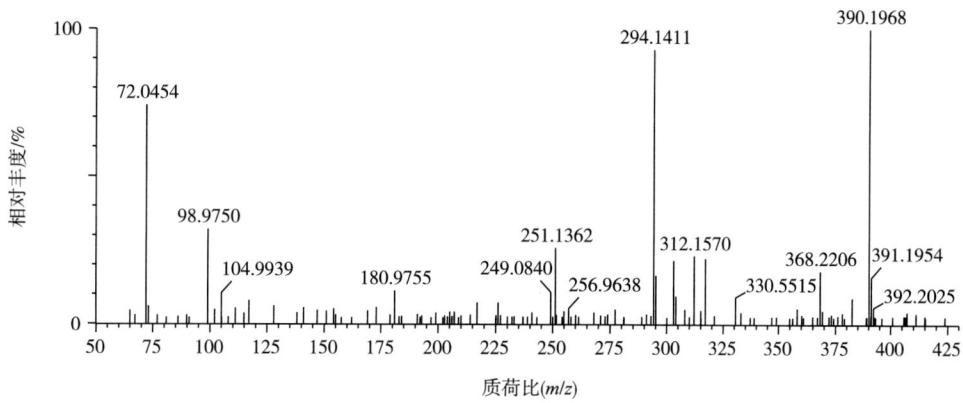

14 倍他洛尔 (Betaxolol)

(1) 化合物信息

中文名	倍他洛尔
别名	倍他索洛尔
CAS 登录号	63659-18-7
分子式	$C_{18}H_{29}NO_3$
结构式	
单一同位素相对分子质量	307.2147
离子加合形式	ESI 源，[M+H]$^+$
色谱保留时间	6.96min

(2) 提取离子流色谱图

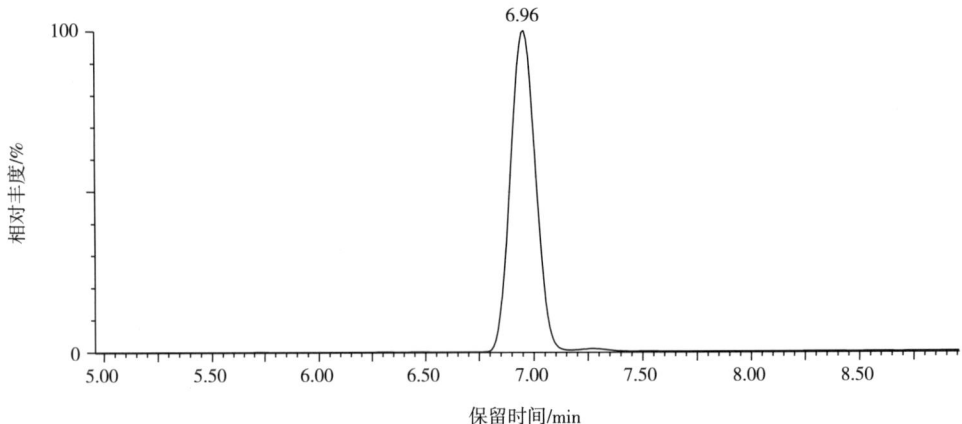

(3) 母离子质谱图

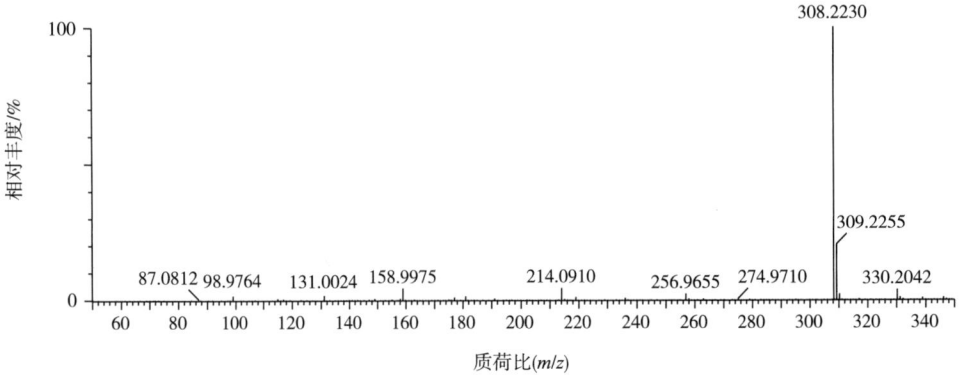

（4）子离子质谱图
①碰撞能量15eV

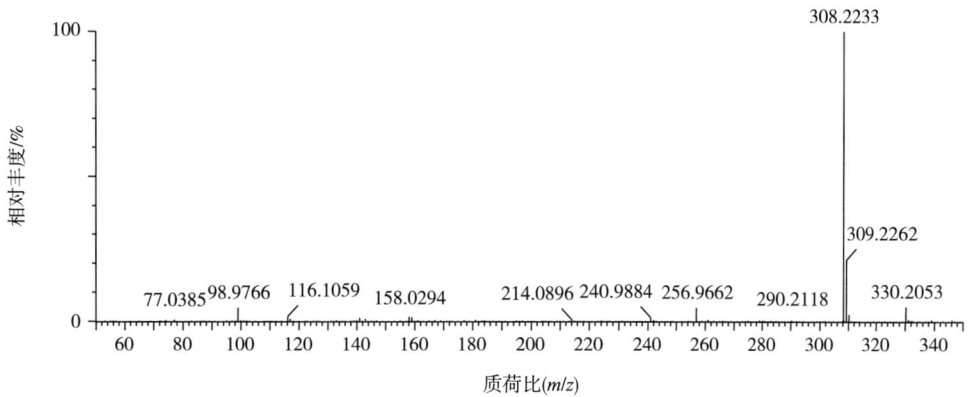

②碰撞能量30eV

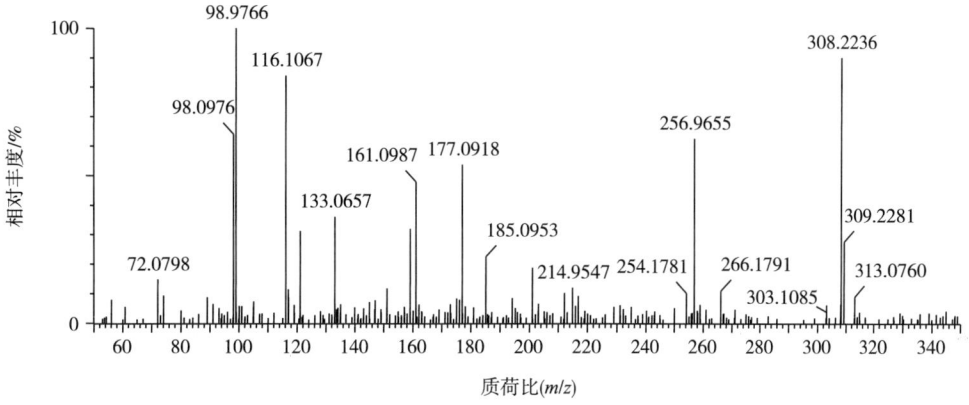

③碰撞能量45eV

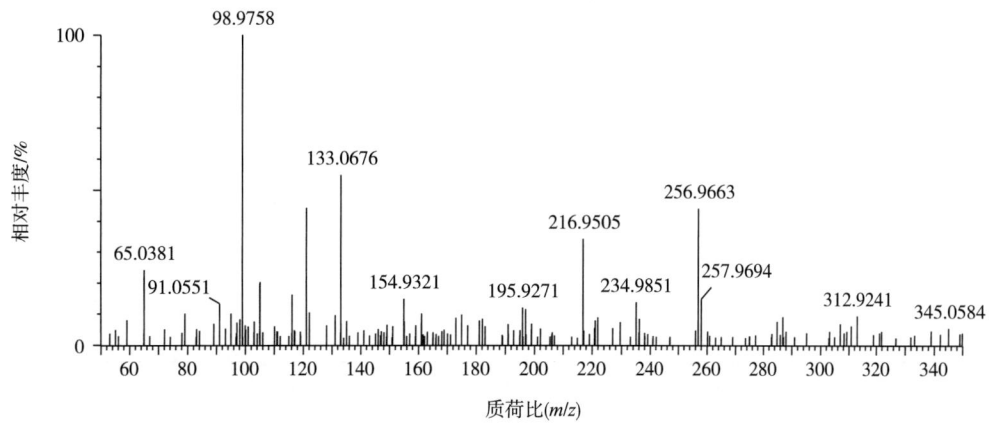

15 苯丙酸诺龙
(Nandrolone phenylpropionate)

（1）化合物信息

中文名	苯丙酸诺龙
别名	苯丙酸去甲睾酮、19-去甲基睾丸素苯丙酸酯
CAS 登录号	62-90-8
分子式	$C_{27}H_{34}O_3$
结构式	
单一同位素相对分子质量	406.2508
离子加合形式	ESI 源，$[M+H]^+$，$[M+Na]^+$，$[M+K]^+$
色谱保留时间	11.53 min

（2）提取离子流色谱图

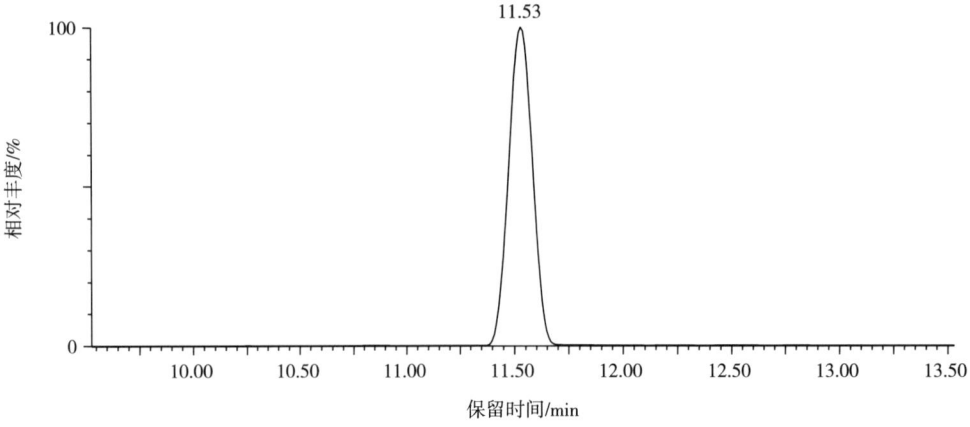

（3）母离子质谱图

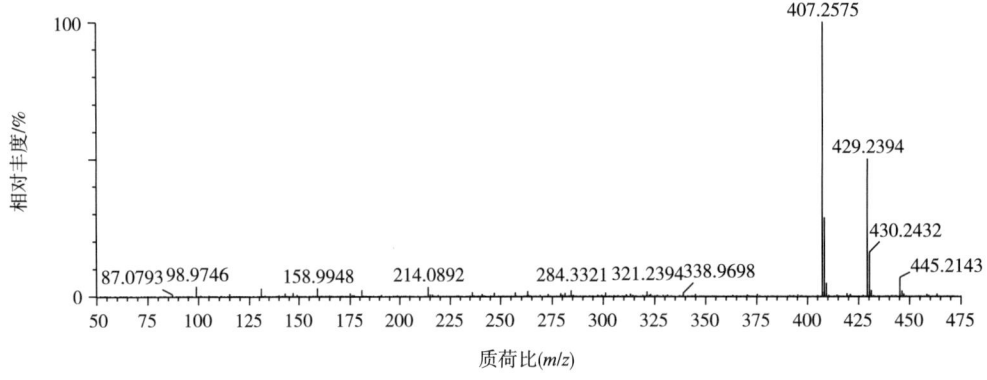

（4）子离子质谱图

①碰撞能量15eV

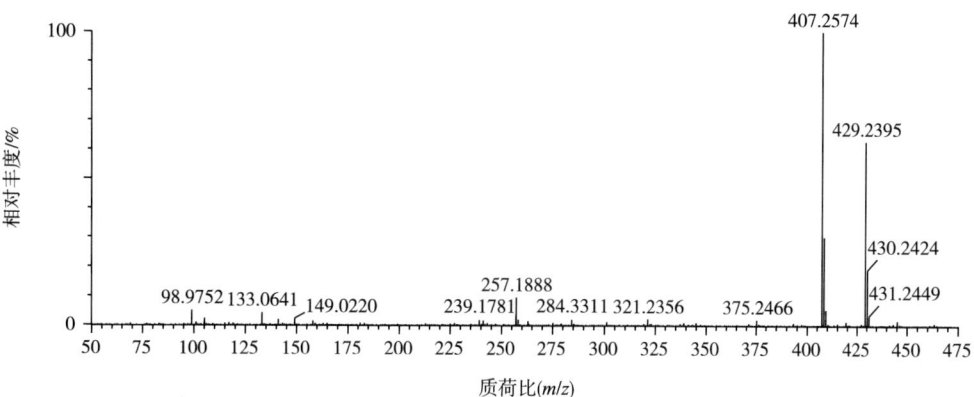

②碰撞能量30eV

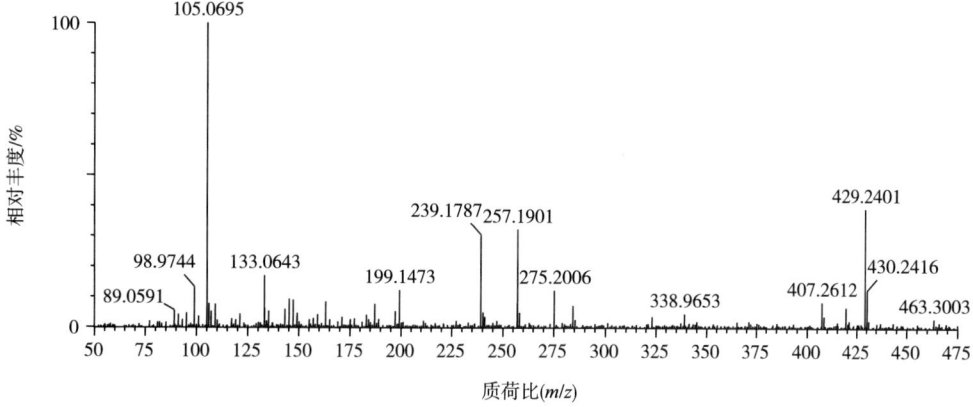

③碰撞能量45eV

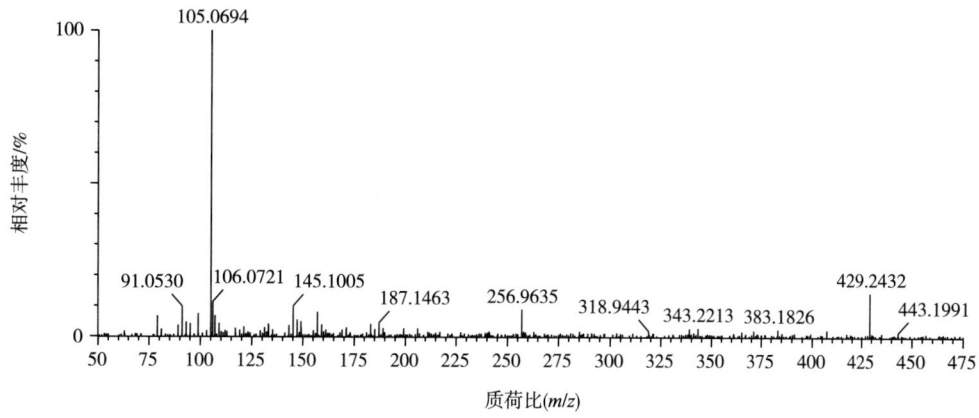

16 苯海拉明
(Diphenhydramine)

(1) 化合物信息

中文名	苯海拉明
别名	苯那君
CAS 登录号	58-73-1
分子式	$C_{17}H_{21}NO$
结构式	
单一同位素相对分子质量	255.1623
离子加合形式	ESI 源，$[M+H]^+$
色谱保留时间	6.84min

(2) 提取离子流色谱图

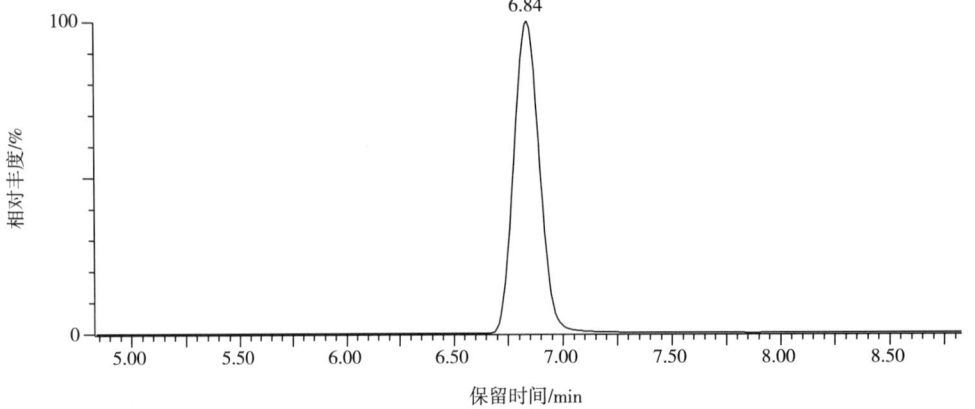

(3) 母离子质谱图

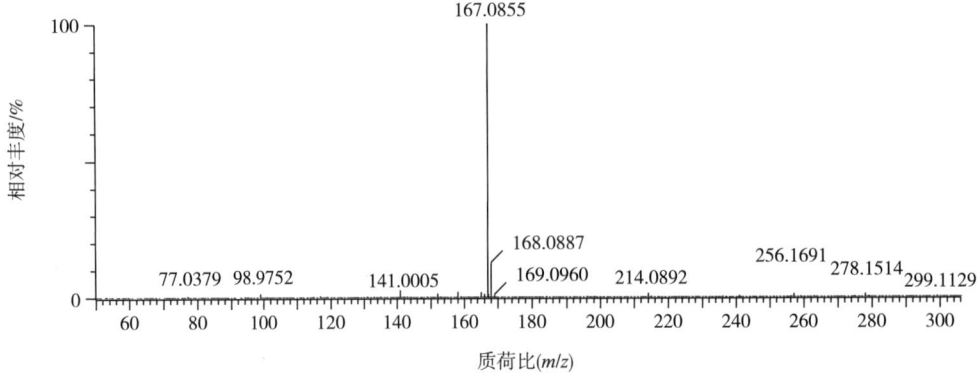

（4）子离子质谱图

①碰撞能量15eV

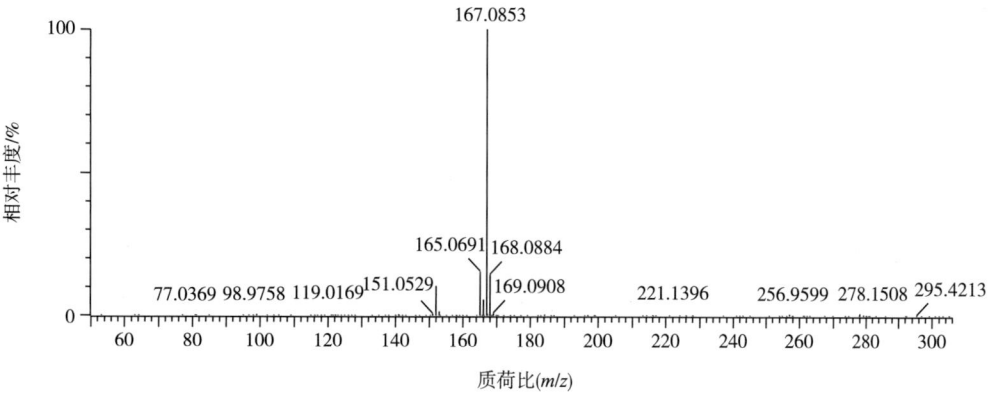

②碰撞能量30eV

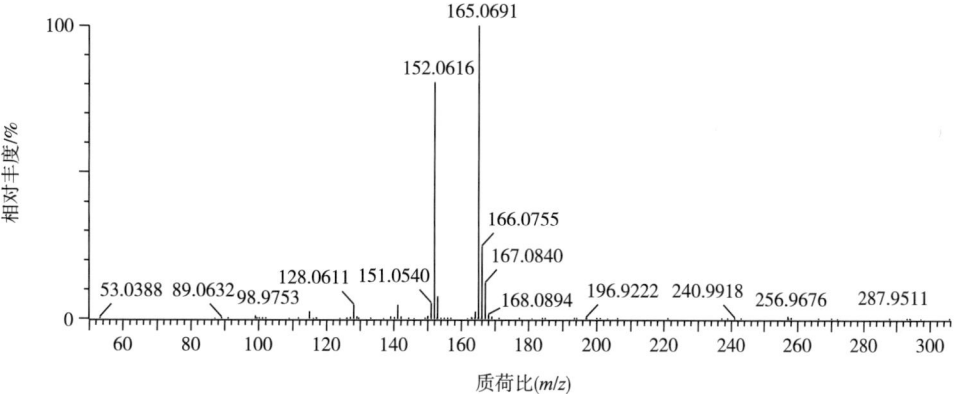

③碰撞能量45eV

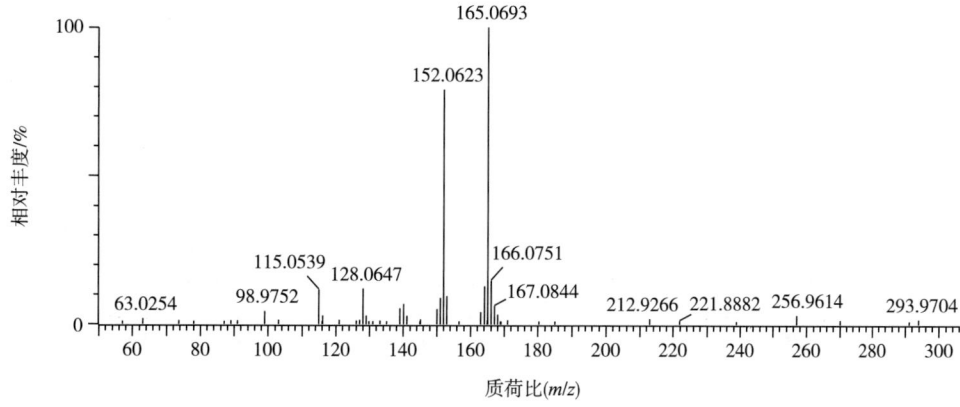

17 苯甲酸雌二醇
(Estradiol benzoate)

(1) 化合物信息

中文名	苯甲酸雌二醇
别名	—
CAS 登录号	50-50-0
分子式	$C_{25}H_{28}O_3$
结构式	
单一同位素相对分子质量	376.2038
离子加合形式	ESI 源，$[M+H]^+$，$[M+Na]^+$，$[M+K]^+$
色谱保留时间	11.55min

(2) 提取离子流色谱图

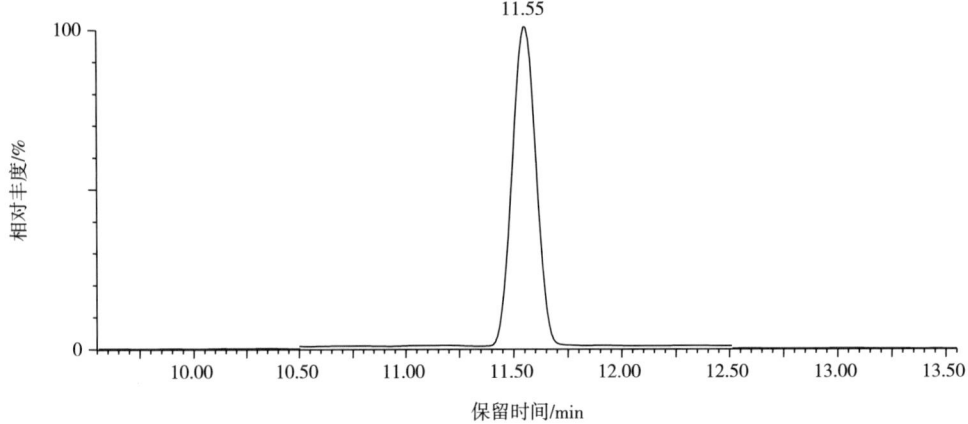

(3) 母离子质谱图

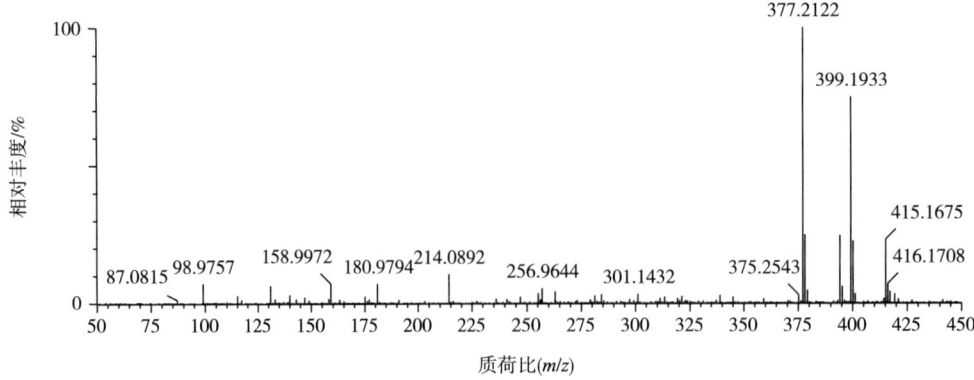

（4）子离子质谱图

①碰撞能量 15 eV

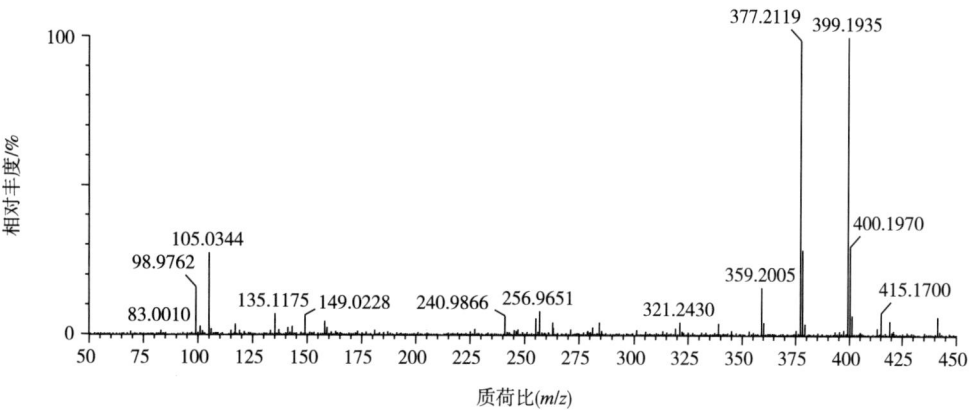

②碰撞能量 30 eV

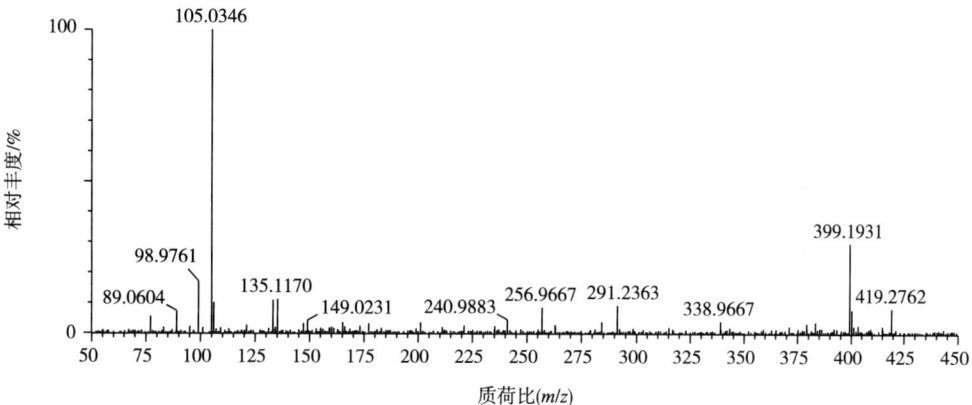

③碰撞能量 45 eV

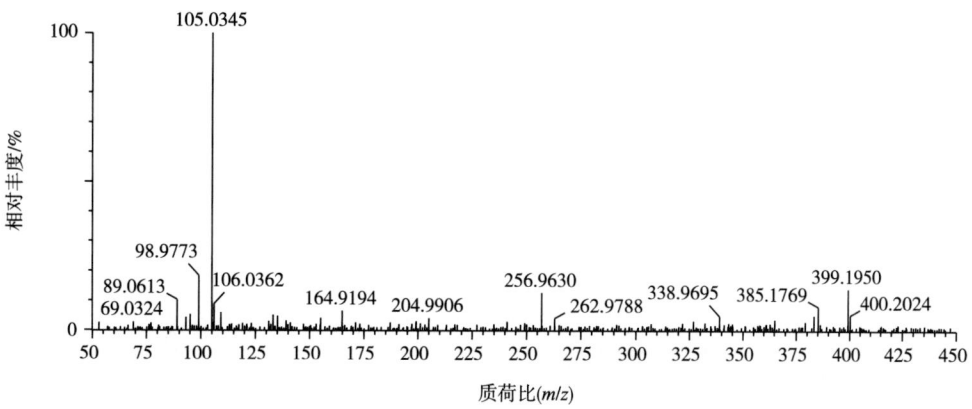

18 苯氧丙酚胺
(Isoxsuprine)

(1) 化合物信息

中文名	苯氧丙酚胺
别名	异舒普林、异克舒令
CAS 登录号	395-28-8
分子式	$C_{18}H_{23}NO_3$
结构式	
单一同位素相对分子质量	301.1678
离子加合形式	ESI 源，$[M+H]^+$
色谱保留时间	5.67 min

(2) 提取离子流色谱图

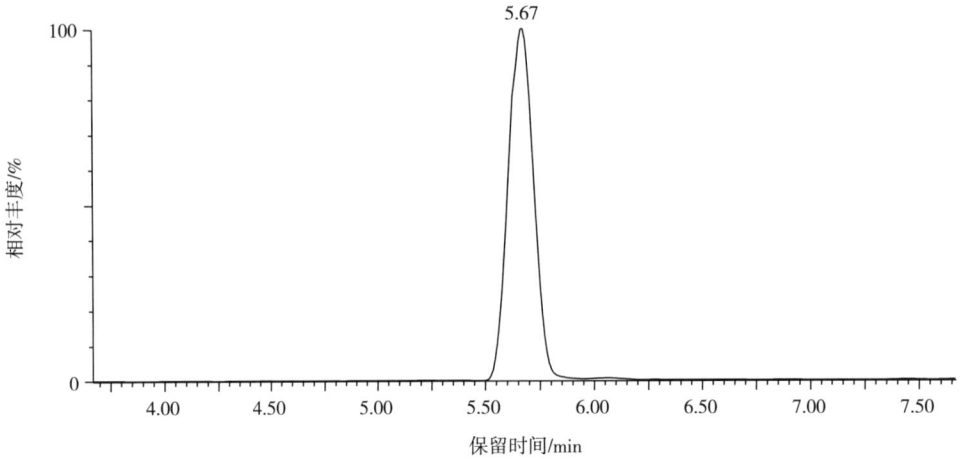

(3) 母离子质谱图

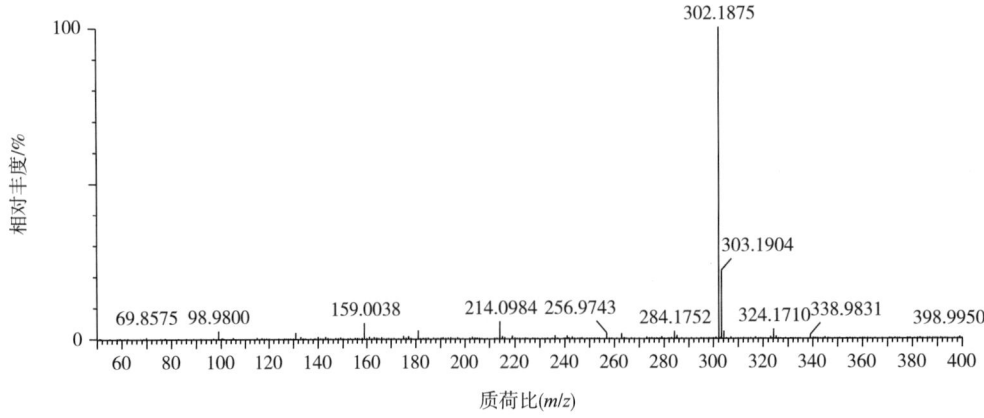

（4）子离子质谱图

①碰撞能量 15eV

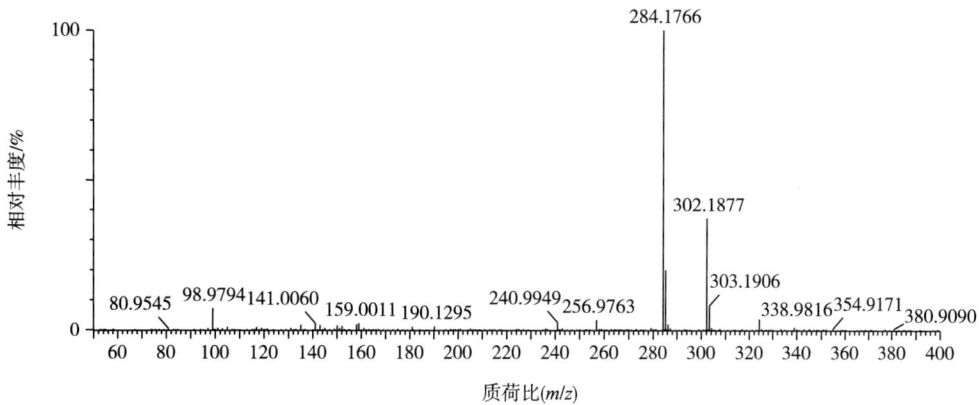

②碰撞能量 30eV

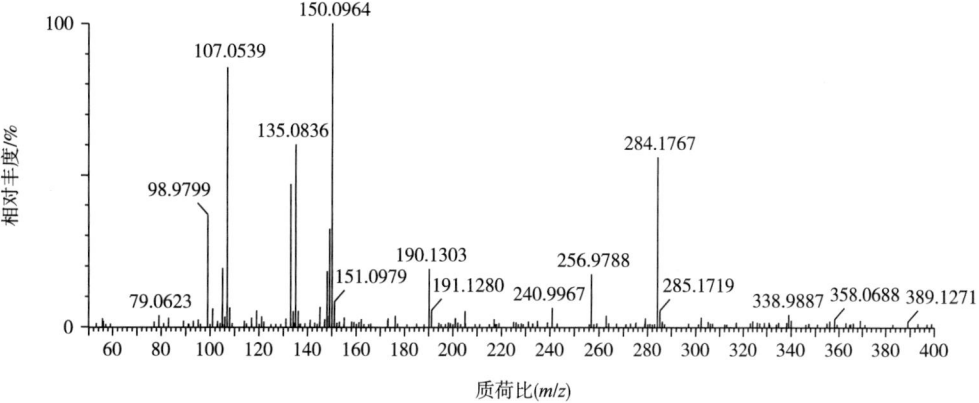

③碰撞能量 45eV

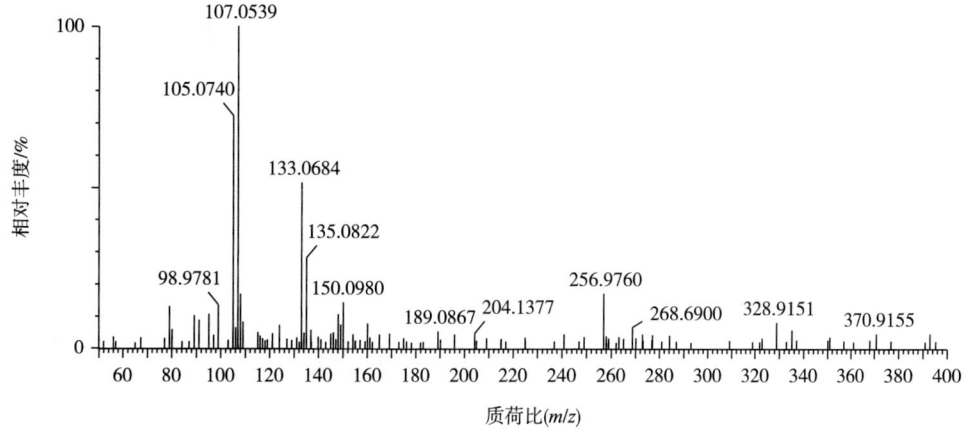

19 苯乙醇胺A
(Phenylethanolamine A)

(1) 化合物信息

中文名	苯乙醇胺A
别名	克仑巴胺
CAS 登录号	1346746-81-3
分子式	$C_{19}H_{24}N_2O_4$
结构式	
单一同位素相对分子质量	344.1736
离子加合形式	ESI 源，$[M+H]^+$
色谱保留时间	6.72min

(2) 提取离子流色谱图

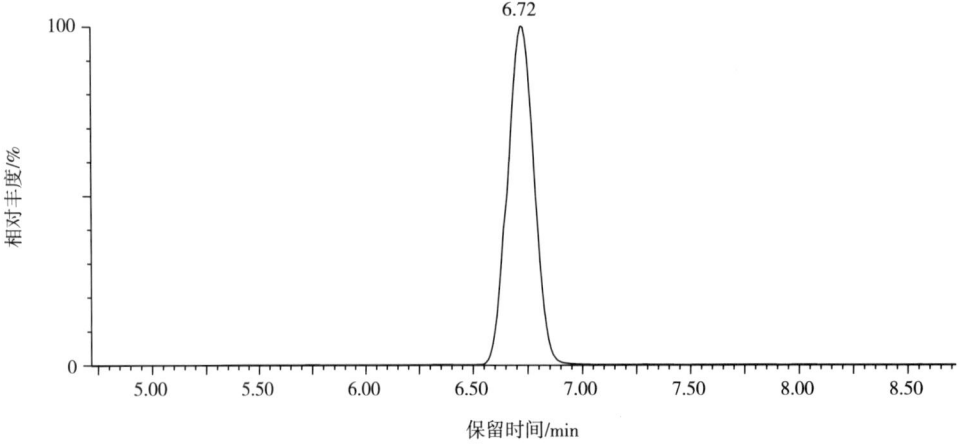

(3) 母离子质谱图

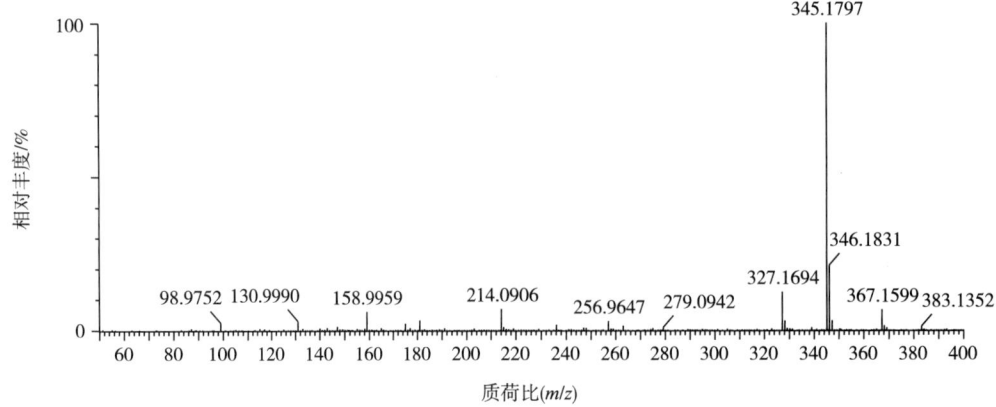

（4）子离子质谱图

①碰撞能量 15 eV

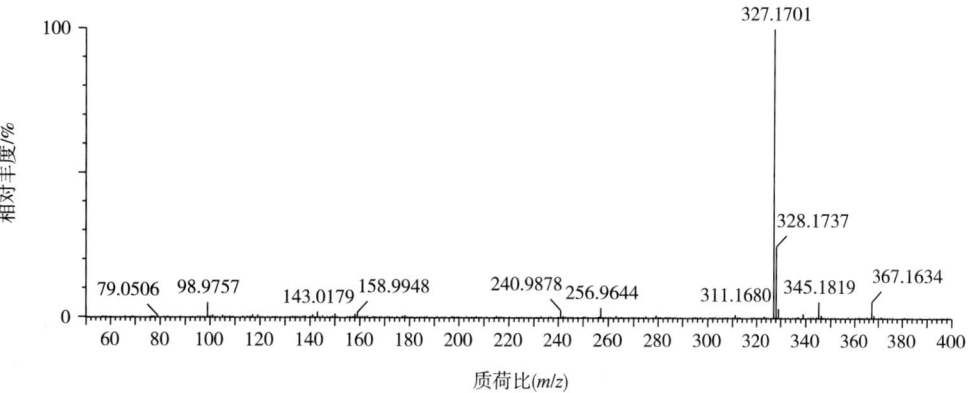

②碰撞能量 30 eV

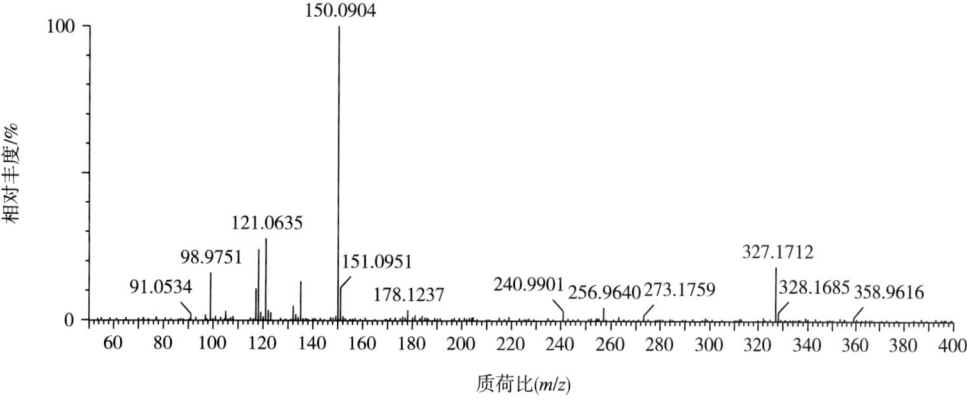

③碰撞能量 45 eV

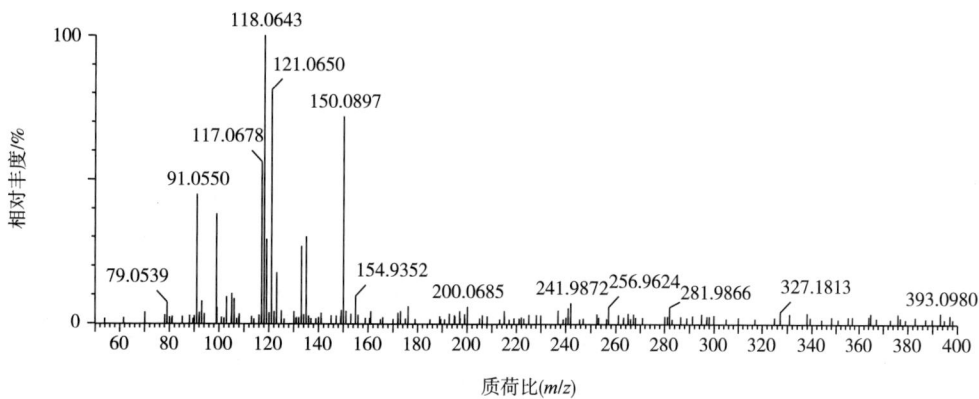

20 比索洛尔
(Bisoprolol)

(1) 化合物信息

中文名	比索洛尔
别名	—
CAS 登录号	66722-44-9
分子式	$C_{18}H_{31}NO_4$
结构式	
单一同位素相对分子质量	325.2253
离子加合形式	ESI 源，$[M+H]^+$
色谱保留时间	6.33min

(2) 提取离子流色谱图

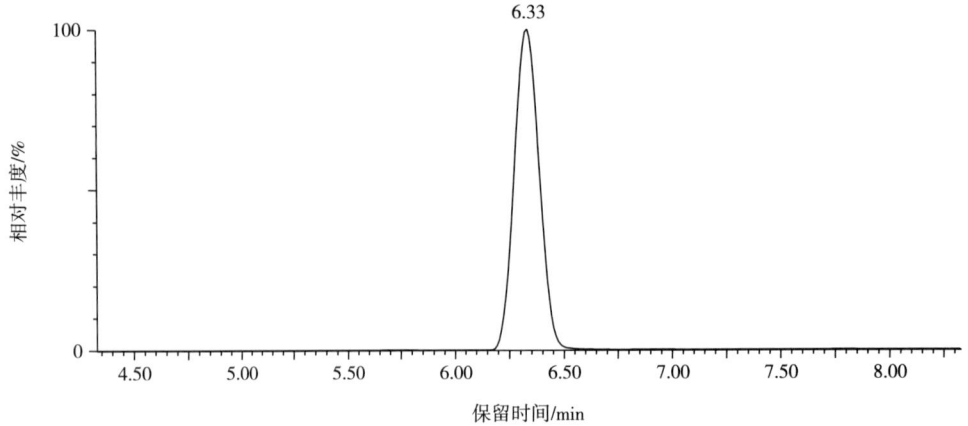

(3) 母离子质谱图

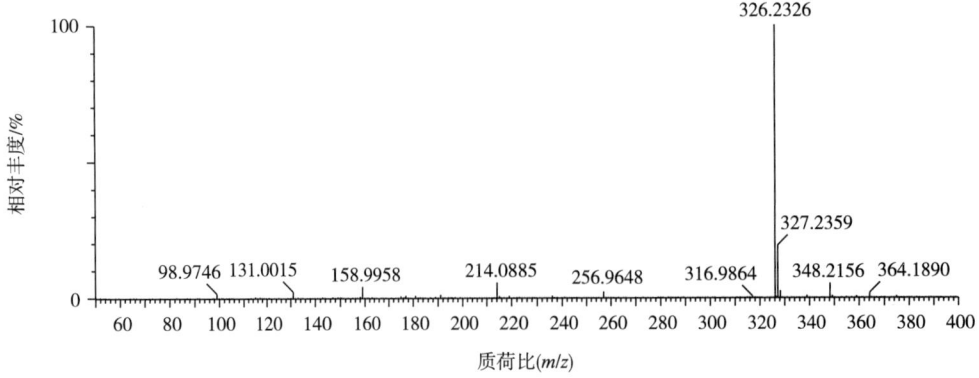

（4）子离子质谱图

①碰撞能量15eV

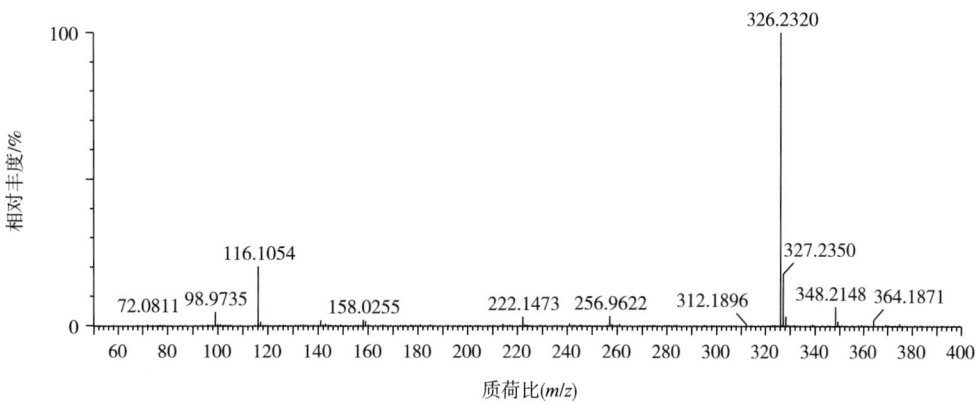

②碰撞能量30eV

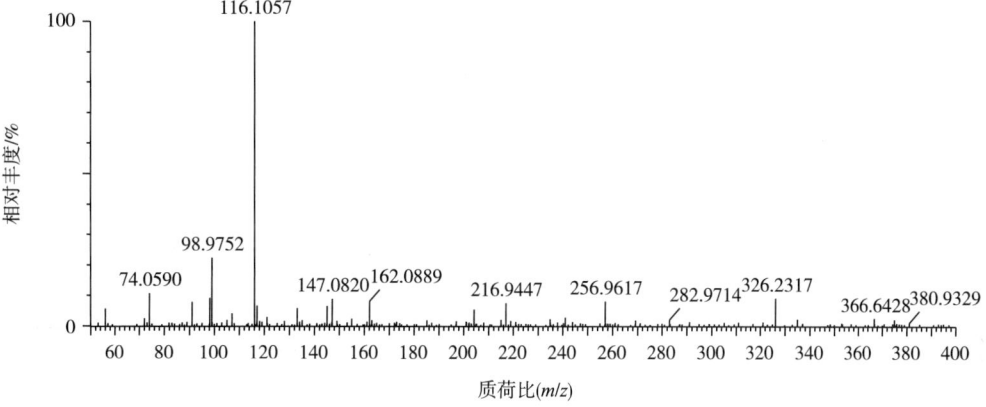

③碰撞能量45eV

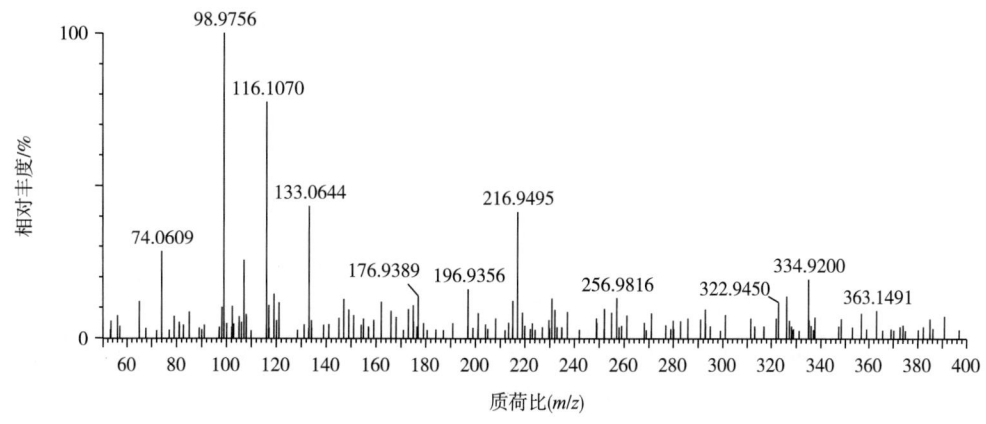

21 吡布特罗 (Pirbuterol)

(1) 化合物信息

中文名	吡布特罗
别名	—
CAS 登录号	38677-81-5
分子式	$C_{12}H_{20}N_2O_3$
结构式	
单一同位素相对分子质量	240.1474
离子加合形式	ESI 源，$[M+H]^+$
色谱保留时间	2.73 min

(2) 提取离子流色谱图

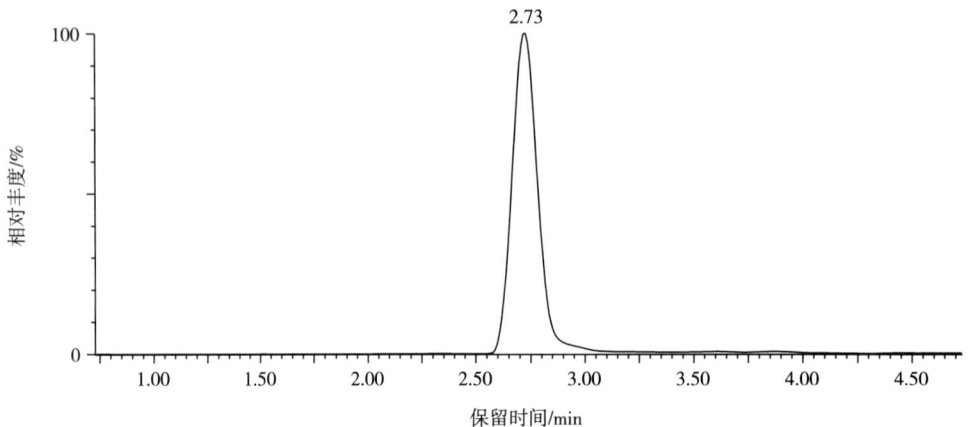

(3) 母离子质谱图

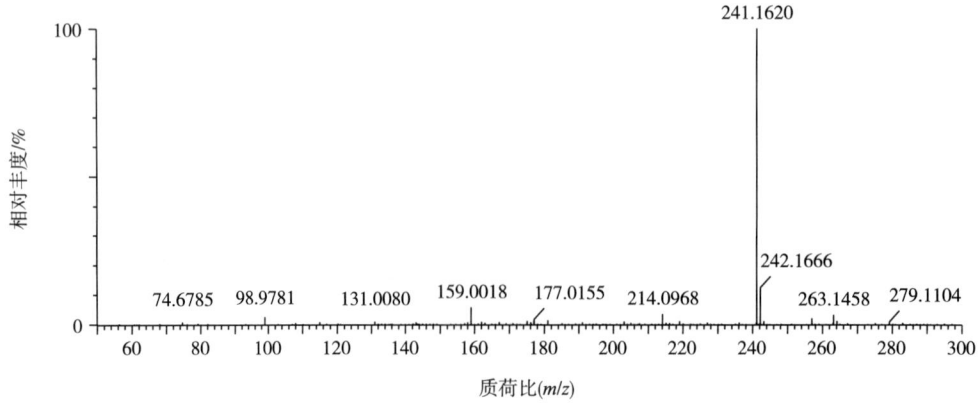

（4）子离子质谱图

①碰撞能量15eV

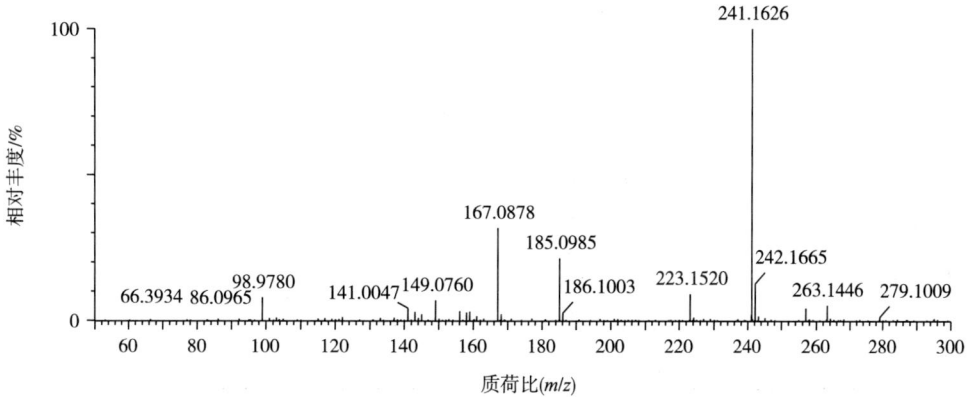

②碰撞能量30eV

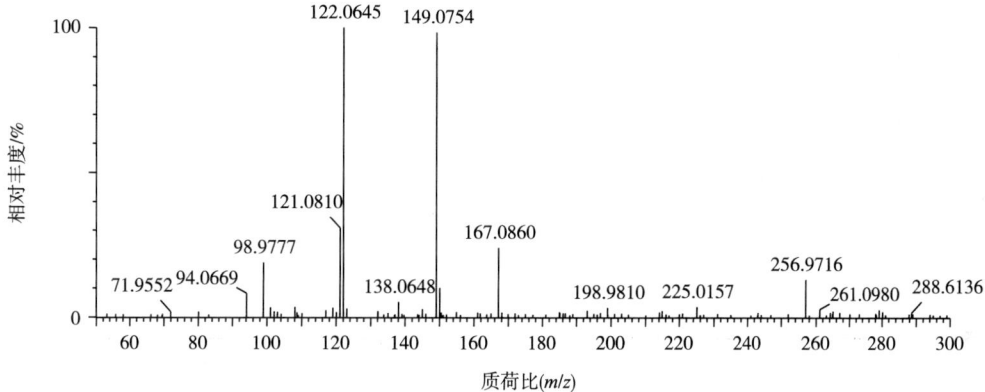

③碰撞能量45eV

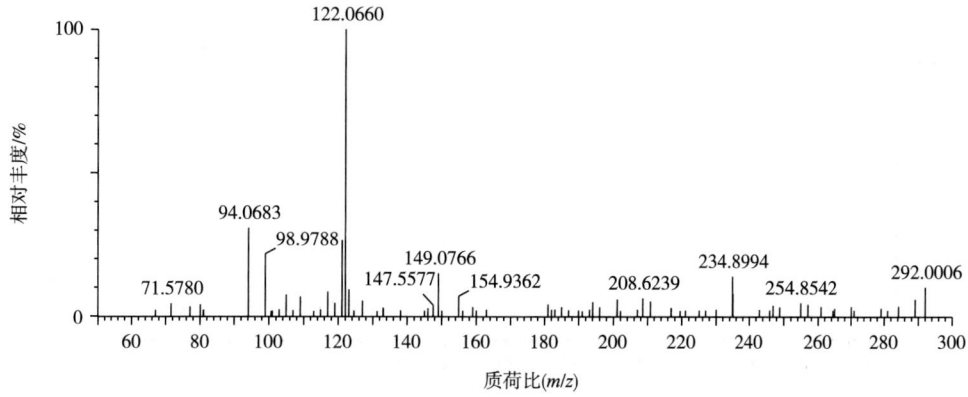

22 表睾酮
(Epitestosterone)

(1) 化合物信息

中文名	表睾酮
别名	17α-表睾酮
CAS 登录号	481-30-1
分子式	$C_{19}H_{28}O_2$
结构式	
单一同位素相对分子质量	288.2089
离子加合形式	ESI 源，$[M+H]^+$，$[M+Na]^+$
色谱保留时间	9.35min

(2) 提取离子流色谱图

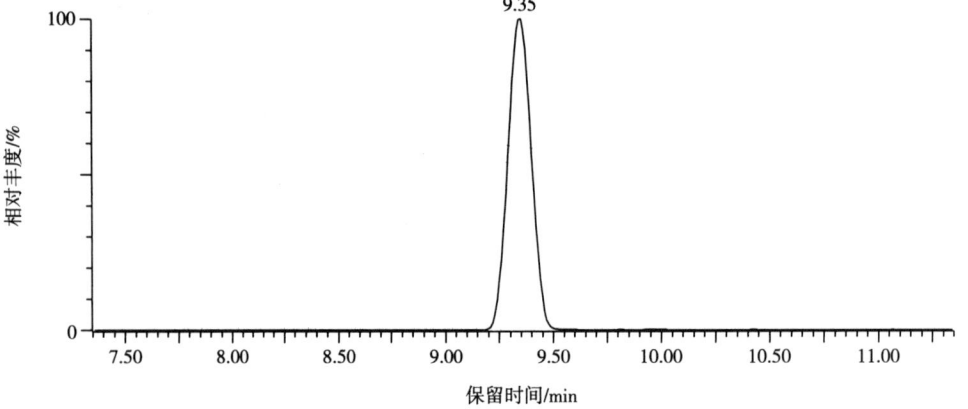

(3) 母离子质谱图

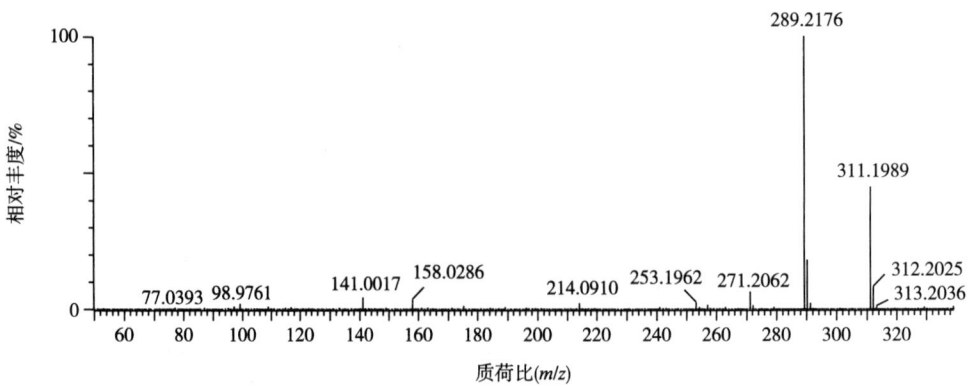

（4）子离子质谱图

①碰撞能量15eV

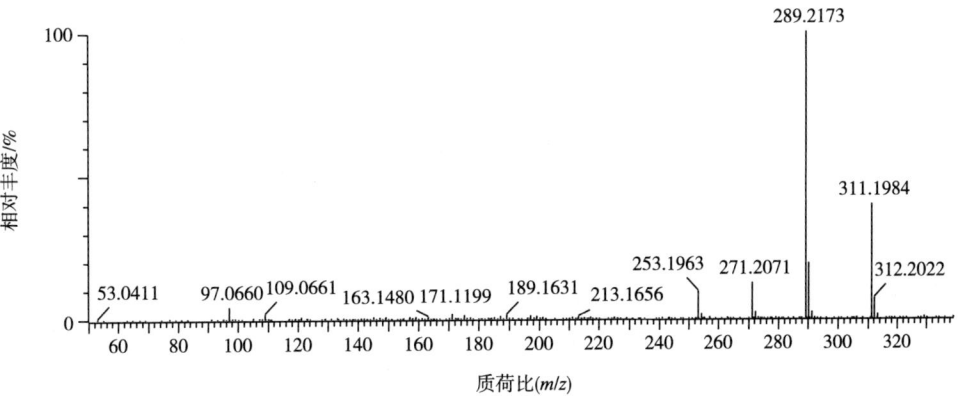

②碰撞能量30eV

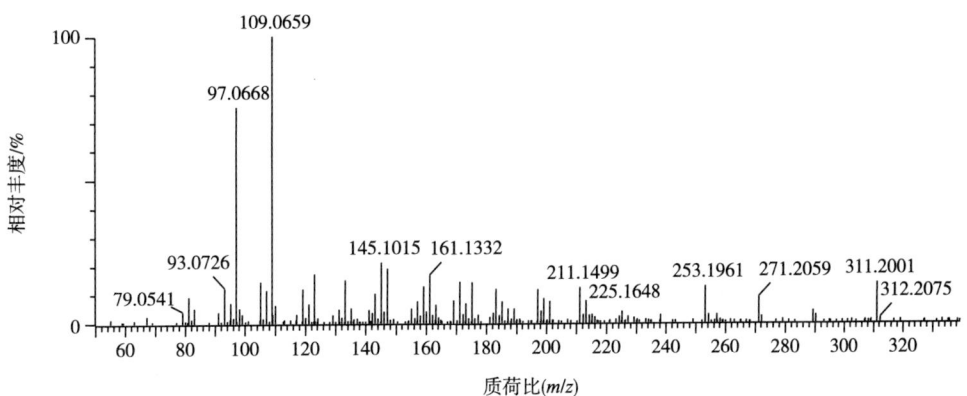

③碰撞能量45eV

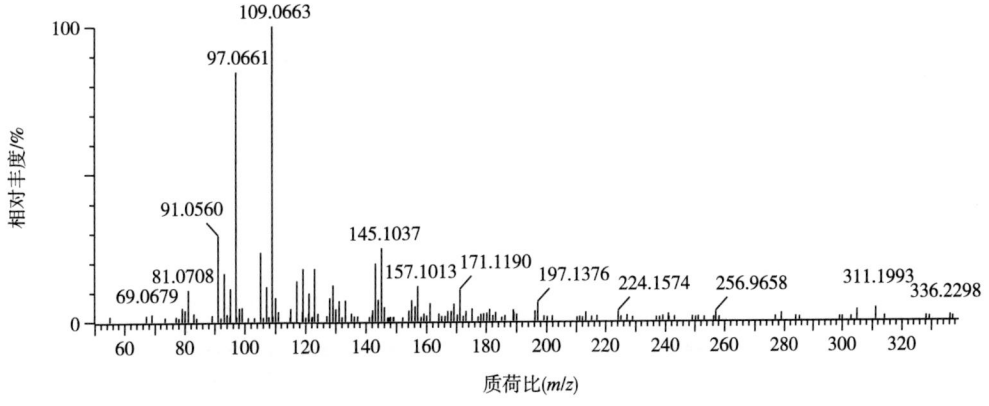

23 丙磺舒
(Probenecid)

(1) 化合物信息

中文名	丙磺舒
别名	羧苯磺胺、丙苯尼西德
CAS 登录号	57-66-9
分子式	$C_{13}H_{19}NO_4S$
结构式	
单一同位素相对分子质量	285.1035
离子加合形式	ESI 源，$[M+H]^+$
色谱保留时间	6.67min

(2) 提取离子流色谱图

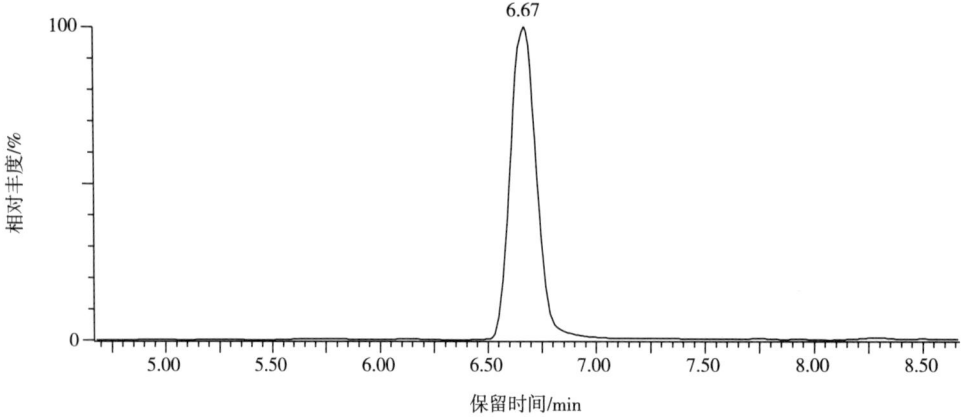

(3) 母离子质谱图

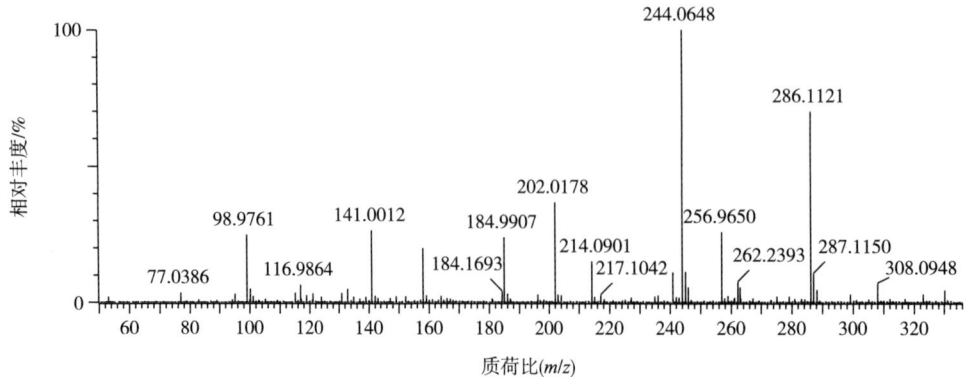

（4）子离子质谱图

①碰撞能量15eV

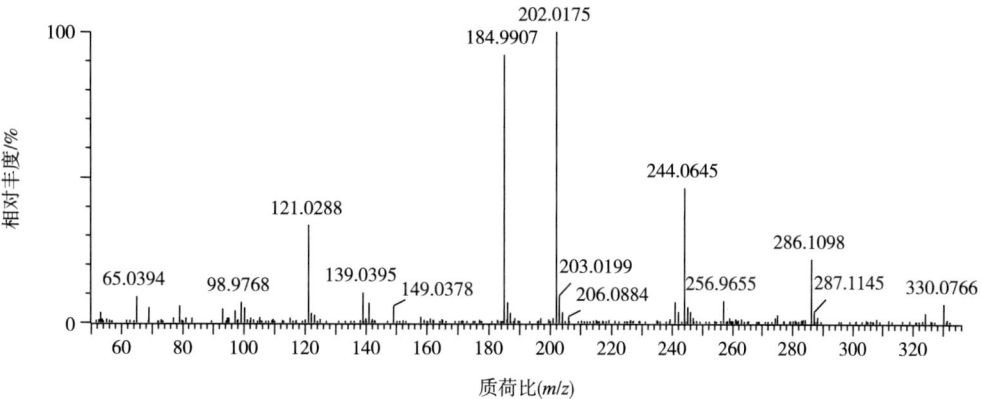

②碰撞能量30eV

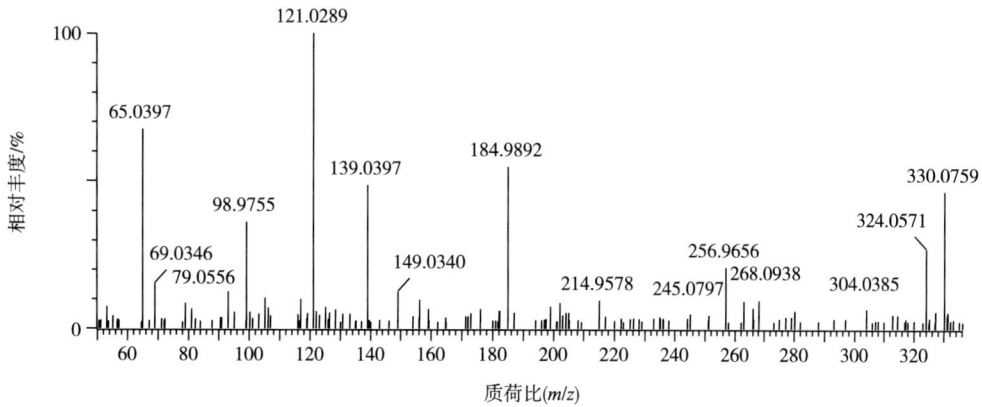

③碰撞能量45eV

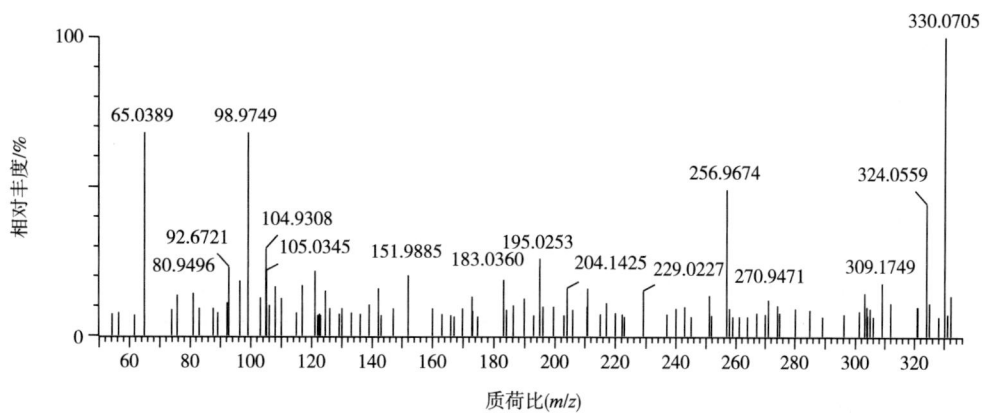

24 丙硫氧嘧啶
(Propylthiouracil)

(1) 化合物信息

中文名	丙硫氧嘧啶
别名	丙基硫氧嘧啶
CAS 登录号	51-52-5
分子式	$C_7H_{10}N_2OS$
结构式	
单一同位素相对分子质量	170.0514
离子加合形式	ESI 源，$[M+H]^+$
色谱保留时间	3.65min

(2) 提取离子流色谱图

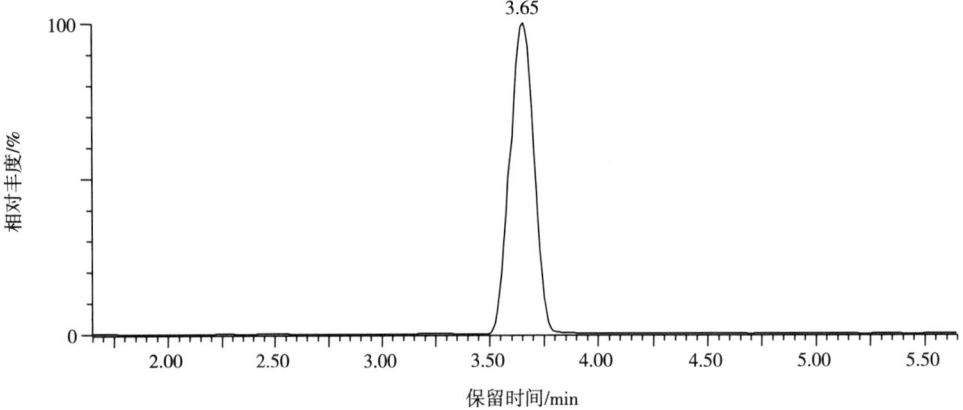

(3) 母离子质谱图

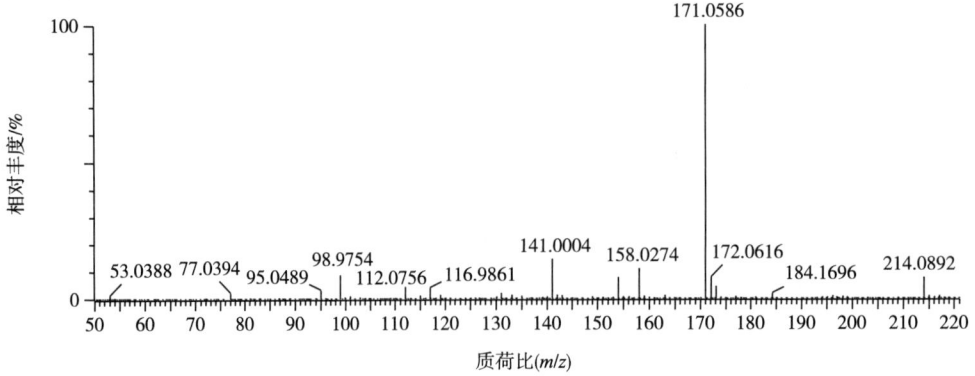

（4）子离子质谱图

①碰撞能量 15eV

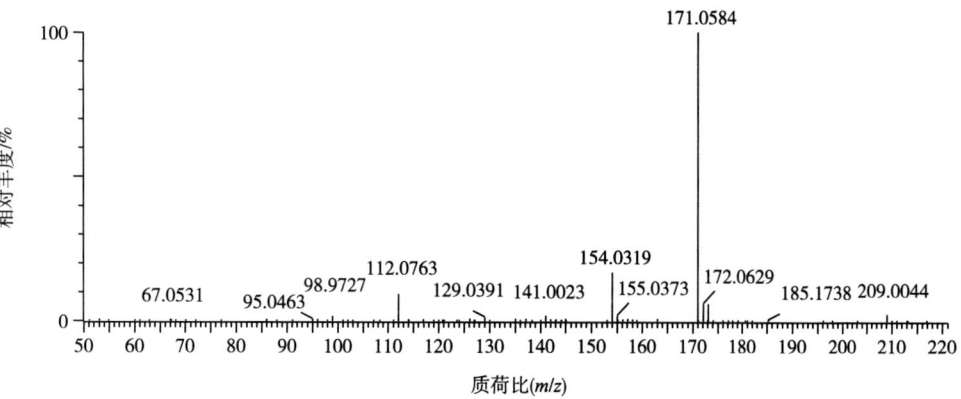

②碰撞能量 30eV

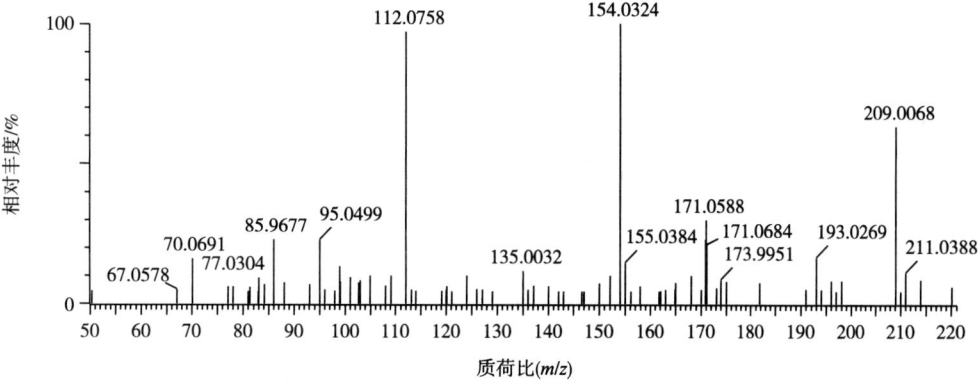

③碰撞能量 45eV

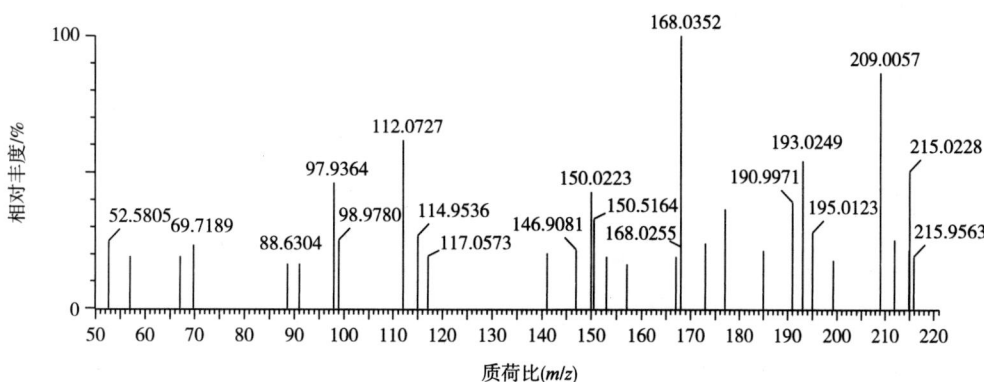

25 丙卡特罗
(Procaterol)

(1) 化合物信息

中文名	丙卡特罗
别名	异丙喹喘宁、美喘清
CAS 登录号	72332-33-3
分子式	$C_{16}H_{22}N_2O_3$
结构式	
单一同位素相对分子质量	290.1630
离子加合形式	ESI 源，$[M+H]^+$
色谱保留时间	3.27min

(2) 提取离子流色谱图

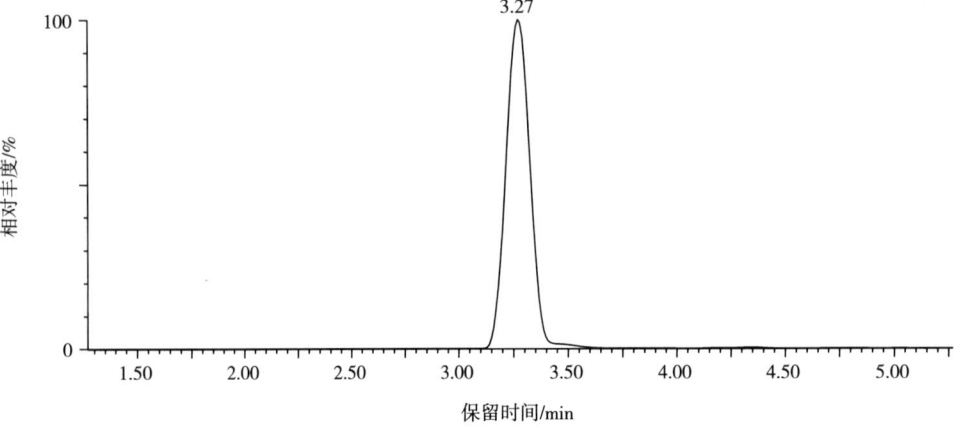

(3) 母离子质谱图

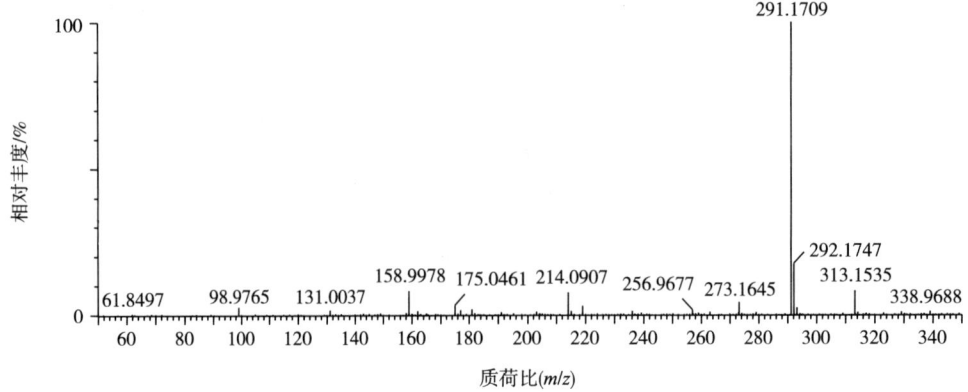

（4）子离子质谱图

①碰撞能量 15 eV

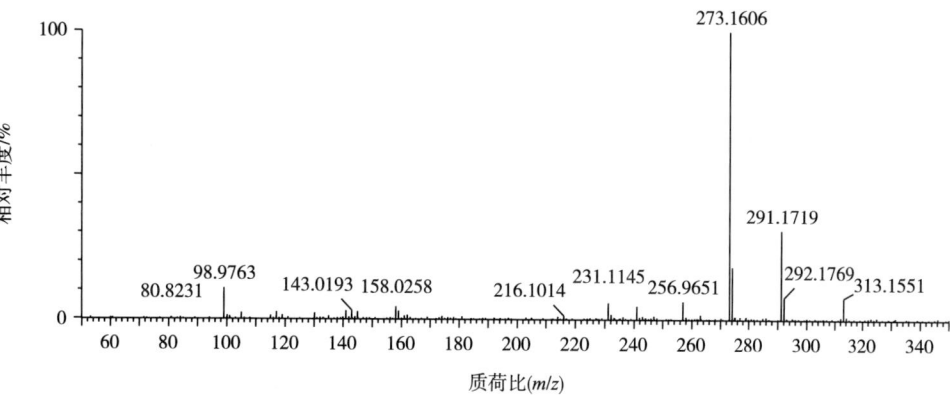

②碰撞能量 30 eV

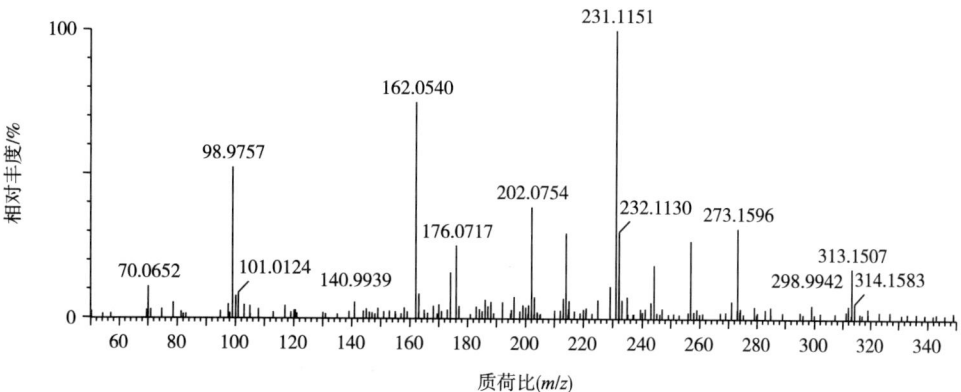

③碰撞能量 45 eV

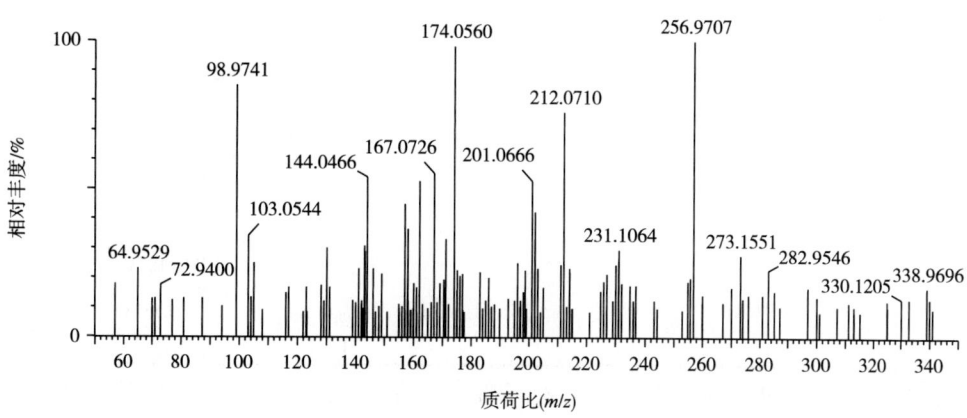

26 勃地酮
(Boldenone)

(1) 化合物信息

中文名	勃地酮
别名	宝丹酮、去氢睾酮、去氢睾丸素
CAS 登录号	846-48-0
分子式	$C_{19}H_{26}O_2$
结构式	
单一同位素相对分子质量	286.1933
离子加合形式	ESI 源，$[M+H]^+$，$[M+Na]^+$，$[M+K]^+$
色谱保留时间	8.34min

(2) 提取离子流色谱图

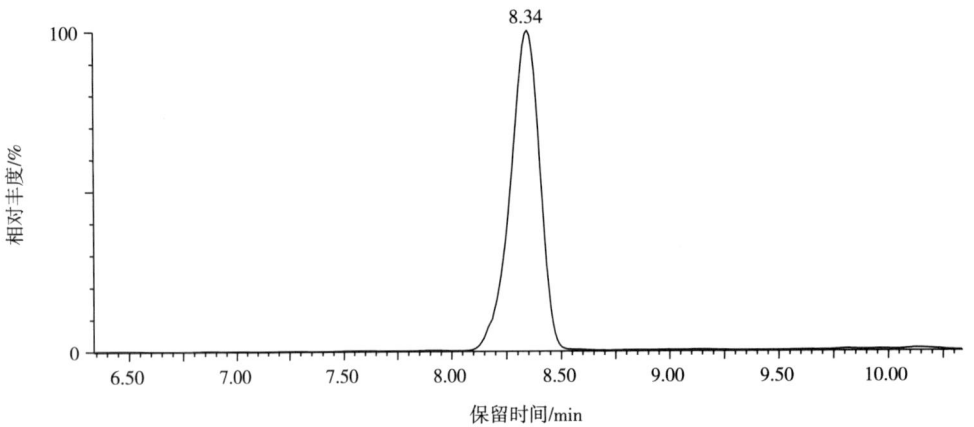

(3) 母离子质谱图

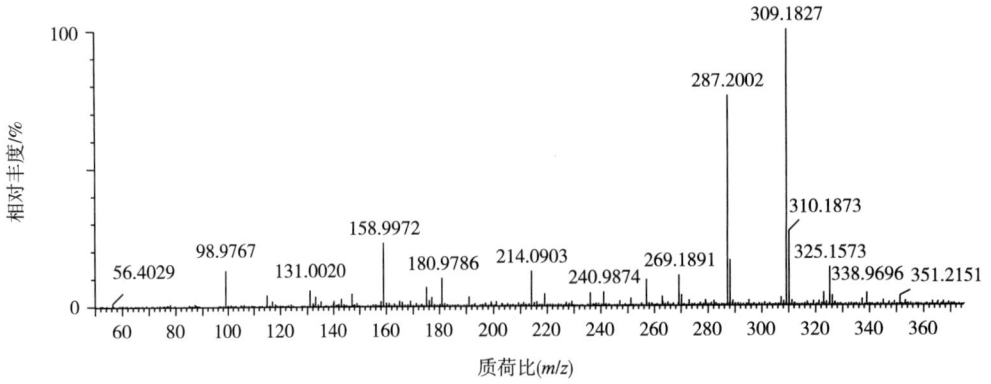

（4）子离子质谱图

①碰撞能量15eV

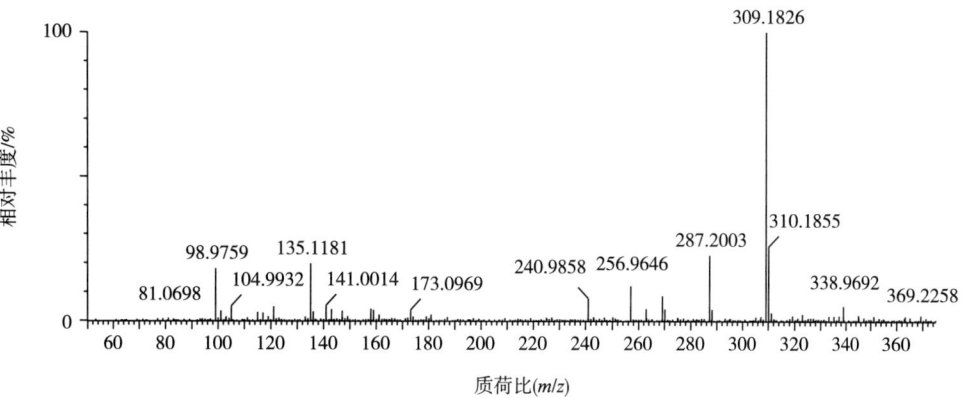

②碰撞能量30eV

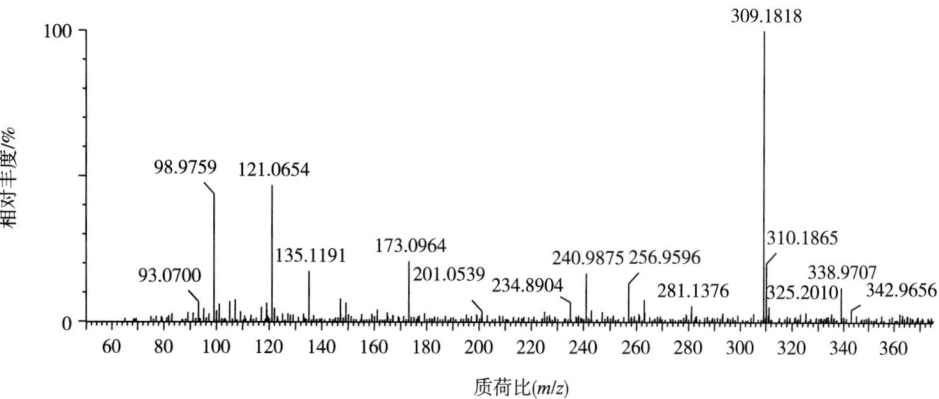

③碰撞能量45eV

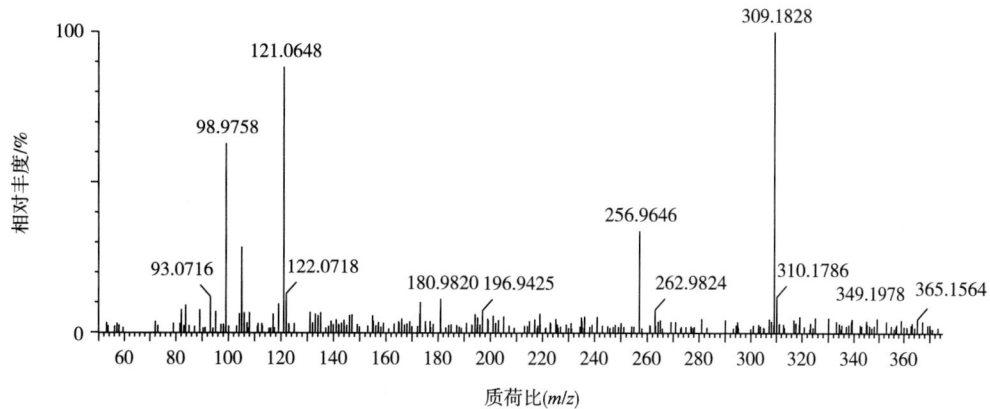

27 布美他尼 (Bumetanide)

(1) 化合物信息

中文名	布美他尼
别名	利尿胺、丁脲胺、丁苯氧酸
CAS 登录号	28395-03-1
分子式	$C_{17}H_{20}N_2O_5S$
结构式	
单一同位素相对分子质量	364.1093
离子加合形式	ESI 源，$[M+H]^+$
色谱保留时间	7.03min

(2) 提取离子流色谱图

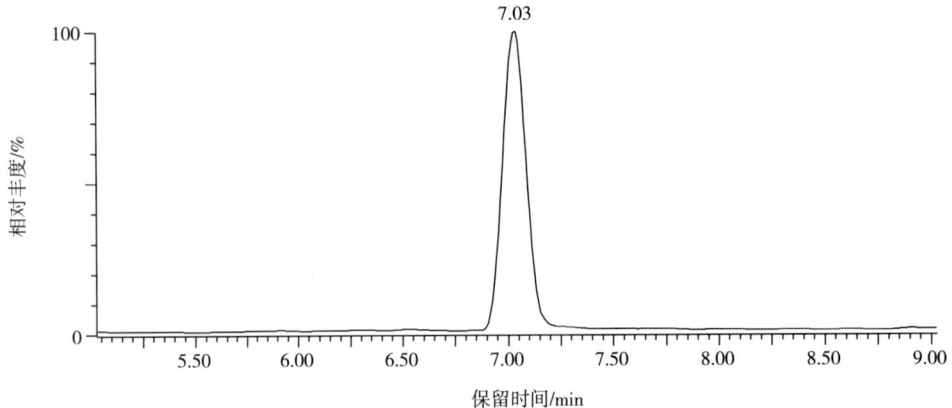

(3) 母离子质谱图

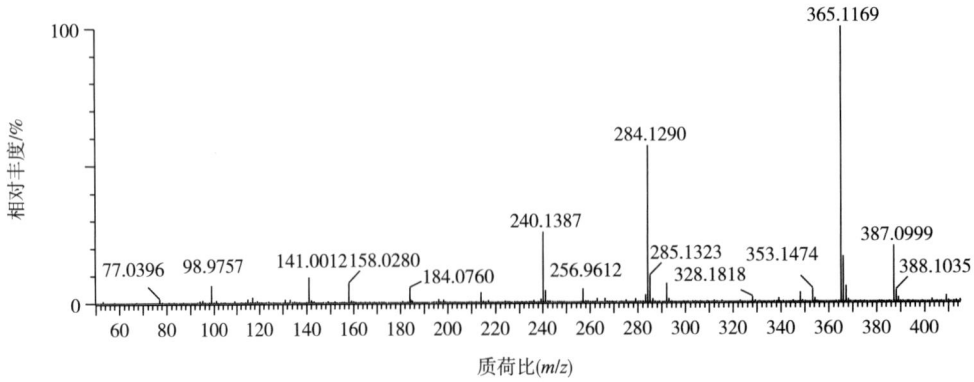

（4）子离子质谱图

①碰撞能量 15eV

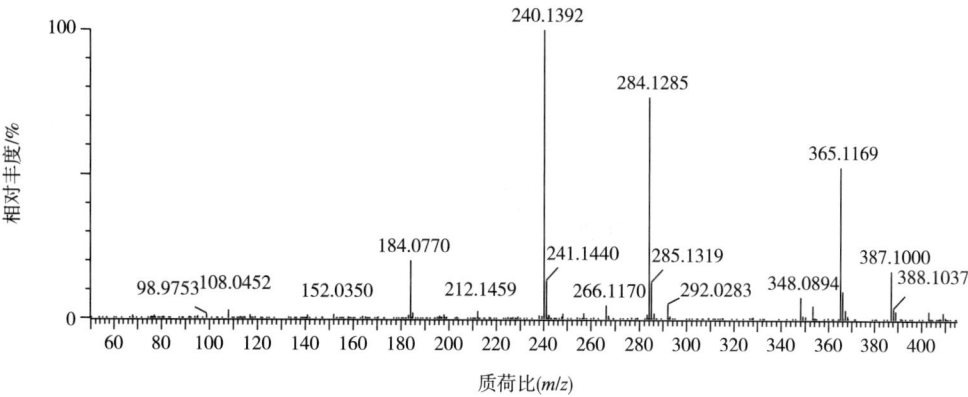

②碰撞能量 30eV

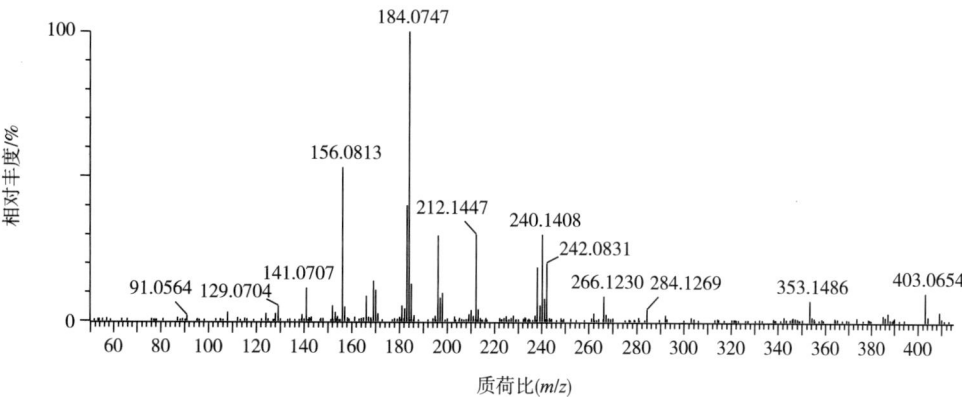

③碰撞能量 45eV

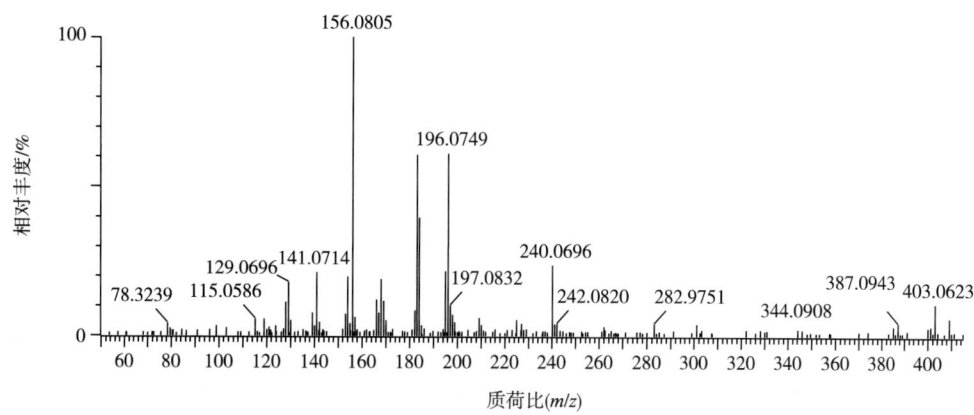

28 醋酸甲地孕酮
(Megestrol acetate)

(1) 化合物信息

中文名	醋酸甲地孕酮
别名	妇宁、甲地孕酮醋酸酯
CAS 登录号	595-33-5
分子式	$C_{24}H_{32}O_4$
结构式	
单一同位素相对分子质量	384.2301
离子加合形式	ESI 源，$[M+H]^+$，$[M+Na]^+$，$[M+K]^+$
色谱保留时间	9.63 min

(2) 提取离子流色谱图

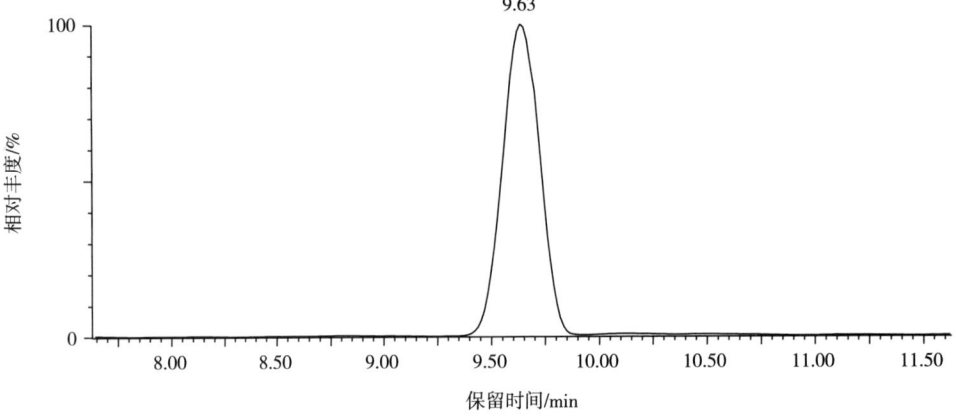

(3) 母离子质谱图

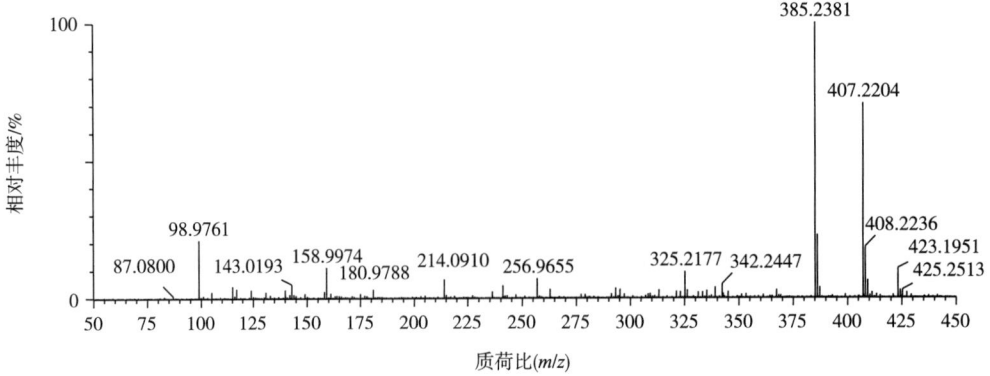

(4）子离子质谱图

①碰撞能量15eV

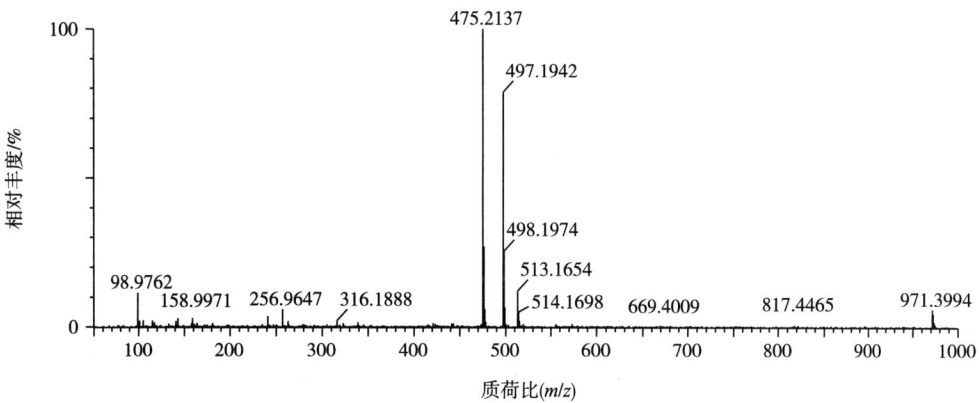

②碰撞能量30eV

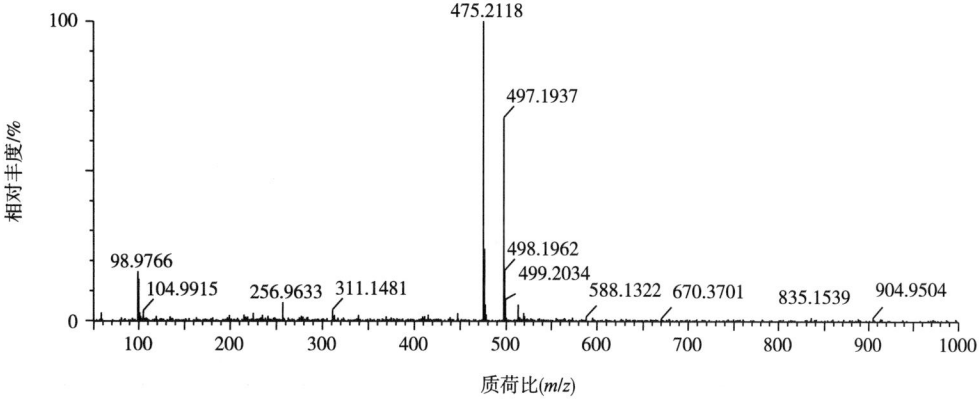

③碰撞能量45eV

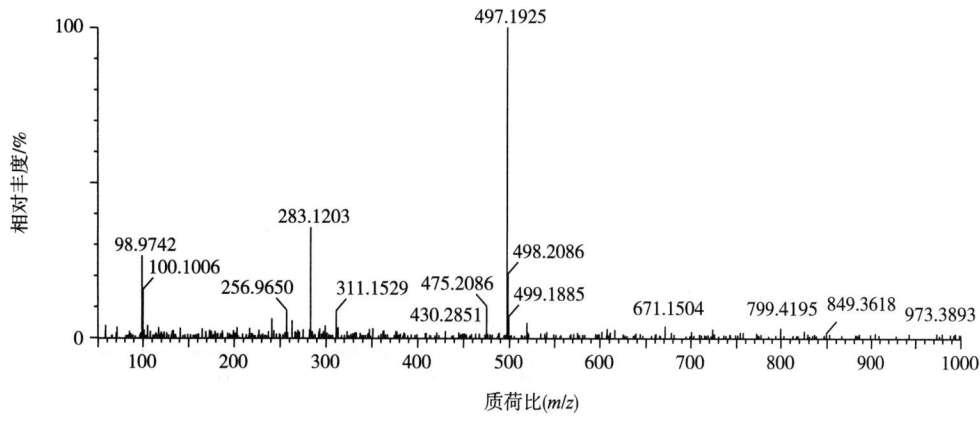

29 醋酸氯地孕酮
(Chlormadinone acetate)

(1) 化合物信息

中文名	醋酸氯地孕酮
别名	氯化孕酮-17乙酸酯
CAS 登录号	302-22-7
分子式	$C_{23}H_{29}ClO_4$
结构式	
单一同位素相对分子质量	404.1754
离子加合形式	ESI 源，$[M+H]^+$，$[M+Na]^+$，$[M+K]^+$
色谱保留时间	9.70min

(2) 提取离子流色谱图

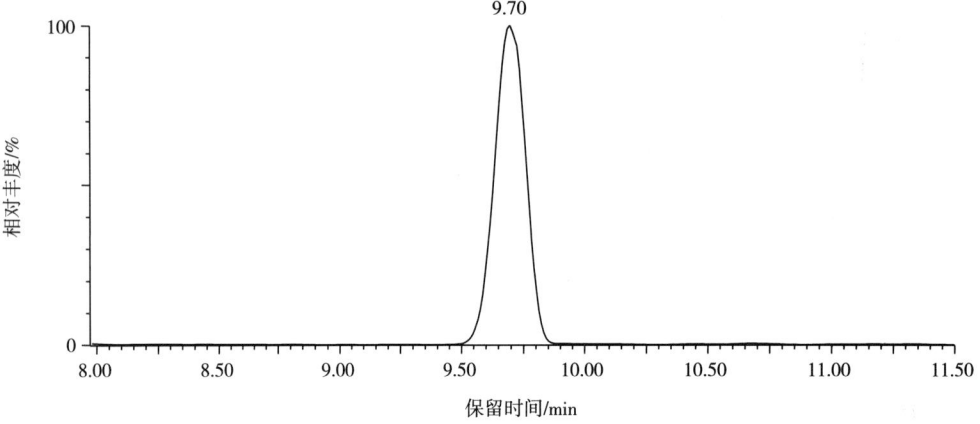

(3) 母离子质谱图

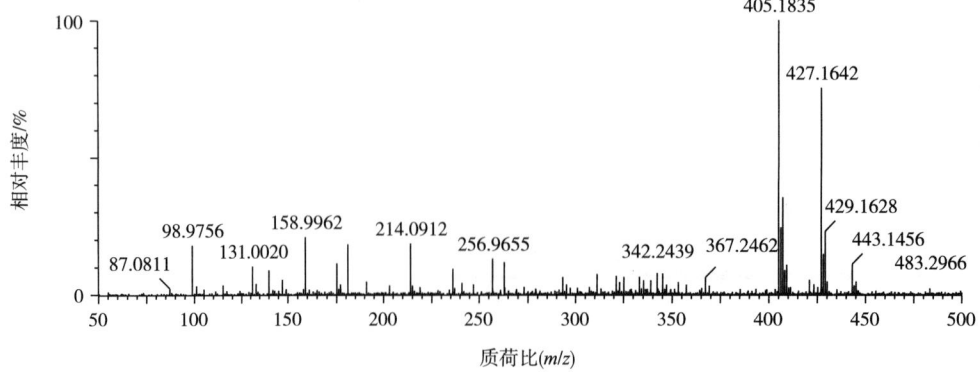

（4）子离子质谱图

①碰撞能量 15 eV

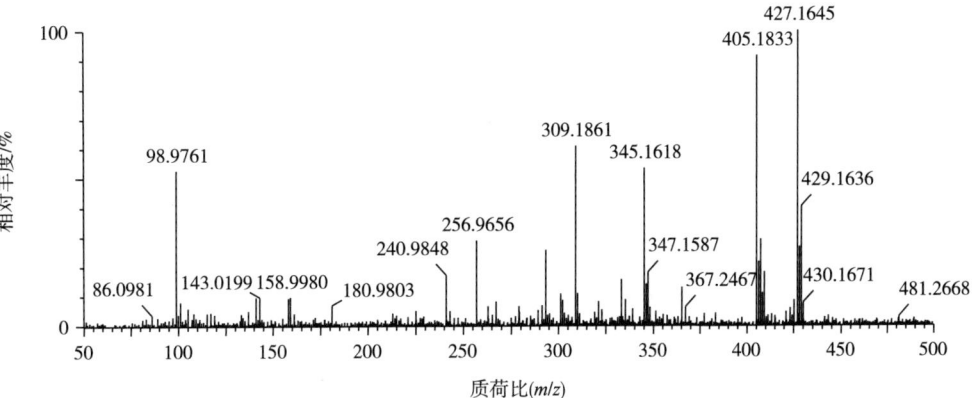

②碰撞能量 30 eV

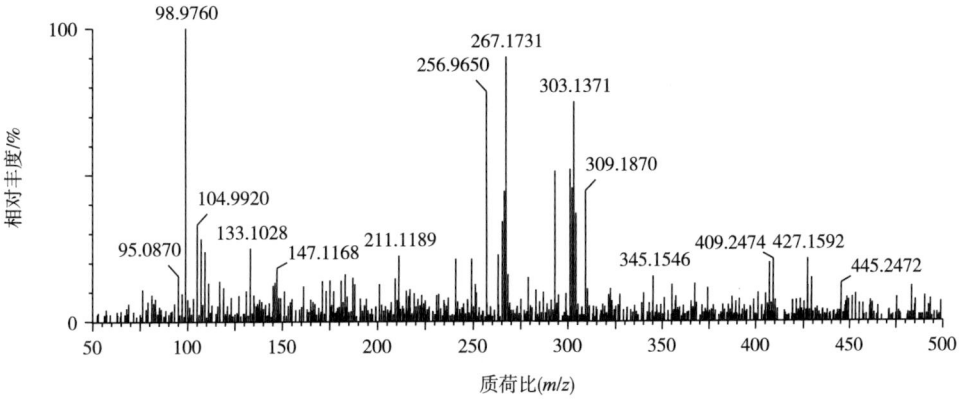

③碰撞能量 45 eV

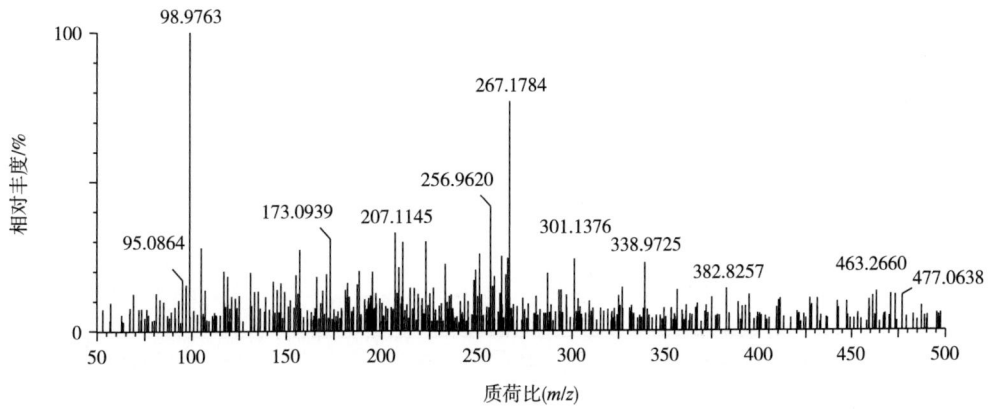

30 醋酸美仑孕酮
(Melengestrol acetate)

（1）化合物信息

中文名	醋酸美仑孕酮
别名	甲烯雌醇醋酸酯、醋酸美伦孕酮
CAS 登录号	2919-66-6
分子式	$C_{25}H_{32}O_4$
结构式	
单一同位素相对分子质量	396.2301
离子加合形式	ESI 源，$[M+H]^+$，$[M+Na]^+$，$[M+K]^+$
色谱保留时间	9.82min

（2）提取离子流色谱图

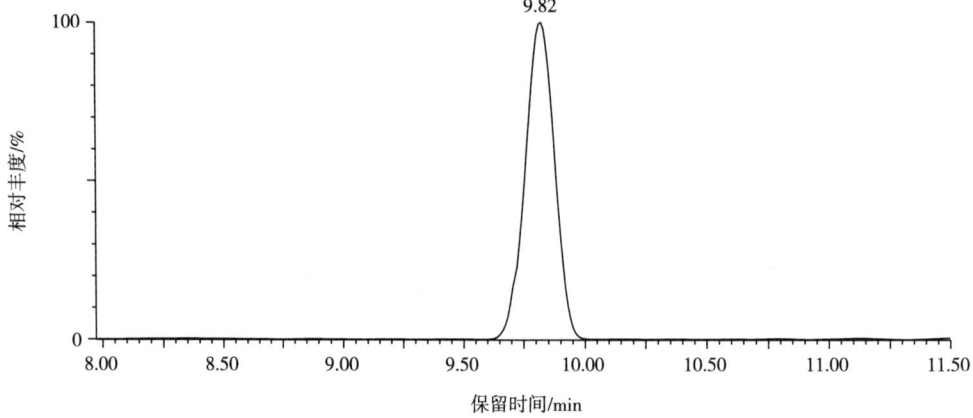

（3）母离子质谱图

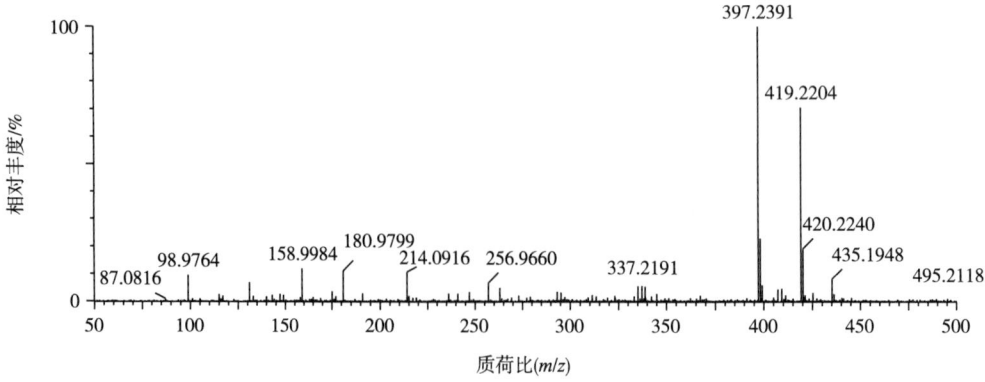

（4）子离子质谱图

①碰撞能量15eV

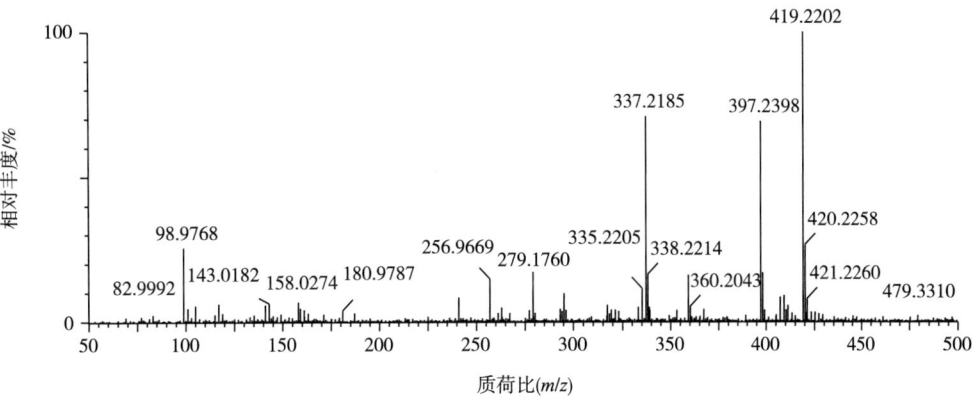

②碰撞能量30eV

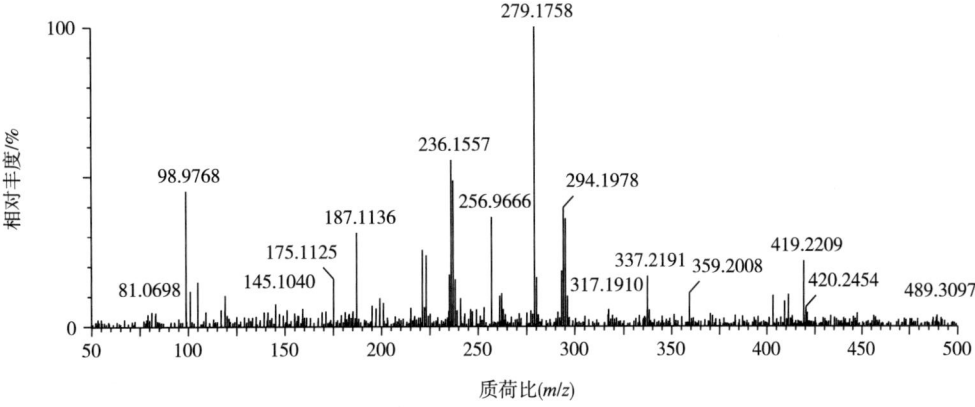

③碰撞能量45eV

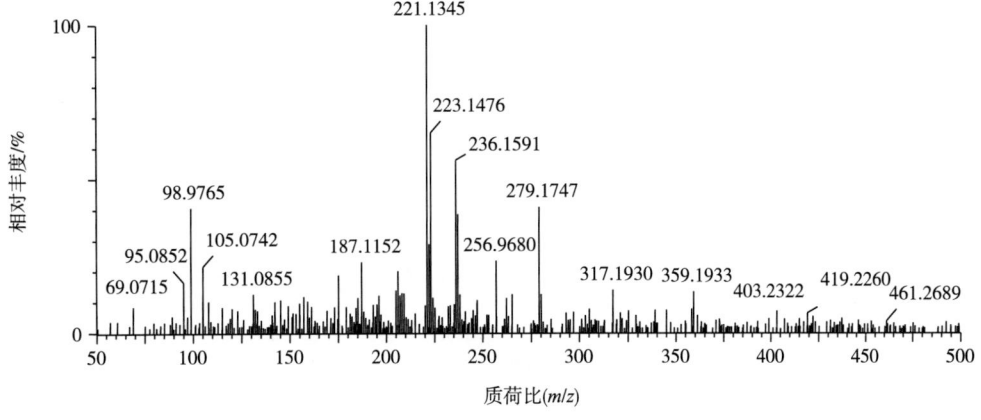

31 醋酸羟孕酮
(Hydroxyprogesterone acetate)

(1) 化合物信息

中文名	醋酸羟孕酮
别名	17α-羟基黄体酮醋酸酯
CAS 登录号	302-23-8
分子式	$C_{23}H_{32}O_4$
结构式	
单一同位素相对分子质量	372.2301
离子加合形式	ESI 源，$[M+H]^+$，$[M+Na]^+$
色谱保留时间	9.25min

(2) 提取离子流色谱图

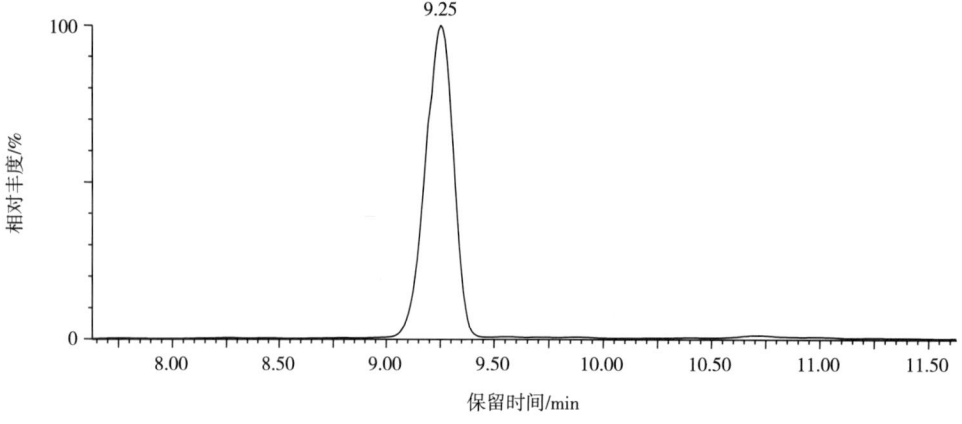

(3) 母离子质谱图

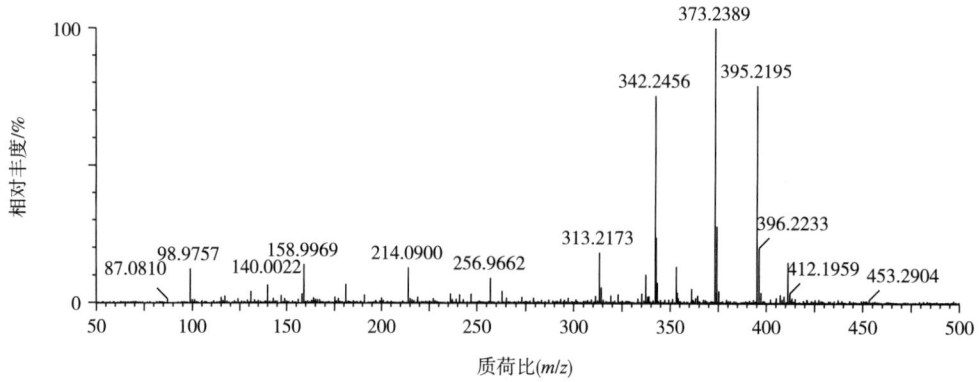

（4）子离子质谱图

①碰撞能量15eV

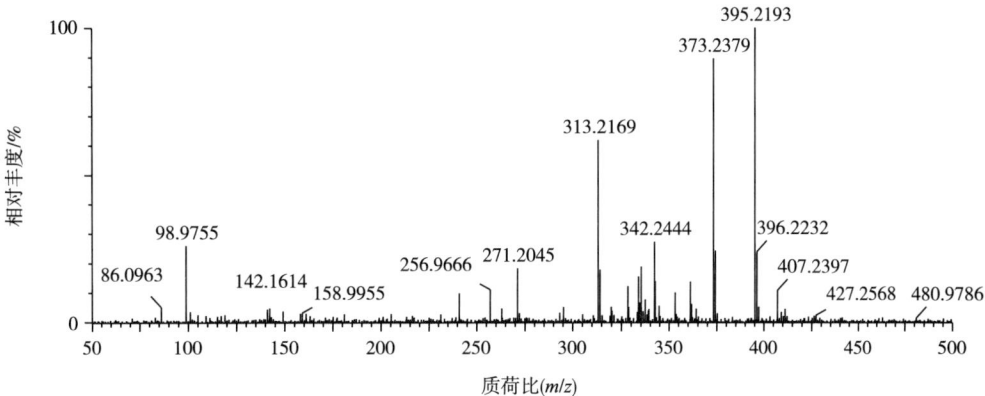

②碰撞能量30eV

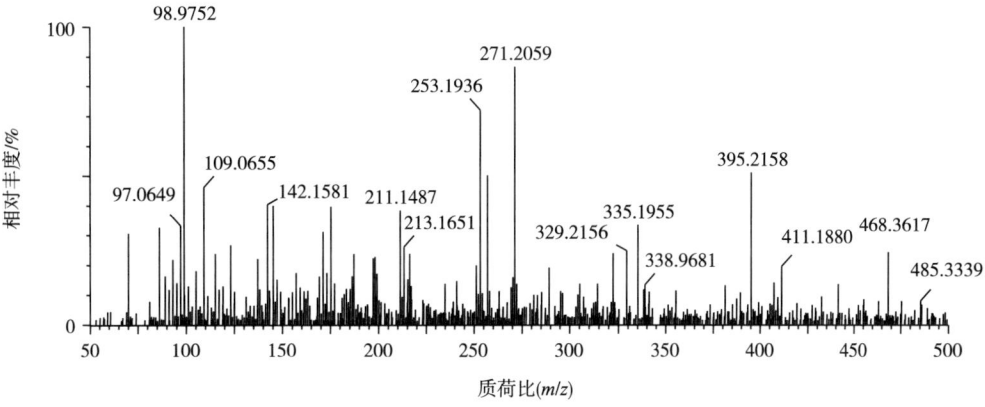

③碰撞能量45eV

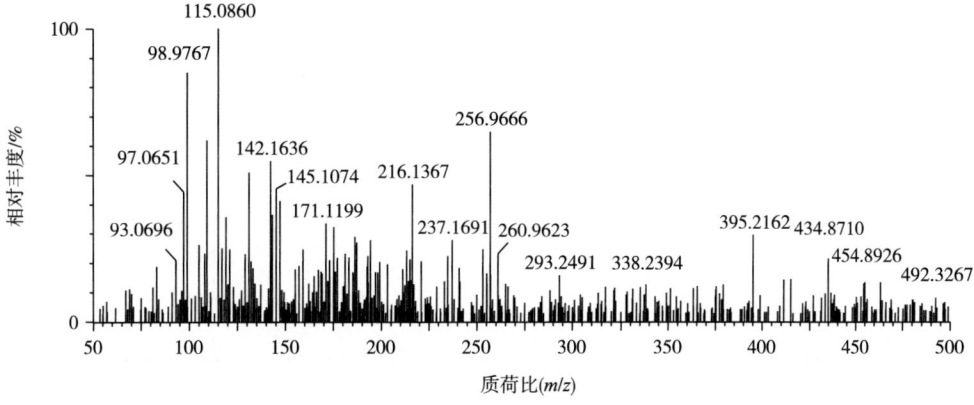

32 地西泮
(Diazepam)

(1) 化合物信息

中文名	地西泮
别名	安定、苯甲二氮卓
CAS 登录号	439-14-5
分子式	$C_{16}H_{13}ClN_2O$
结构式	
单一同位素相对分子质量	284.0716
离子加合形式	ESI 源，$[M+H]^+$，$[M+Na]^+$
色谱保留时间	8.78min

(2) 提取离子流色谱图

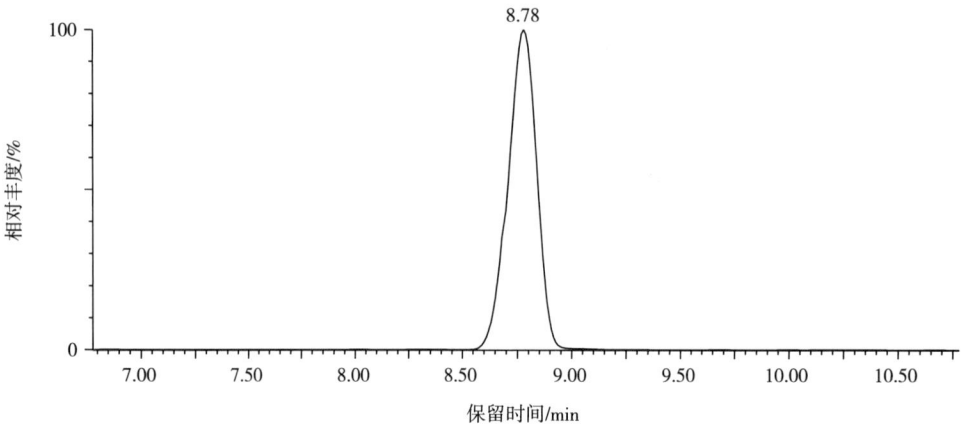

(3) 母离子质谱图

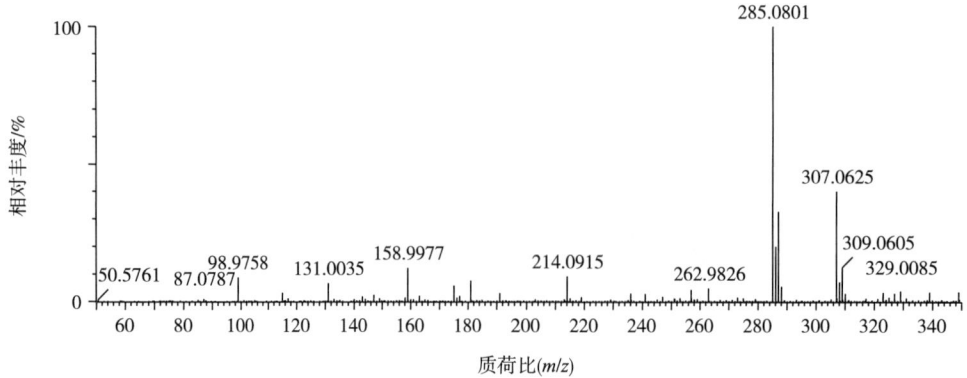

（4）子离子质谱图

①碰撞能量 15eV

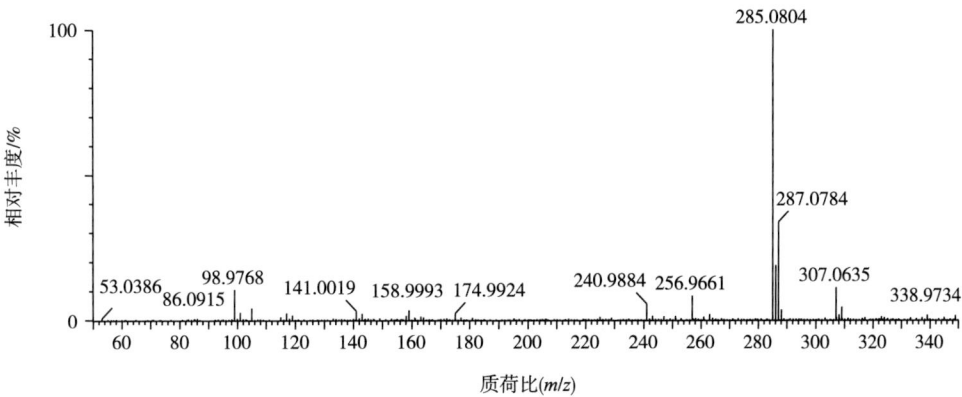

②碰撞能量 30eV

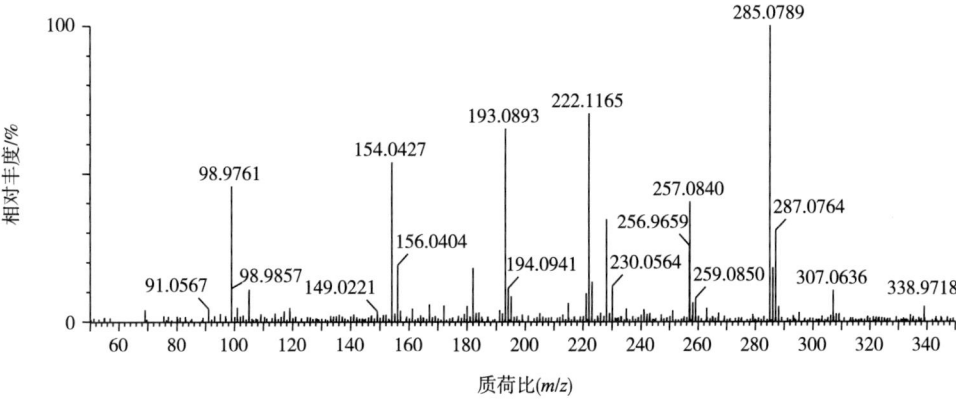

③碰撞能量 45eV

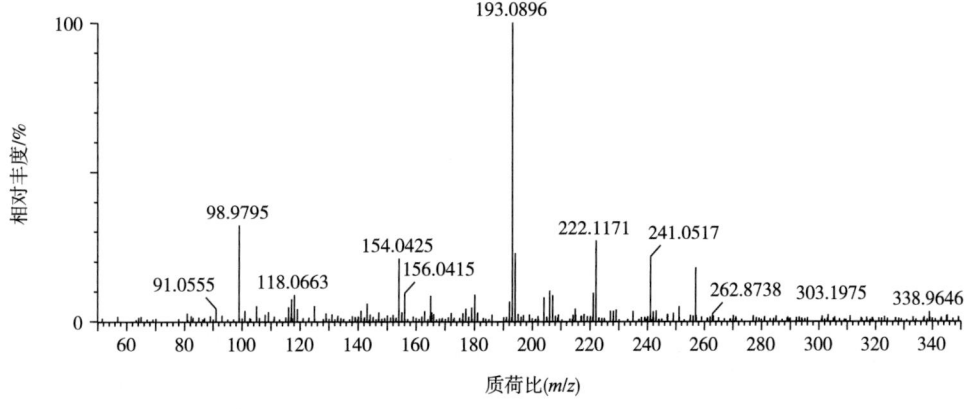

33 蒂巴因
(Thebaine)

(1) 化合物信息

中文名	蒂巴因
别名	副吗啡
CAS 登录号	115-37-7
分子式	$C_{19}H_{21}NO_3$
结构式	
单一同位素相对分子质量	311.1521
离子加合形式	ESI 源，$[M+H]^+$
色谱保留时间	4.85min

(2) 提取离子流色谱图

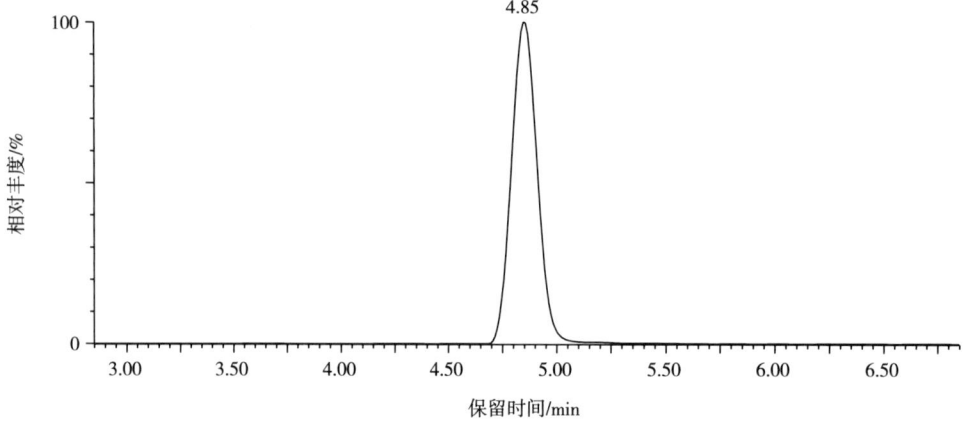

(3) 母离子质谱图

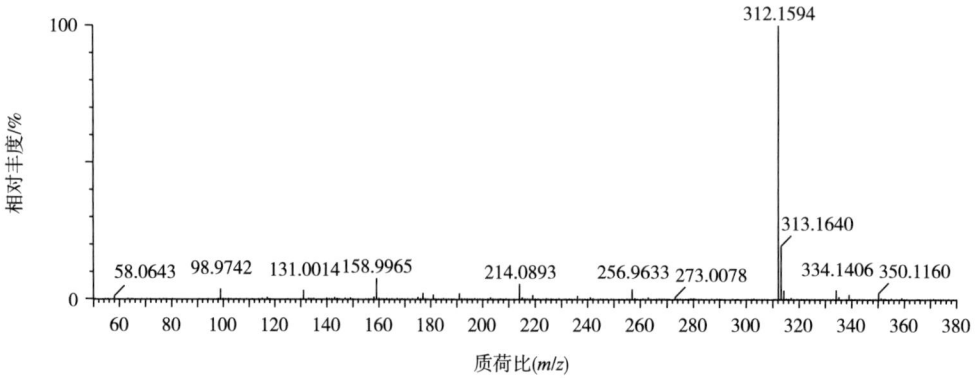

（4）子离子质谱图

①碰撞能量 15eV

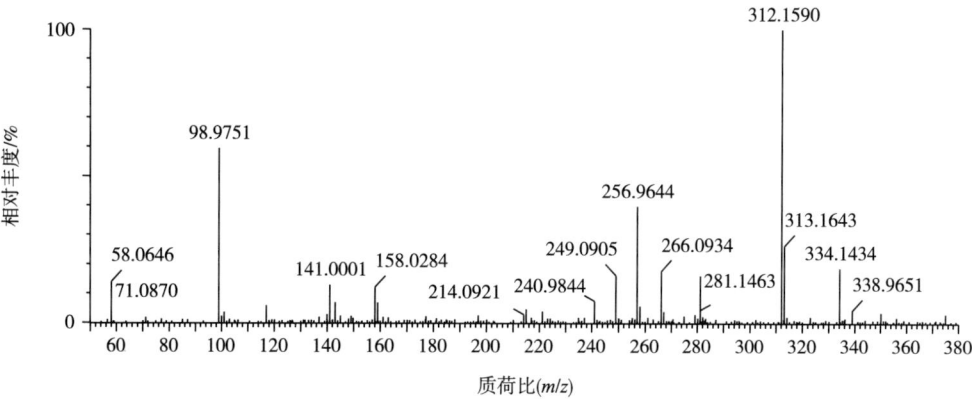

②碰撞能量 30eV

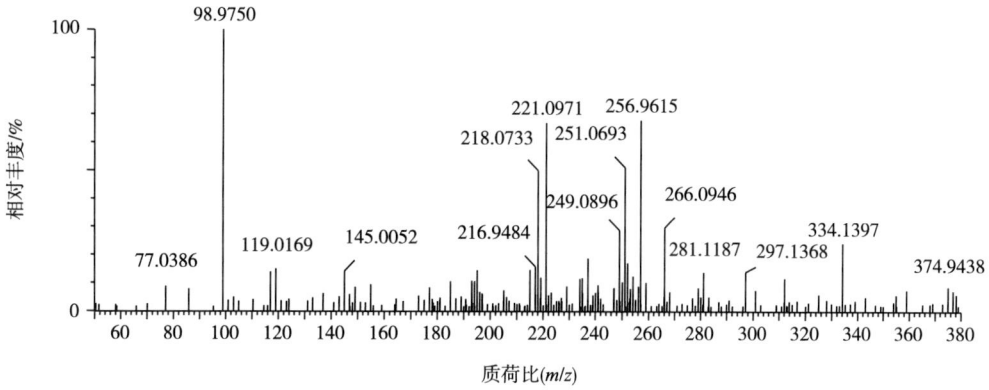

③碰撞能量 45eV

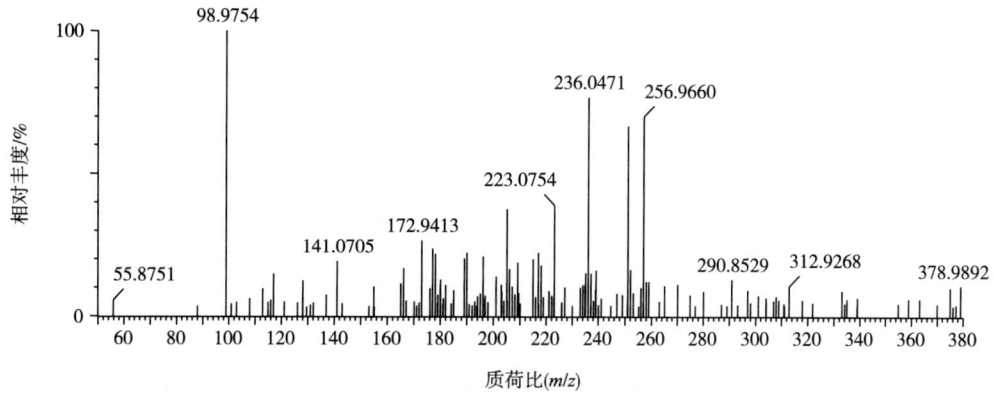

34 丁丙诺啡
(Buprenorphine)

(1) 化合物信息

中文名	丁丙诺啡
别名	布诺菲、叔丁啡、似普洛菲、似普罗啡
CAS 登录号	52485-79-7
分子式	$C_{29}H_{41}NO_4$
结构式	
单一同位素相对分子质量	467.3036
离子加合形式	ESI 源，$[M+H]^+$，$[M+Na]^+$
色谱保留时间	10.79min

(2) 提取离子流色谱图

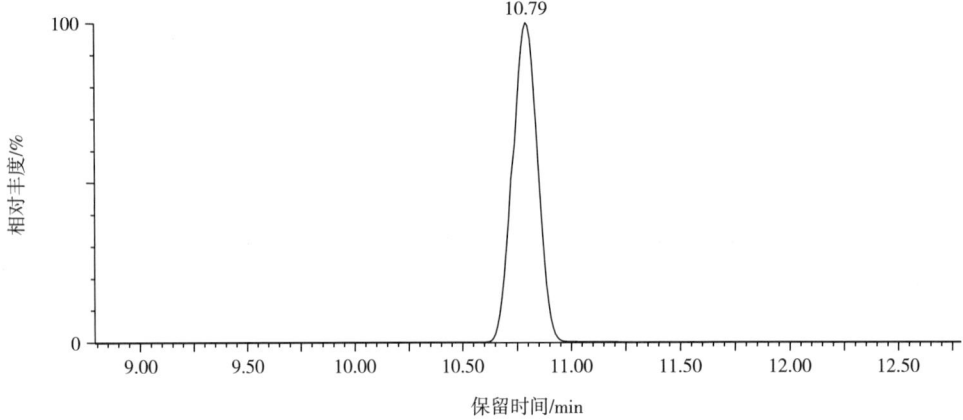

(3) 母离子质谱图

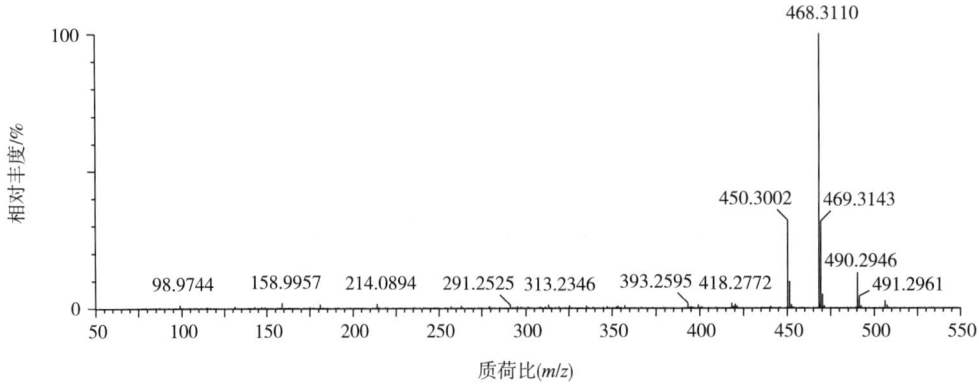

（4）子离子质谱图

①碰撞能量15eV

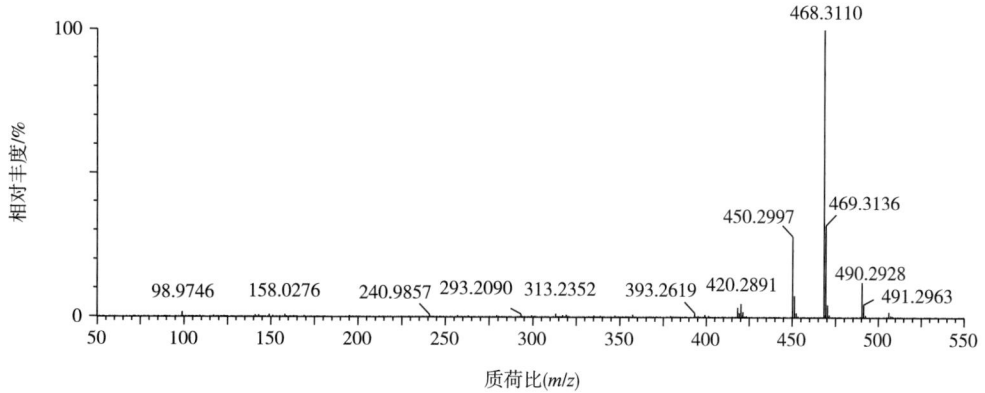

②碰撞能量30eV

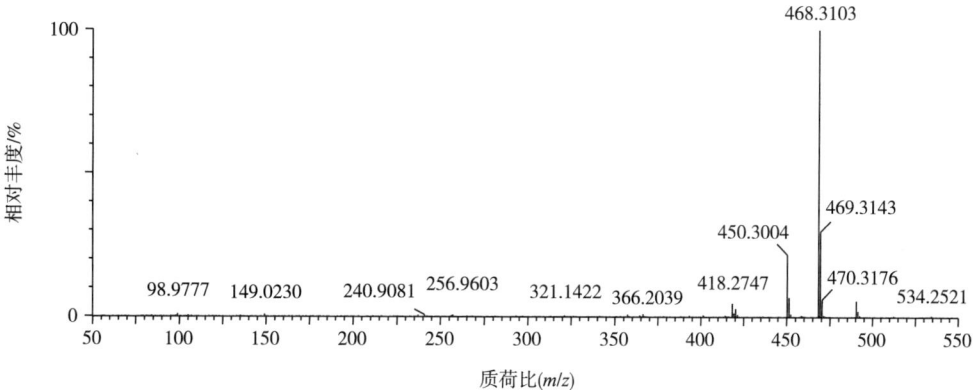

③碰撞能量45eV

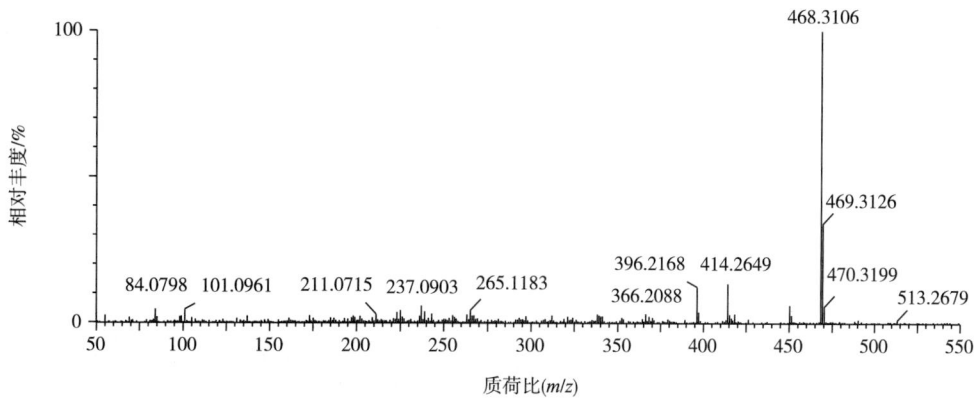

35 多塞平 (Doxepin)

(1) 化合物信息

中文名	多塞平
别名	多虑平
CAS 登录号	1668-19-5
分子式	$C_{19}H_{21}NO$
结构式	
单一同位素相对分子质量	279.1623
离子加合形式	ESI 源，$[M+H]^+$
色谱保留时间	7.08min

(2) 提取离子流色谱图

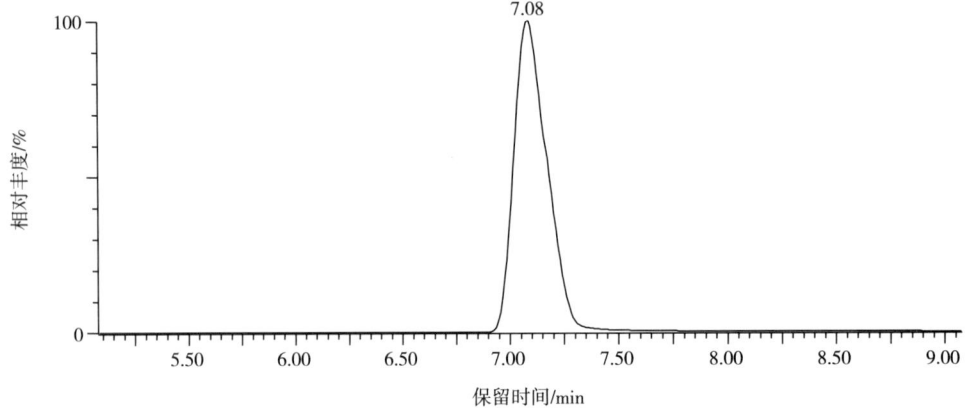

(3) 母离子质谱图

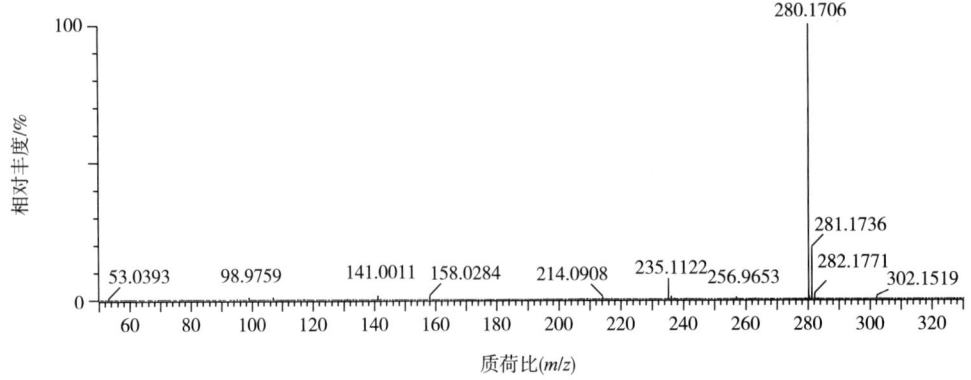

（4）子离子质谱图

①碰撞能量15eV

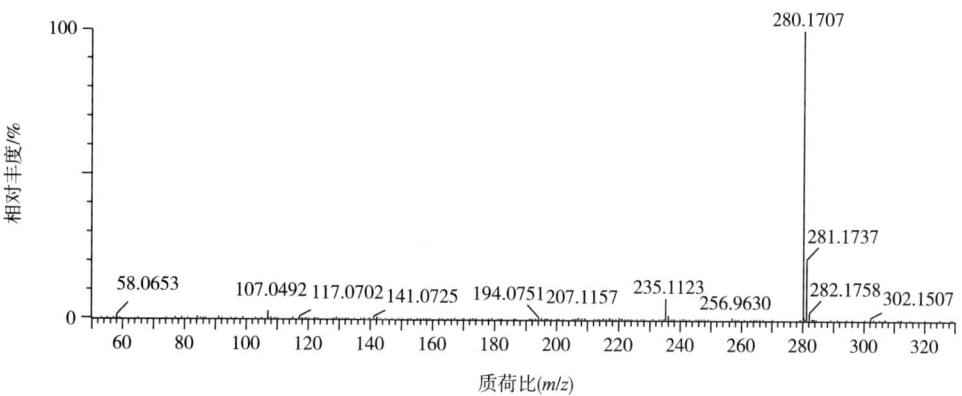

②碰撞能量30eV

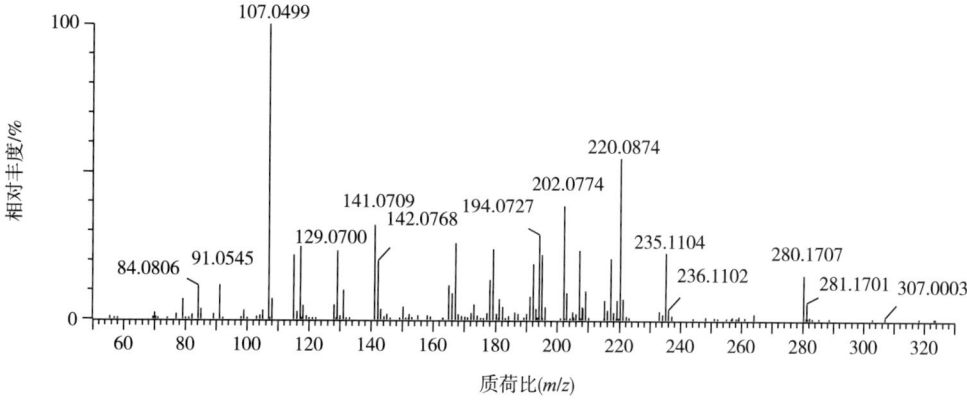

③碰撞能量45eV

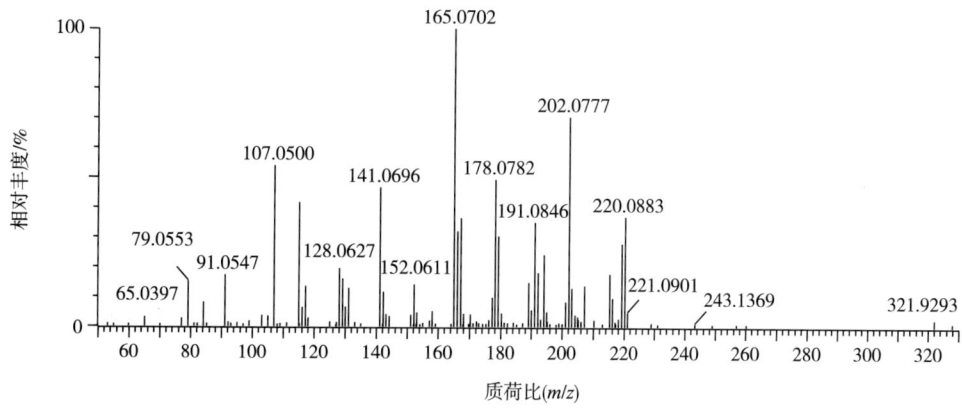

36 伐地那非
(Vardenafil)

(1) 化合物信息

中文名	伐地那非
别名	瓦地那非
CAS 登录号	224785-90-4
分子式	$C_{23}H_{32}N_6O_4S$
结构式	
单一同位素相对分子质量	488.2206
离子加合形式	ESI 源，$[M+H]^+$，$[M+Na]^+$，$[M+K]^+$
色谱保留时间	8.68min

(2) 提取离子流色谱图

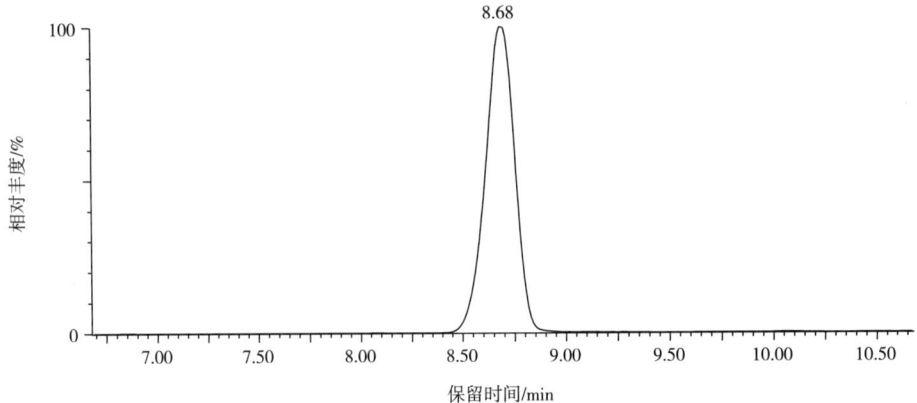

(3) 母离子质谱图

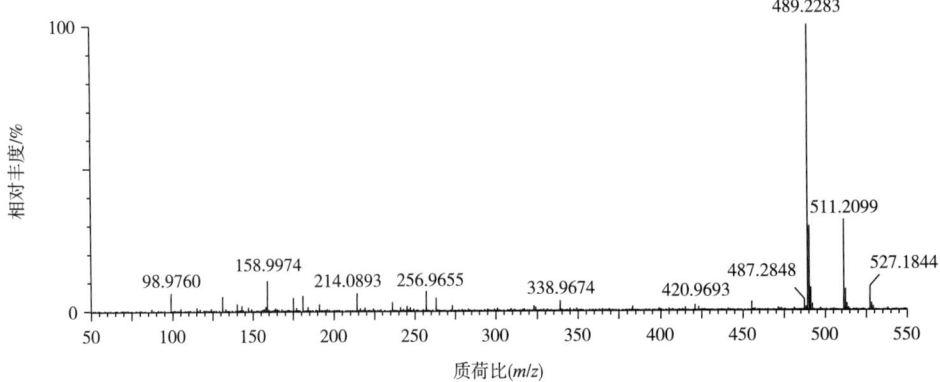

（4）子离子质谱图

①碰撞能量 15eV

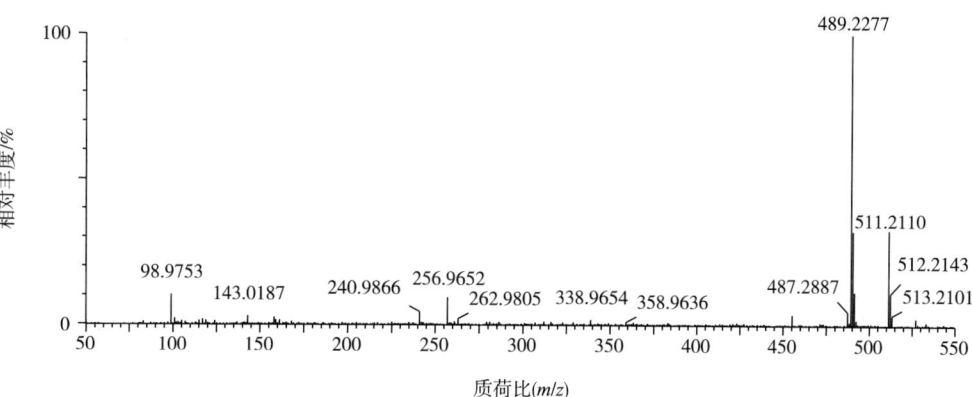

②碰撞能量 30eV

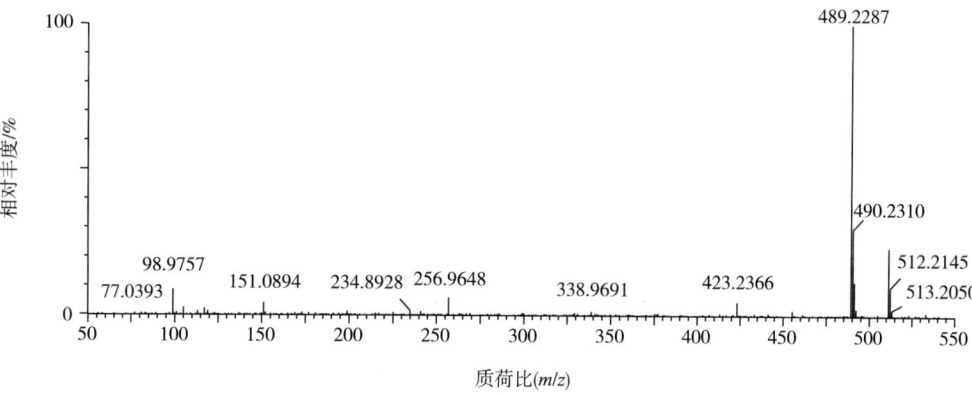

③碰撞能量 45eV

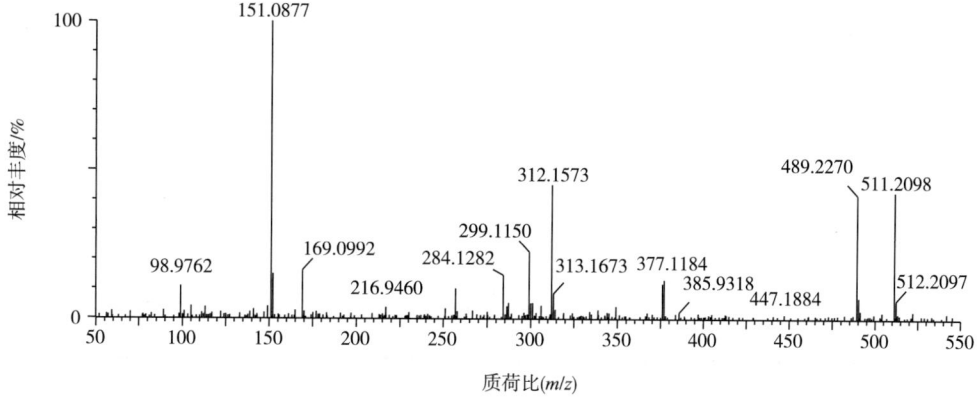

37 芬氟拉明
(Fenfluramine)

(1) 化合物信息

中文名	芬氟拉明
别名	氟苯丙胺
CAS 登录号	458－24－2
分子式	$C_{12}H_{16}F_3N$
结构式	
单一同位素相对分子质量	231.1235
离子加合形式	ESI 源，[M＋H]$^+$
色谱保留时间	6.04min

(2) 提取离子流色谱图

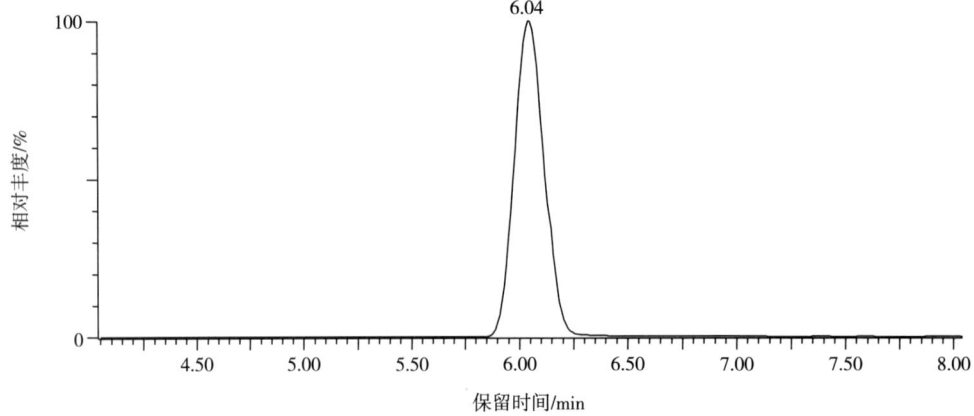

(3) 母离子质谱图

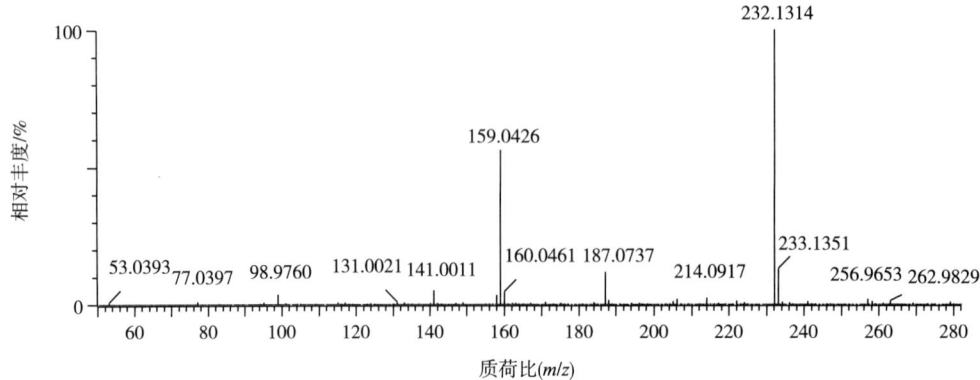

（4）子离子质谱图

①碰撞能量15eV

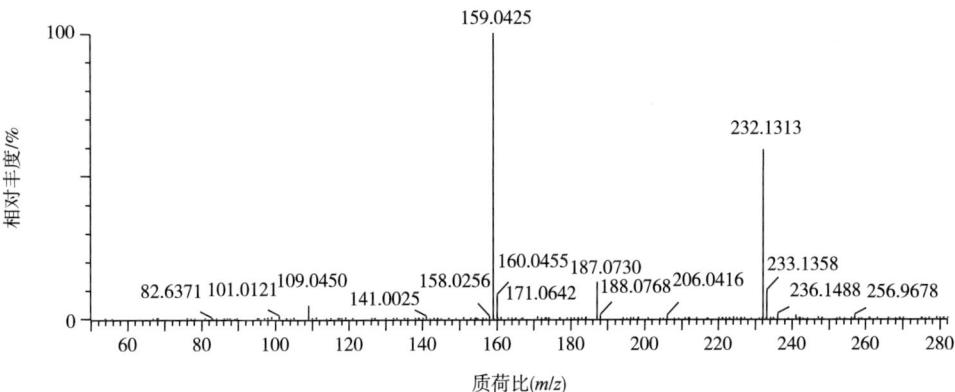

②碰撞能量30eV

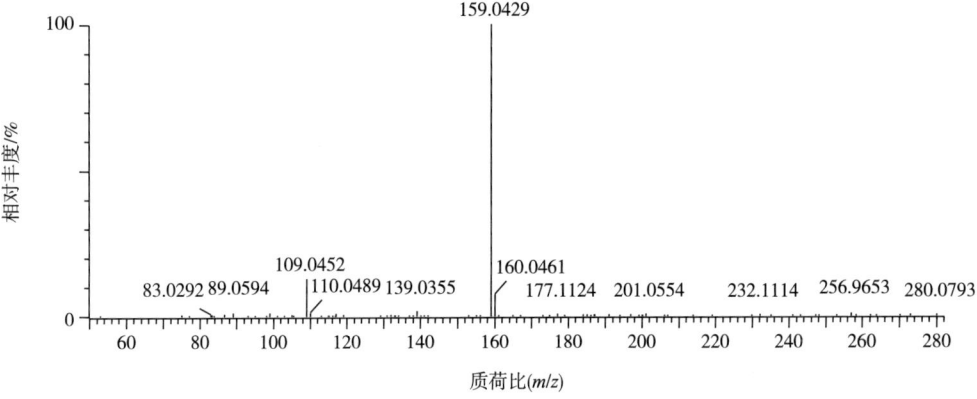

③碰撞能量45eV

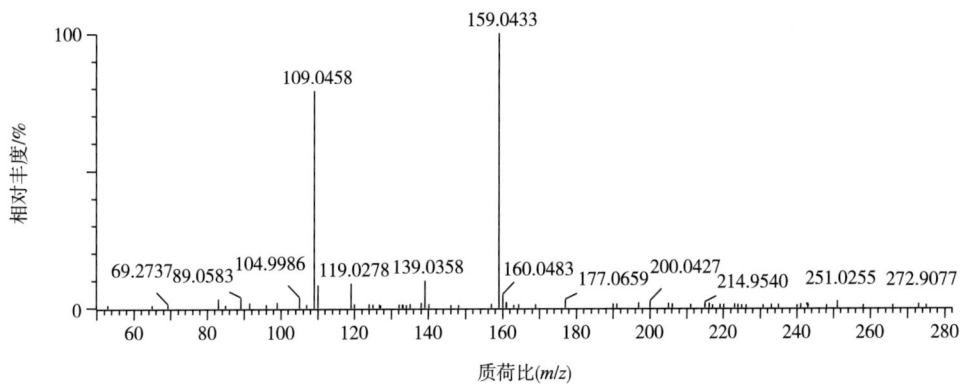

38 氟甲睾酮
(Fluoxymesterone)

（1）化合物信息

中文名	氟甲睾酮
别名	氟羟甲基睾丸素、羟甲基睾丸酮
CAS 登录号	76-43-7
分子式	$C_{20}H_{29}FO_3$
结构式	
单一同位素相对分子质量	336.2101
离子加合形式	ESI 源，$[M+H]^+$，$[M+Na]^+$
色谱保留时间	8.32min

（2）提取离子流色谱图

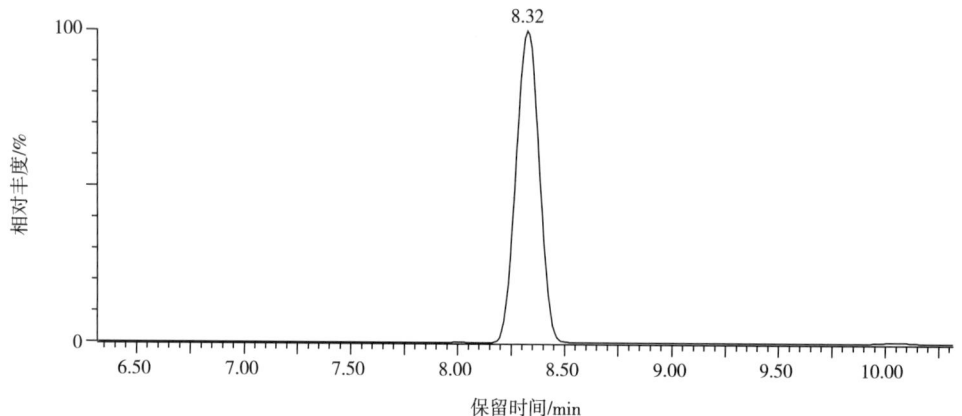

（3）母离子质谱图

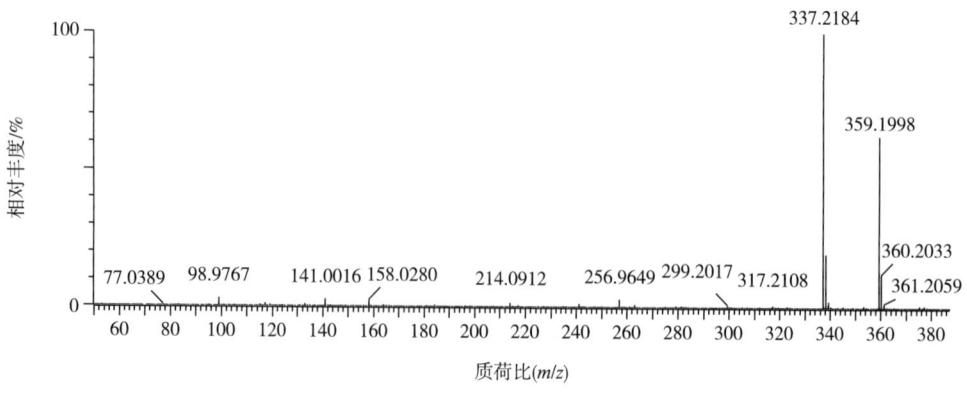

（4）子离子质谱图

①碰撞能量 15eV

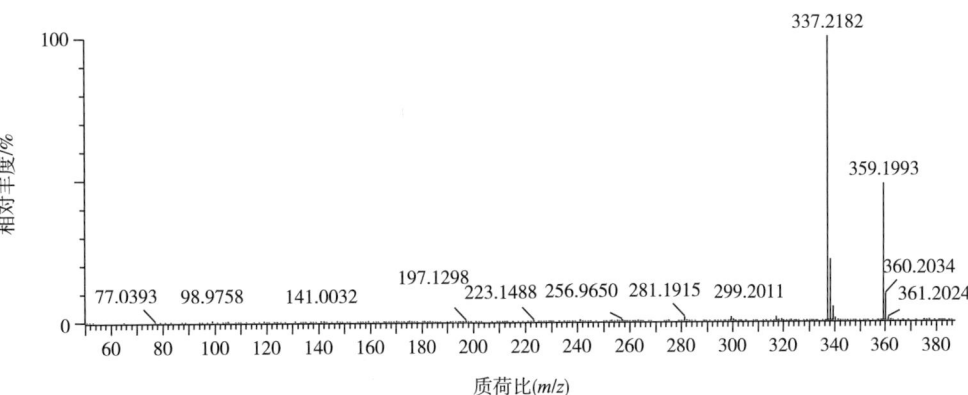

②碰撞能量 30eV

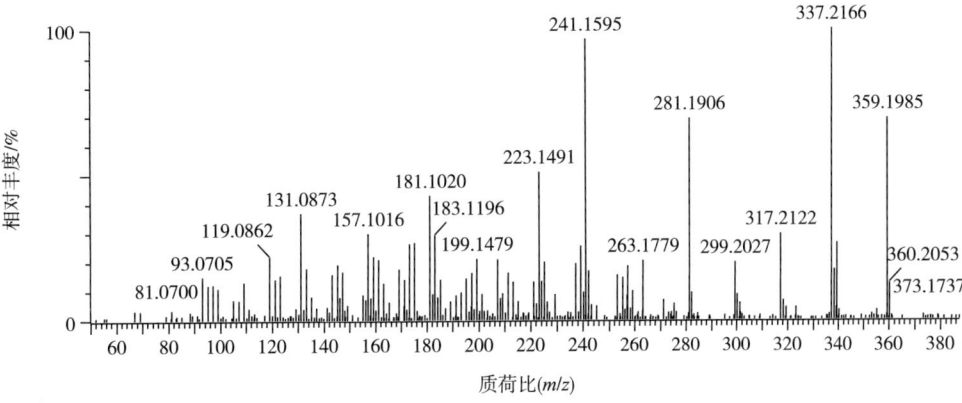

③碰撞能量 45eV

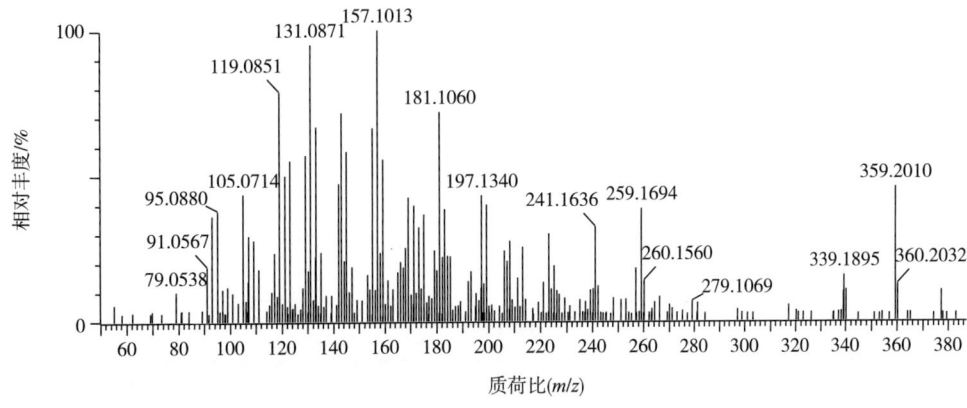

39 福莫特罗
(Formoterol)

(1) 化合物信息

中文名	福莫特罗
别名	阿福特罗、福莫特洛、福美特罗
CAS 登录号	73573-87-2
分子式	$C_{19}H_{24}N_2O_4$
结构式	
单一同位素相对分子质量	344.1736
离子加合形式	ESI 源，$[M+H]^+$
色谱保留时间	5.01min

(2) 提取离子流色谱图

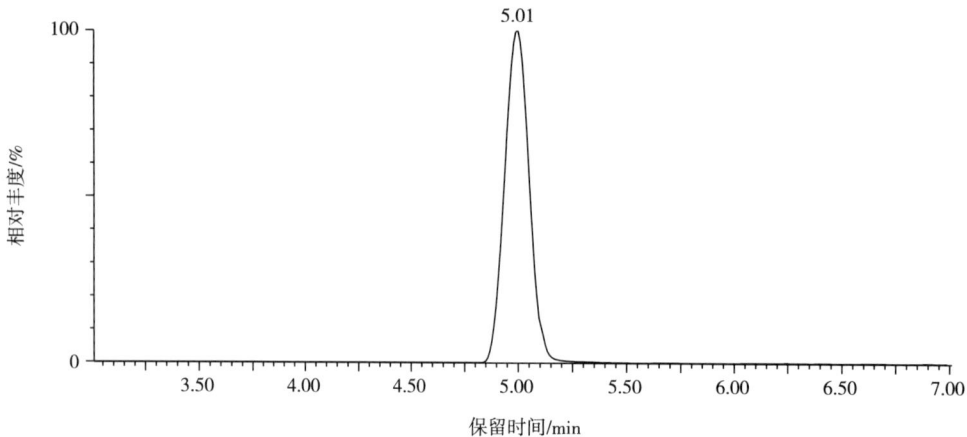

(3) 母离子质谱图

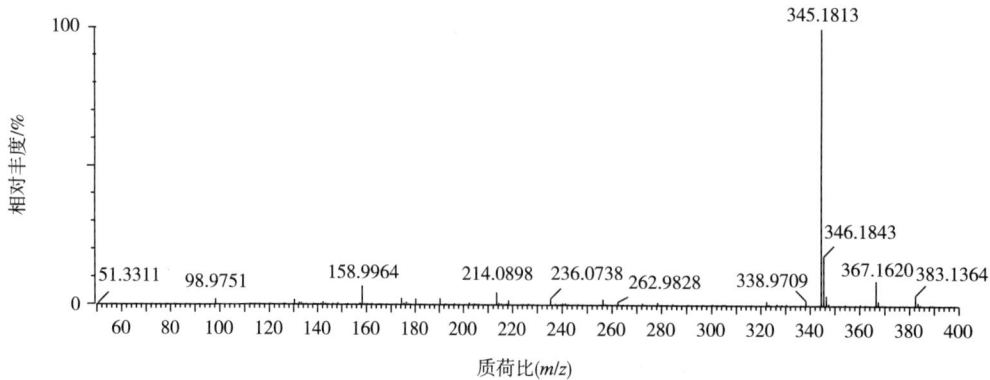

（4）子离子质谱图

①碰撞能量 15 eV

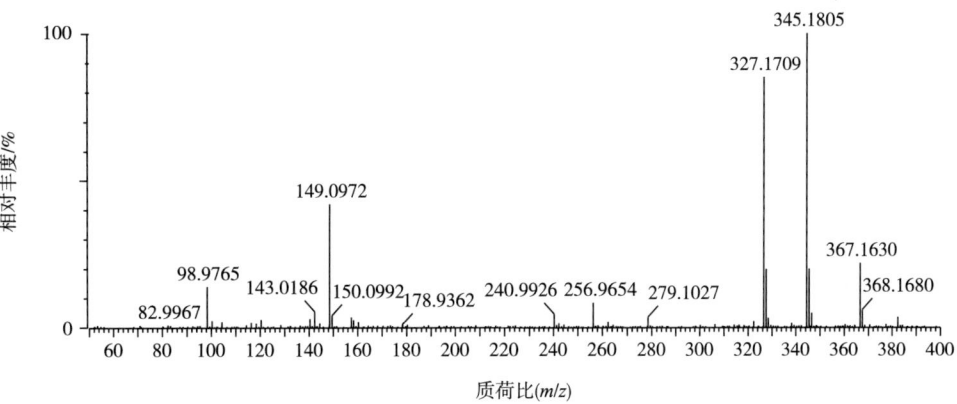

②碰撞能量 30 eV

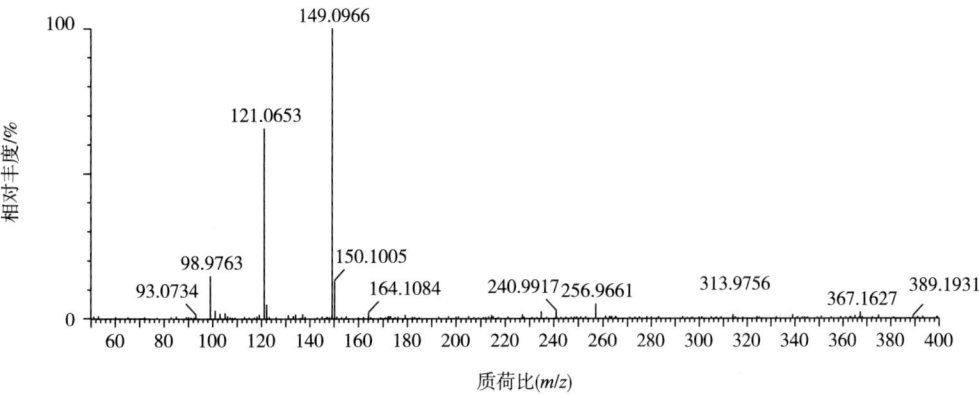

③碰撞能量 45 eV

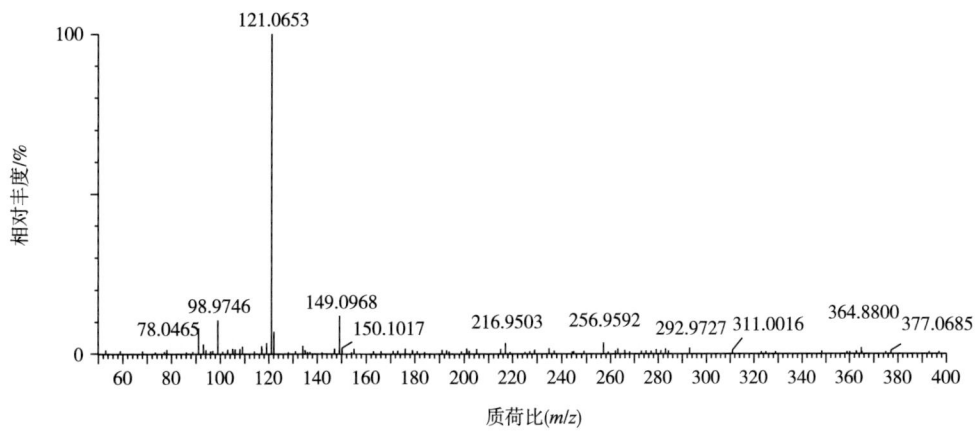

40 睾酮 (Testosterone)

(1) 化合物信息

中文名	睾酮
别名	睾丸激素、睾固酮、睾甾醇、睾甾酮、睾丸甾酮
CAS 登录号	58－22－0
分子式	$C_{19}H_{28}O_2$
结构式	
单一同位素相对分子质量	288.2089
离子加合形式	ESI 源，$[M+H]^+$，$[M+Na]^+$，$[M+K]^+$
色谱保留时间	8.85min

(2) 提取离子流色谱图

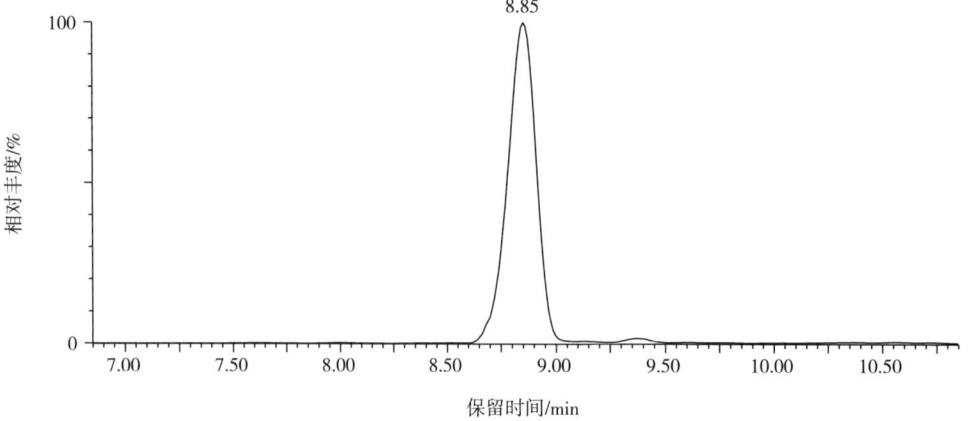

(3) 母离子质谱图

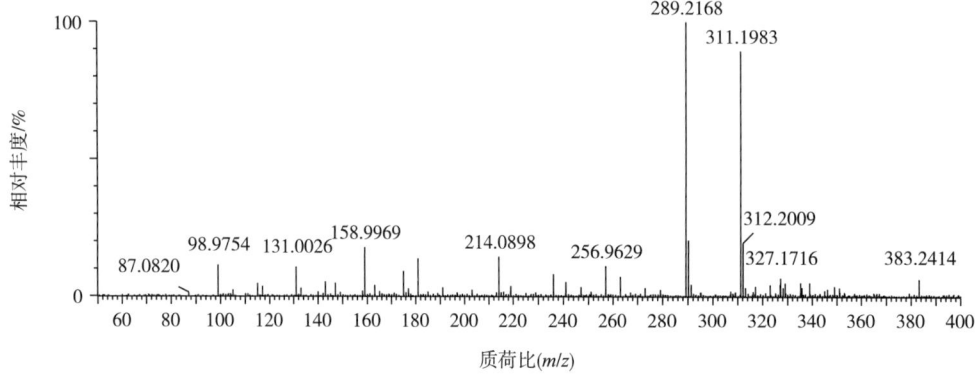

（4）子离子质谱图

①碰撞能量 15eV

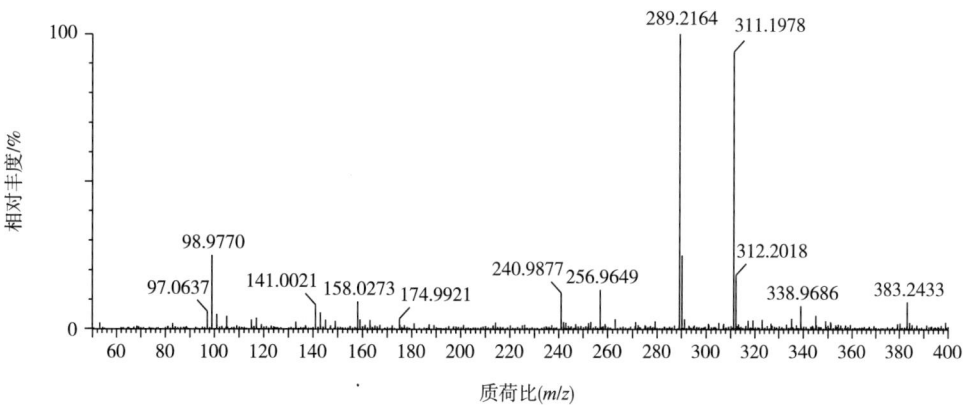

②碰撞能量 30eV

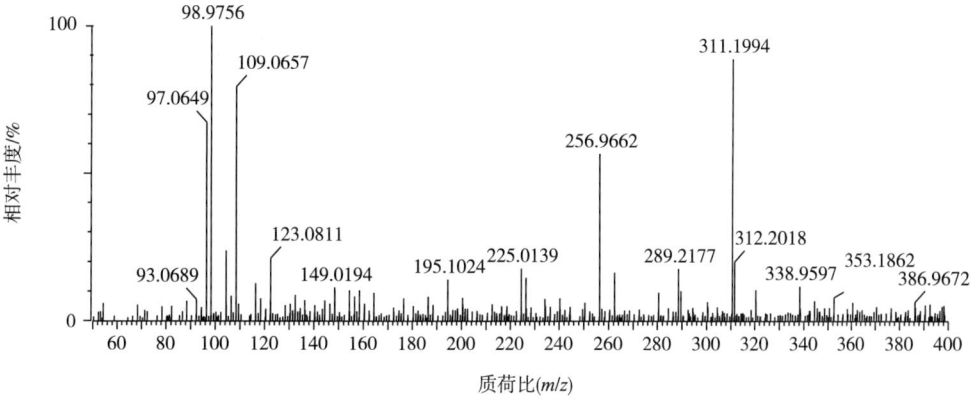

③碰撞能量 45eV

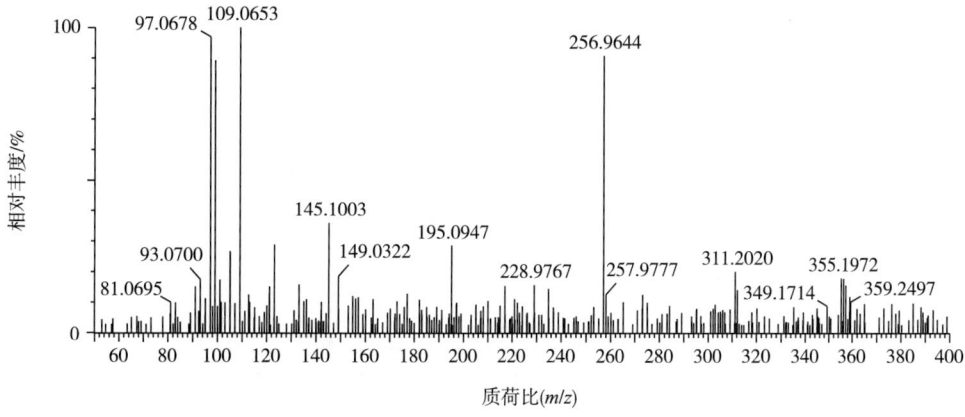

41 豪莫西地那非
(Homo sildenafil)

(1) 化合物信息

中文名	豪莫西地那非
别名	蒙莫西地那非
CAS 登录号	642928-07-2
分子式	$C_{23}H_{32}N_6O_4S$
结构式	
单一同位素相对分子质量	488.2206
离子加合形式	ESI 源，$[M+H]^+$，$[M+Na]^+$，$[M+K]^+$
色谱保留时间	8.72min

(2) 提取离子流色谱图

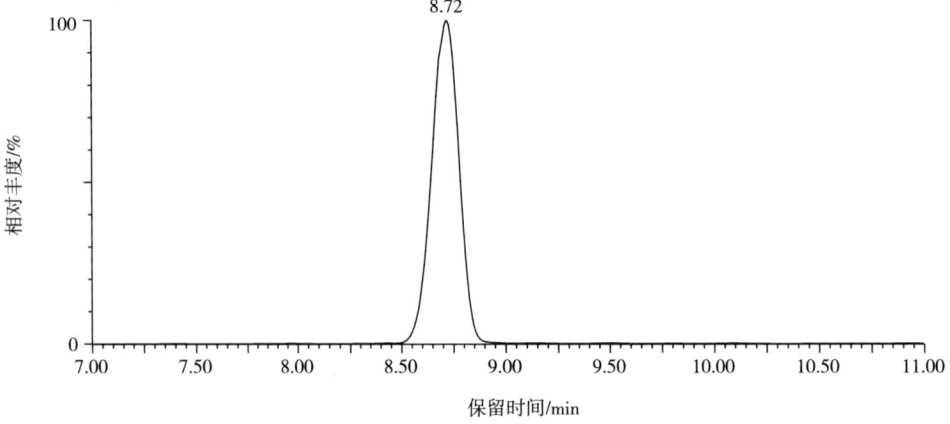

(3) 母离子质谱图

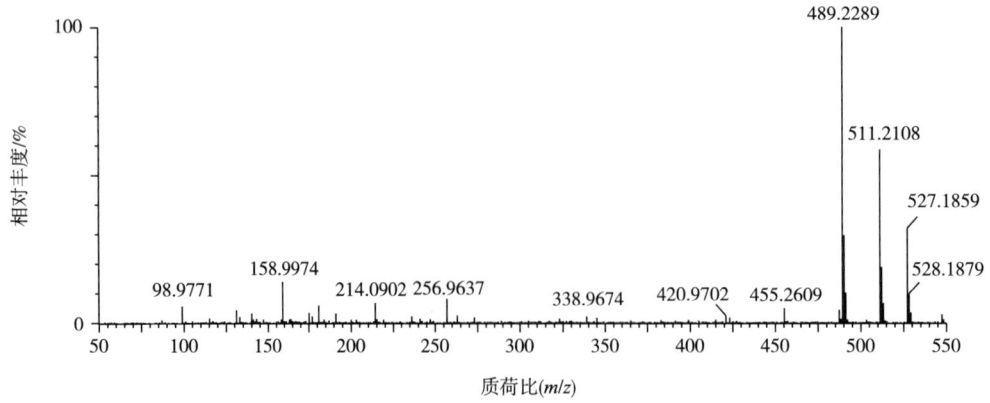

（4）子离子质谱图

①碰撞能量15eV

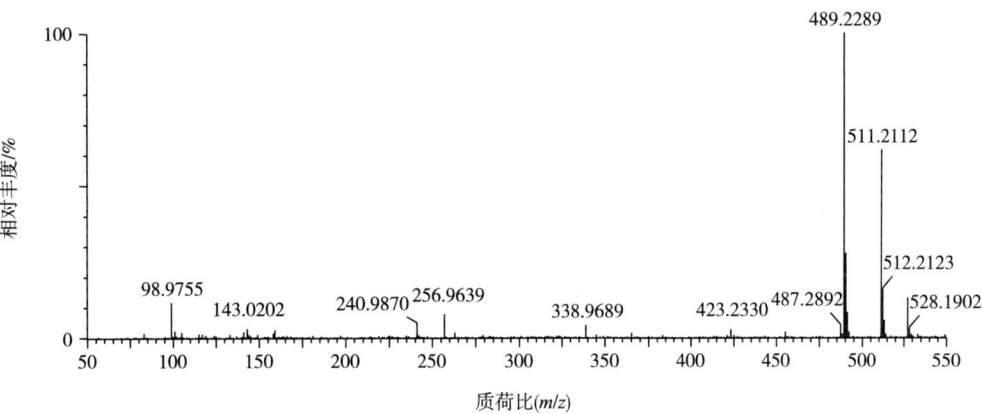

②碰撞能量30eV

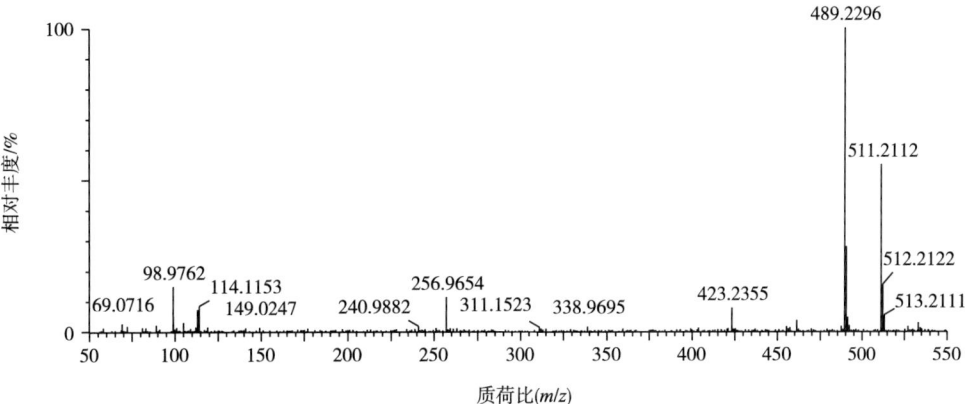

③碰撞能量45eV

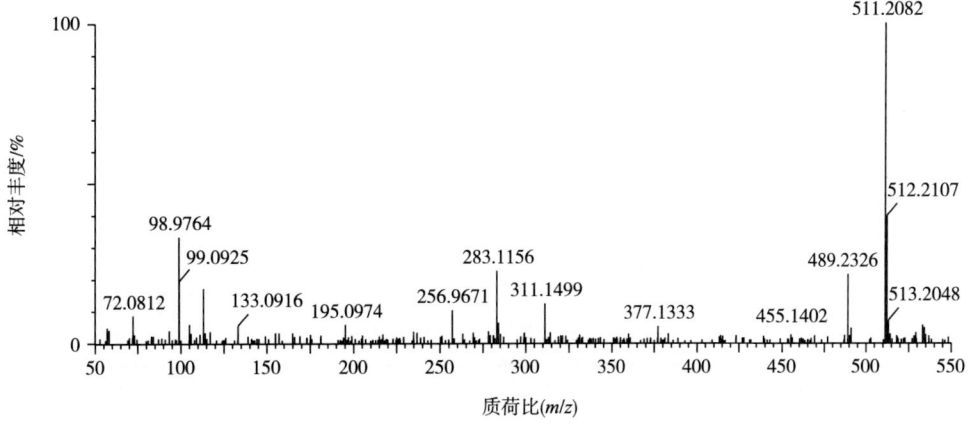

42 红地那非
(Acetildenafil)

(1) 化合物信息

中文名	红地那非
别名	宏地那非、乙酰西地那非、泓地那非
CAS 登录号	831217-01-7
分子式	$C_{25}H_{34}N_6O_3$
结构式	
单一同位素相对分子质量	466.2692
离子加合形式	ESI 源，$[M+H]^+$，$[M+Na]^+$
色谱保留时间	7.43min

(2) 提取离子流色谱图

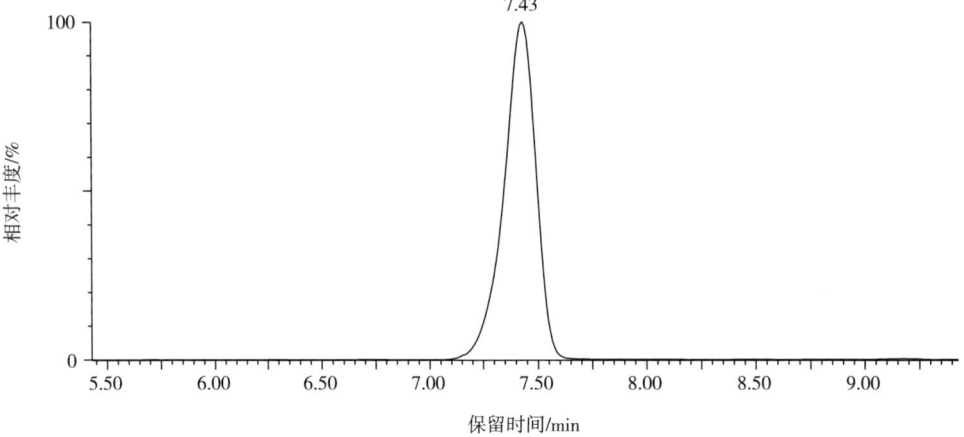

(3) 母离子质谱图

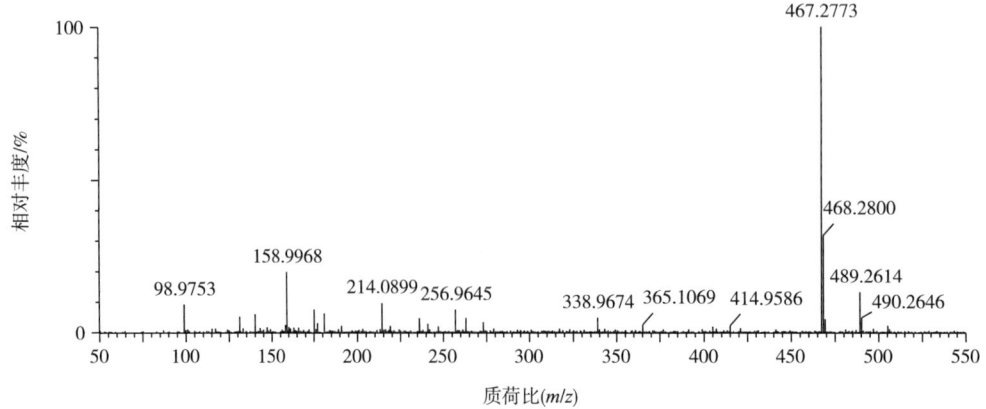

（4）子离子质谱图

①碰撞能量15eV

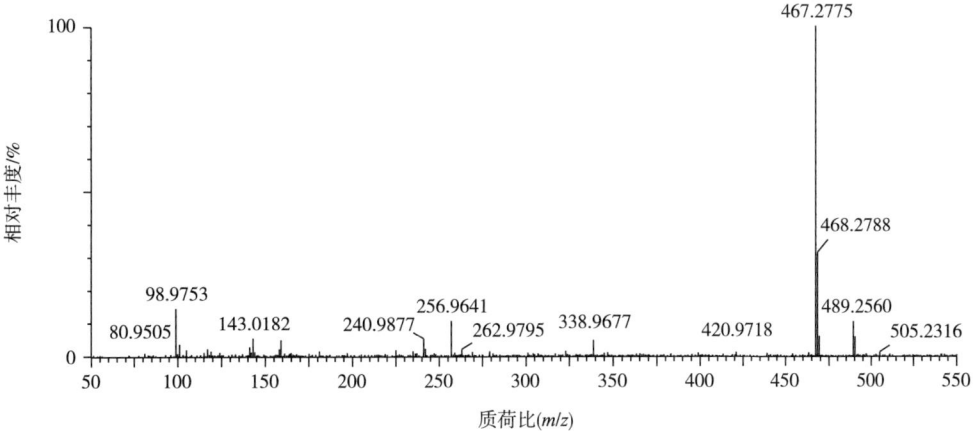

②碰撞能量30eV

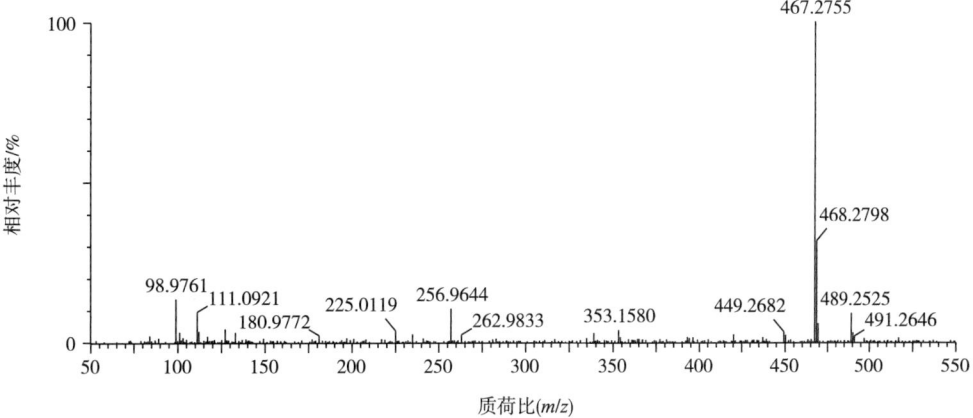

③碰撞能量45eV

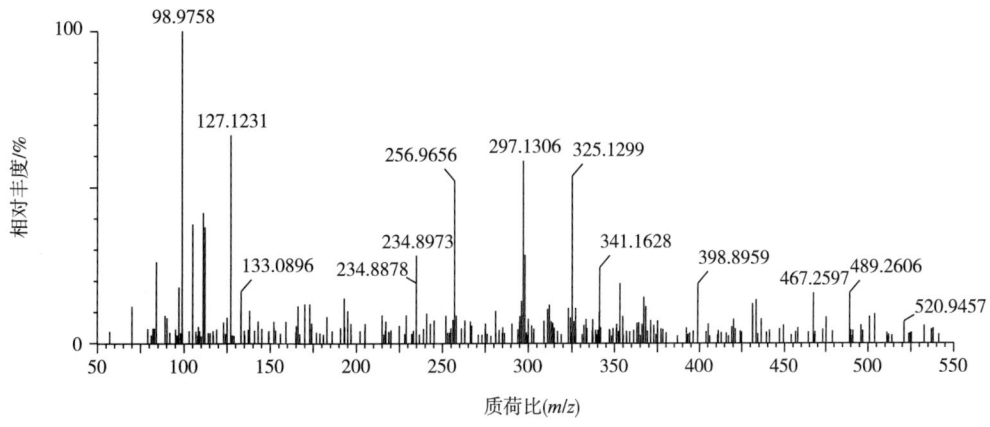

43 灰黄霉素
(Griseofulvin)

(1) 化合物信息

中文名	灰黄霉素
别名	灰黄霉素
CAS 登录号	126-07-8
分子式	$C_{17}H_{17}ClO_6$
结构式	
单一同位素相对分子质量	352.0714
离子加合形式	ESI 源，$[M+H]^+$
色谱保留时间	7.73min

(2) 提取离子流色谱图

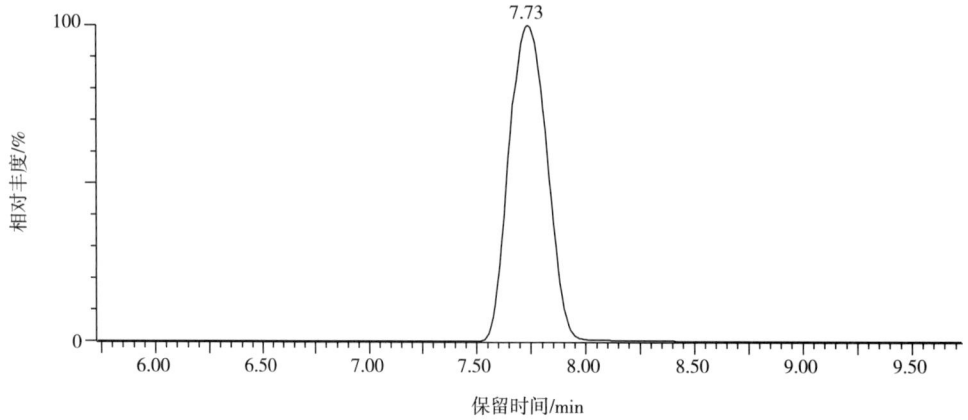

(3) 母离子质谱图

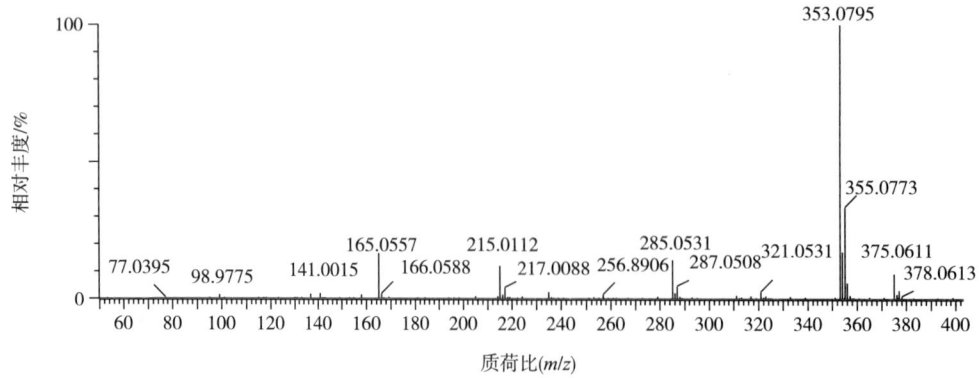

（4）子离子质谱图

① 碰撞能量 15 eV

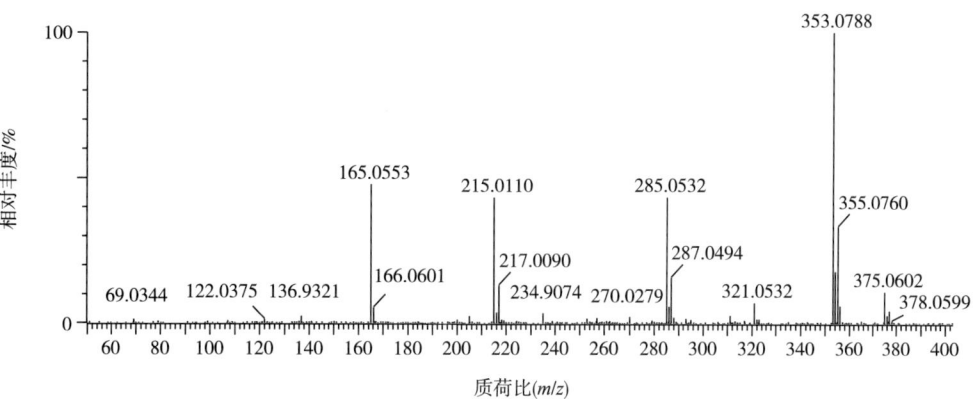

② 碰撞能量 30 eV

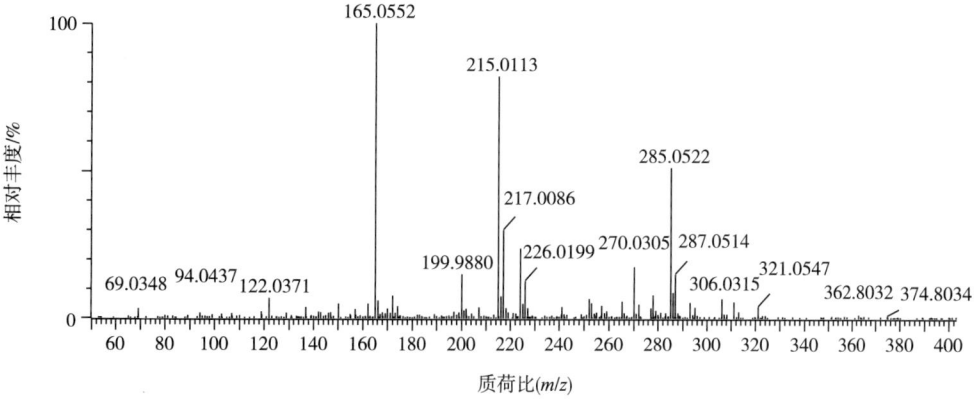

③ 碰撞能量 45 eV

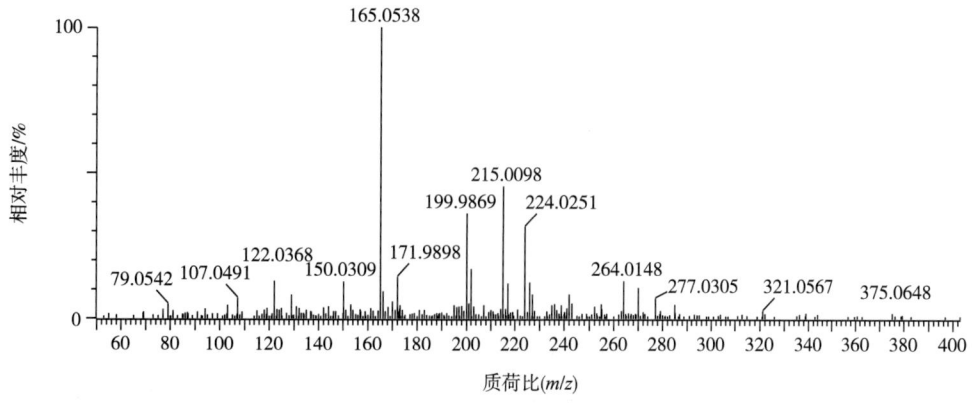

44 白霉素A1
(Leucomycin A1)

(1) 化合物信息

中文名	白霉素 A1
别名	吉他霉素 A1、柱晶白霉素 A1
CAS 登录号	16846-34-7
分子式	$C_{40}H_{67}NO_{14}$
结构式	
单一同位素相对分子质量	785.4562
离子加合形式	ESI 源，$[M+H]^+$
色谱保留时间	9.27min

(2) 提取离子流色谱图

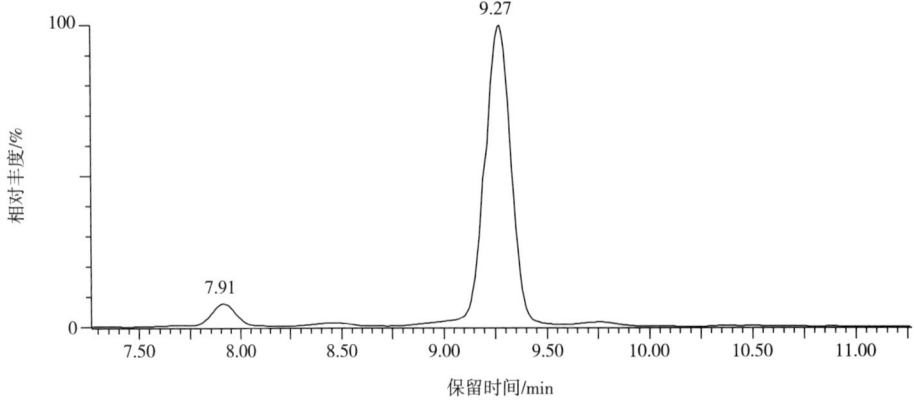

(3) 母离子质谱图

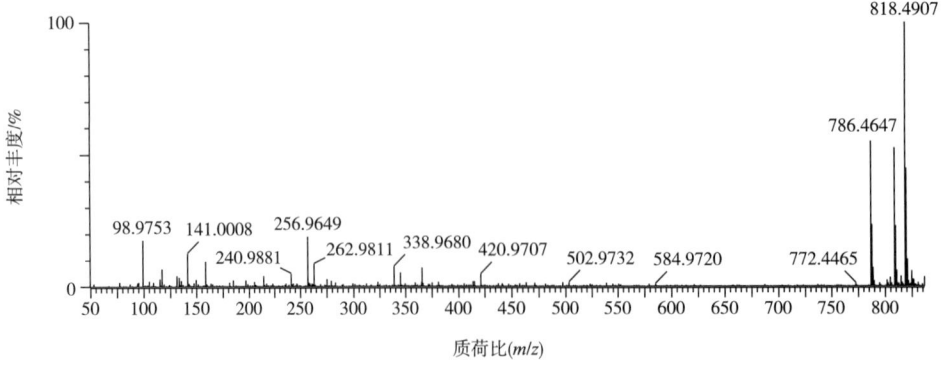

（4）子离子质谱图

①碰撞能量15eV

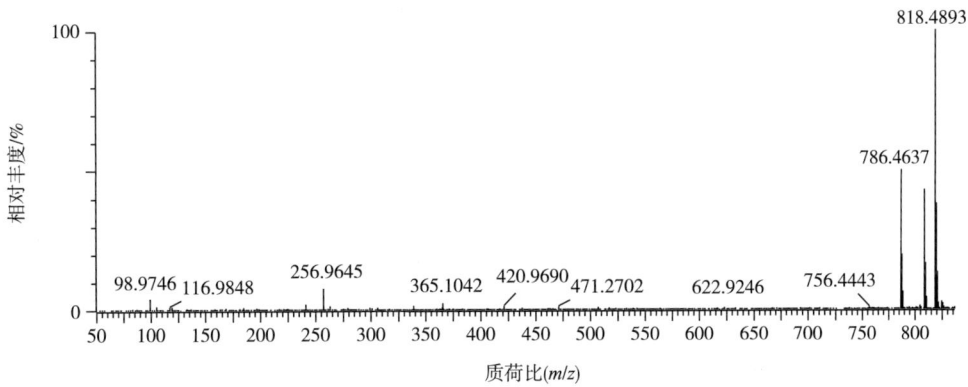

②碰撞能量30eV

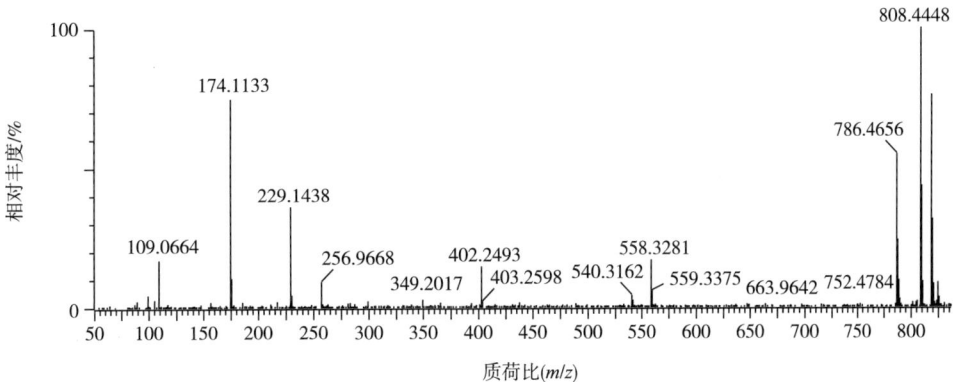

③碰撞能量45eV

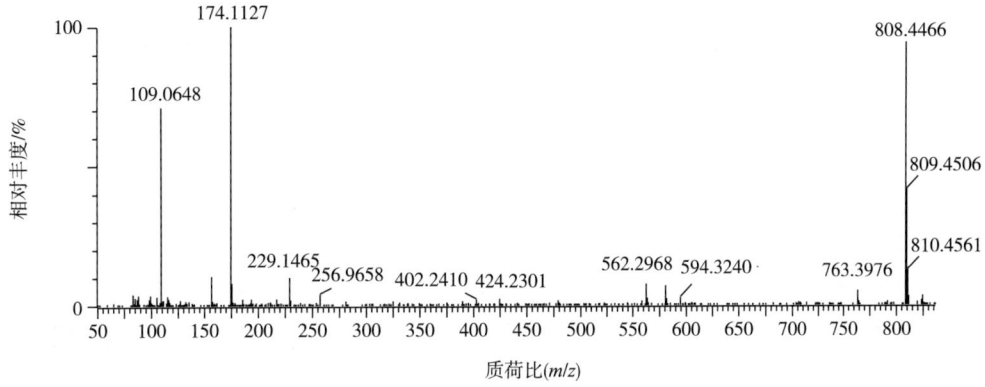

45 甲苯达唑 (Mebendazole)

(1) 化合物信息

中文名	甲苯达唑
别名	甲苯咪唑
CAS 登录号	31431-39-7
分子式	$C_{16}H_{13}N_3O_3$
结构式	
单一同位素相对分子质量	295.0957
离子加合形式	ESI 源，$[M+H]^+$，$[M+Na]^+$
色谱保留时间	7.61min

(2) 提取离子流色谱图

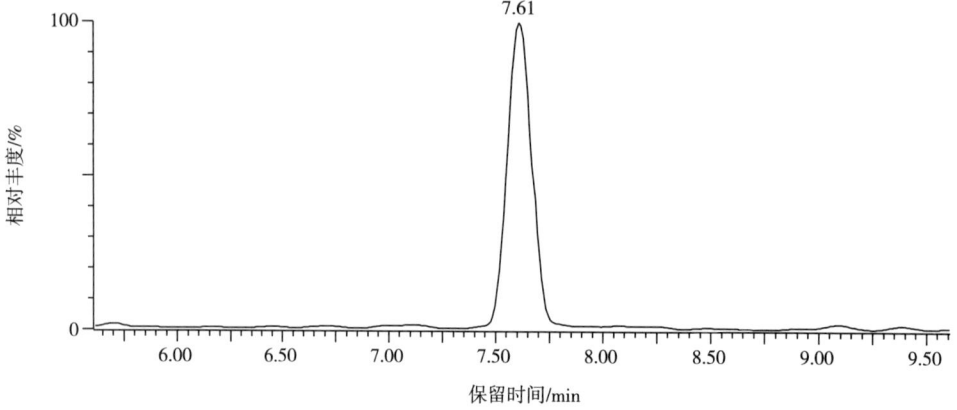

(3) 母离子质谱图

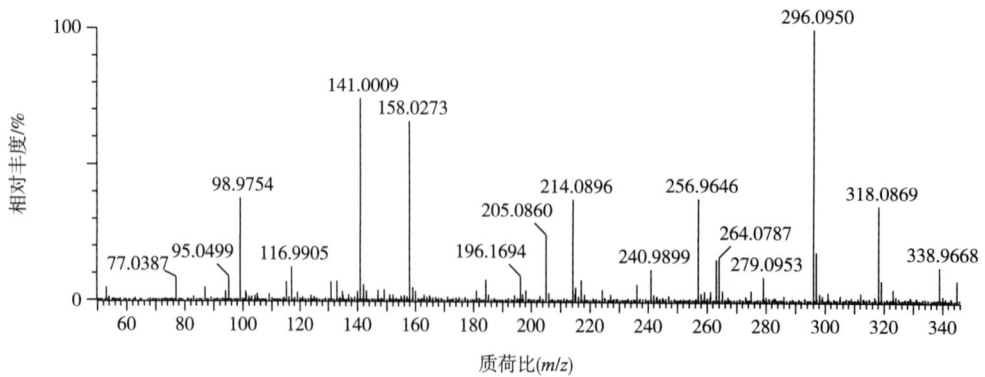

（4）子离子质谱图

①碰撞能量 15eV

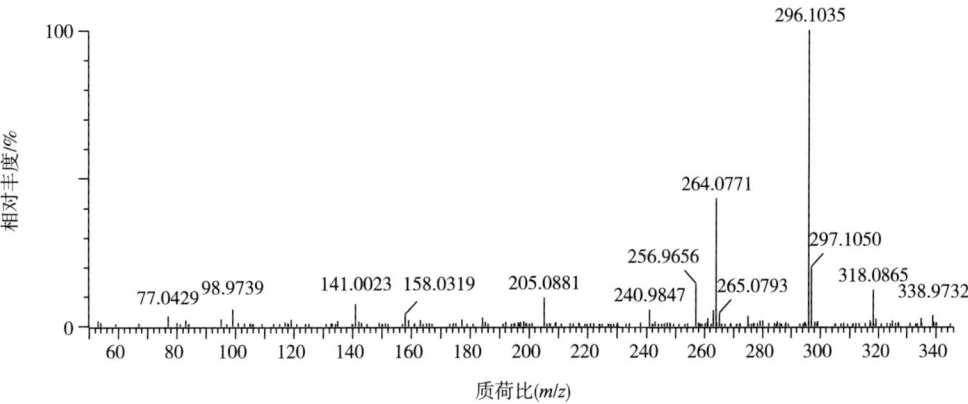

②碰撞能量 30eV

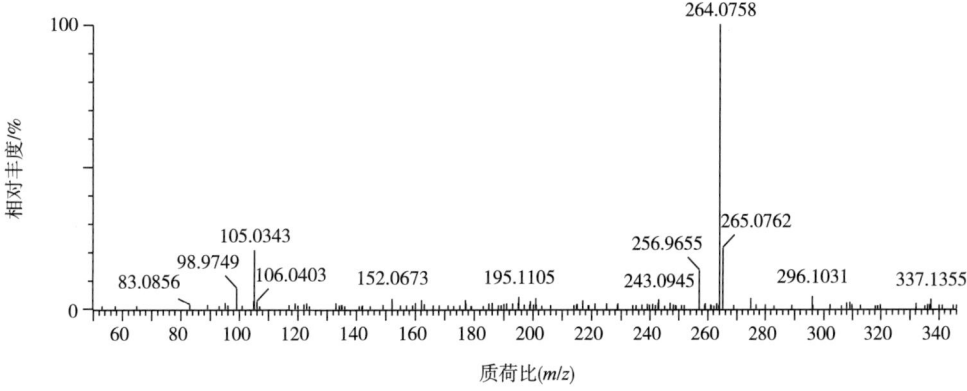

③碰撞能量 45eV

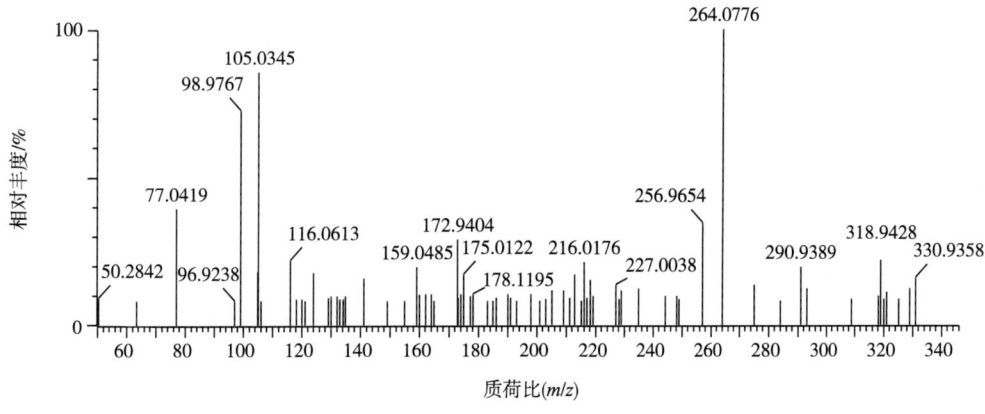

46 甲苯磺丁脲
(Tolbutamide)

(1) 化合物信息

中文名	甲苯磺丁脲
别名	甲糖宁、甲磺丁脲、甲苯磺胺丁脲
CAS 登录号	64-77-7
分子式	$C_{12}H_{18}N_2O_3S$
结构式	
单一同位素相对分子质量	270.1038
离子加合形式	ESI 源，$[M+H]^+$，$[M+Na]^+$
色谱保留时间	7.30min

(2) 提取离子流色谱图

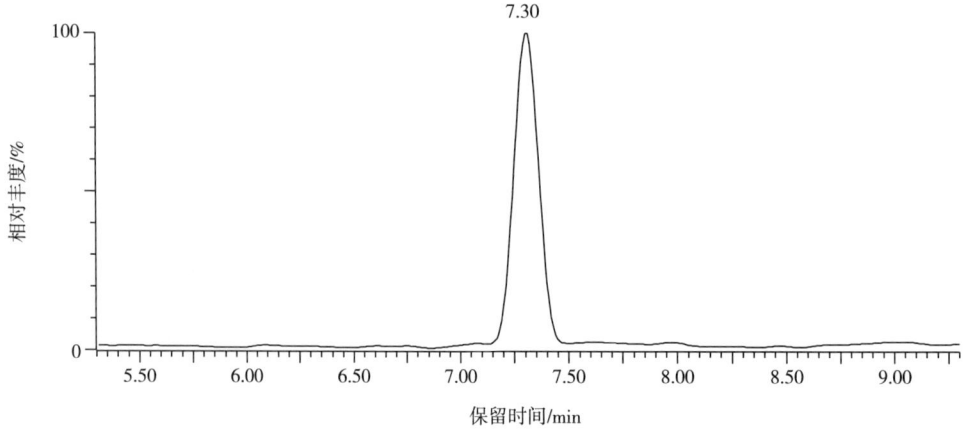

(3) 母离子质谱图

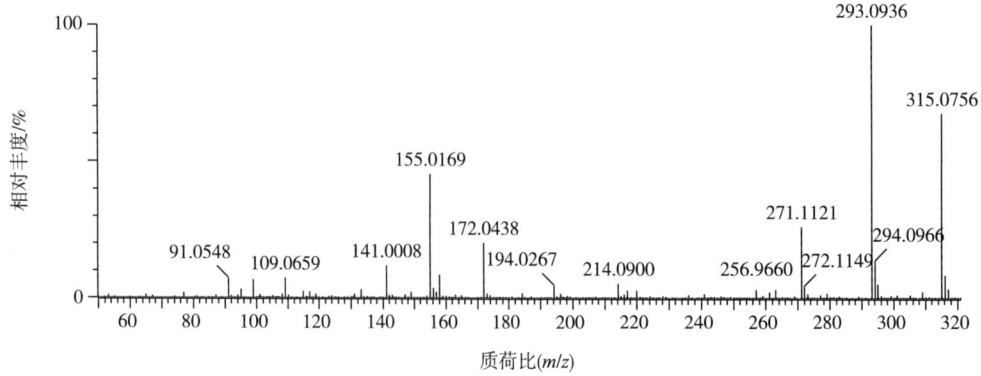

（4）子离子质谱图

①碰撞能量 15eV

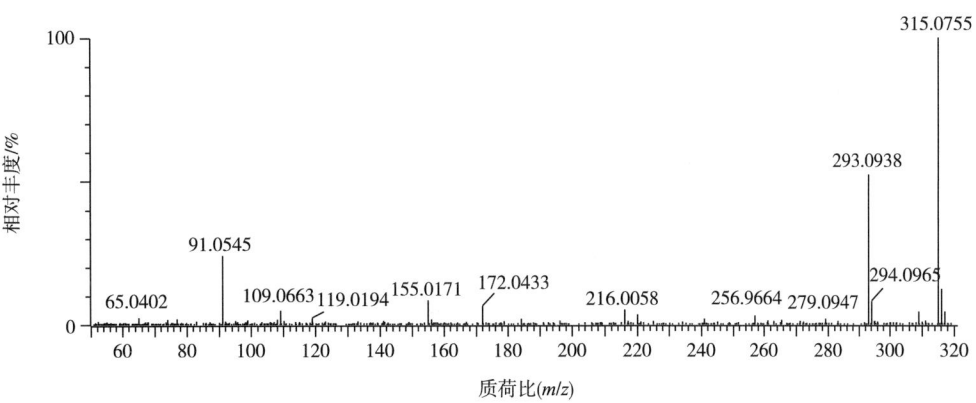

②碰撞能量 30eV

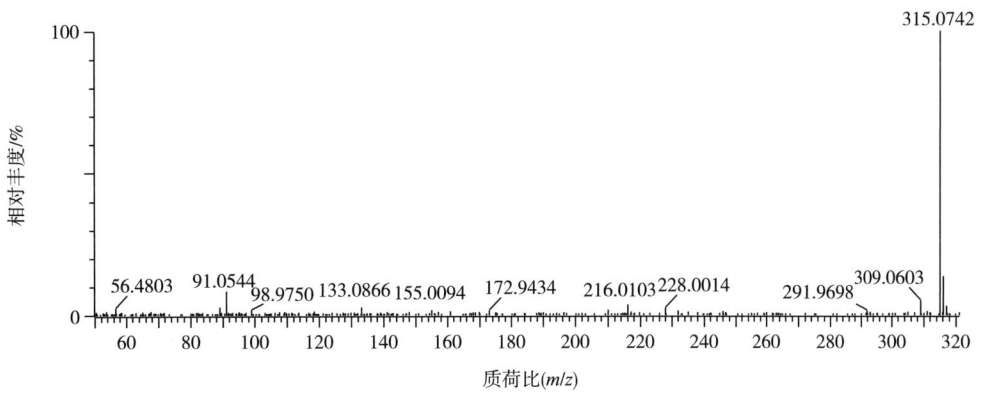

③碰撞能量 45eV

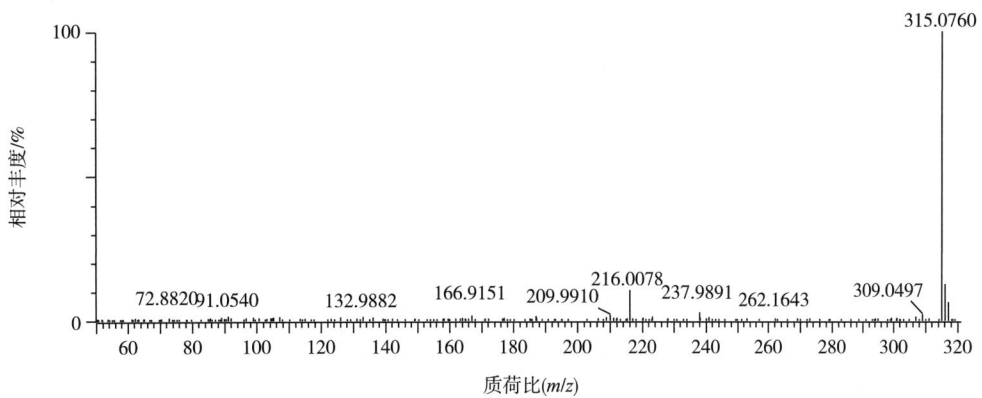

47 甲睾酮
(Methyltestosterone)

(1) 化合物信息

中文名	甲睾酮
别名	甲基睾酮
CAS 登录号	58-18-4
分子式	$C_{20}H_{30}O_2$
结构式	
单一同位素相对分子质量	302.2246
离子加合形式	ESI 源，$[M+H]^+$，$[M+Na]^+$
色谱保留时间	9.18min

(2) 提取离子流色谱图

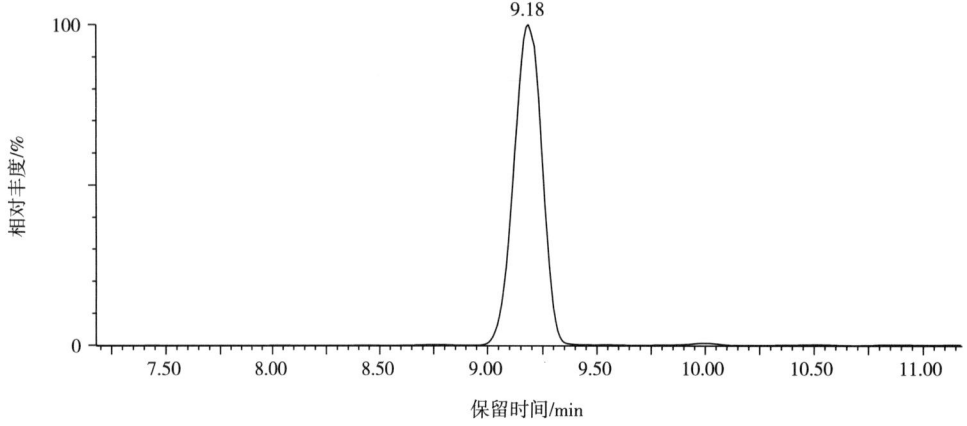

(3) 母离子质谱图

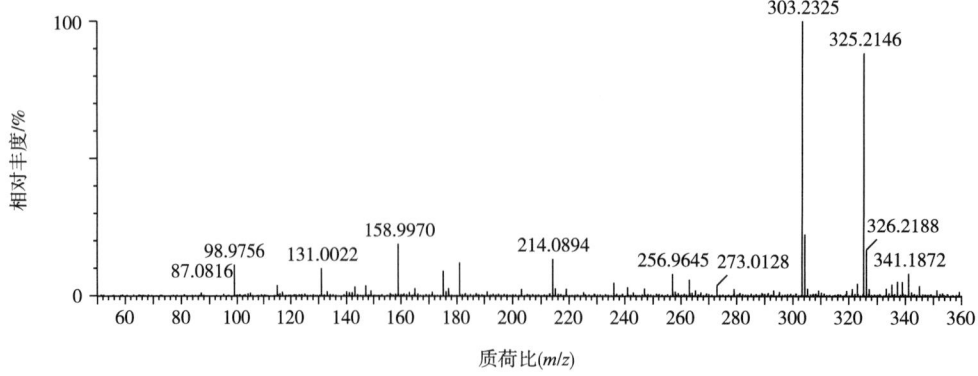

(4) 子离子质谱图

①碰撞能量 15eV

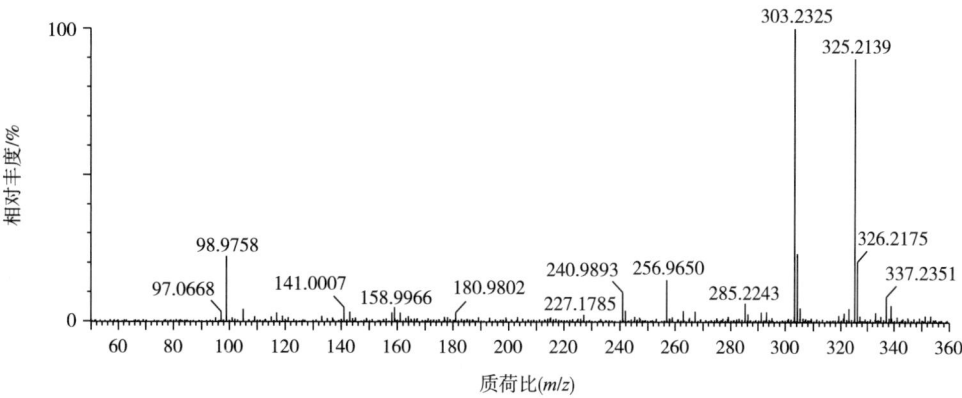

②碰撞能量 30eV

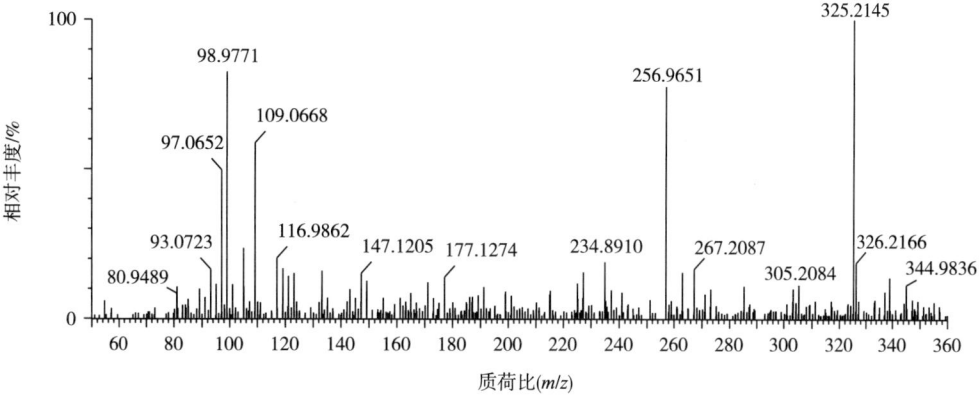

③碰撞能量 45eV

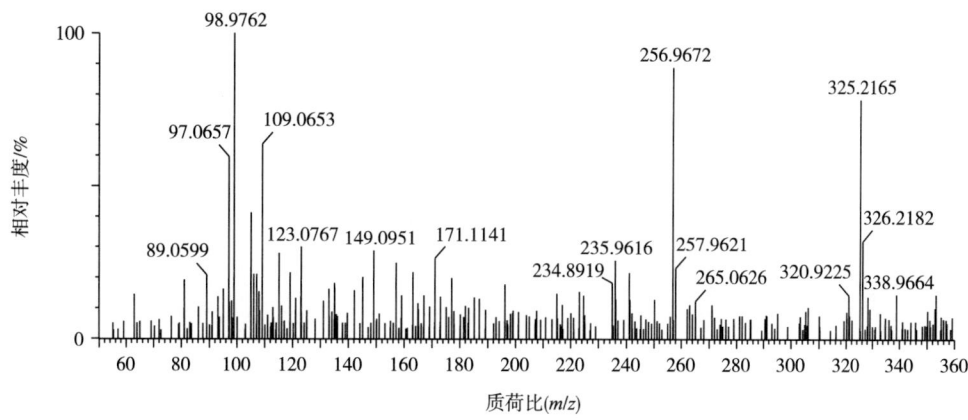

48 甲基硫脲嘧啶
(Methylthiouracil)

(1) 化合物信息

中文名	甲基硫脲嘧啶
别名	安替巴生、甲基硫氧嘧啶、甲基硫尿嘧啶、6-甲基-2-硫脲嘧啶
CAS 登录号	56-04-2
分子式	$C_5H_6N_2OS$
结构式	
单一同位素相对分子质量	142.0201
离子加合形式	ESI 源，$[M+H]^+$
色谱保留时间	1.64min

(2) 提取离子流色谱图

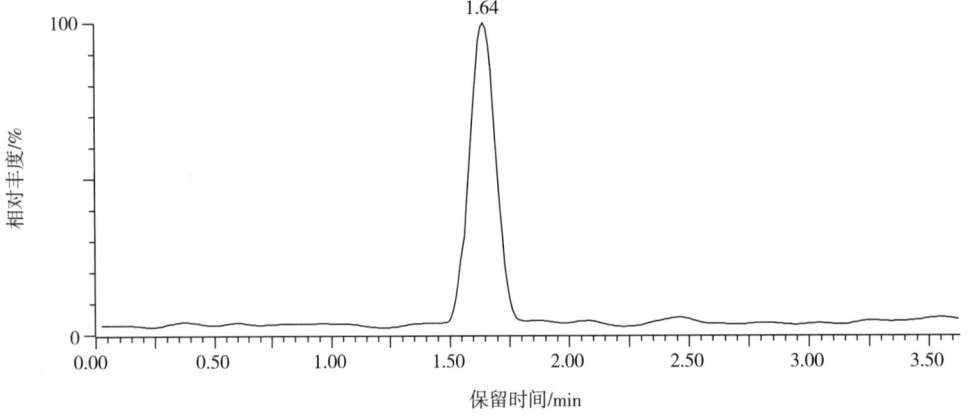

(3) 母离子质谱图

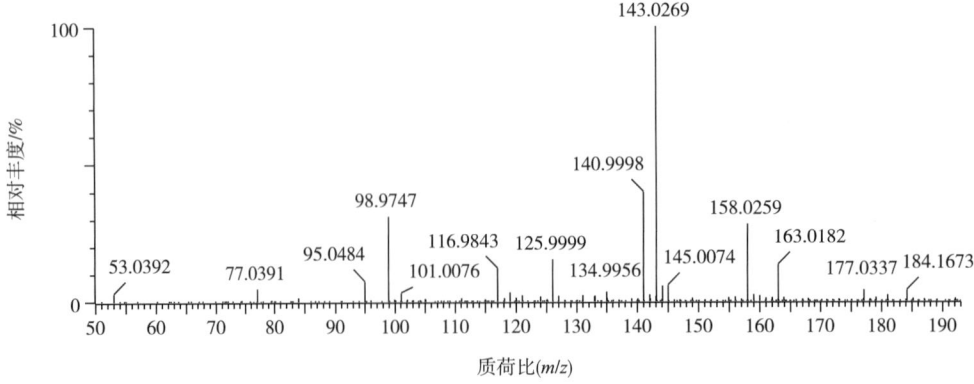

（4）子离子质谱图

①碰撞能量 15eV

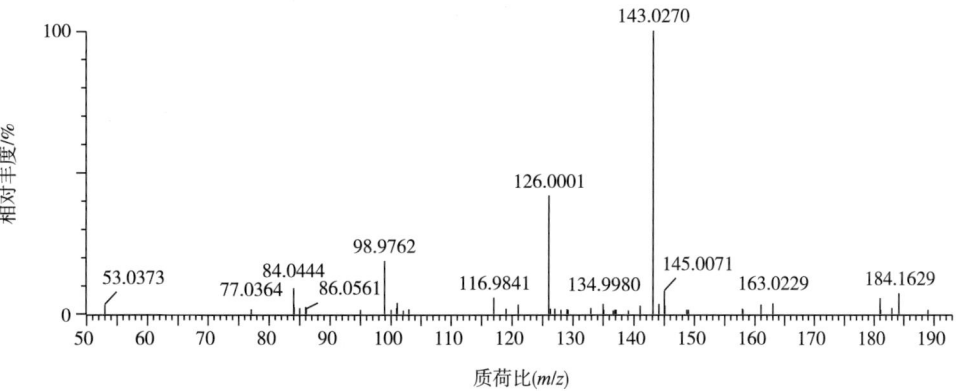

②碰撞能量 30eV

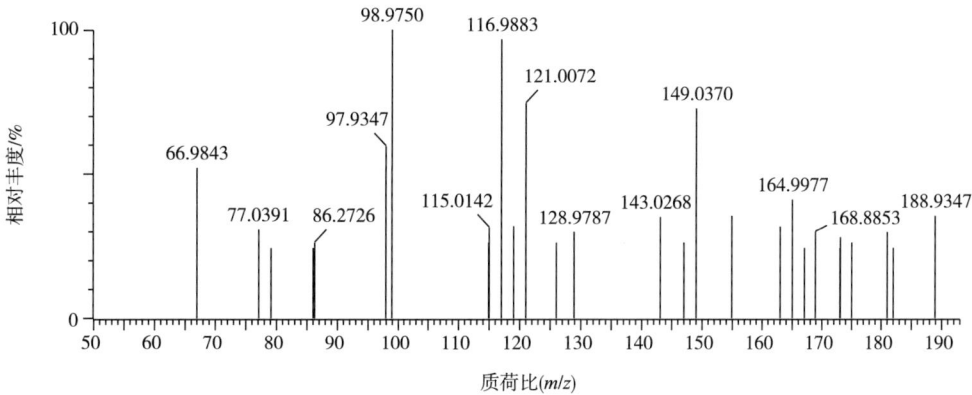

③碰撞能量 45eV

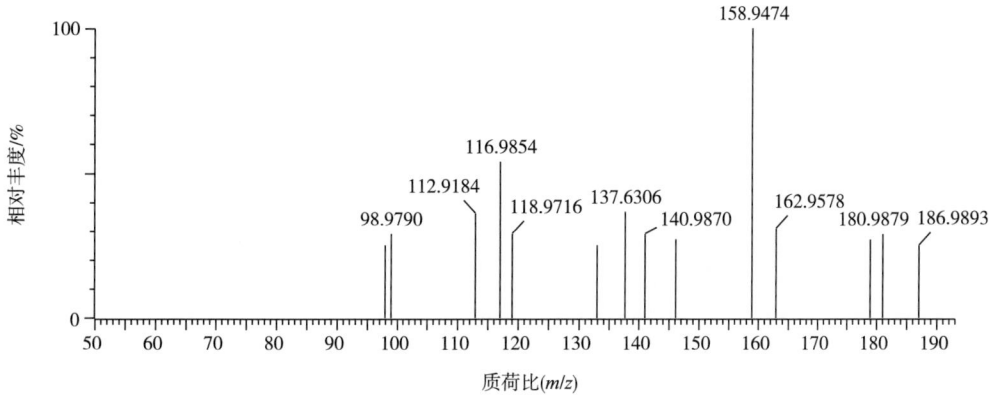

49 甲硫噻唑
(Methimazole)

(1) 化合物信息

中文名	甲硫噻唑
别名	甲巯咪唑、他巴唑、它巴唑、甲硫咪唑、甲巯基咪唑
CAS 登录号	60-56-0
分子式	$C_4H_6N_2S$
结构式	
单一同位素相对分子质量	114.0252
离子加合形式	ESI 源，$[M+H]^+$
色谱保留时间	1.52min

(2) 提取离子流色谱图

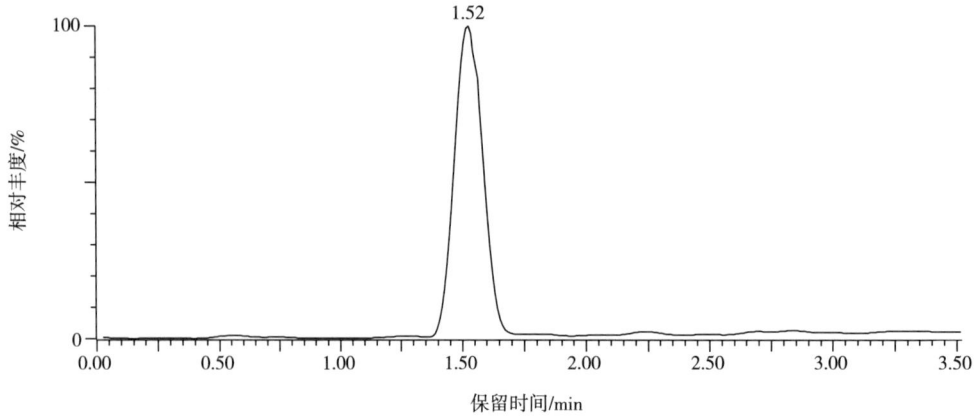

(3) 母离子质谱图

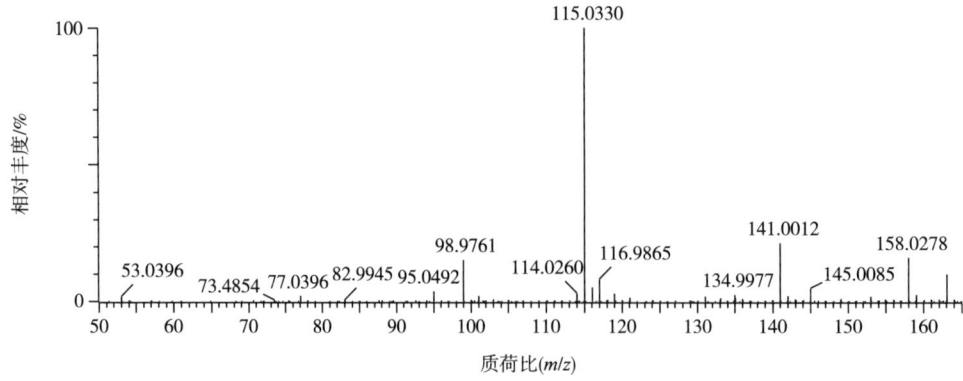

（4）子离子质谱图

①碰撞能量15eV

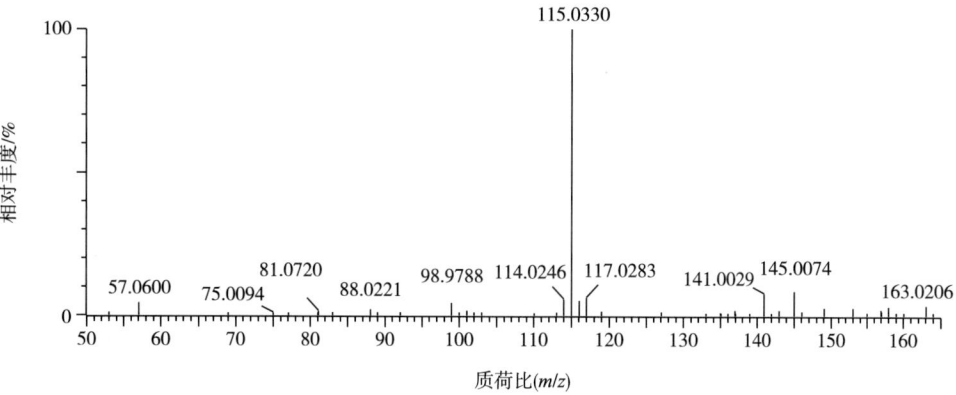

②碰撞能量30eV

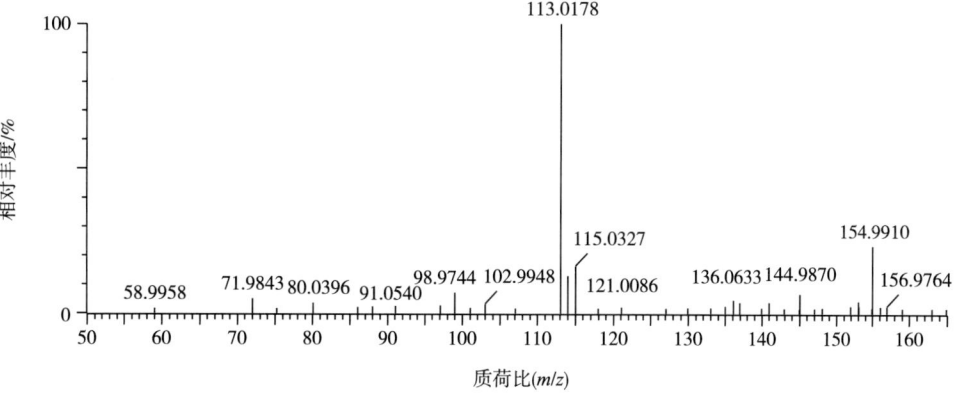

③碰撞能量45eV

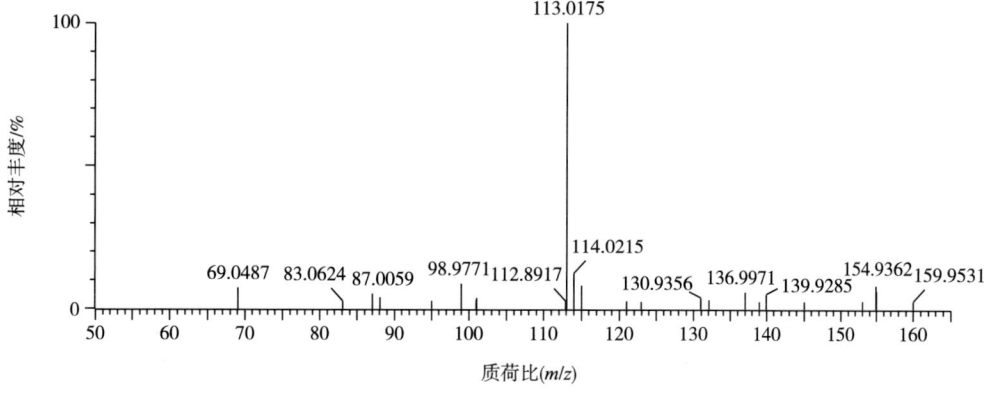

50 甲羟孕酮
(Medroxyprogesterone)

(1) 化合物信息

中文名	甲羟孕酮
别名	甲孕酮、安宫黄体素
CAS 登录号	520-85-4
分子式	$C_{22}H_{32}O_3$
结构式	
单一同位素相对分子质量	344.2351
离子加合形式	ESI源，$[M+H]^+$，$[M+Na]^+$，$[M+K]^+$
色谱保留时间	9.57min

(2) 提取离子流色谱图

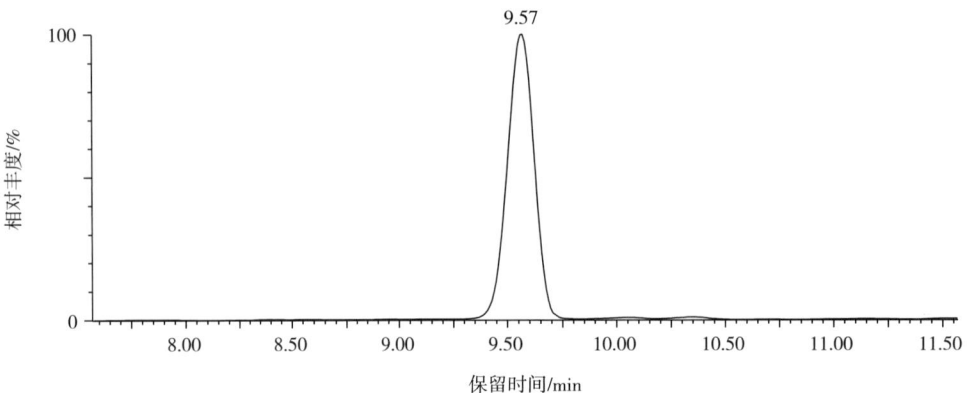

(3) 母离子质谱图

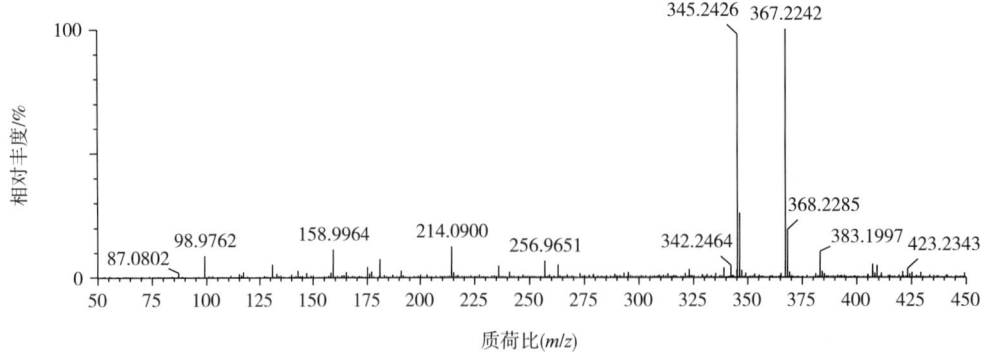

（4）子离子质谱图

①碰撞能量15eV

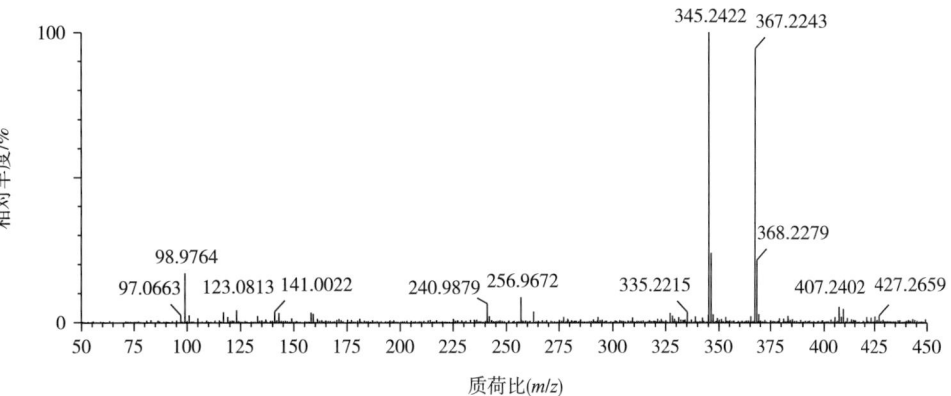

②碰撞能量30eV

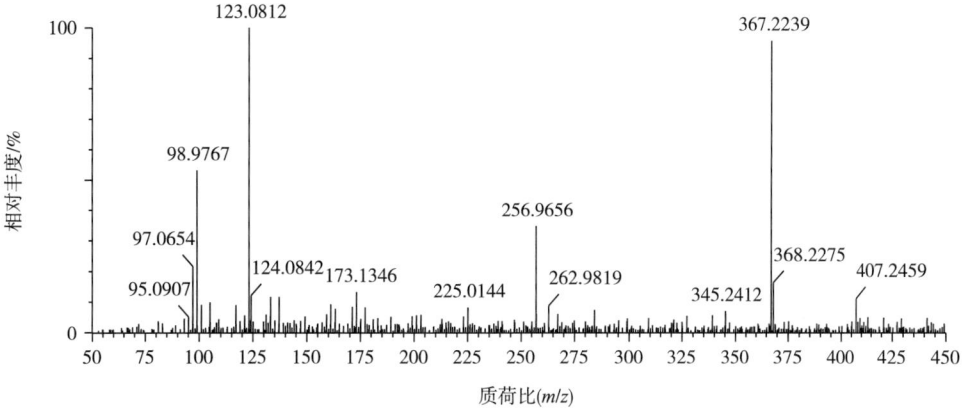

③碰撞能量45eV

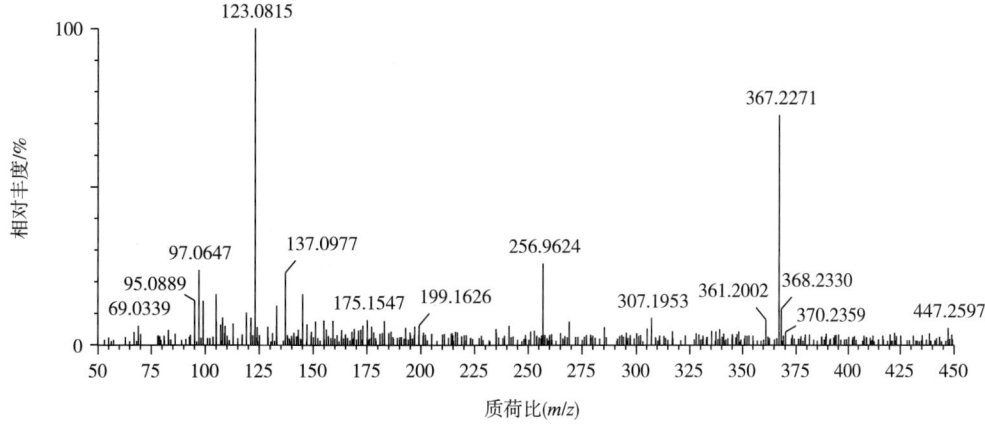

51 咖啡因 (Caffeine)

(1) 化合物信息

中文名	咖啡因
别名	茶素
CAS 登录号	58-08-2
分子式	$C_8H_{10}N_4O_2$
结构式	
单一同位素相对分子质量	194.0804
离子加合形式	ESI 源，$[M+H]^+$
色谱保留时间	3.65min

(2) 提取离子流色谱图

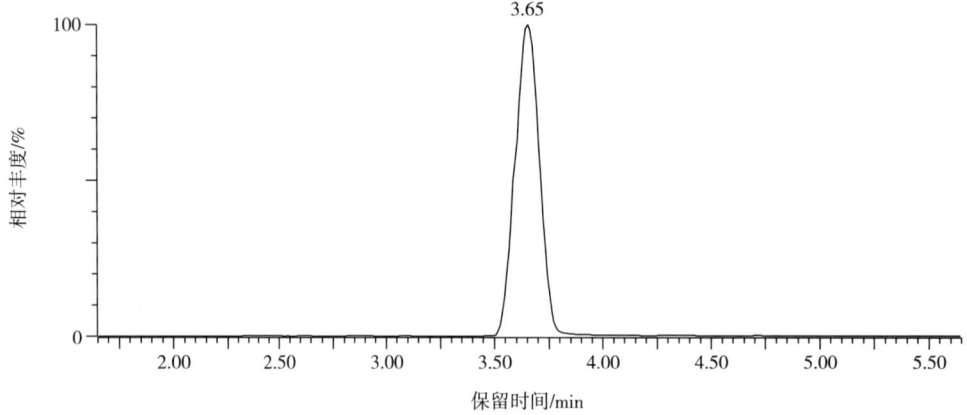

(3) 母离子质谱图

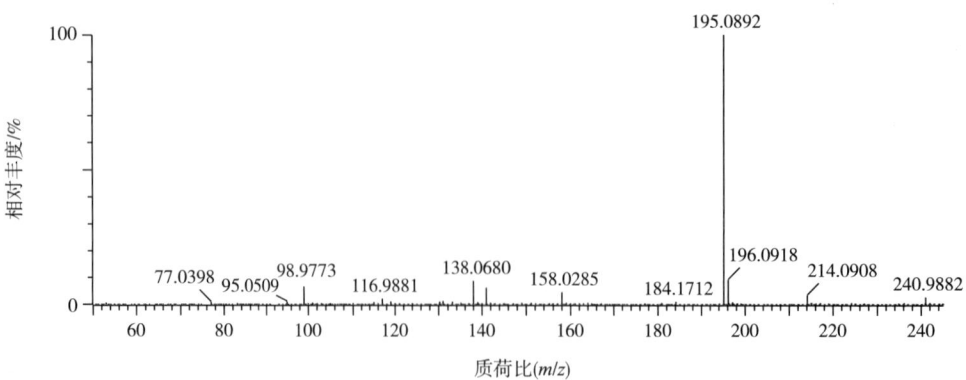

（4）子离子质谱图

①碰撞能量 15eV

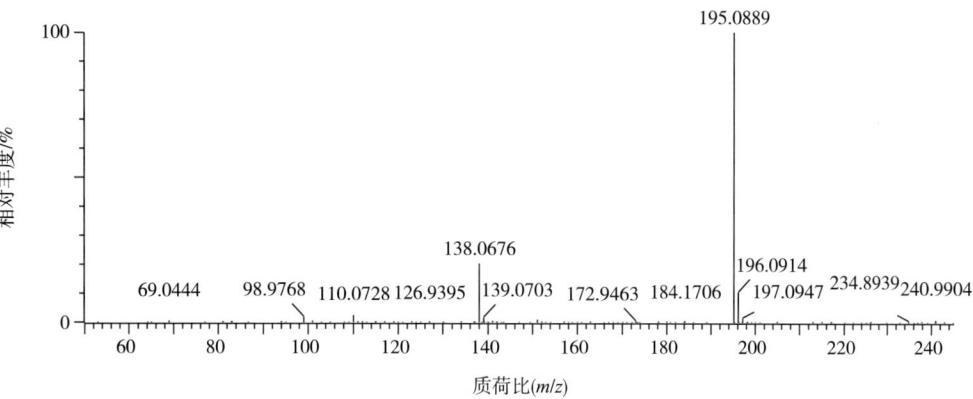

②碰撞能量 30eV

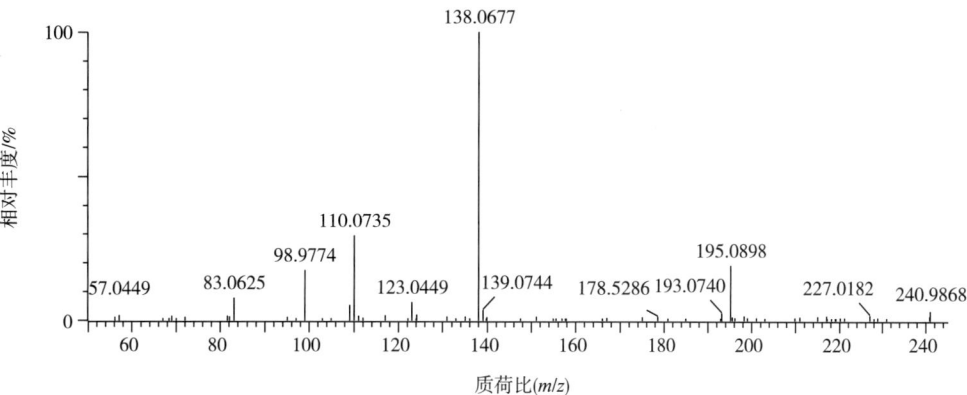

③碰撞能量 45eV

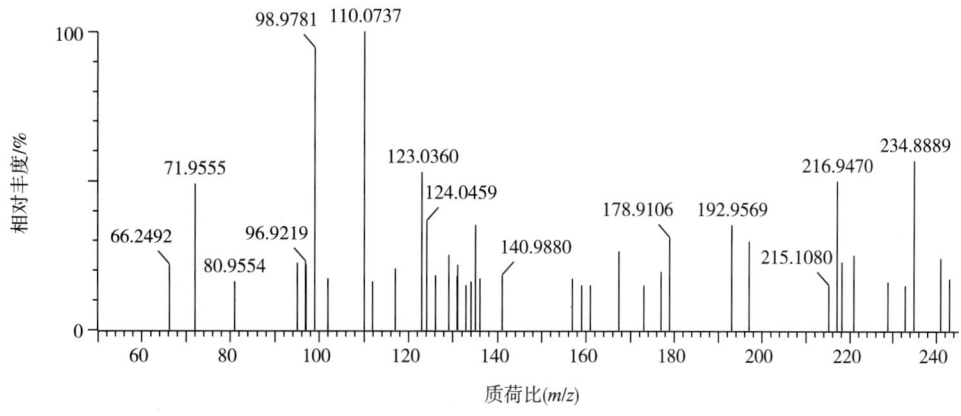

52 卡利普多 (Carisoprodol)

(1) 化合物信息

中文名	卡利普多
别名	肌安宁、卡来梯、异氨甲丙二酯、异丙安宁、异丙基眠尔通、异庚二酯、异丙基甲丁双脲
CAS 登录号	78-44-4
分子式	$C_{12}H_{24}N_2O_4$
结构式	
单一同位素相对分子质量	260.1736
离子加合形式	ESI 源，$[M+Na]^+$
色谱保留时间	7.76min

(2) 提取离子流色谱图

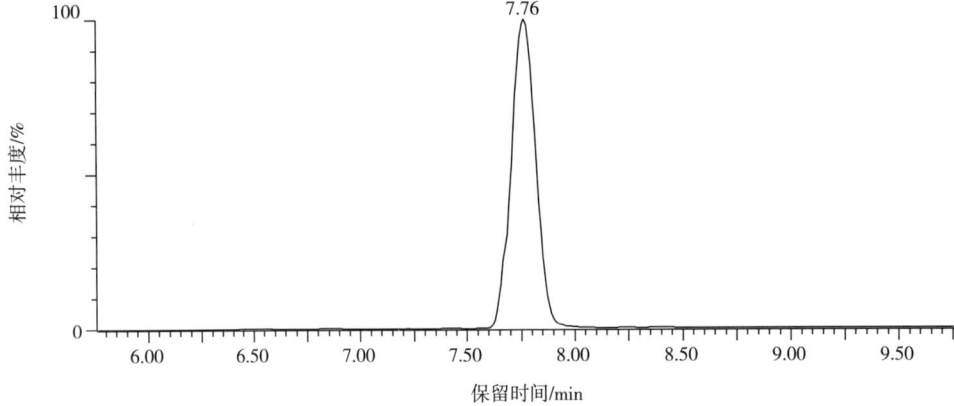

(3) 母离子质谱图

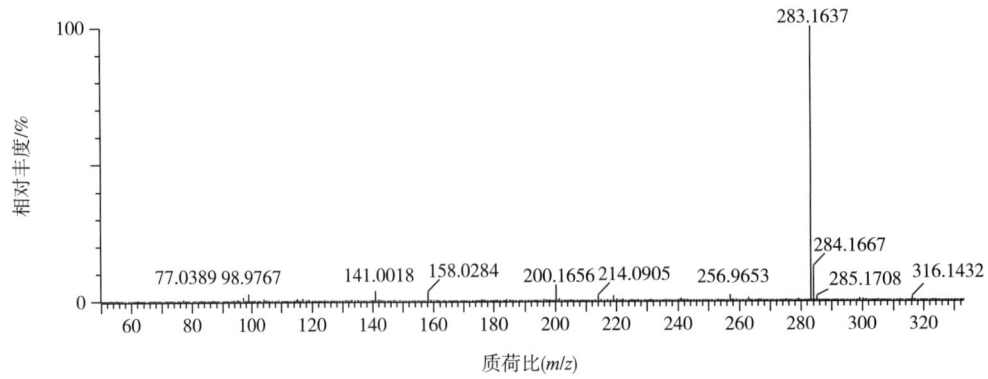

（4）子离子质谱图

①碰撞能量 15eV

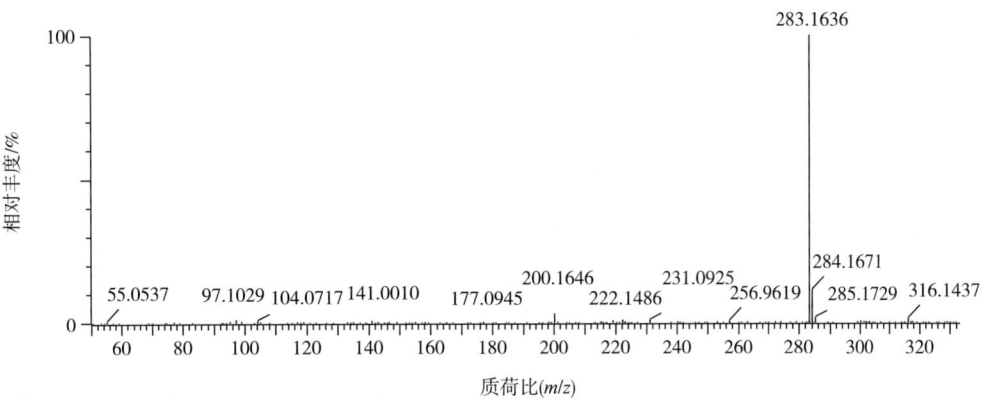

②碰撞能量 30eV

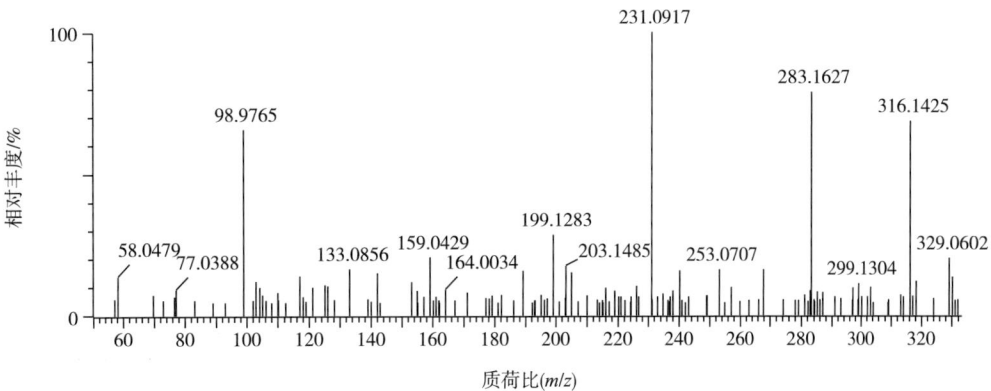

③碰撞能量 45eV

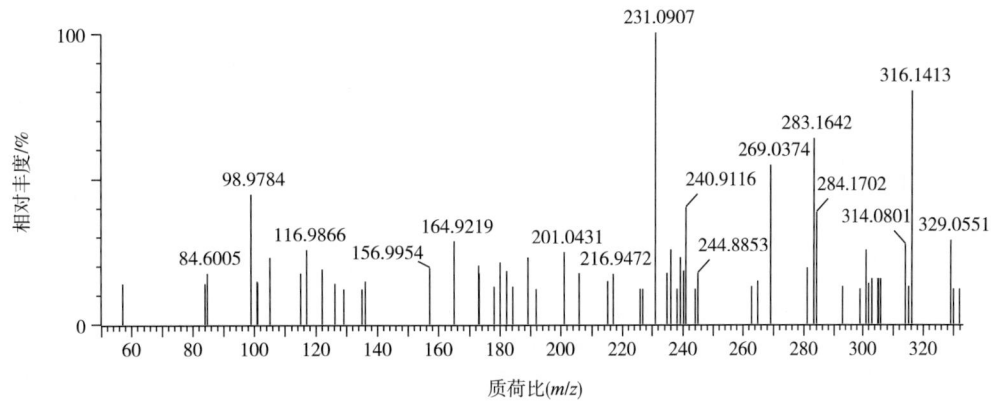

53 卡马西平
(Carbamazepine)

(1) 化合物信息

中文名	卡马西平
别名	立痛定、痛惊宁、酰胺咪嗪、卡巴咪嗪、氨甲酰苯卓
CAS 登录号	298-46-4
分子式	$C_{15}H_{12}N_2O$
结构式	
单一同位素相对分子质量	236.0950
离子加合形式	ESI 源，$[M+H]^+$，$[M+Na]^+$
色谱保留时间	7.26min

(2) 提取离子流色谱图

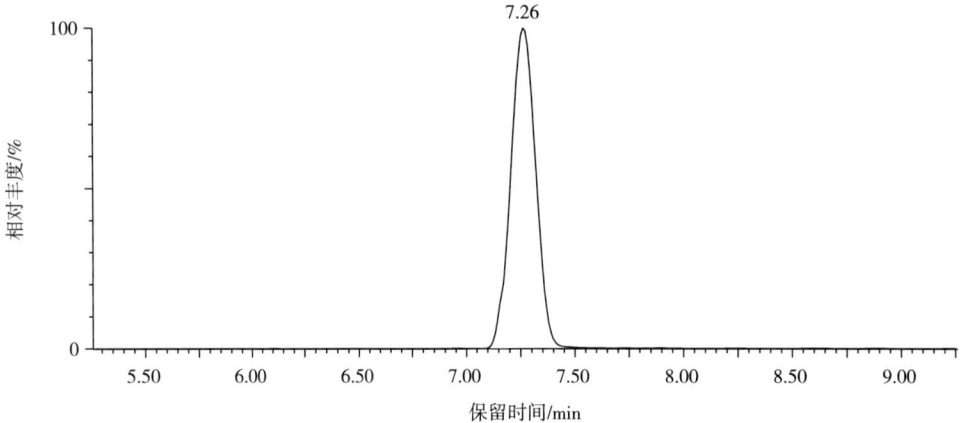

(3) 母离子质谱图

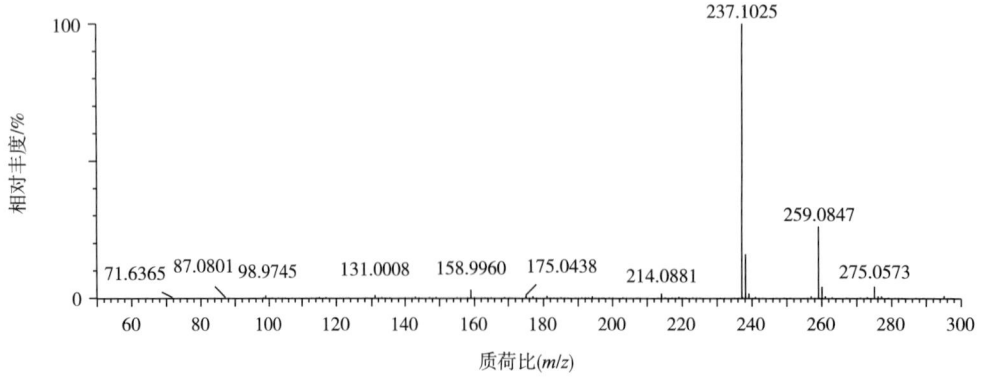

（4）子离子质谱图

①碰撞能量15eV

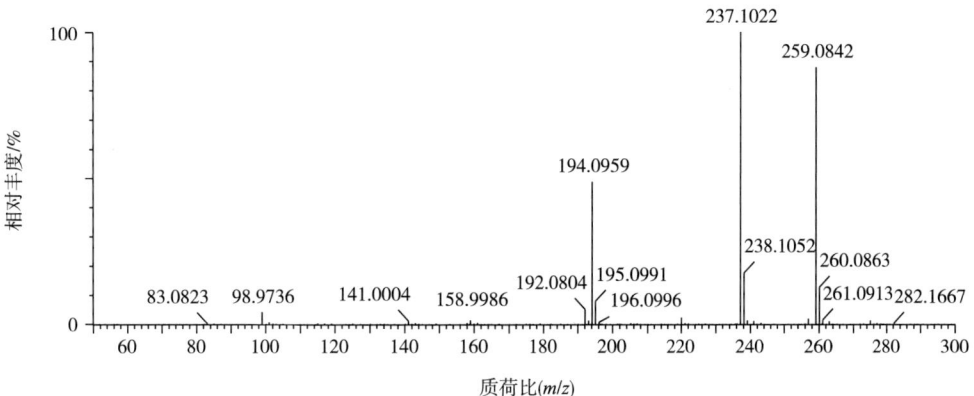

②碰撞能量30eV

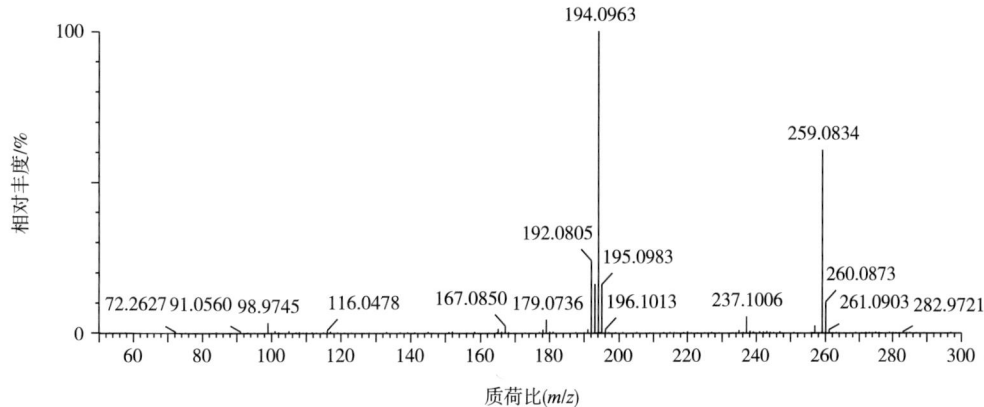

③碰撞能量45eV

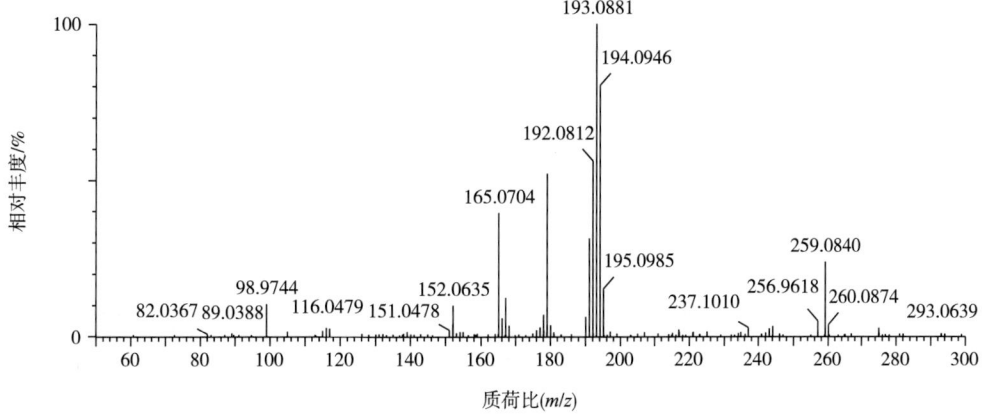

54 卡维地洛
(Carvedilol)

（1）化合物信息

中文名	卡维地洛
别名	卡位地洛、卡维地罗
CAS 登录号	72956-09-3
分子式	$C_{24}H_{26}N_2O_4$
结构式	
单一同位素相对分子质量	406.1893
离子加合形式	ESI 源，$[M+H]^+$，$[M+Na]^+$
色谱保留时间	7.26min

（2）提取离子流色谱图

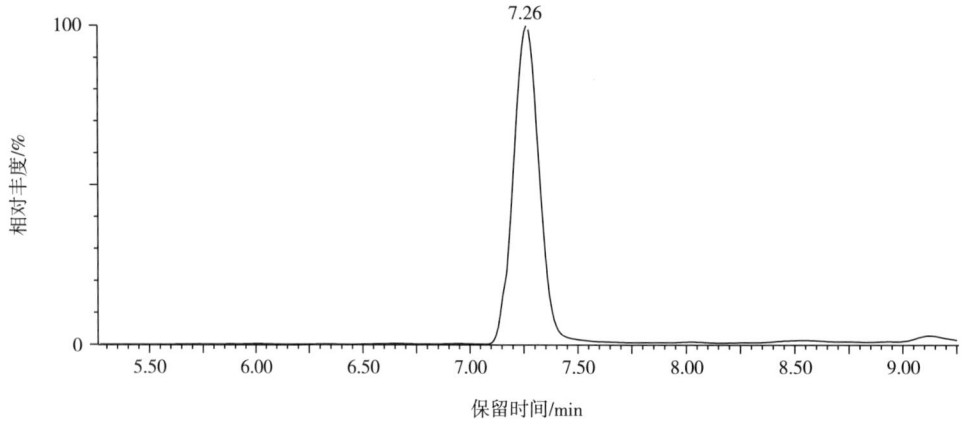

（3）母离子质谱图

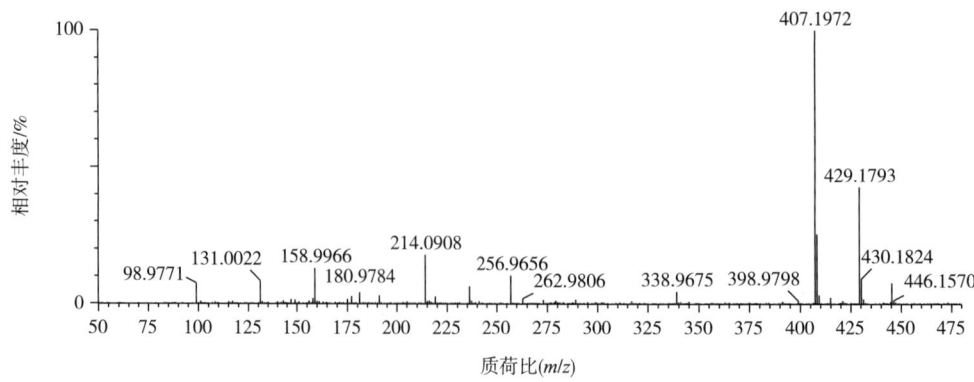

（4）子离子质谱图

①碰撞能量 15 eV

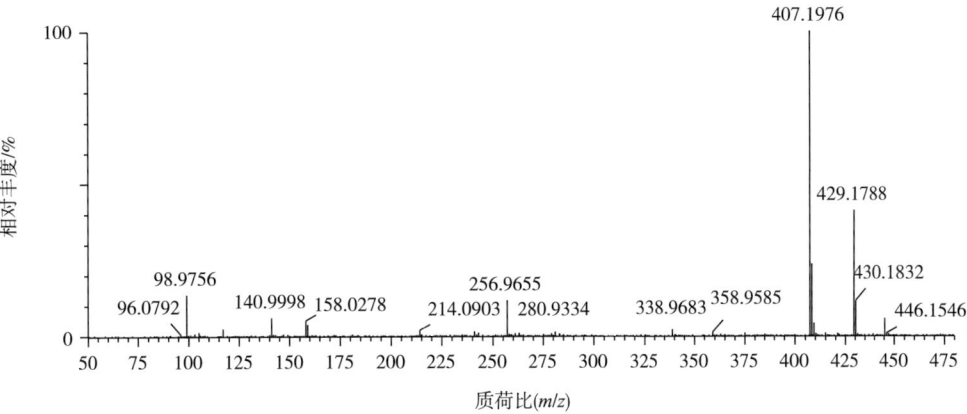

②碰撞能量 30 eV

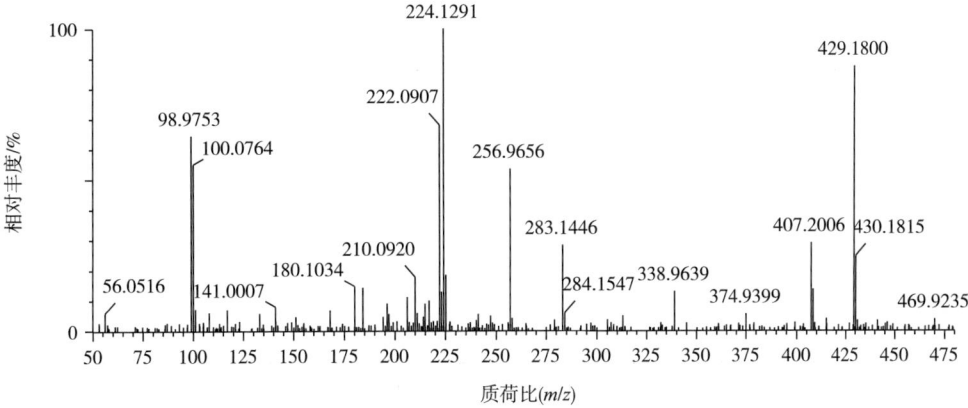

③碰撞能量 45 eV

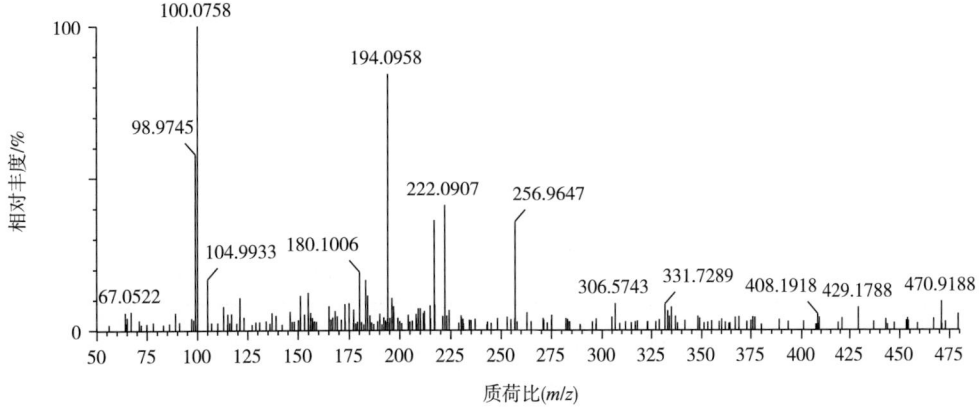

55 可待因 (Codeine)

(1) 化合物信息

中文名	可待因
别名	甲基吗啡
CAS 登录号	76-57-3
分子式	$C_{18}H_{21}NO_3$
结构式	
单一同位素相对分子质量	299.1521
离子加合形式	ESI 源，$[M+H]^+$，$[M+Na]^+$，$[M+K]^+$
色谱保留时间	3.22min

(2) 提取离子流色谱图

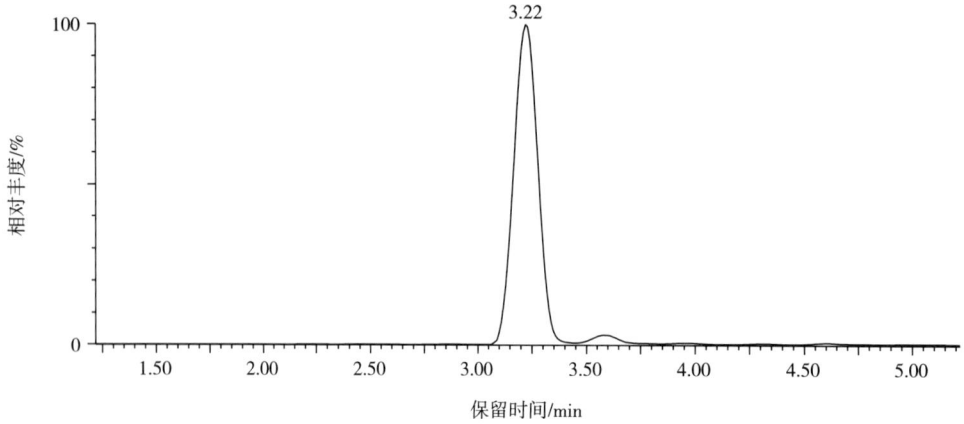

(3) 母离子质谱图

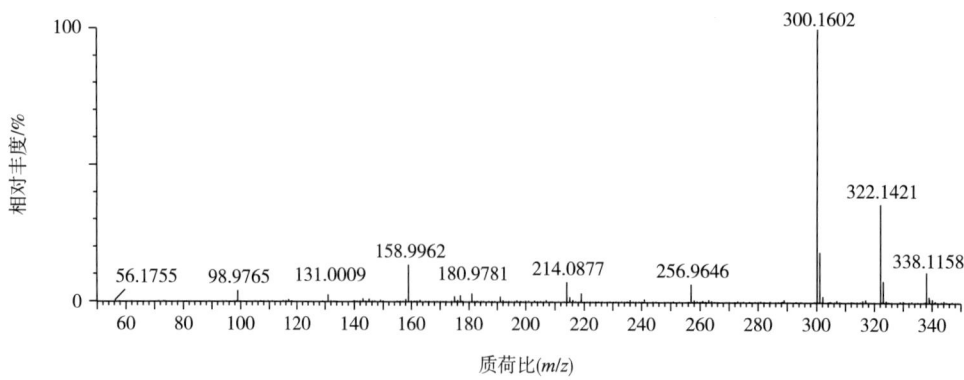

（4）子离子质谱图

①碰撞能量15eV

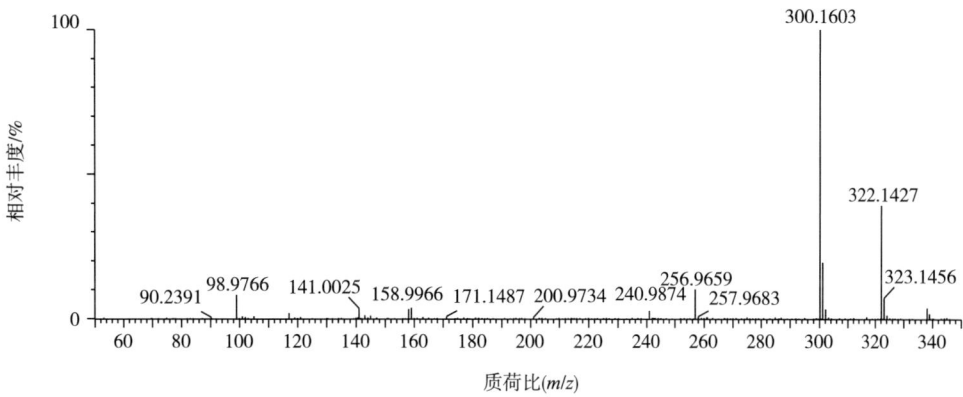

②碰撞能量30eV

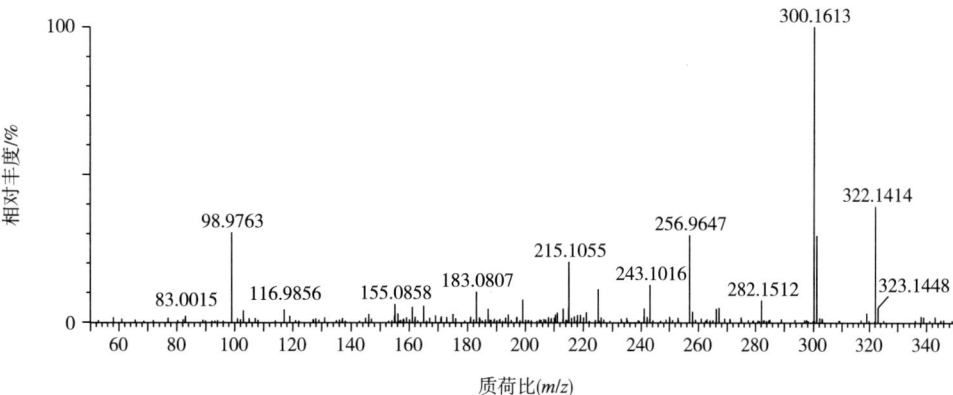

③碰撞能量45eV

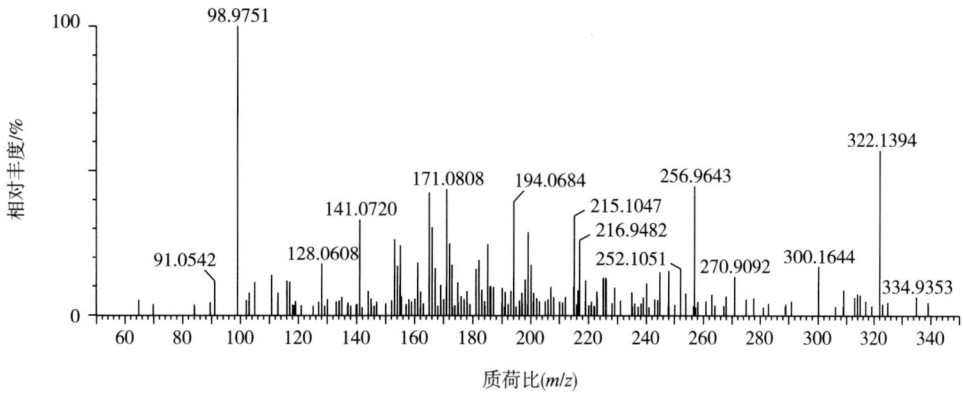

56 可的松 (Cortisone)

(1) 化合物信息

中文名	可的松
别名	皮质酮
CAS 登录号	53-06-5
分子式	$C_{21}H_{28}O_5$
结构式	
单一同位素相对分子质量	360.1937
离子加合形式	ESI 源，$[M+H]^+$，$[M+Na]^+$
色谱保留时间	7.09min

(2) 提取离子流色谱图

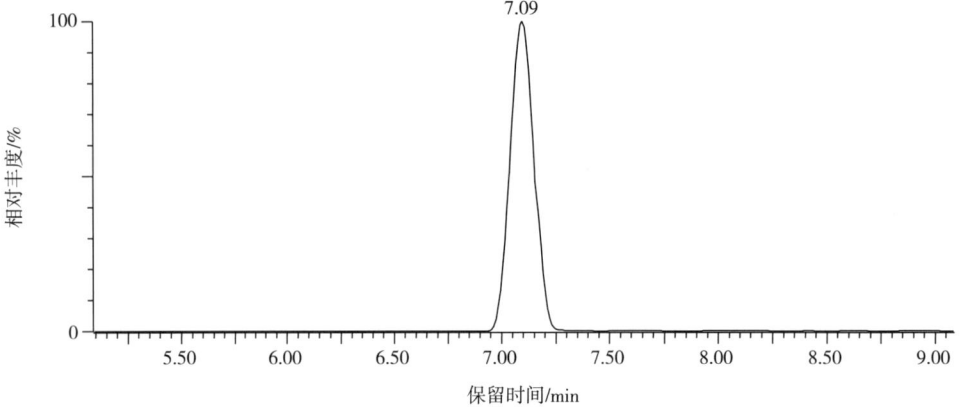

(3) 母离子质谱图

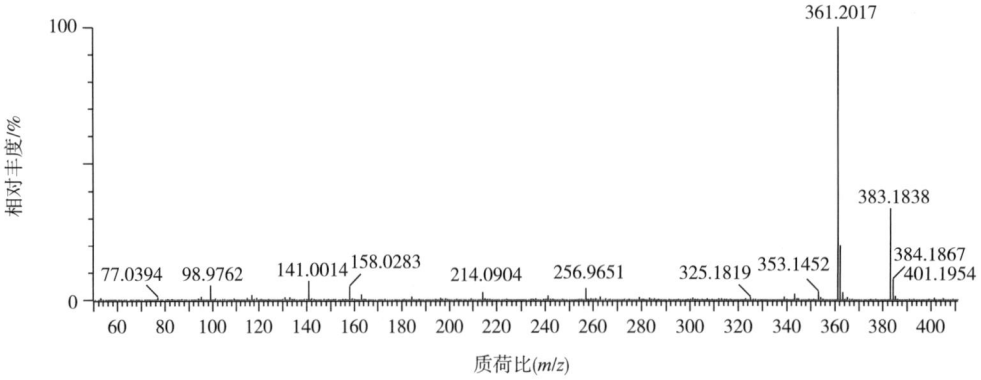

（4）子离子质谱图

①碰撞能量 15eV

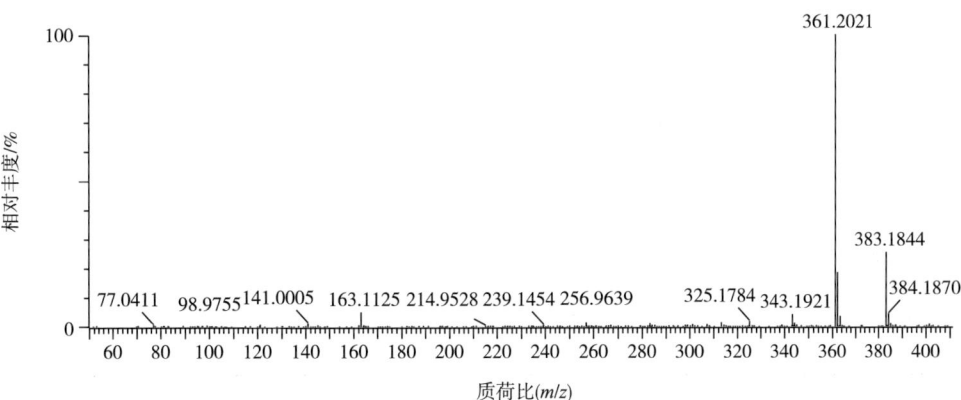

②碰撞能量 30eV

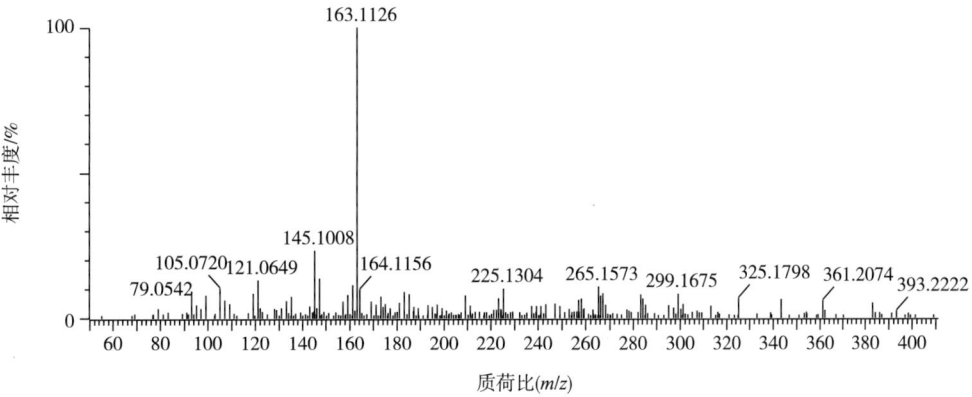

③碰撞能量 45eV

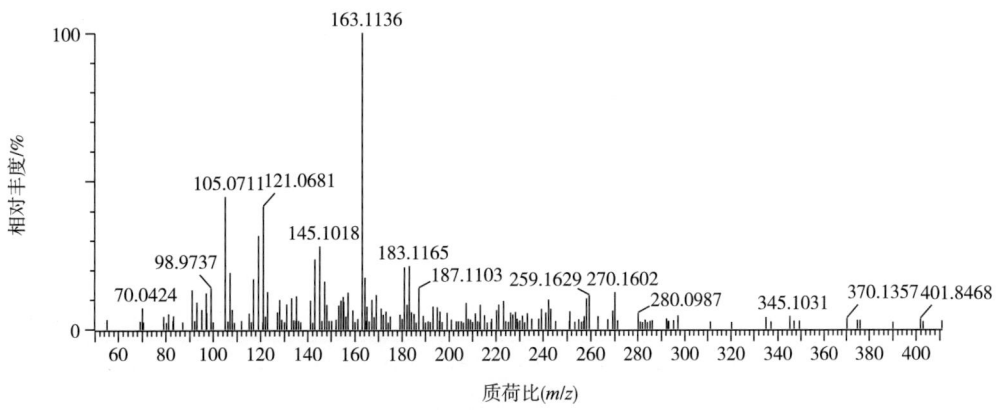

57 可尔特罗 (Colterol)

(1) 化合物信息

中文名	可尔特罗
别名	—
CAS 登录号	18866-78-9
分子式	$C_{12}H_{19}NO_3$
结构式	
单一同位素相对分子质量	225.1365
离子加合形式	ESI 源，$[M+H]^+$
色谱保留时间	2.47min

(2) 提取离子流色谱图

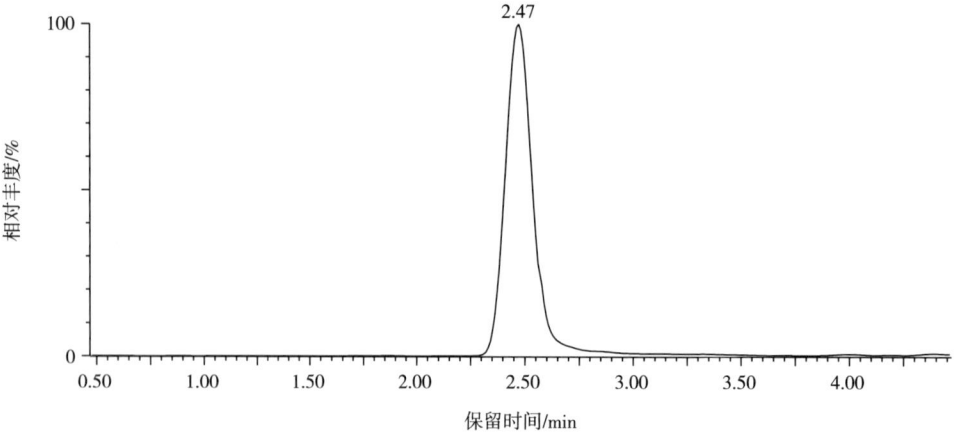

(3) 母离子质谱图

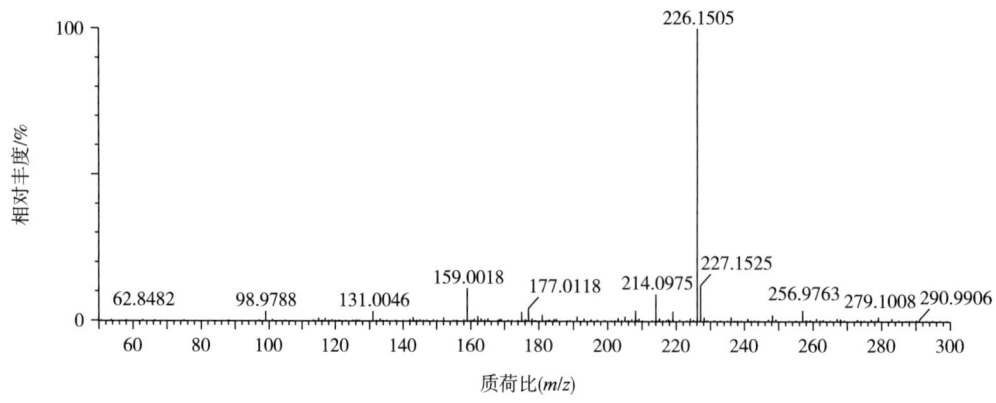

（4）子离子质谱图

①碰撞能量 15eV

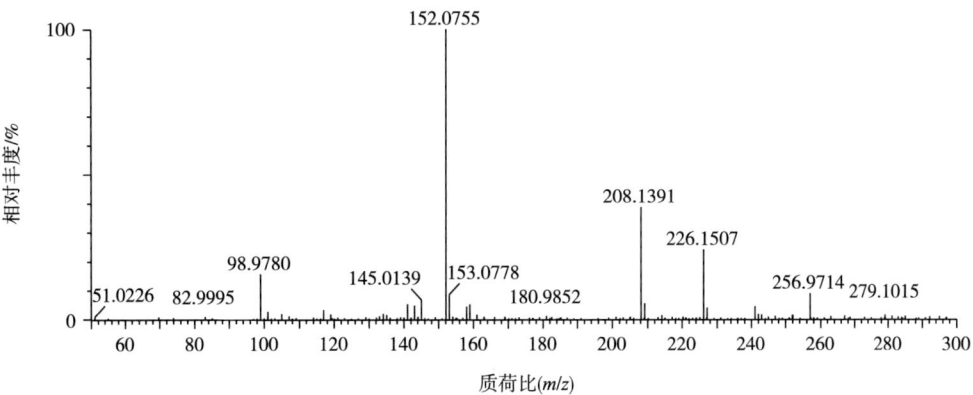

②碰撞能量 30eV

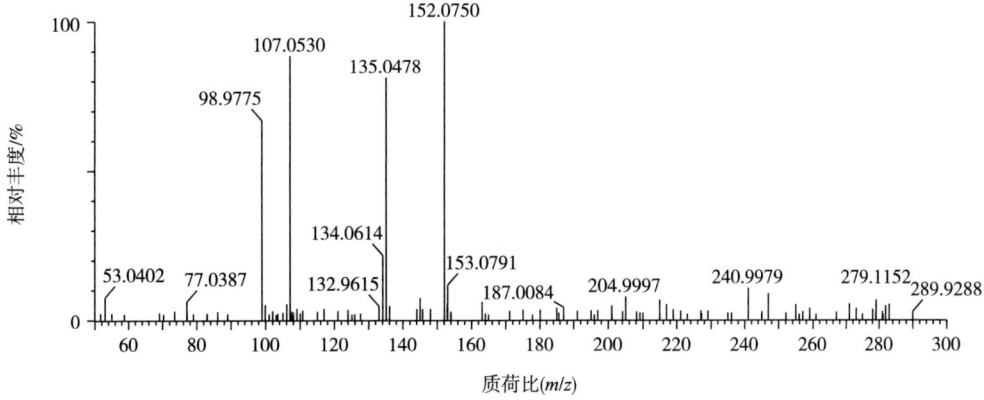

③碰撞能量 45eV

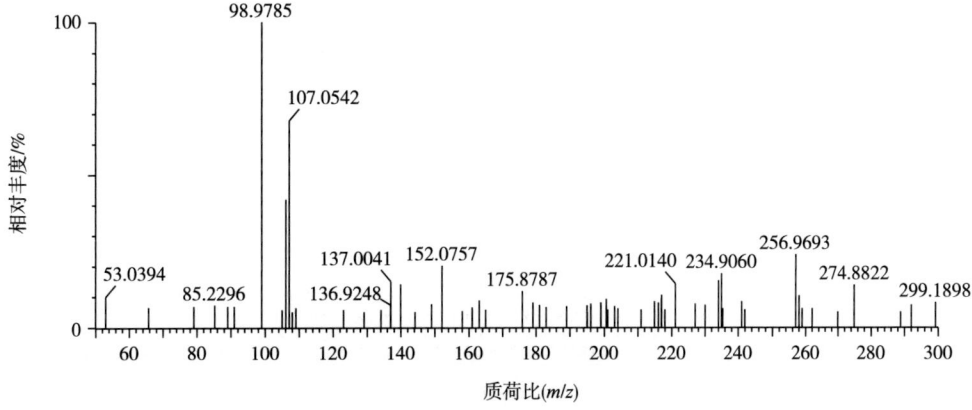

58 克仑塞罗 (Clencyclohexerol)

(1) 化合物信息

中文名	克仑塞罗
别名	—
CAS 登录号	157877-79-7
分子式	$C_{14}H_{20}Cl_2N_2O_2$
结构式	
单一同位素相对分子质量	318.0902
离子加合形式	ESI 源，[M+H]$^+$
色谱保留时间	3.83min

(2) 提取离子流色谱图

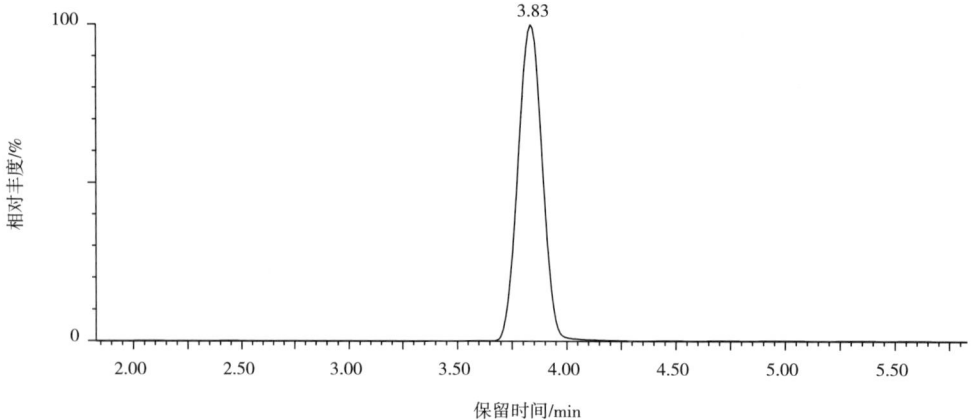

(3) 母离子质谱图

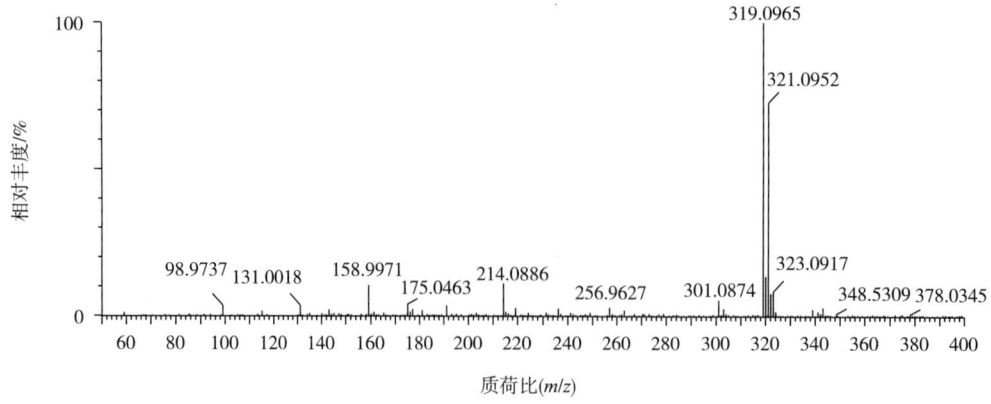

（4）子离子质谱图

①碰撞能量 15eV

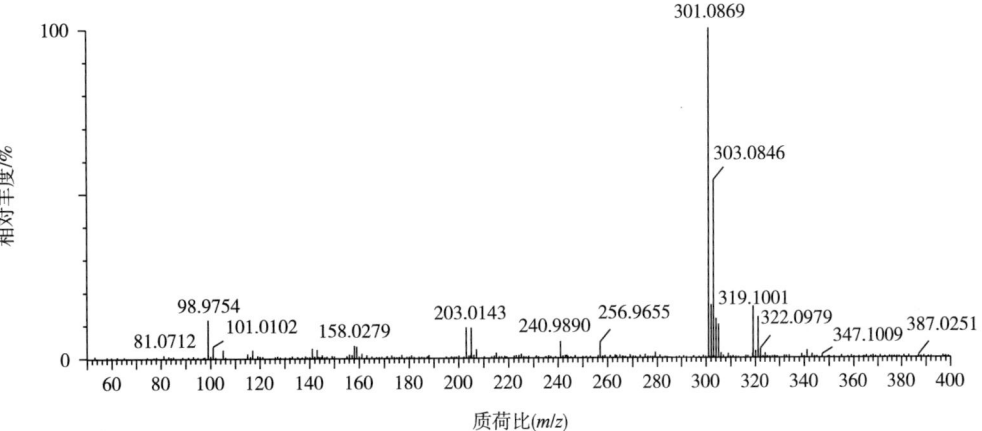

②碰撞能量 30eV

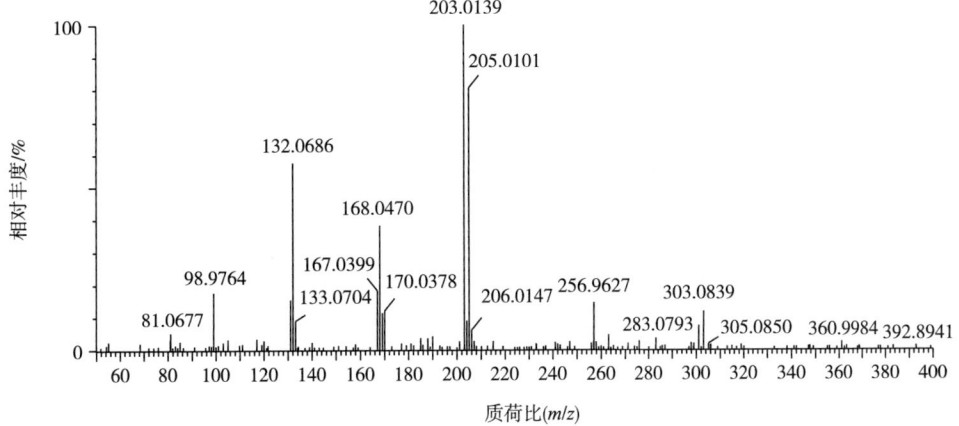

③碰撞能量 45eV

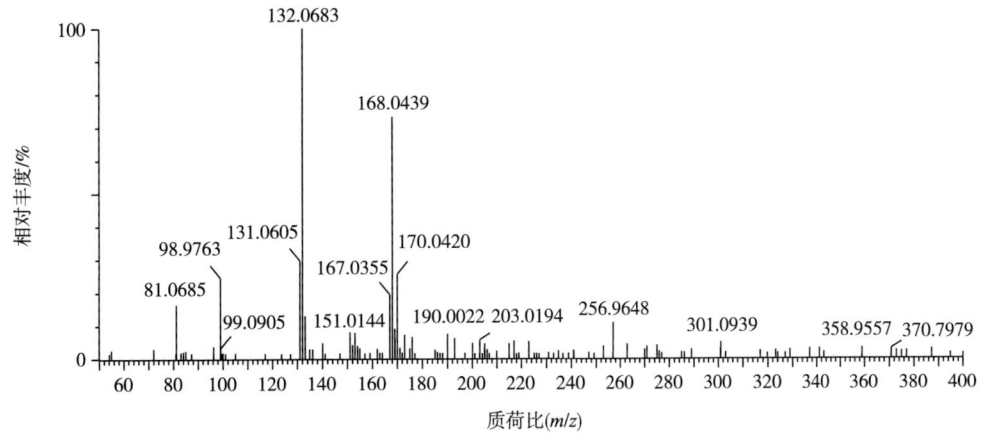

59 克仑潘特
(Clenpenterol)

(1) 化合物信息

中文名	克仑潘特
别名	—
CAS 登录号	38339-21-8
分子式	$C_{13}H_{20}Cl_2N_2O$
结构式	
单一同位素相对分子质量	290.0953
离子加合形式	ESI 源，$[M+H]^+$
色谱保留时间	5.65 min

(2) 提取离子流色谱图

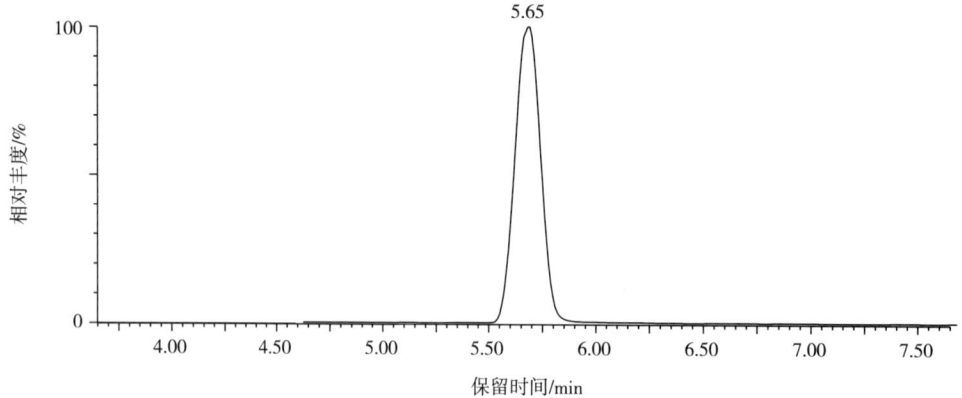

(3) 母离子质谱图

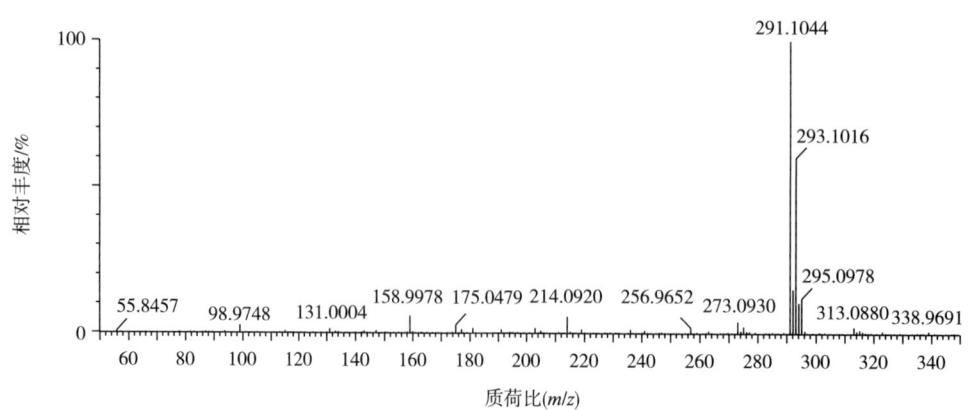

（4）子离子质谱图

①碰撞能量15eV

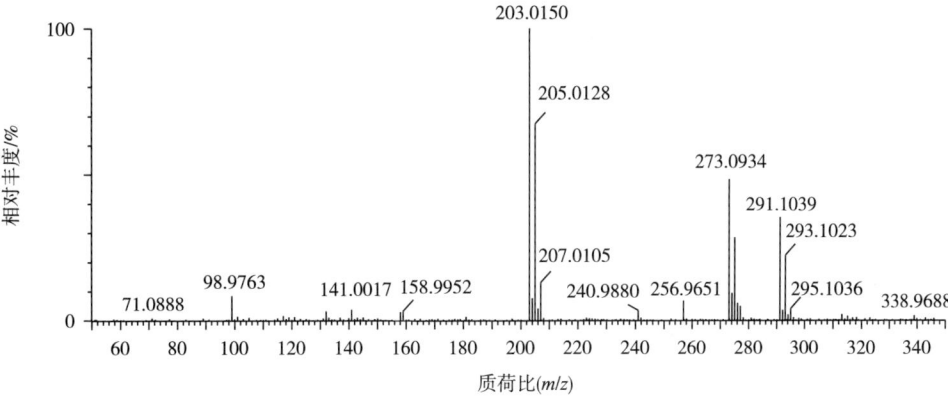

②碰撞能量30eV

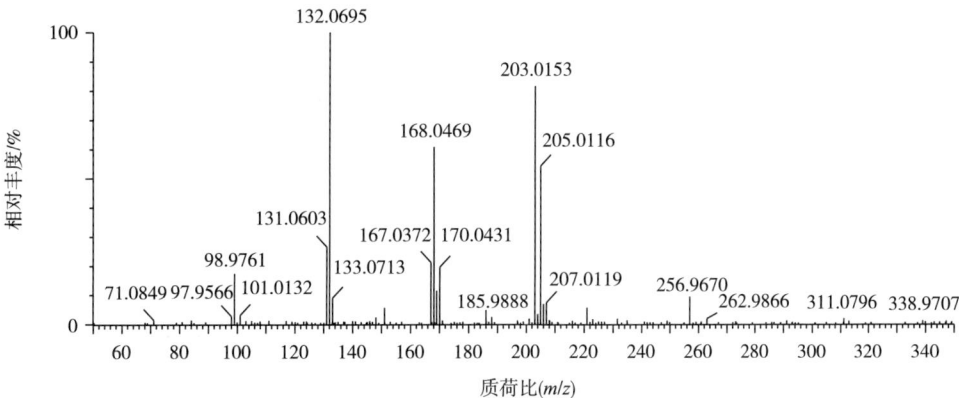

③碰撞能量45eV

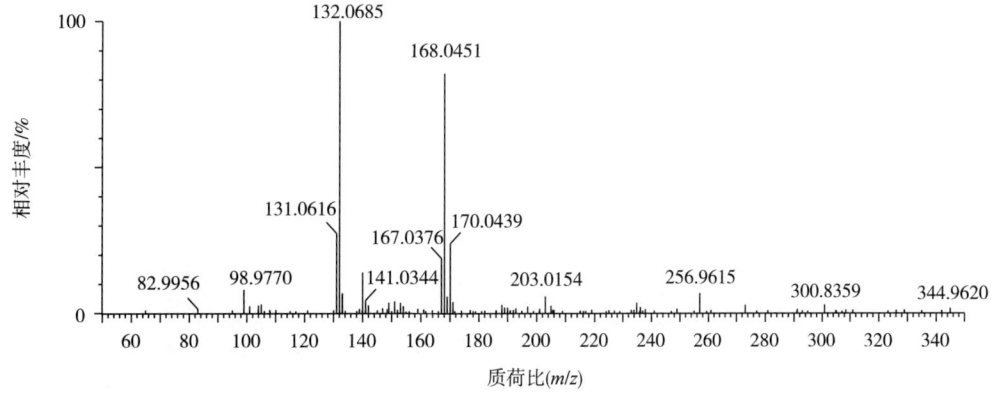

60 克仑特罗 (Clenbuterol)

(1) 化合物信息

中文名	克仑特罗
别名	氨必妥、氨哮素、克喘素、双氯醇胺
CAS 登录号	37148 – 27 – 9
分子式	$C_{12}H_{18}Cl_2N_2O$
结构式	
单一同位素相对分子质量	276.0796
离子加合形式	ESI 源，$[M+H]^+$
色谱保留时间	4.88 min

(2) 提取离子流色谱图

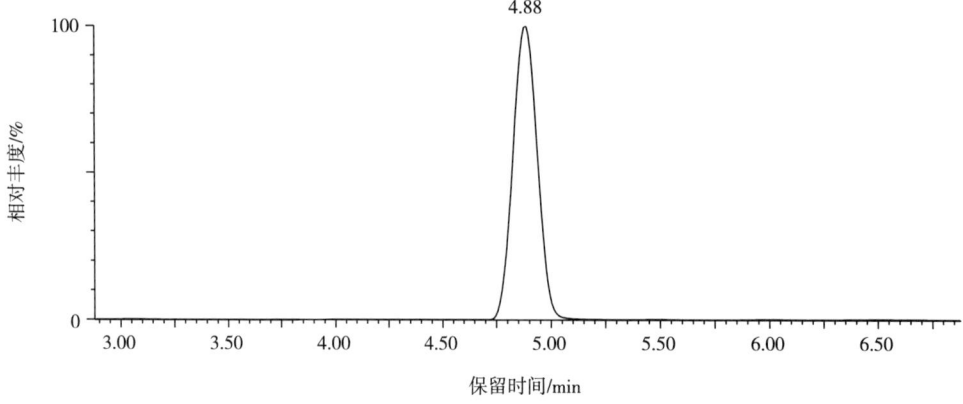

(3) 母离子质谱图

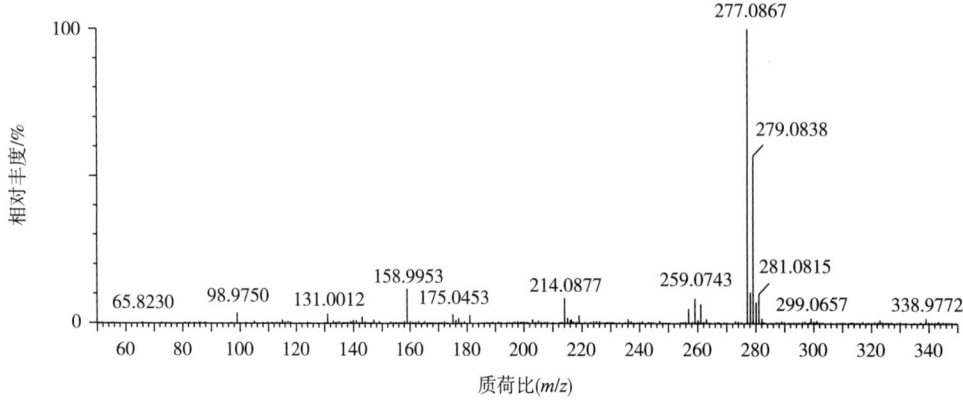

（4）子离子质谱图

①碰撞能量 15eV

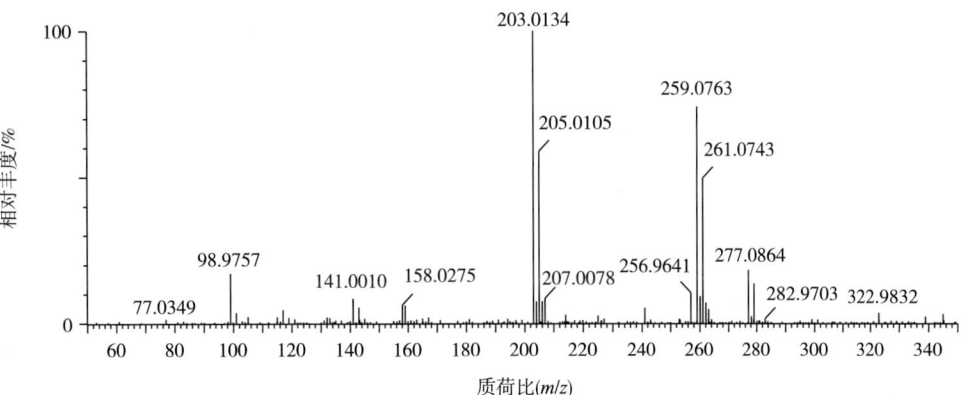

②碰撞能量 30eV

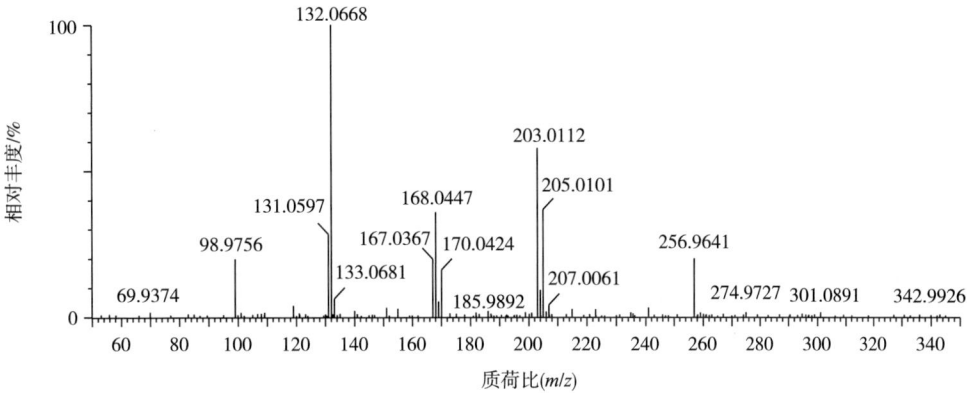

③碰撞能量 45eV

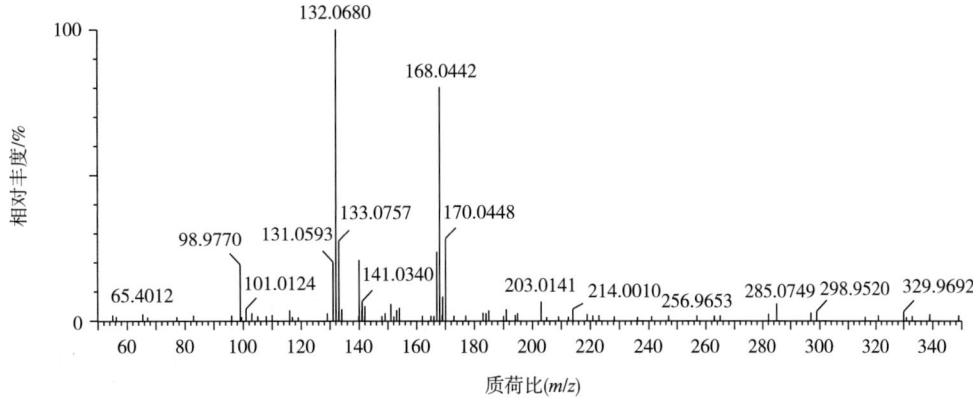

61 克仑西罗 (Clenhexerol)

(1) 化合物信息

中文名	克仑西罗
别名	—
CAS 登录号	78982-88-4
分子式	$C_{14}H_{22}Cl_2N_2O$
结构式	
单一同位素相对分子质量	304.1109
离子加合形式	ESI 源，[M+H]$^+$
色谱保留时间	7.19min

(2) 提取离子流色谱图

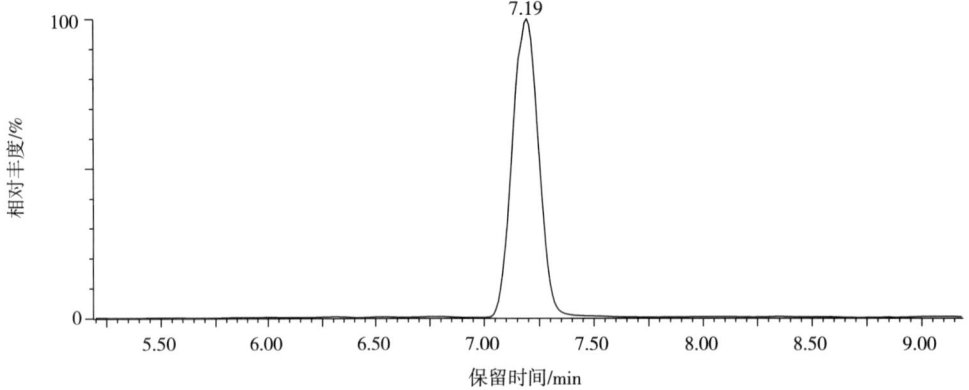

(3) 母离子质谱图

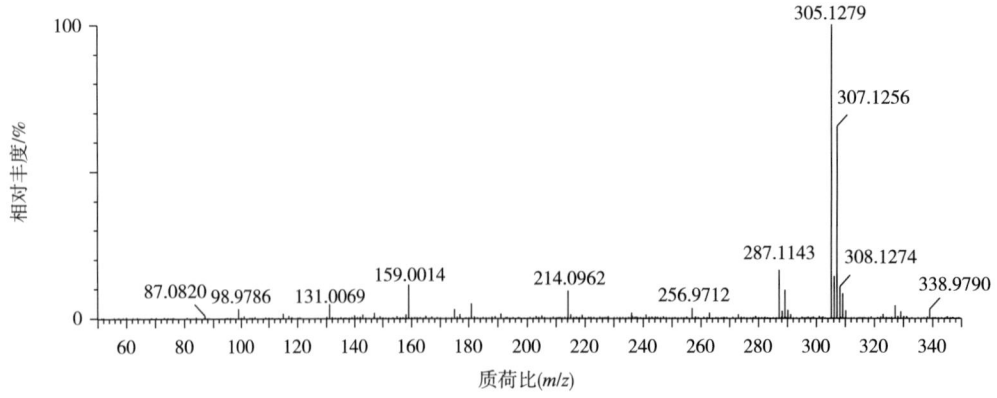

（4）子离子质谱图

①碰撞能量 15eV

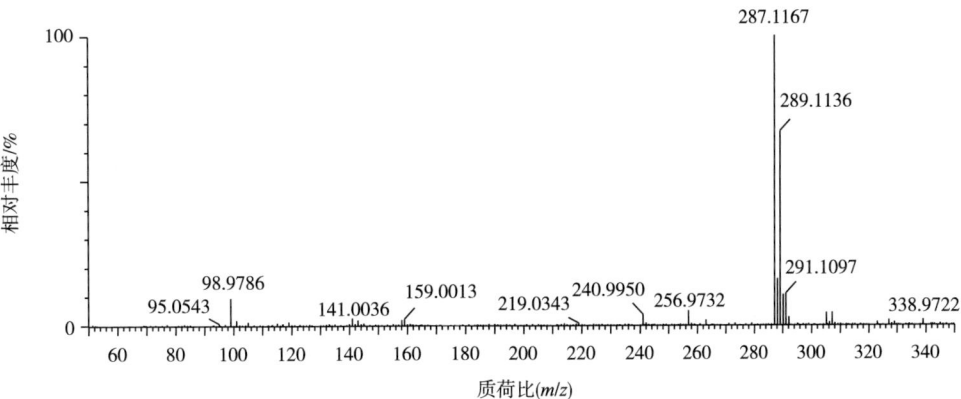

②碰撞能量 30eV

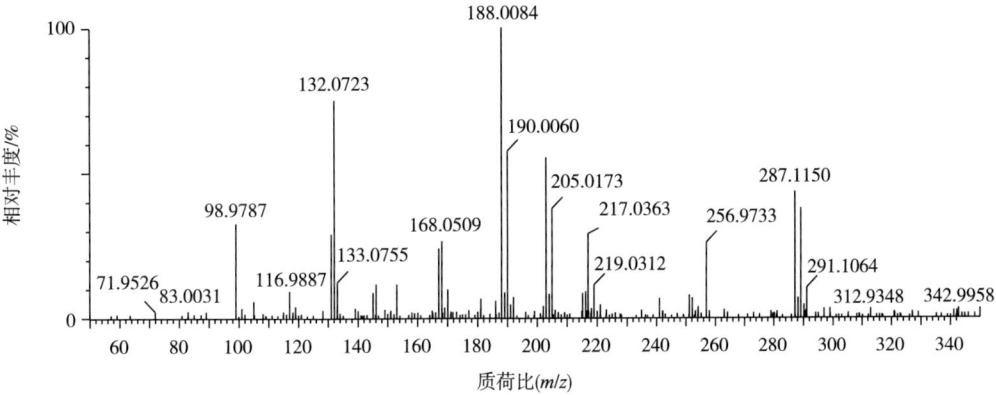

③碰撞能量 45eV

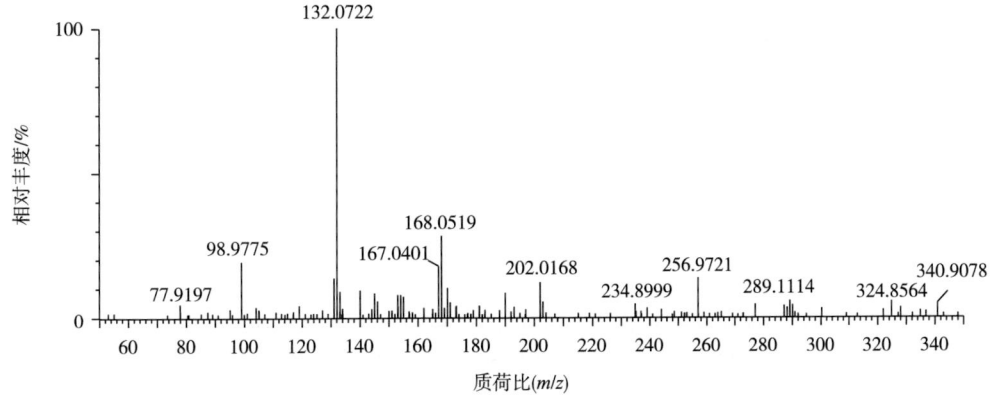

62 拉贝洛尔
(Labetalol)

(1) 化合物信息

中文名	拉贝洛尔
别名	降压乐、拉本他乐
CAS 登录号	36894-69-6
分子式	$C_{19}H_{24}N_2O_3$
结构式	
单一同位素相对分子质量	328.1787
离子加合形式	ESI 源，$[M+H]^+$
色谱保留时间	6.08min

(2) 提取离子流色谱图

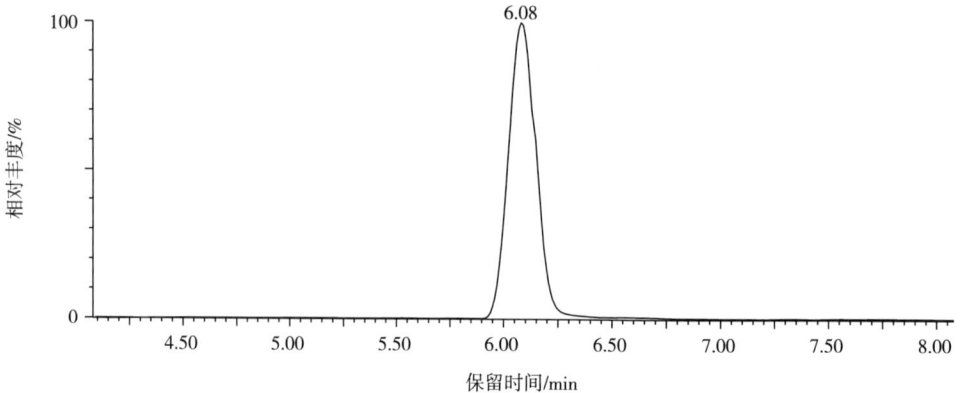

(3) 母离子质谱图

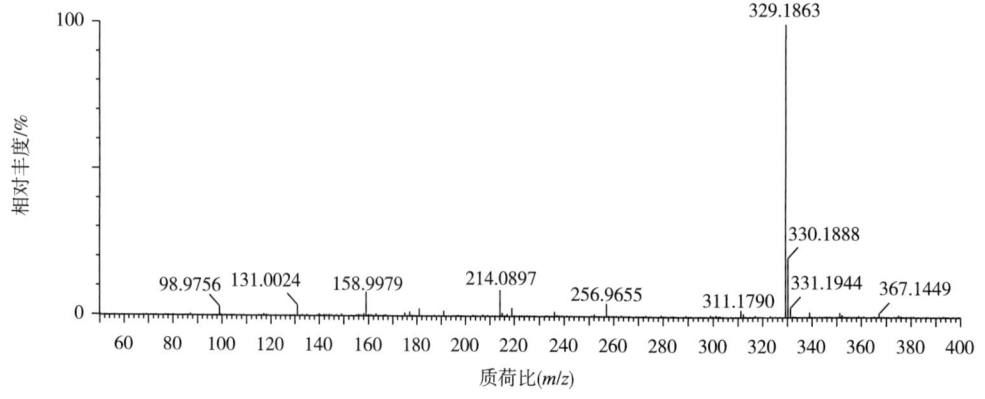

（4）子离子质谱图

①碰撞能量15eV

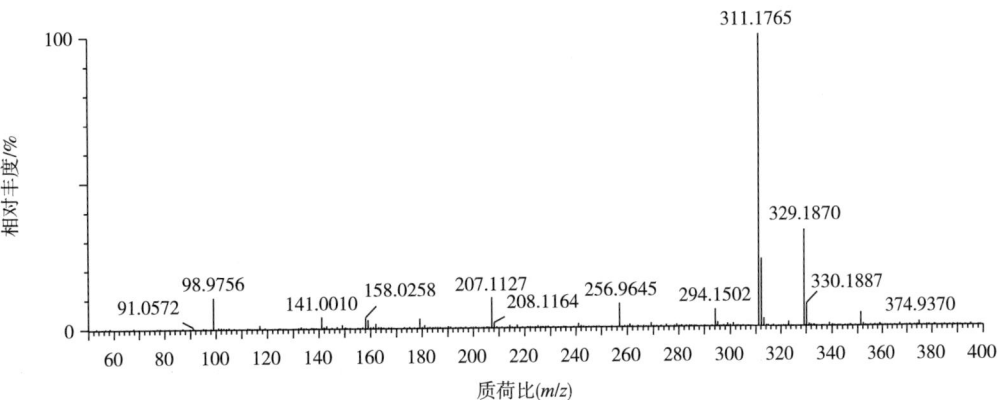

②碰撞能量30eV

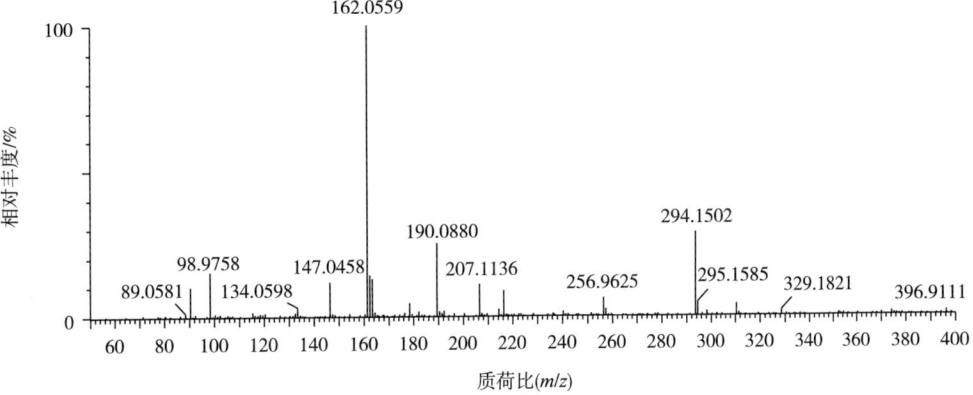

③碰撞能量45eV

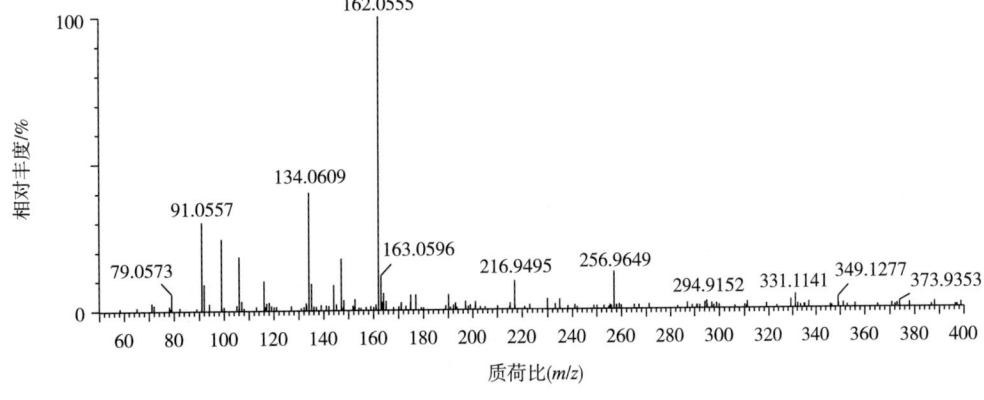

63 利多卡因
(Lidocaine)

(1) 化合物信息

中文名	利多卡因
别名	赛罗卡因、昔罗卡因
CAS 登录号	137-58-6
分子式	$C_{14}H_{22}N_2O$
结构式	
单一同位素相对分子质量	234.1732
离子加合形式	ESI 源，$[M+H]^+$，$[M+Na]^+$
色谱保留时间	5.13min

(2) 提取离子流色谱图

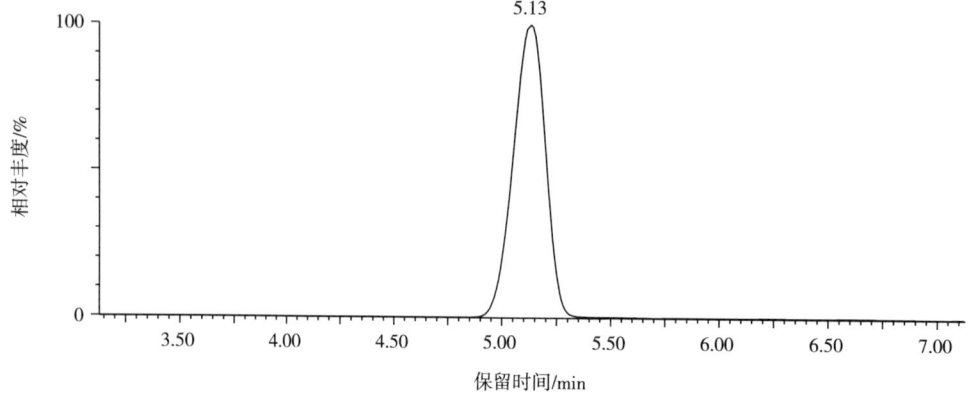

(3) 母离子质谱图

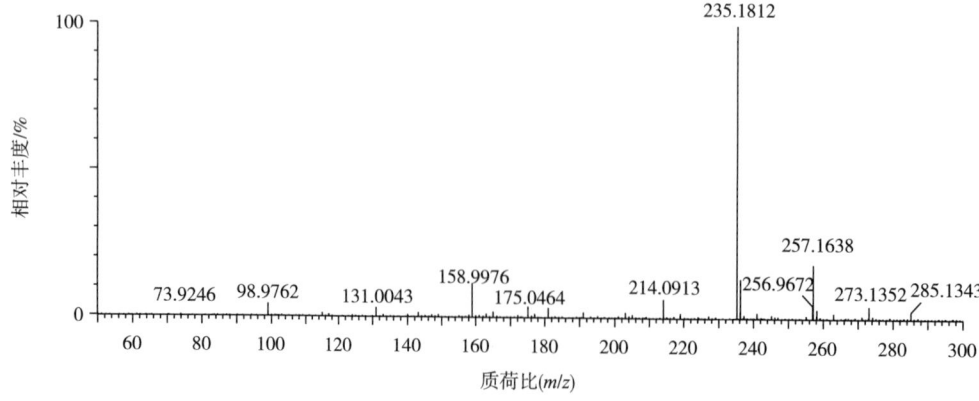

（4）子离子质谱图

①碰撞能量15eV

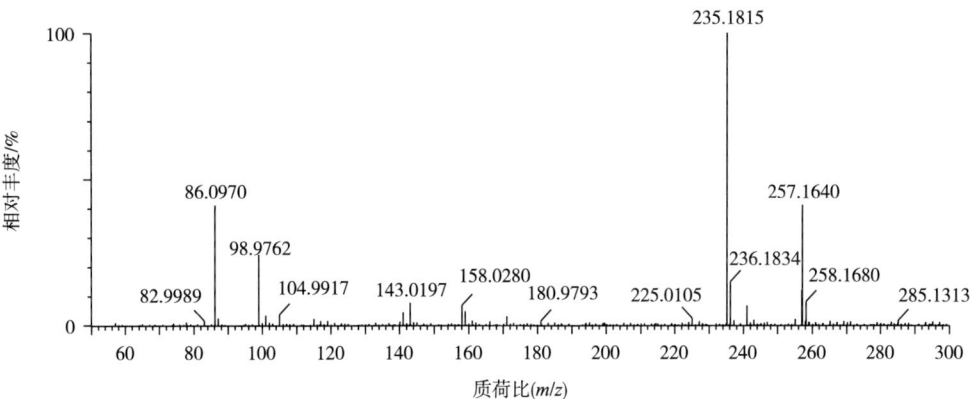

②碰撞能量30eV

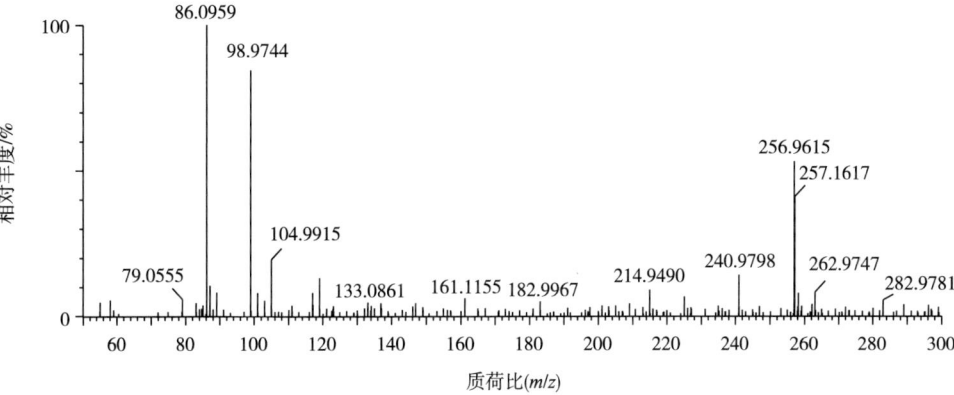

③碰撞能量45eV

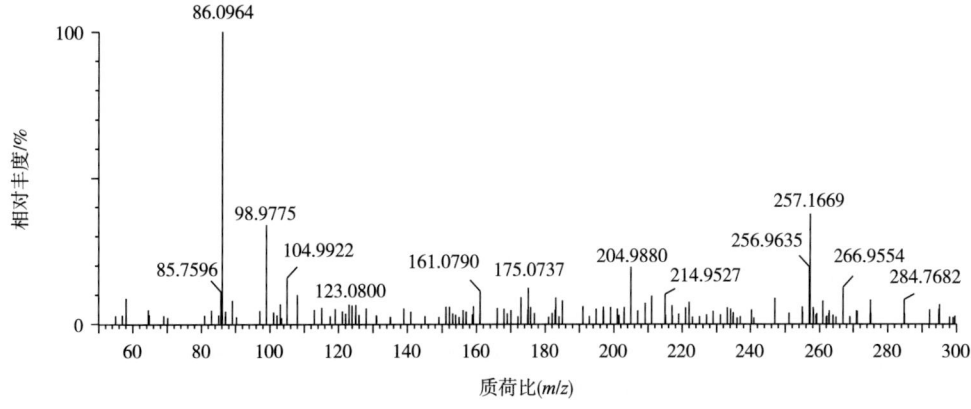

64 利福昔明
(Rifaximin)

(1) 化合物信息

中文名	利福昔明
别名	利福西亚胺、利福西明
CAS 登录号	80621-81-4
分子式	$C_{43}H_{51}N_3O_{11}$
结构式	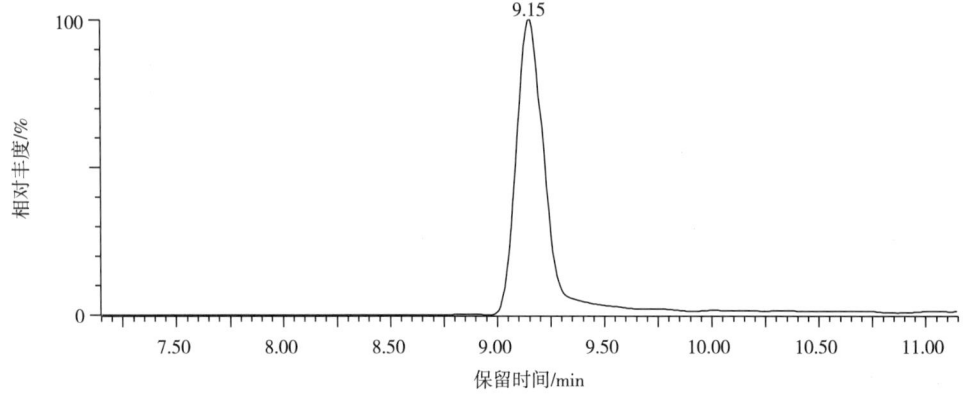
单一同位素相对分子质量	785.3524
离子加合形式	ESI 源，$[M+H]^+$，$[M+Na]^+$
色谱保留时间	9.15min

(2) 提取离子流色谱图

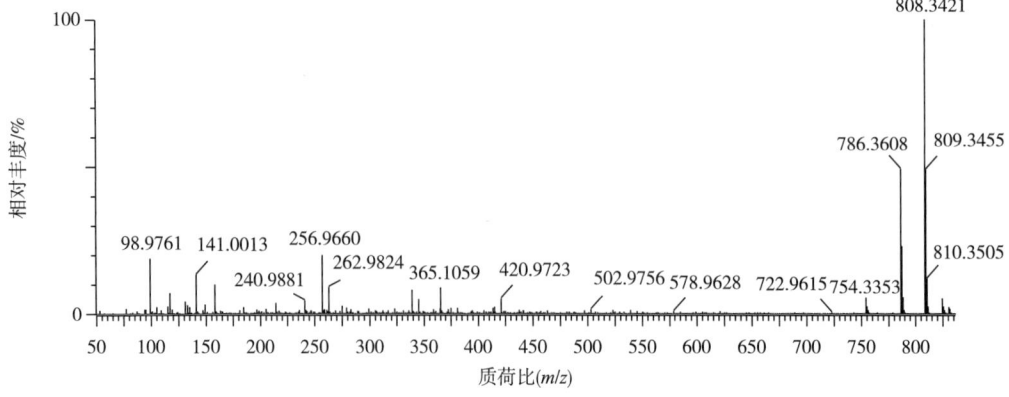

(3) 母离子质谱图

(4)子离子质谱图

①碰撞能量15eV

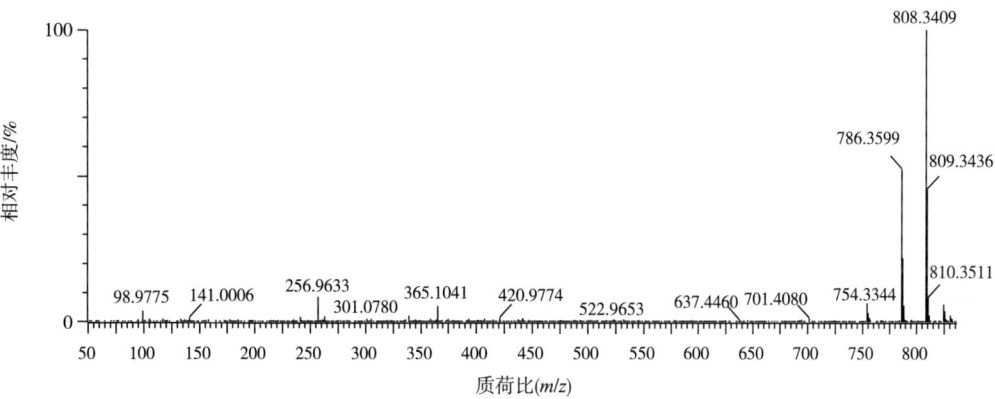

②碰撞能量30eV

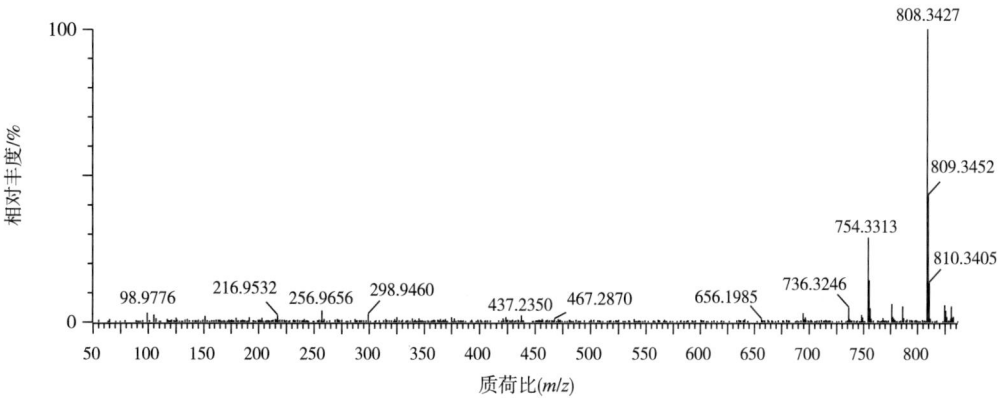

③碰撞能量45eV

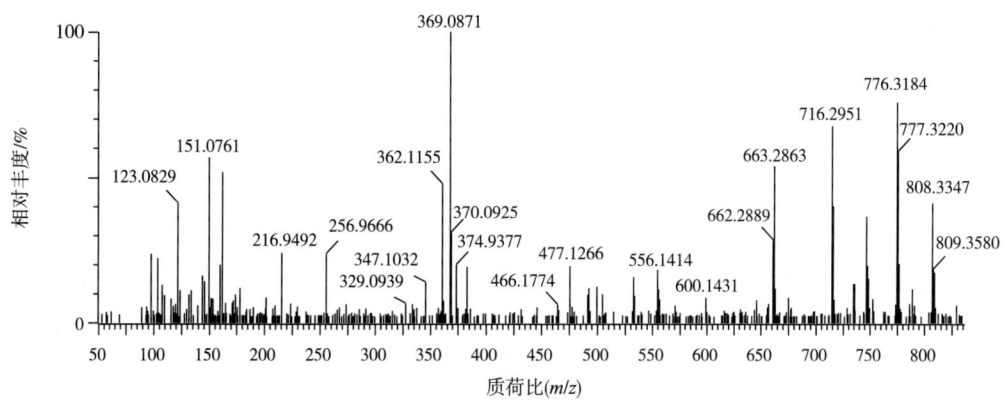

65 利托君
(Ritodrine)

(1) 化合物信息

中文名	利托君
别名	利妥特灵、瑞托德润、幼托、羟苄羟麻黄碱
CAS 登录号	26652-09-5
分子式	$C_{17}H_{21}NO_3$
结构式	
单一同位素相对分子质量	287.1521
离子加合形式	ESI 源，$[M+H]^+$
色谱保留时间	3.39min

(2) 提取离子流色谱图

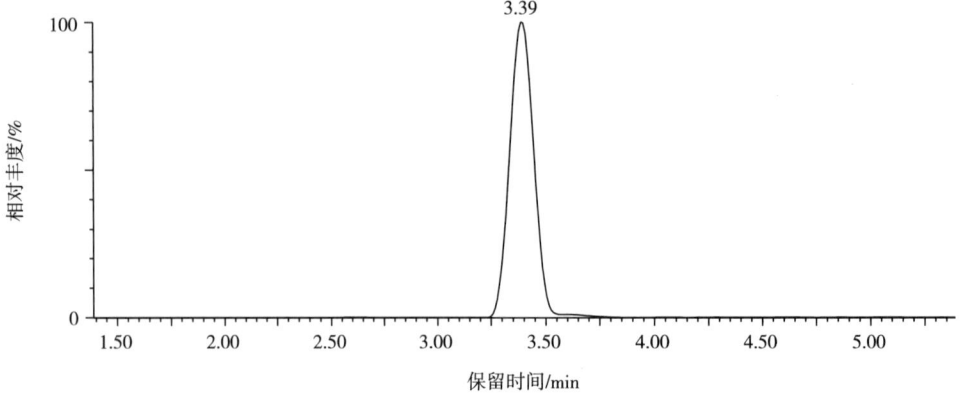

(3) 母离子质谱图

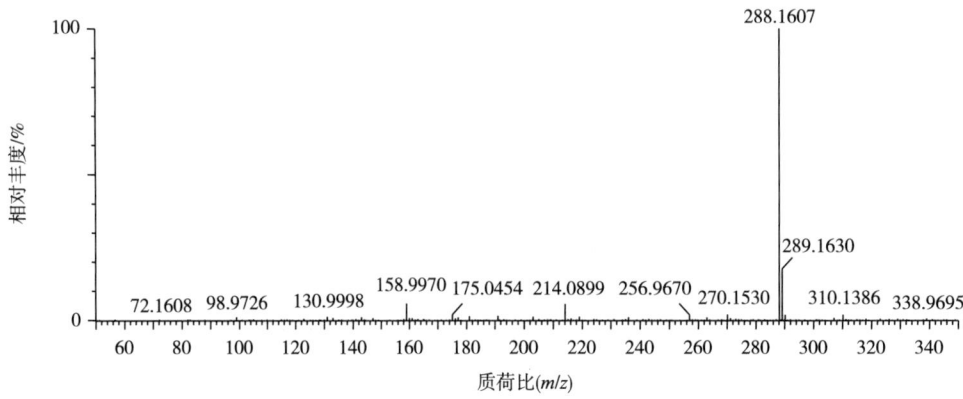

（4）子离子质谱图

①碰撞能量15eV

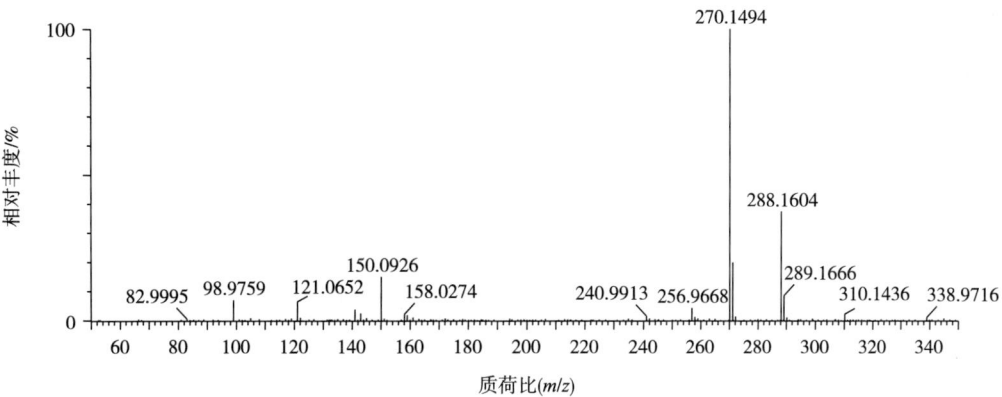

②碰撞能量30eV

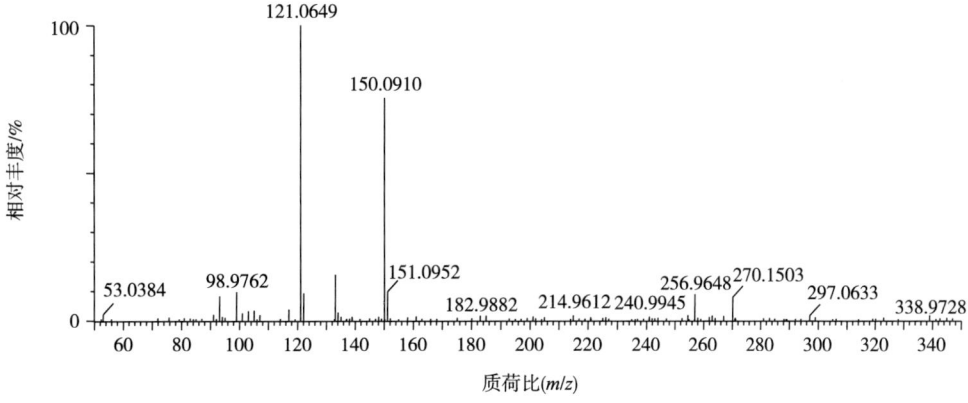

③碰撞能量45eV

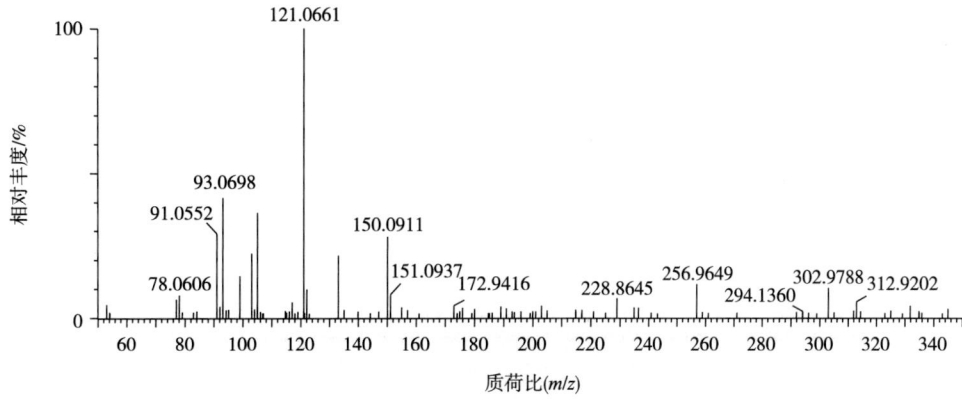

66 利血平 (Reserpine)

(1) 化合物信息

中文名	利血平
别名	蛇根草素、蛇根碱、血安平、阿达芬、降压静、脉舒降
CAS 登录号	50-55-5
分子式	$C_{33}H_{40}N_2O_9$
结构式	
单一同位素相对分子质量	608.2734
离子加合形式	ESI 源，$[M+H]^+$
色谱保留时间	9.21min

(2) 提取离子流色谱图

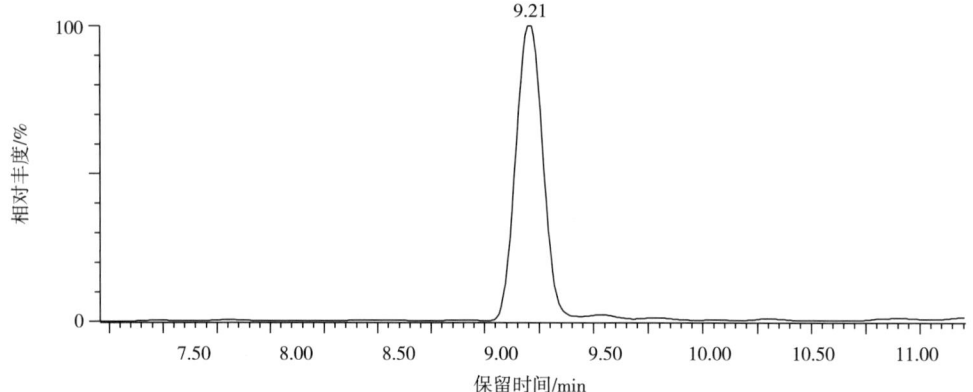

(3) 母离子质谱图

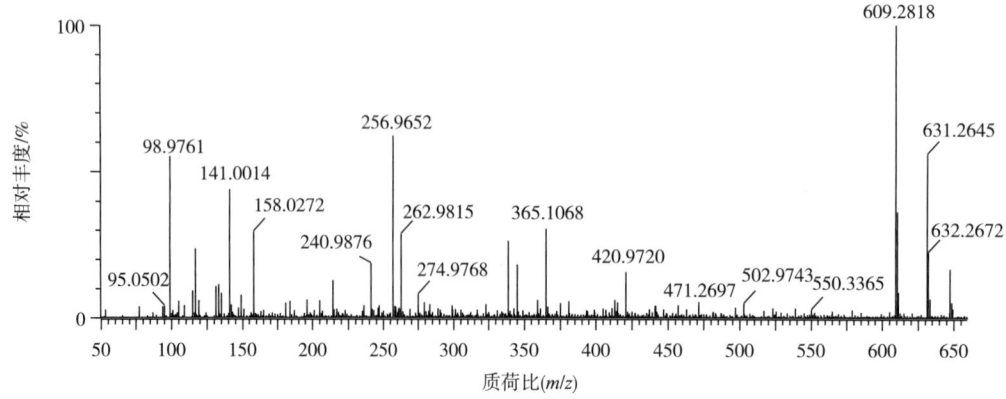

（4）子离子质谱图

①碰撞能量 15eV

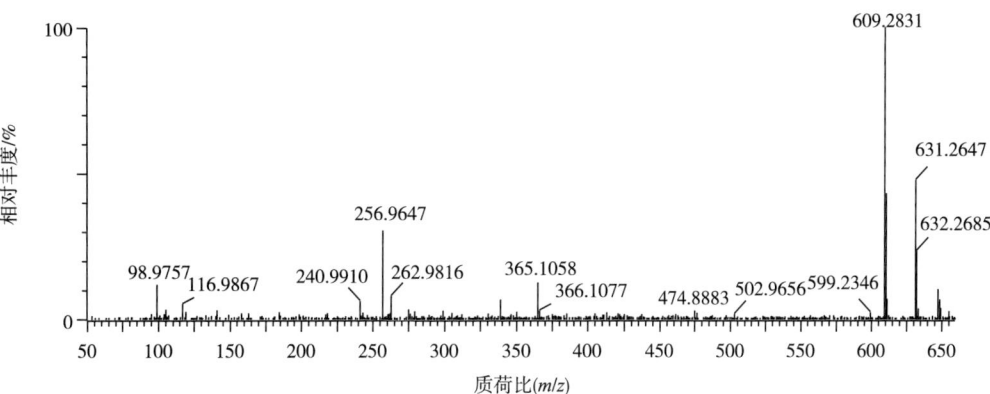

②碰撞能量 30eV

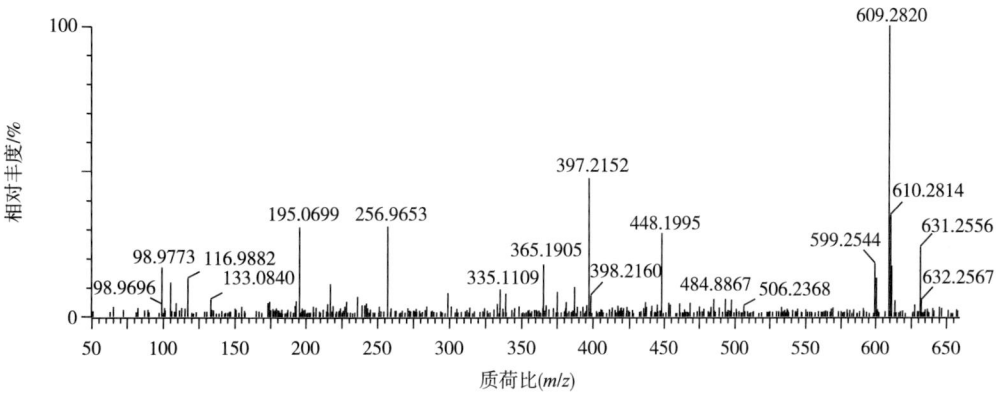

③碰撞能量 45eV

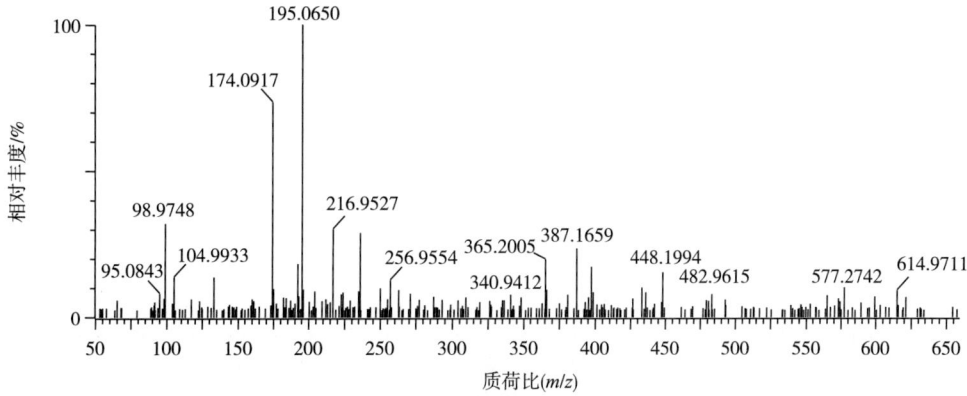

67 硫代豪莫西地那非
(Thiohomo sildenafil)

(1) 化合物信息

中文名	硫代豪莫西地那非
别名	巯基蒙莫西地那非
CAS 登录号	479073-80-8
分子式	$C_{23}H_{32}N_6O_3S_2$
结构式	
单一同位素相对分子质量	504.1977
离子加合形式	ESI 源，[M+H]$^+$，[M+Na]$^+$，[M+K]$^+$
色谱保留时间	10.37min

(2) 提取离子流色谱图

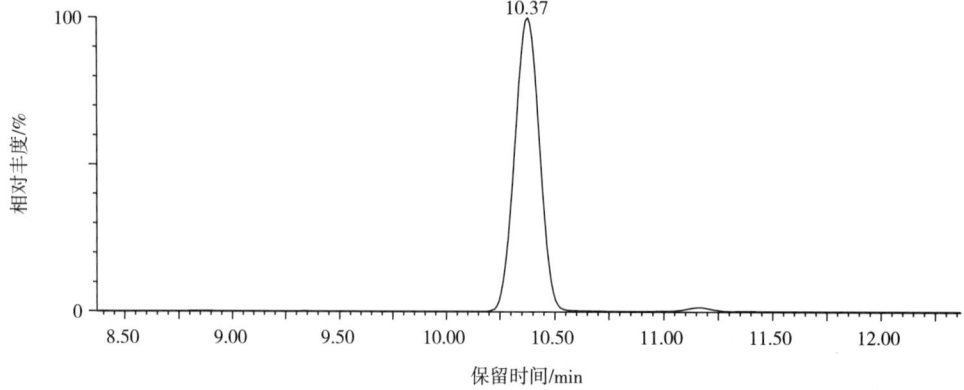

(3) 母离子质谱图

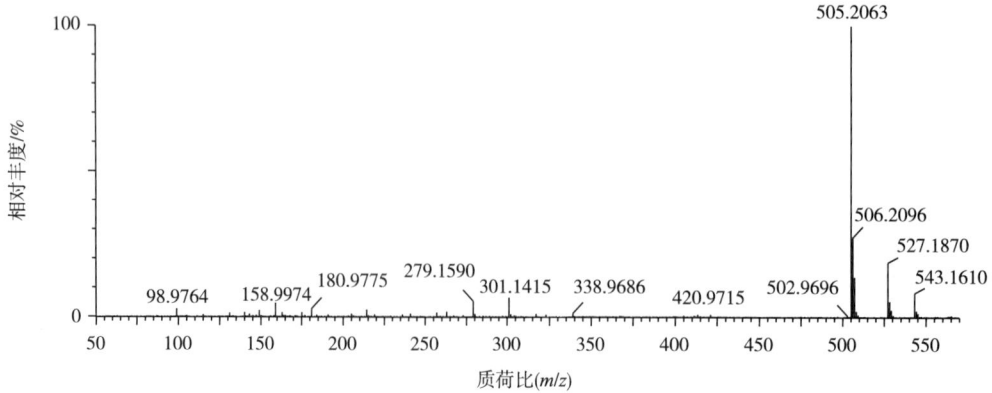

（4）子离子质谱图

①碰撞能量15eV

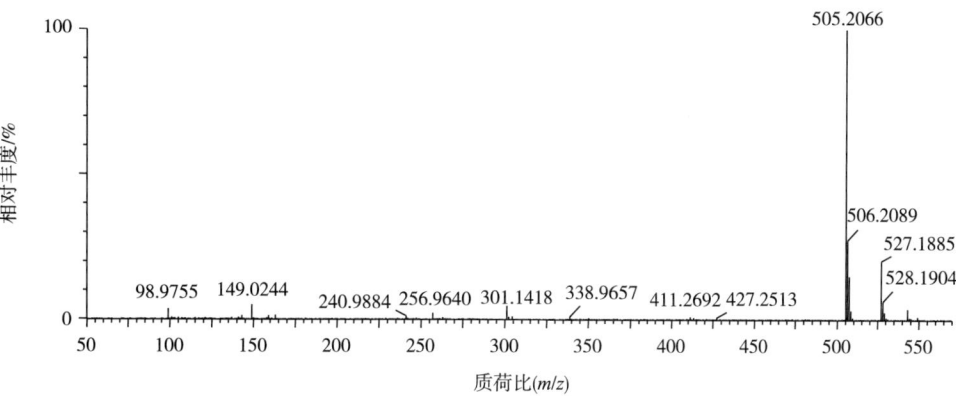

②碰撞能量30eV

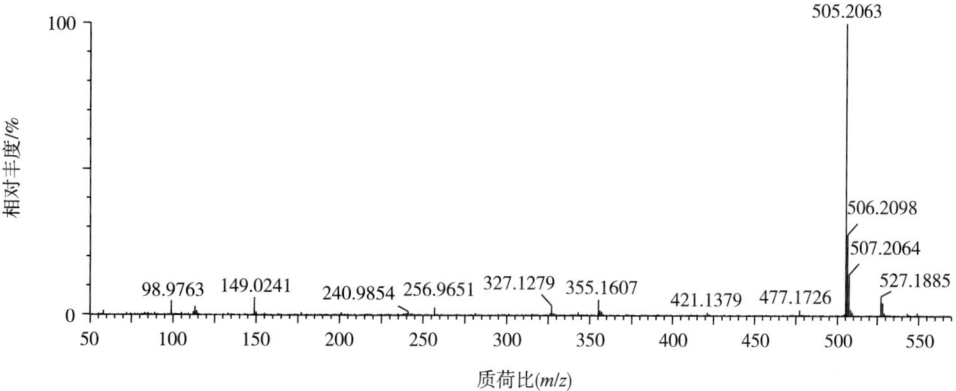

③碰撞能量45eV

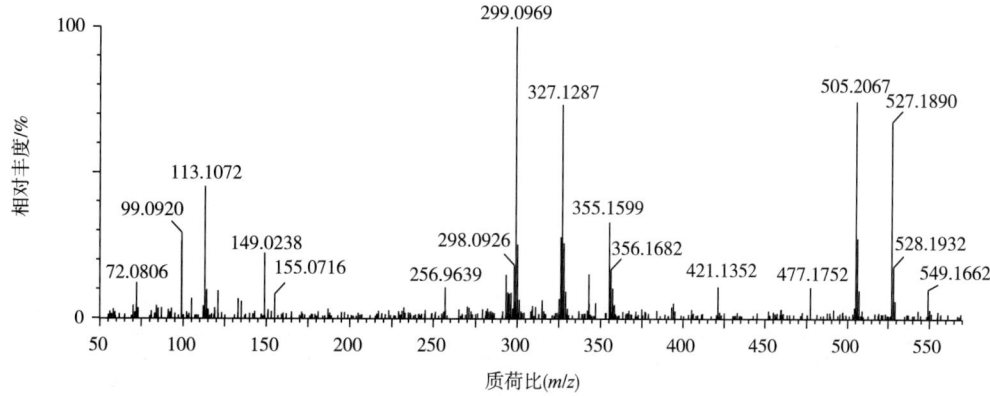

68 硫代西地那非
(Thiosildenafil)

(1) 化合物信息

中文名	硫代西地那非
别名	巯基西地那非
CAS 登录号	479073-79-5
分子式	$C_{22}H_{30}N_6O_3S_2$
结构式	
单一同位素相对分子质量	490.1821
离子加合形式	ESI 源，$[M+H]^+$，$[M+Na]^+$，$[M+K]^+$
色谱保留时间	10.10min

(2) 提取离子流色谱图

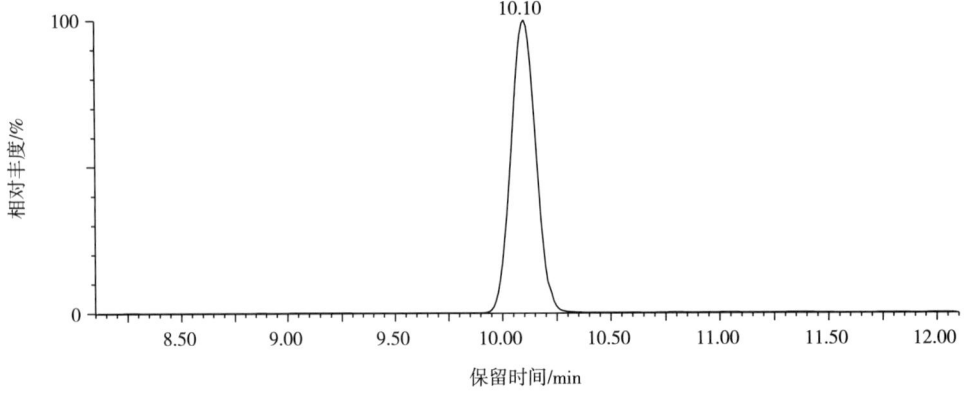

(3) 母离子质谱图

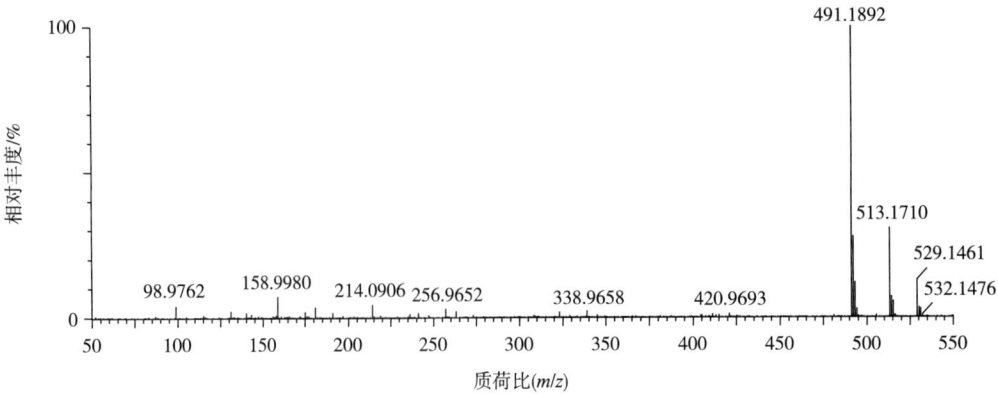

（4）子离子质谱图

①碰撞能量 15eV

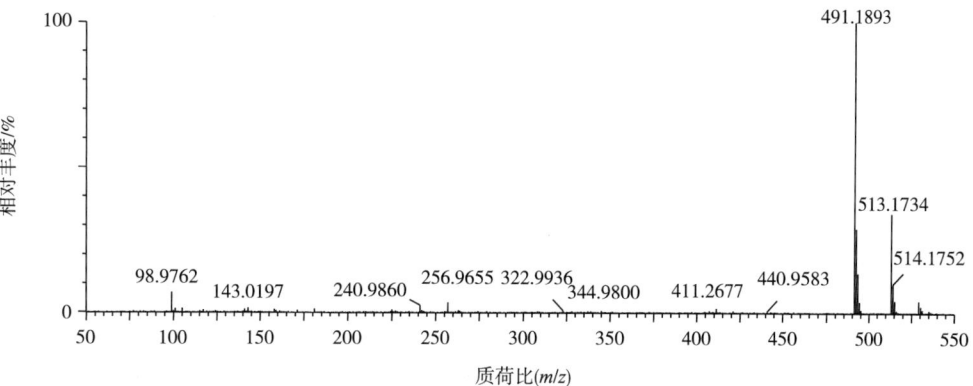

②碰撞能量 30eV

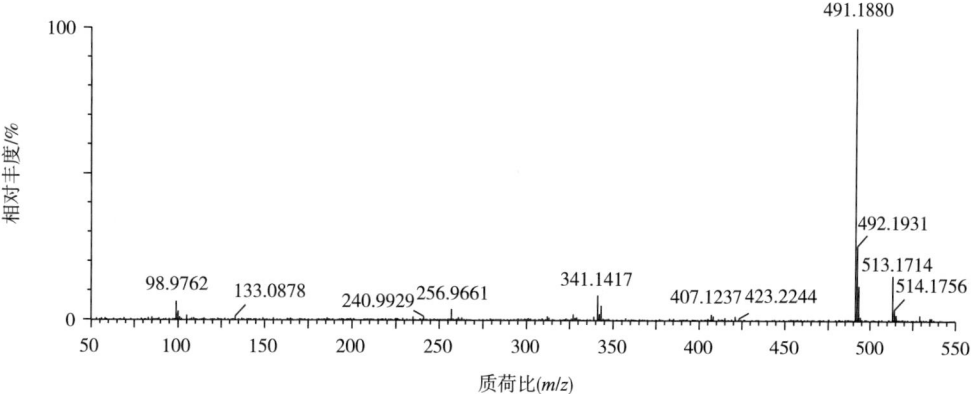

③碰撞能量 45eV

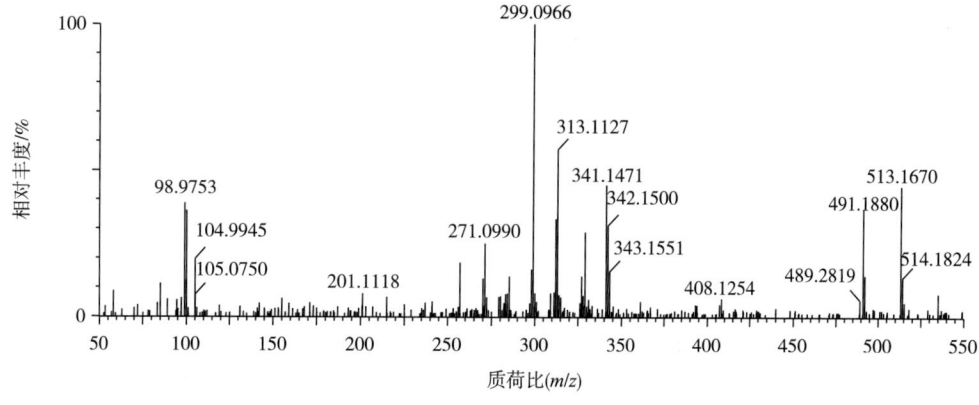

69 罗通定 (Rotundine)

(1) 化合物信息

中文名	罗通定
别名	颅通定、四氢帕马丁、延胡索乙素
CAS 登录号	10097-84-4
分子式	$C_{21}H_{25}NO_4$
结构式	
单一同位素相对分子质量	355.1784
离子加合形式	ESI 源，$[M+H]^+$
色谱保留时间	7.71min

(2) 提取离子流色谱图

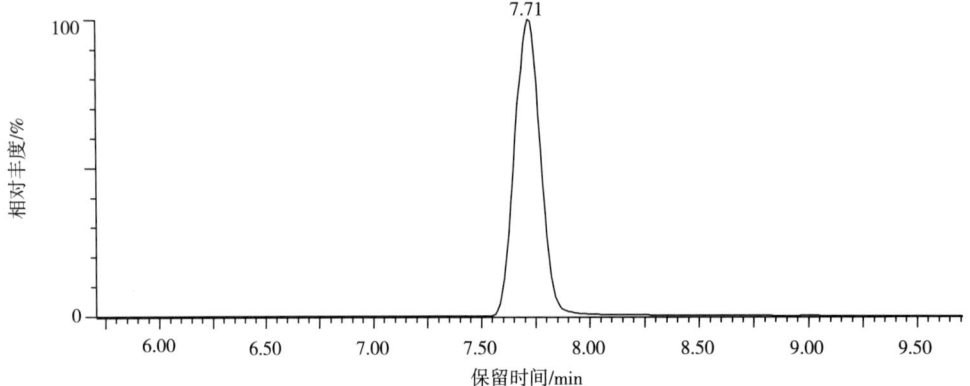

(3) 母离子质谱图

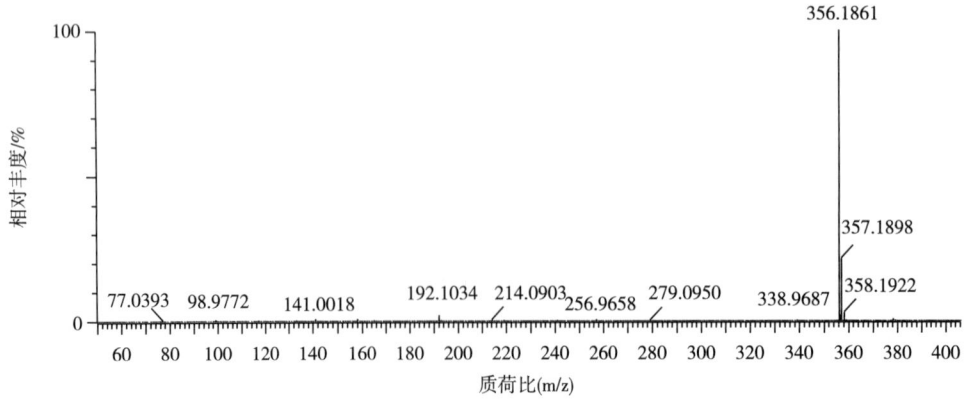

（4）子离子质谱图
①碰撞能量 15eV

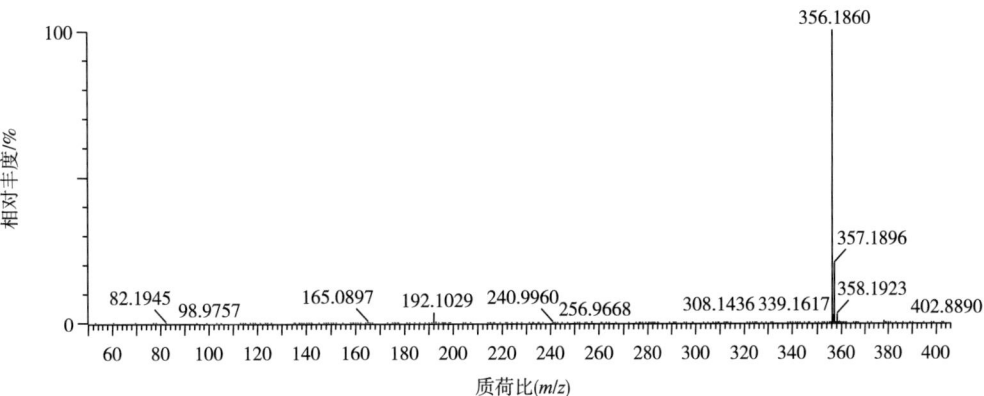

②碰撞能量 30eV

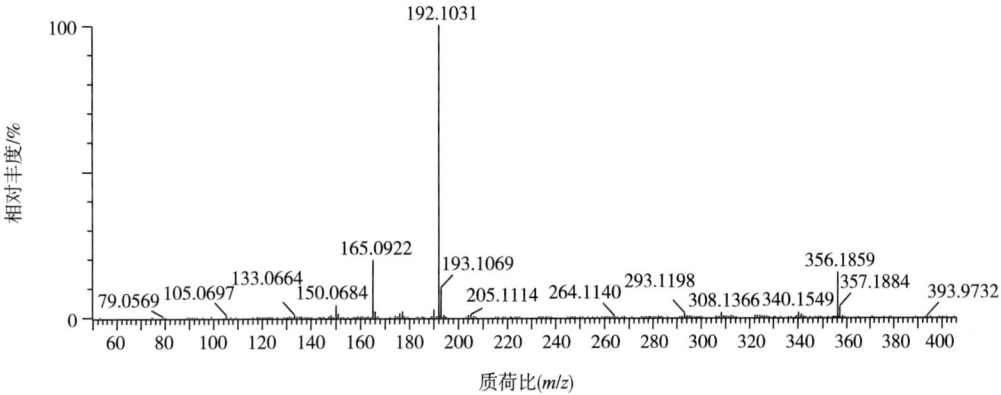

③碰撞能量 45eV

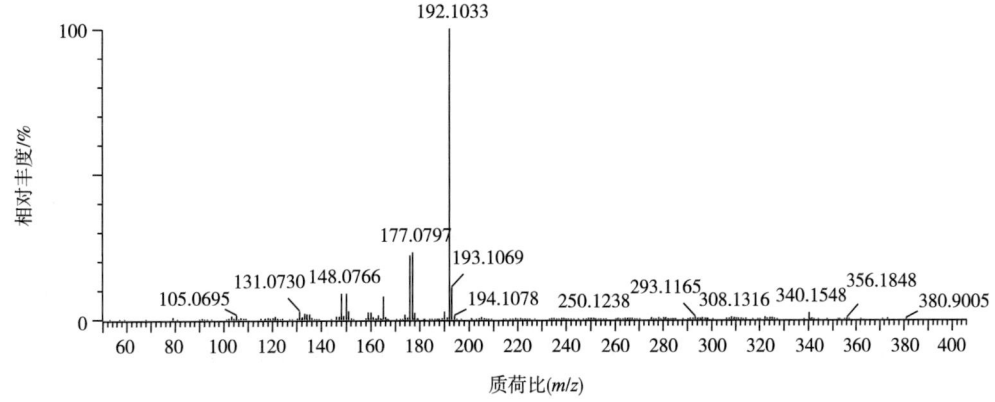

70 罗非昔布 (Rofecoxib)

(1) 化合物信息

中文名	罗非昔布
别名	诺菲呋酮
CAS 登录号	162011-90-7
分子式	$C_{17}H_{14}O_4S$
结构式	
单一同位素相对分子质量	314.0613
离子加合形式	ESI 源，[M+H]$^+$
色谱保留时间	6.39min

(2) 提取离子流色谱图

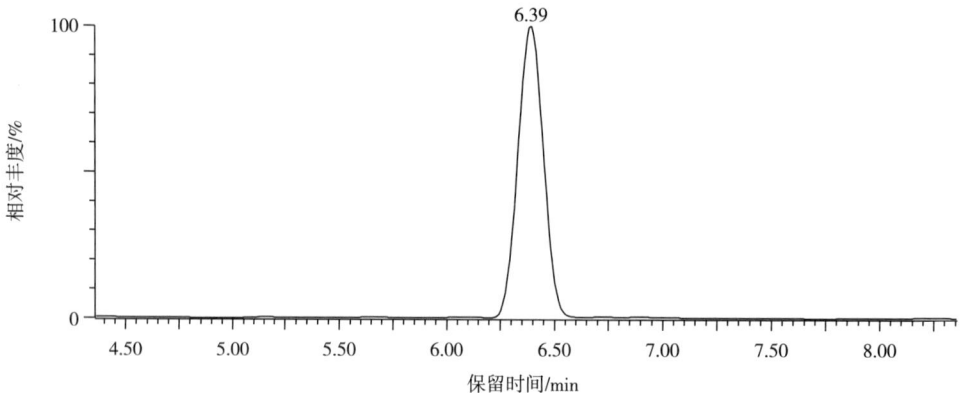

(3) 母离子质谱图

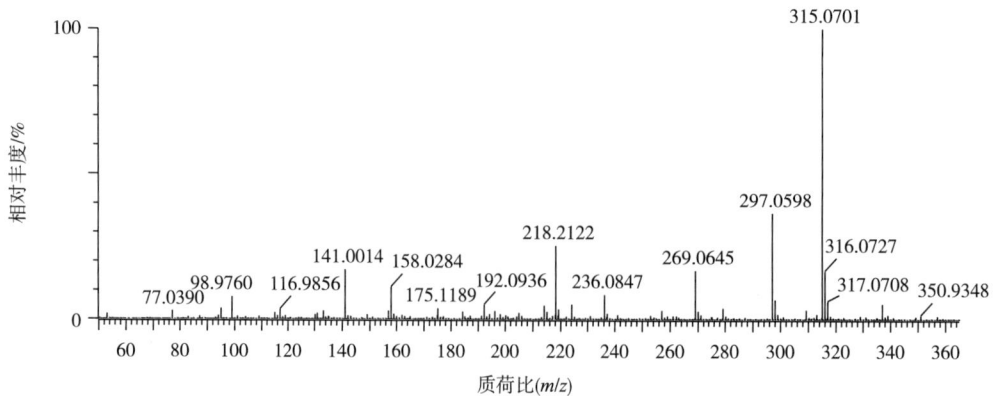

（4）子离子质谱图

①碰撞能量 15eV

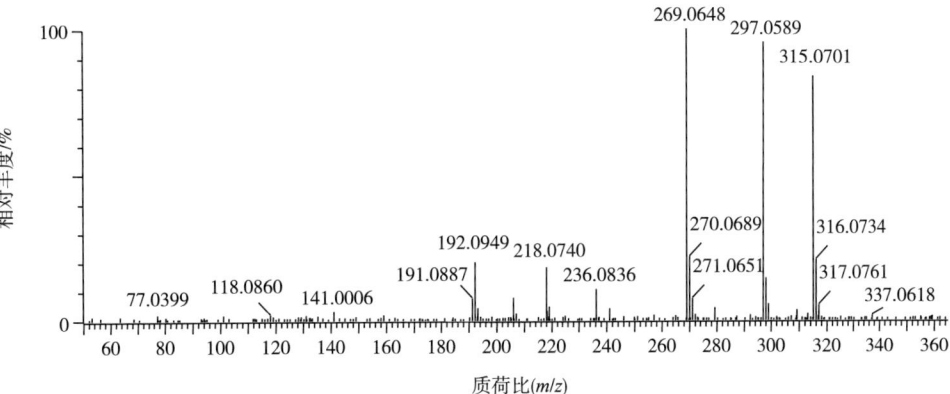

②碰撞能量 30eV

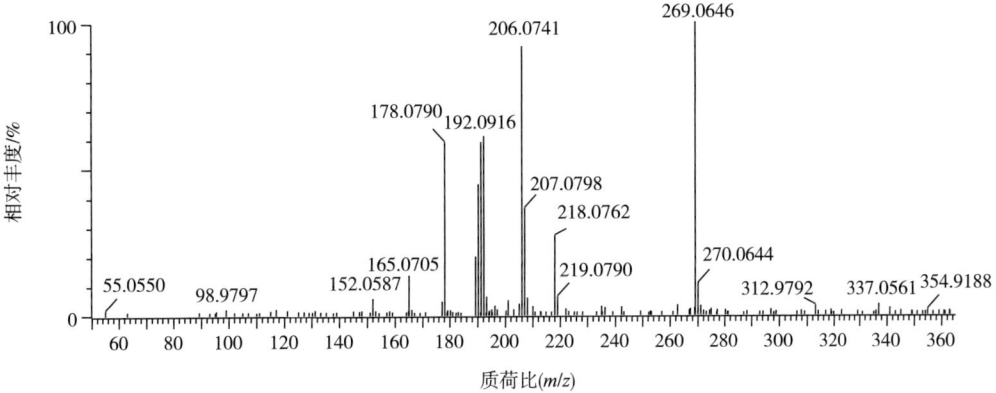

③碰撞能量 45eV

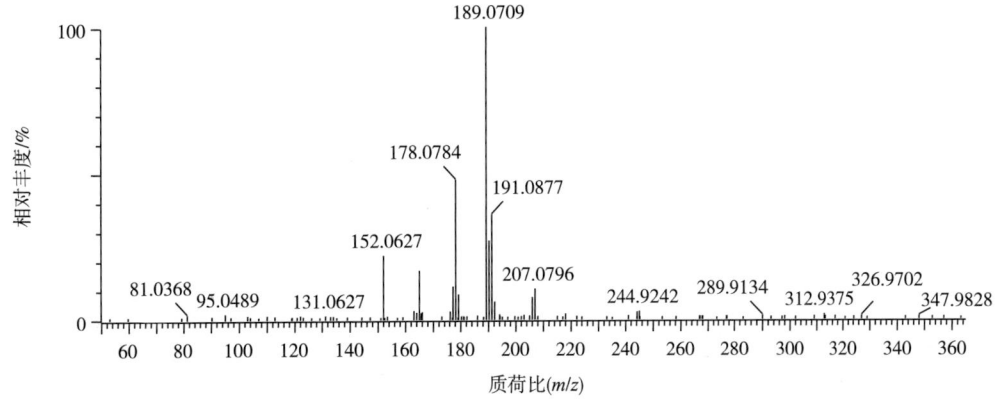

71 罗红霉素 (Roxithromycin)

(1) 化合物信息

中文名	罗红霉素
别名	罗力得
CAS 登录号	80214-83-1
分子式	$C_{41}H_{76}N_2O_{15}$
结构式	
单一同位素相对分子质量	836.5246
离子加合形式	ESI 源，$[M+H]^+$，$[M+Na]^+$
色谱保留时间	8.85min

(2) 提取离子流色谱图

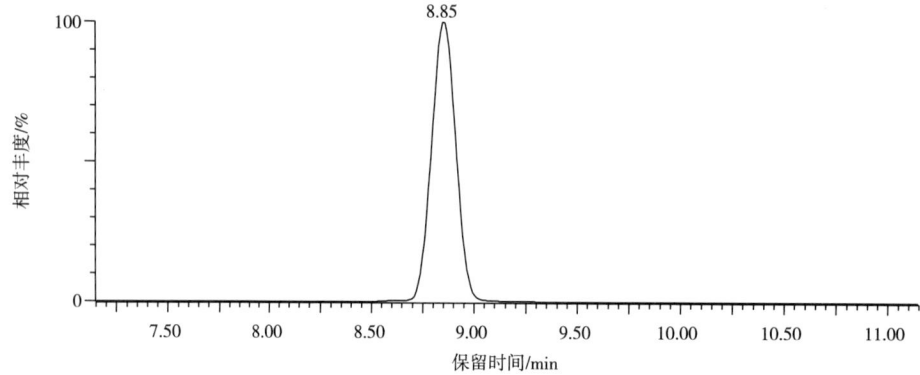

(3) 母离子质谱图

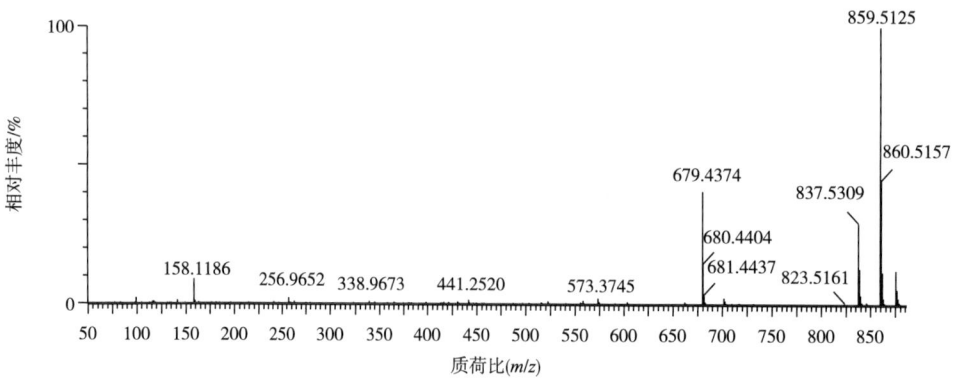

（4）子离子质谱图

①碰撞能量15eV

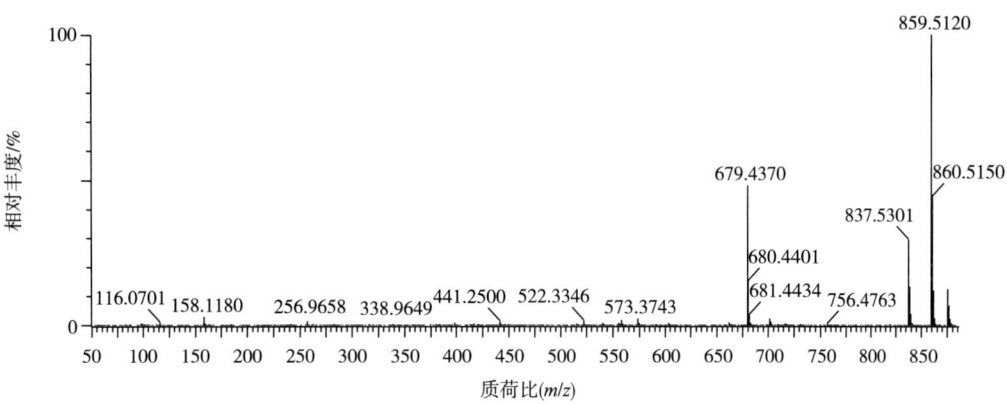

②碰撞能量30eV

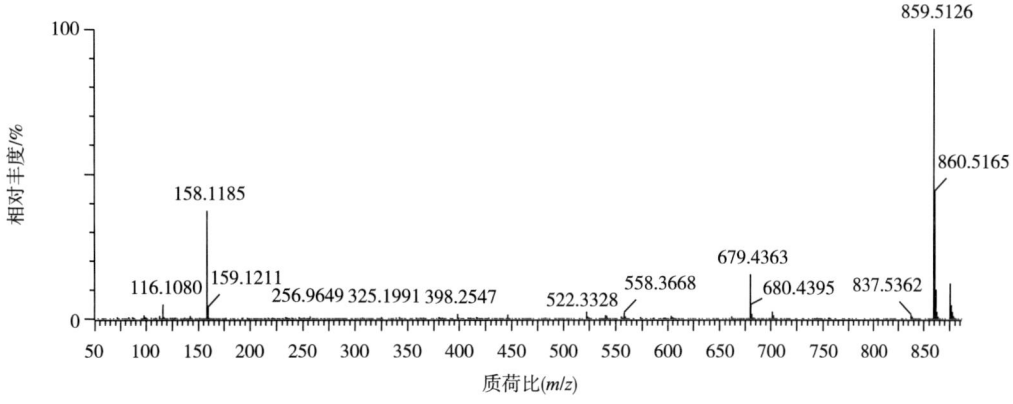

③碰撞能量45eV

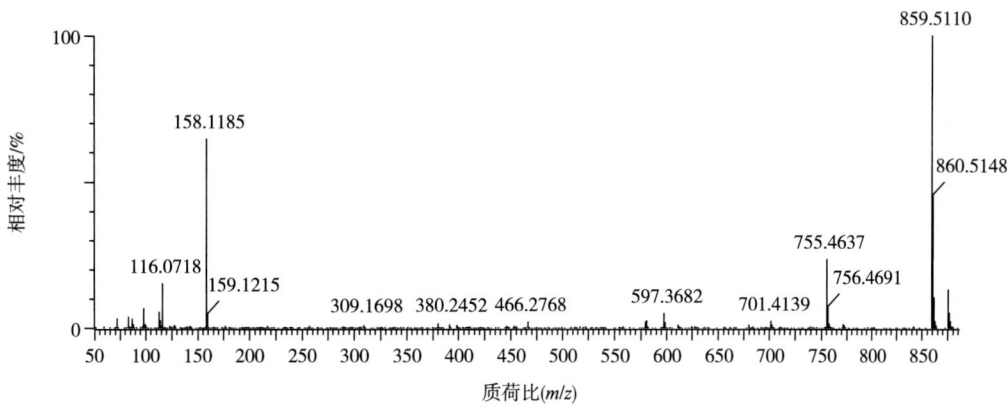

72 氯丙那林
(Clorprenaline)

(1) 化合物信息

中文名	氯丙那林
别名	氯喘通、邻氯异丙肾上腺素
CAS 登录号	3811-25-4
分子式	$C_{11}H_{16}ClNO$
结构式	
单一同位素相对分子质量	213.0920
离子加合形式	ESI 源，$[M+H]^+$
色谱保留时间	4.70min

(2) 提取离子流色谱图

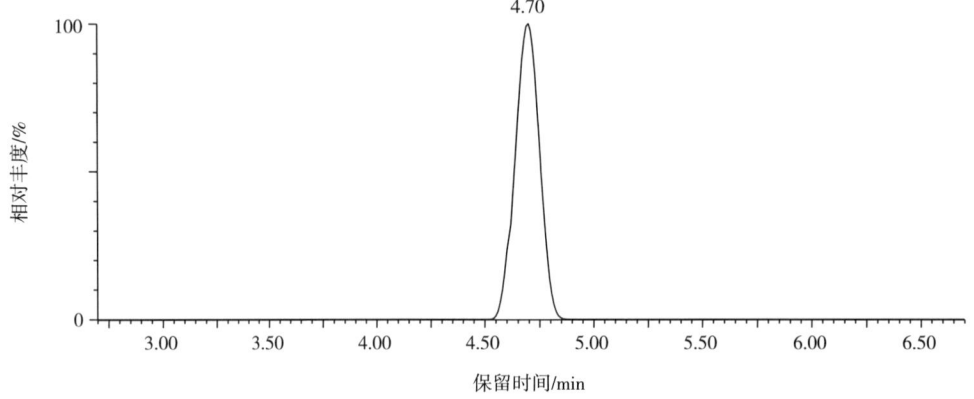

(3) 母离子质谱图

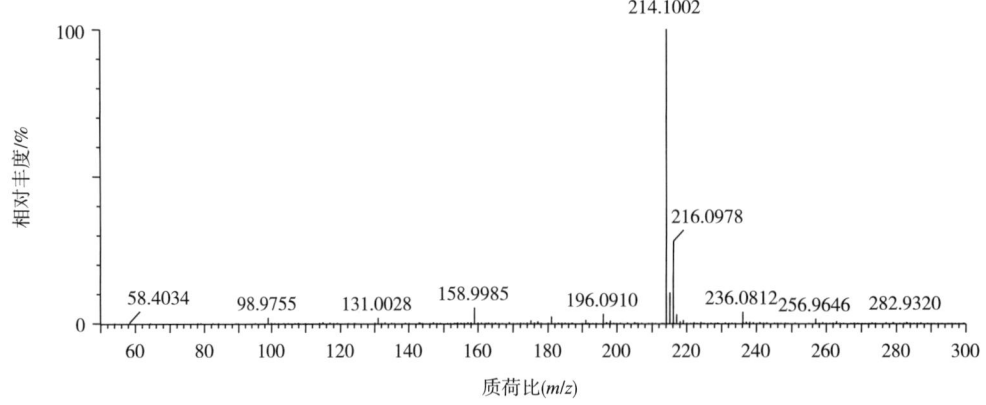

（4）子离子质谱图

①碰撞能量15eV

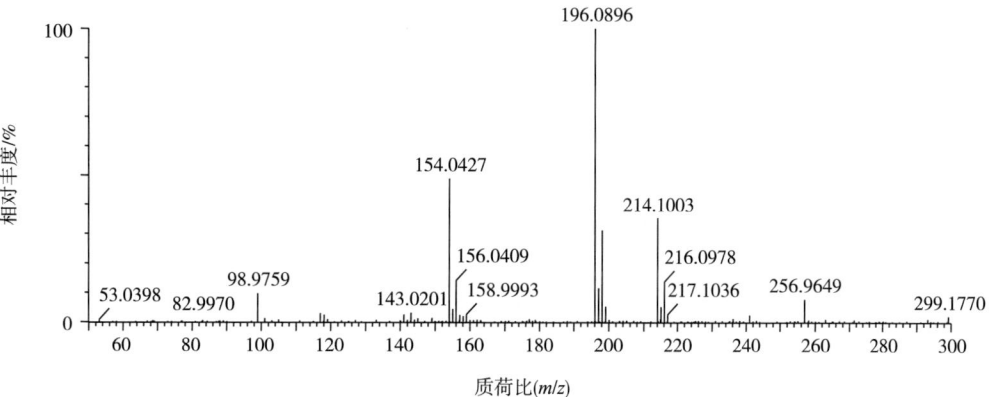

②碰撞能量30eV

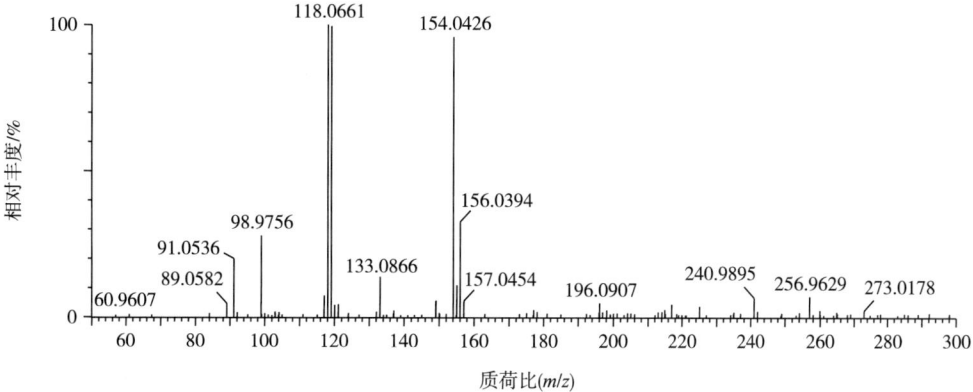

③碰撞能量45eV

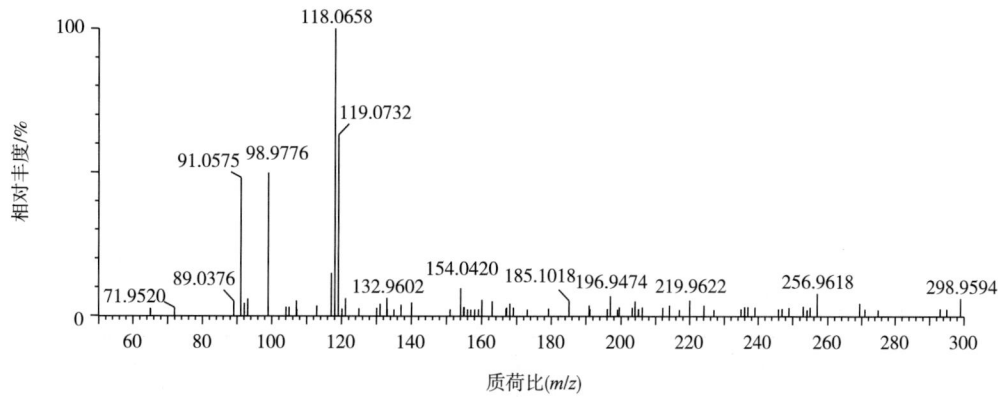

73 氯氮卓
(Chlordiazepoxide)

（1）化合物信息

中文名	氯氮卓
别名	甲胺二氮卓、利勃灵
CAS 登录号	58－25－3
分子式	$C_{16}H_{14}ClN_3O$
结构式	
单一同位素相对分子质量	299.0825
离子加合形式	ESI 源，$[M+H]^+$，$[M+Na]^+$
色谱保留时间	8.42min

（2）提取离子流色谱图

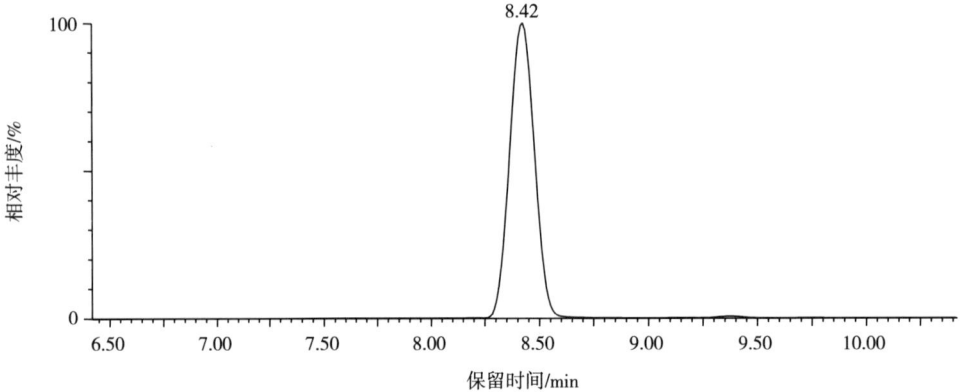

（3）母离子质谱图

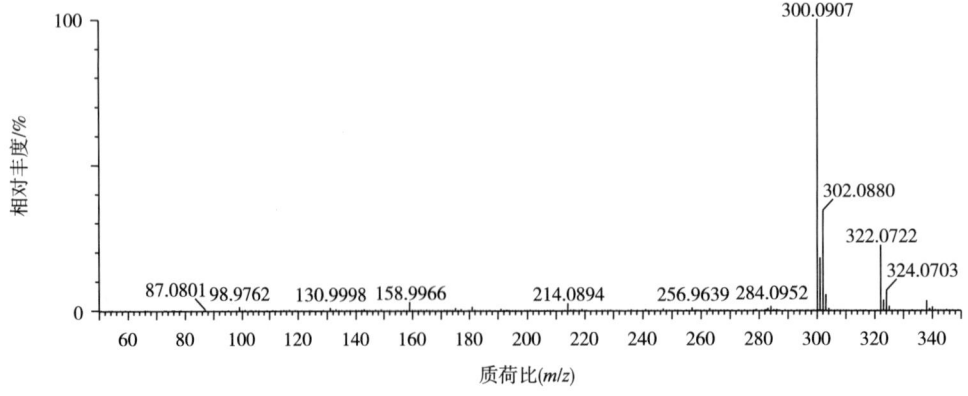

（4）子离子质谱图

①碰撞能量 15eV

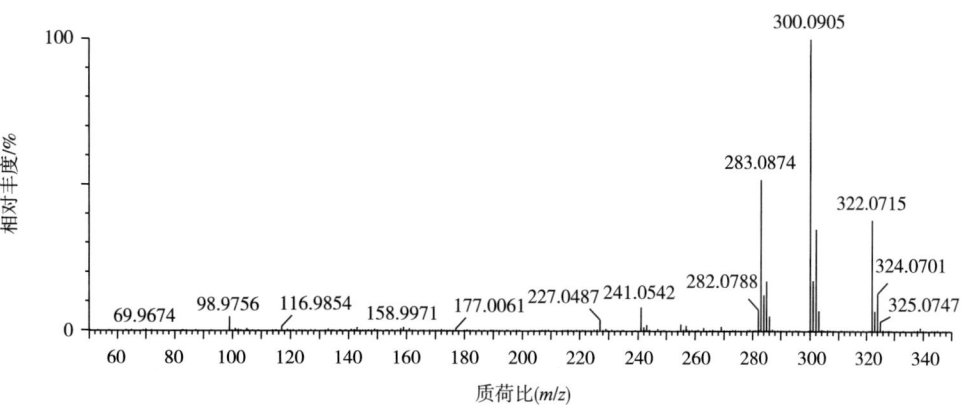

②碰撞能量 30eV

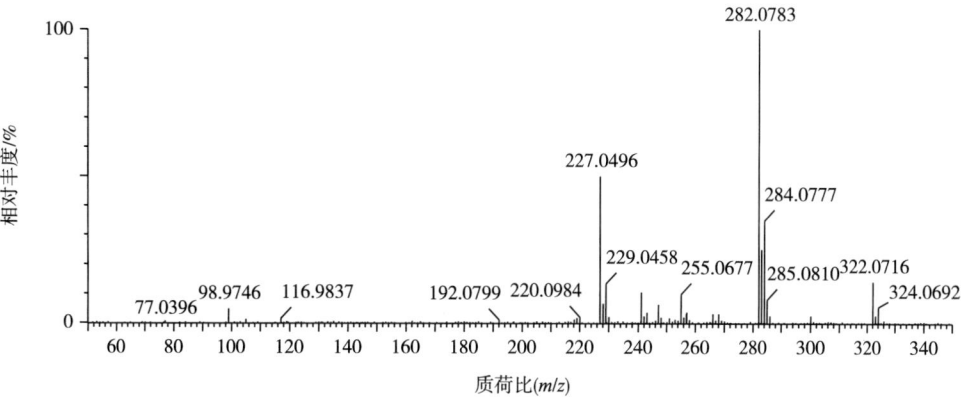

③碰撞能量 45eV

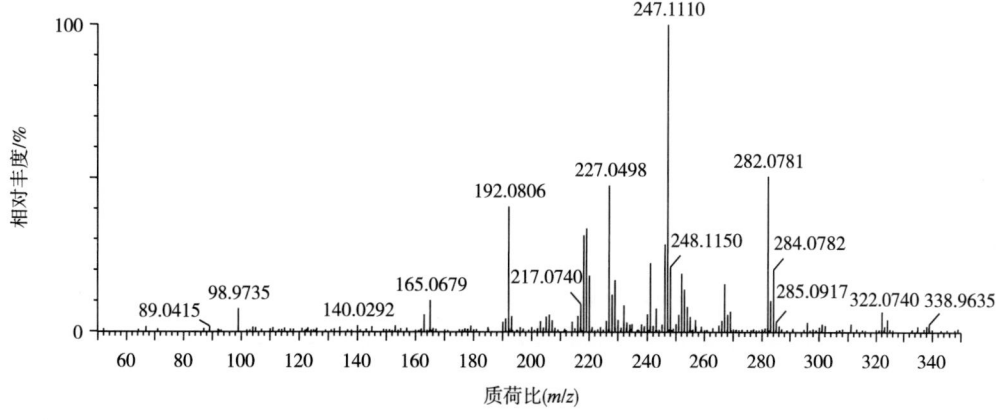

74 氯安定 (Clonazepam)

(1) 化合物信息

中文名	氯安定
别名	氯硝西泮
CAS 登录号	1622-61-3
分子式	$C_{15}H_{10}ClN_3O_3$
结构式	
单一同位素相对分子质量	315.0411
离子加合形式	ESI 源，$[M+H]^+$，$[M+Na]^+$
色谱保留时间	7.40min

(2) 提取离子流色谱图

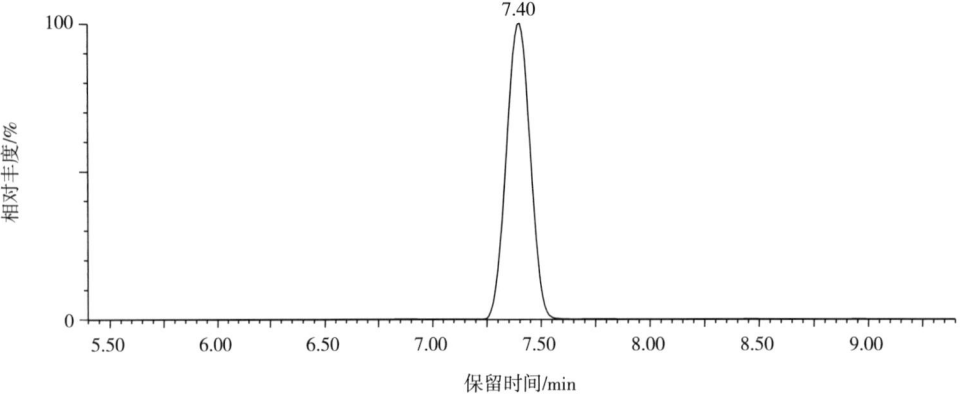

(3) 母离子质谱图

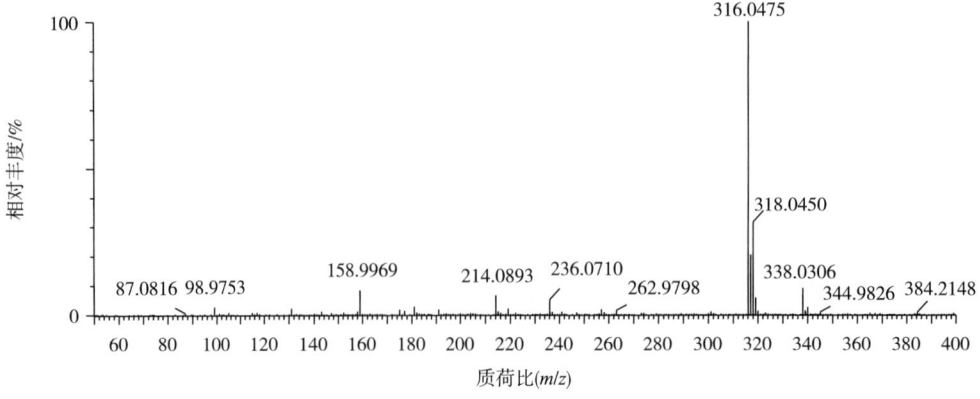

（4）子离子质谱图

①碰撞能量 15eV

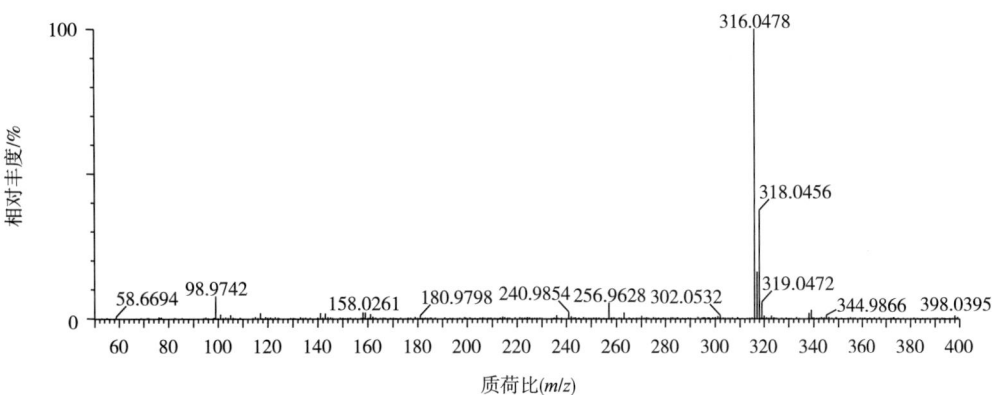

②碰撞能量 30eV

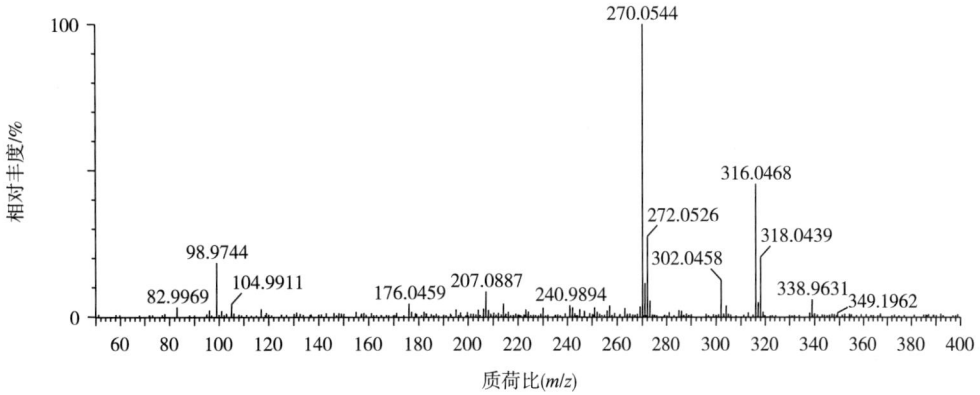

③碰撞能量 45eV

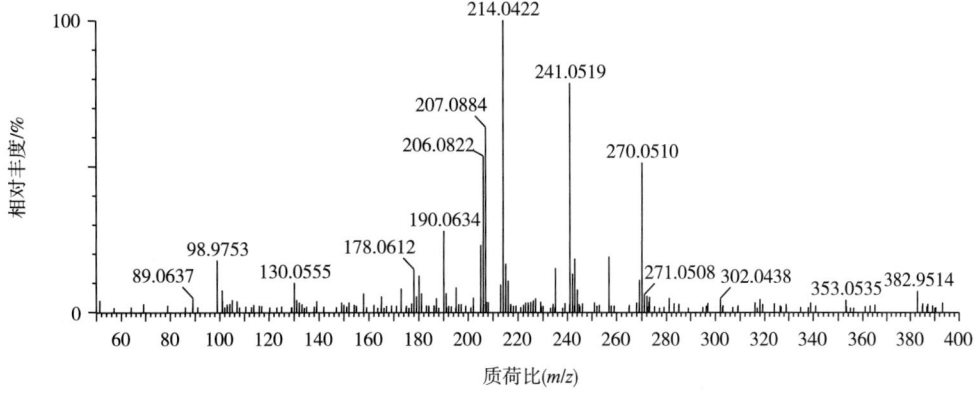

75 麻黄碱 (Ephedrine)

(1) 化合物信息

中文名	麻黄碱
别名	麻黄素
CAS 登录号	299-42-3
分子式	$C_{10}H_{15}NO$
结构式	
单一同位素相对分子质量	165.1154
离子加合形式	ESI 源，$[M+H]^+$
色谱保留时间	3.17min

(2) 提取离子流色谱图

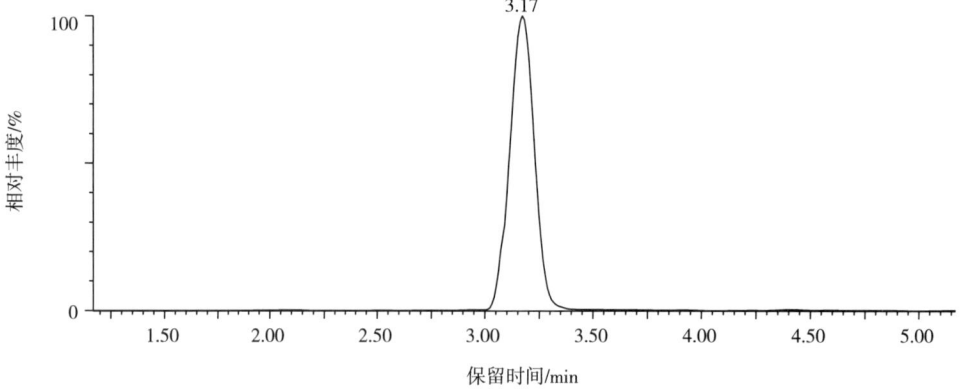

(3) 母离子质谱图

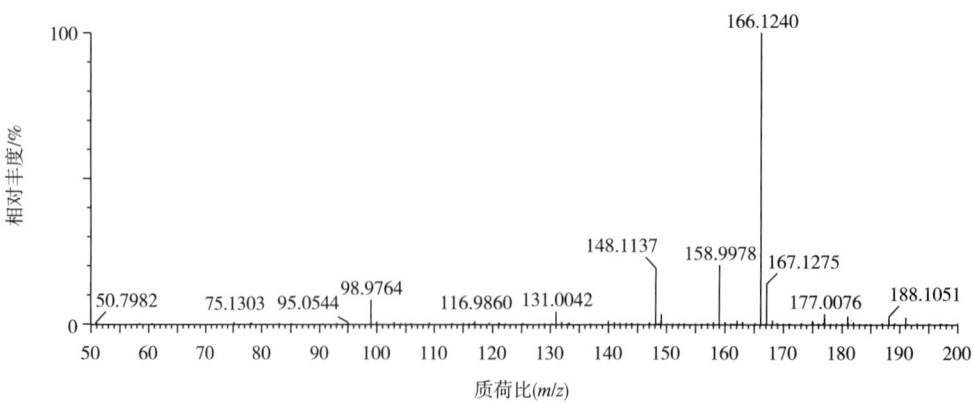

（4）子离子质谱图

①碰撞能量15eV

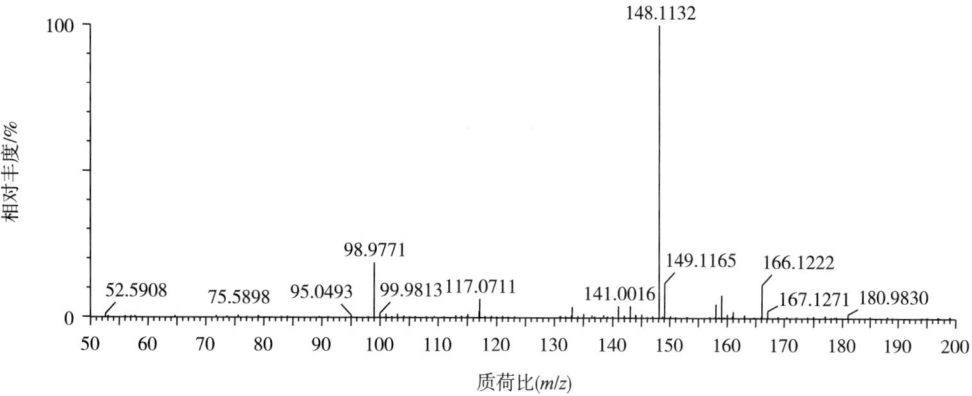

②碰撞能量30eV

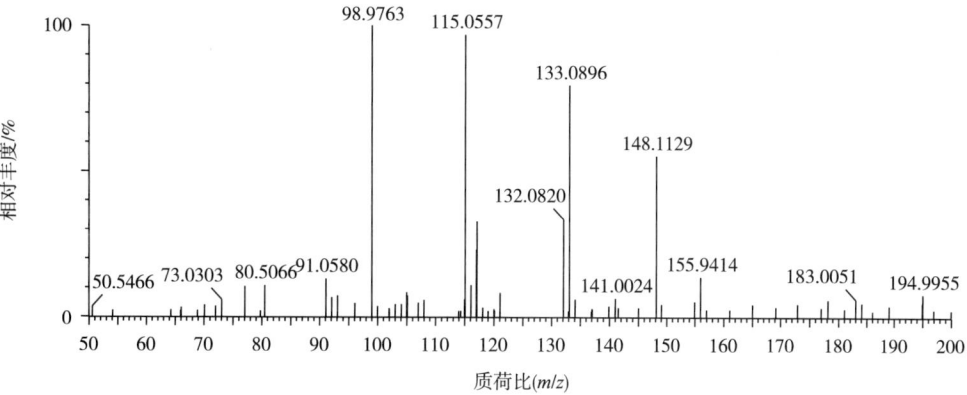

③碰撞能量45eV

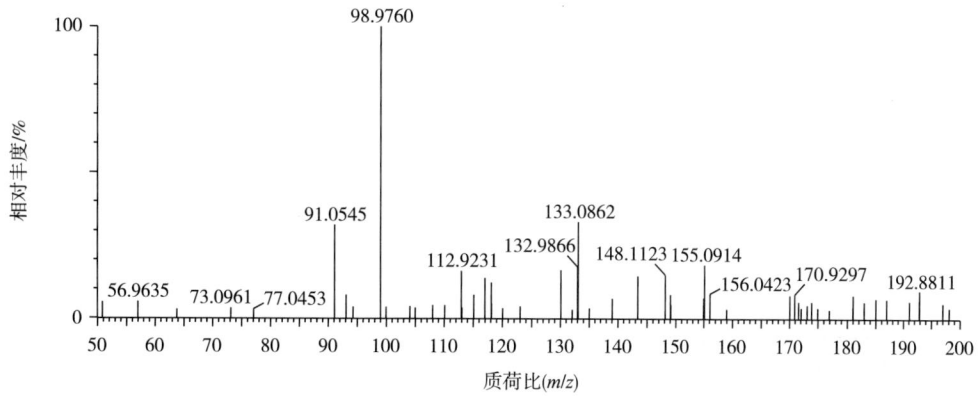

76 马布特罗
(Mabuterol)

(1) 化合物信息

中文名	马布特罗
别名	马布台诺
CAS 登录号	56341-08-3
分子式	$C_{13}H_{18}ClF_3N_2O$
结构式	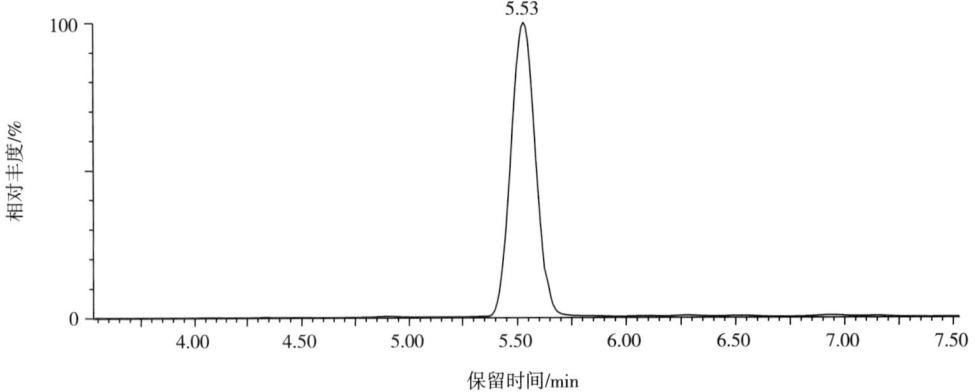
单一同位素相对分子质量	310.1060
离子加合形式	ESI 源，$[M+H]^+$
色谱保留时间	5.53 min

(2) 提取离子流色谱图

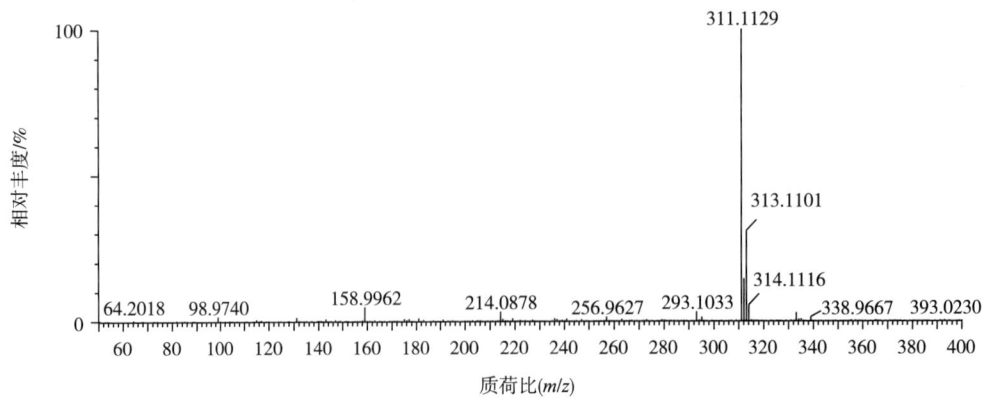

(3) 母离子质谱图

（4）子离子质谱图

①碰撞能量 15eV

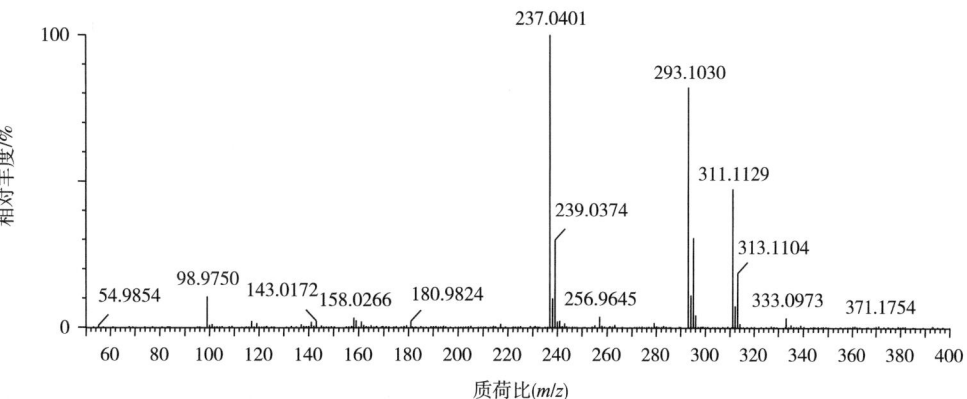

②碰撞能量 30eV

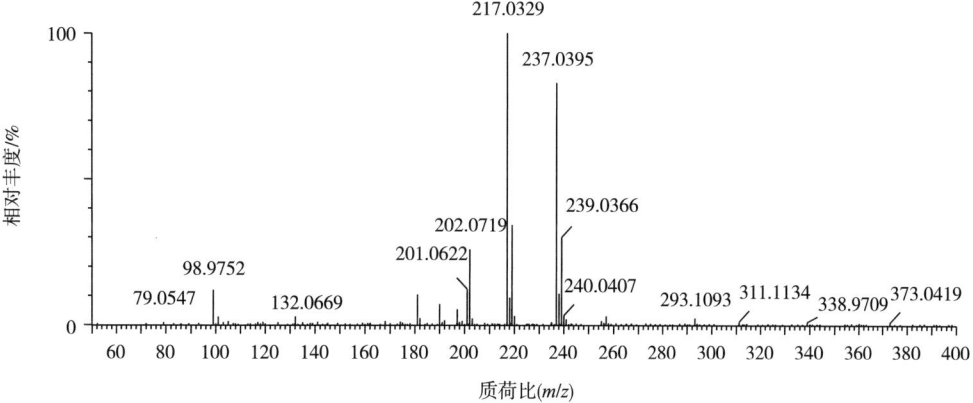

③碰撞能量 45eV

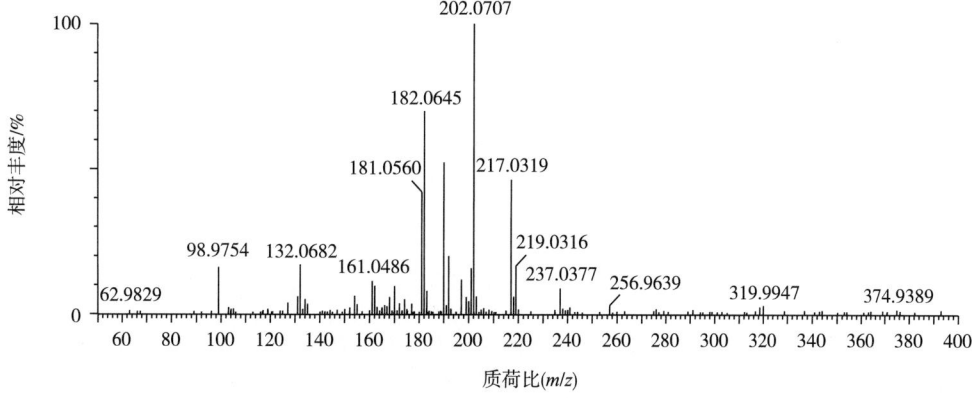

77 马喷特罗
(Mapenterol)

(1) 化合物信息

中文名	马喷特罗
别名	马贲特罗
CAS 登录号	95656-68-1
分子式	$C_{14}H_{20}ClF_3N_2O$
结构式	
单一同位素相对分子质量	324.1216
离子加合形式	ESI 源，$[M+H]^+$
色谱保留时间	6.23min

(2) 提取离子流色谱图

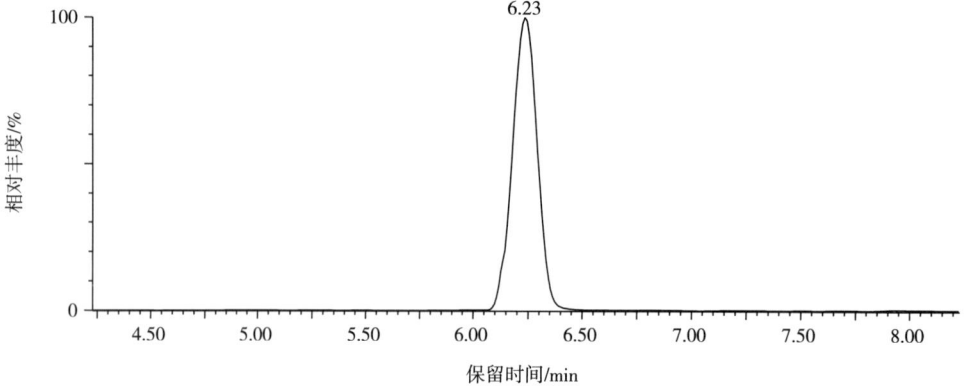

(3) 母离子质谱图

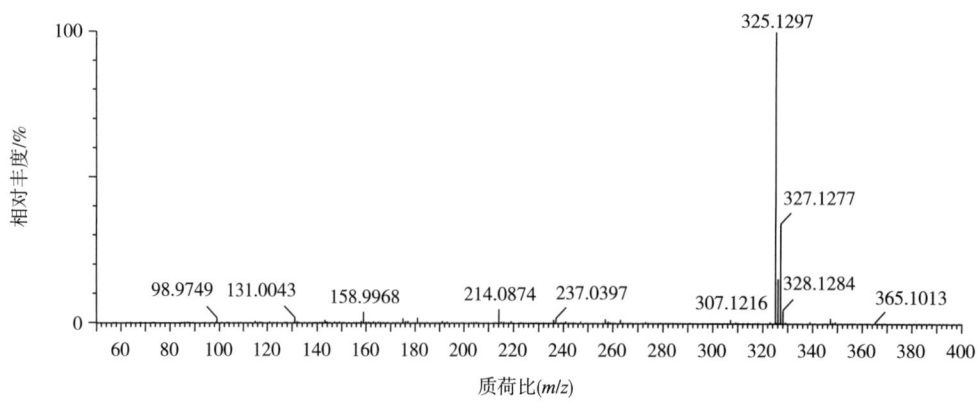

(4)子离子质谱图

①碰撞能量15eV

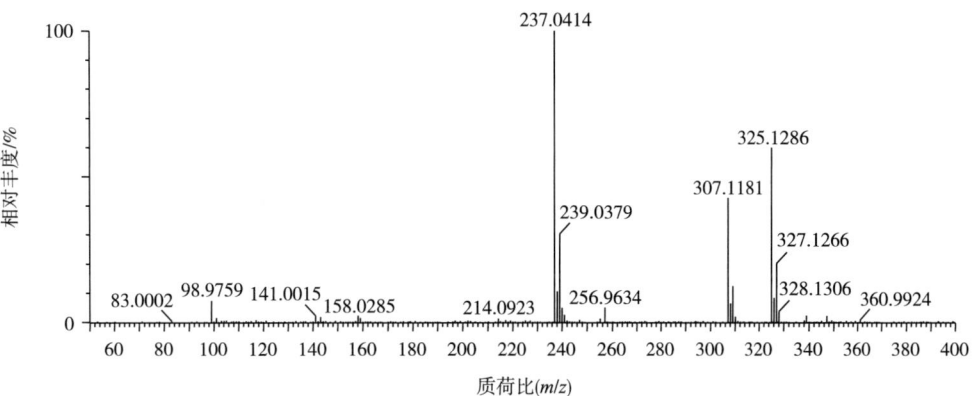

②碰撞能量30eV

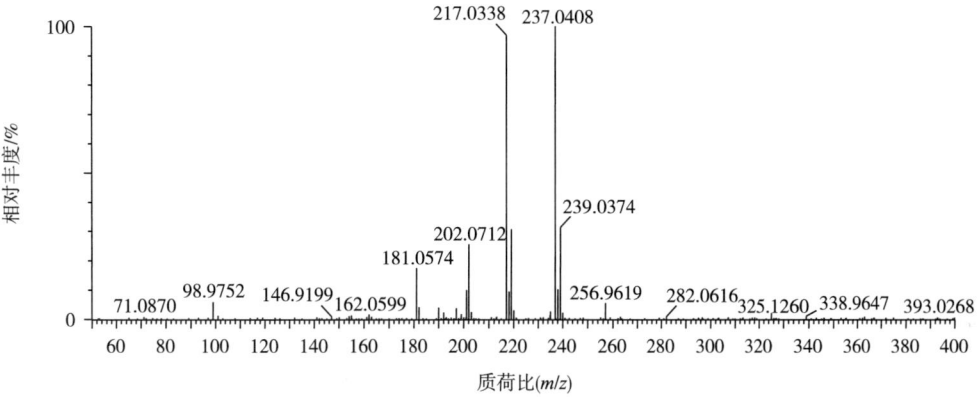

③碰撞能量45eV

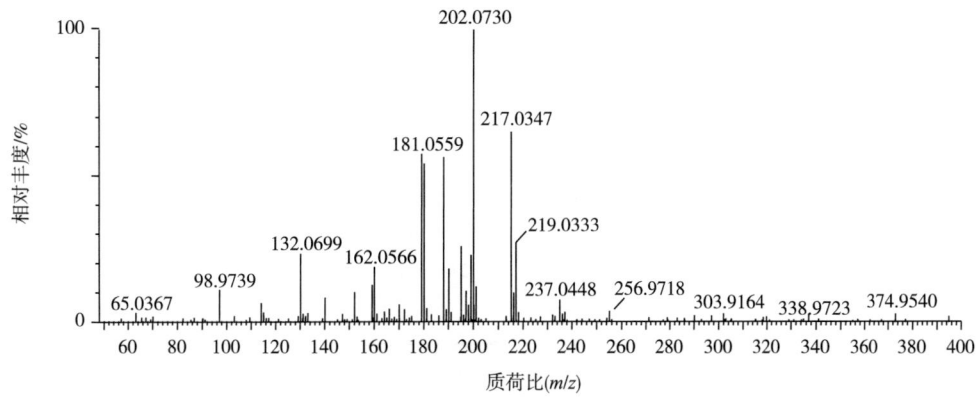

78 吗啡 (Morphine)

(1) 化合物信息

中文名	吗啡
别名	—
CAS 登录号	57-27-2
分子式	$C_{17}H_{19}NO_3$
结构式	
单一同位素相对分子质量	285.1365
离子加合形式	ESI 源，$[M+H]^+$，$[M+Na]^+$，$[M+K]^+$
色谱保留时间	2.08min

(2) 提取离子流色谱图

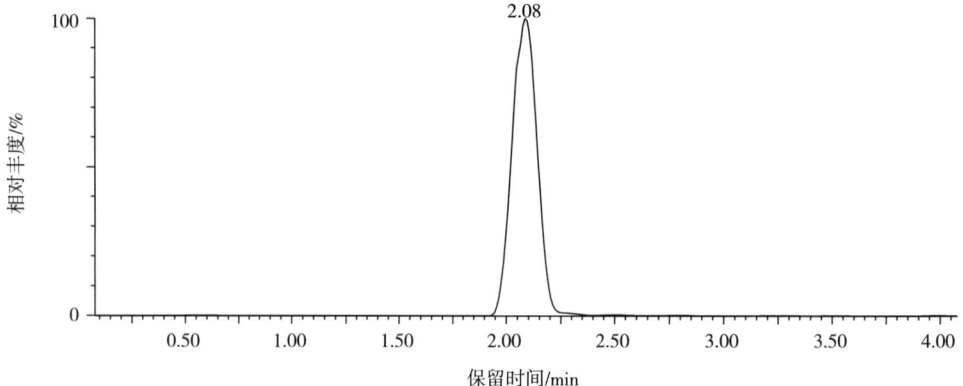

(3) 母离子质谱图

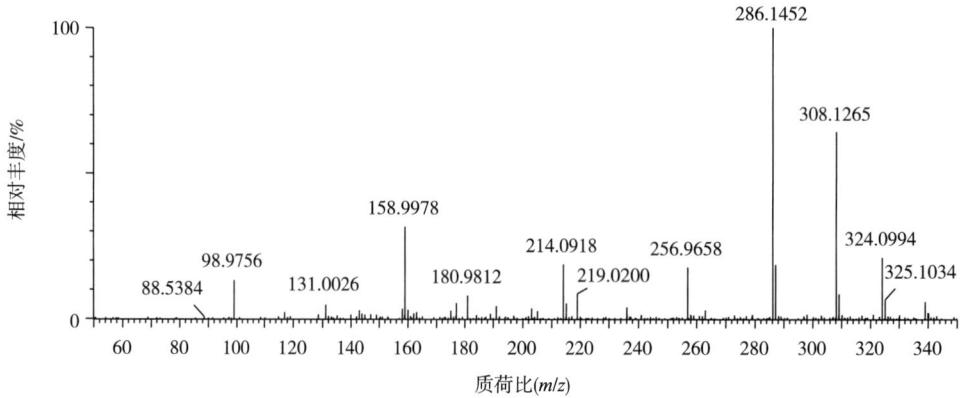

（4）子离子质谱图

①碰撞能量15eV

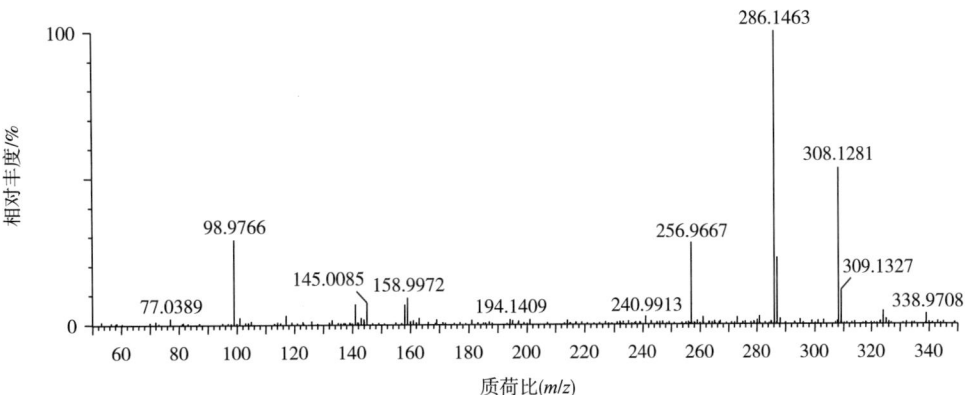

②碰撞能量30eV

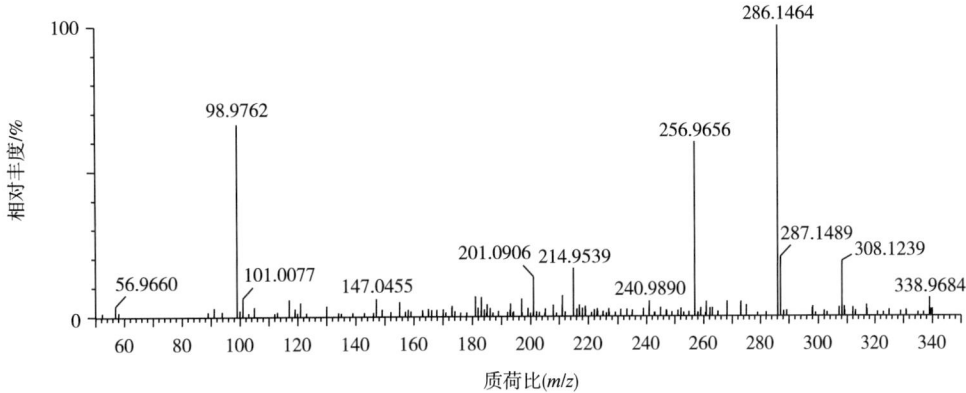

③碰撞能量45eV

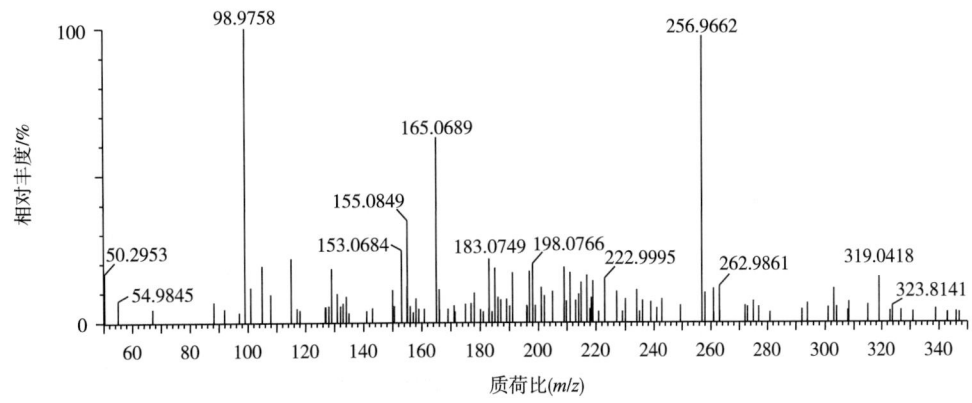

79 美洛昔康
(Meloxicam)

(1) 化合物信息

中文名	美洛昔康
别名	美罗昔康
CAS 登录号	71125-38-7
分子式	$C_{14}H_{13}N_3O_4S_2$
结构式	
单一同位素相对分子质量	351.0347
离子加合形式	ESI 源，$[M+H]^+$，$[M+Na]^+$
色谱保留时间	6.58min

(2) 提取离子流色谱图

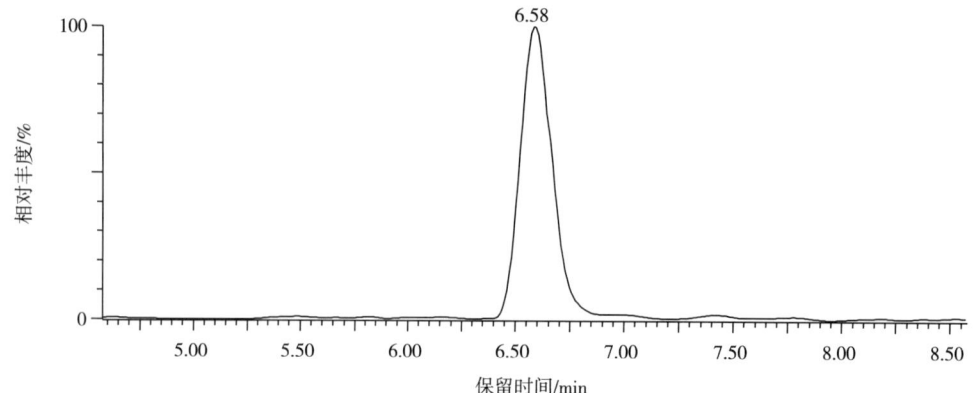

(3) 母离子质谱图

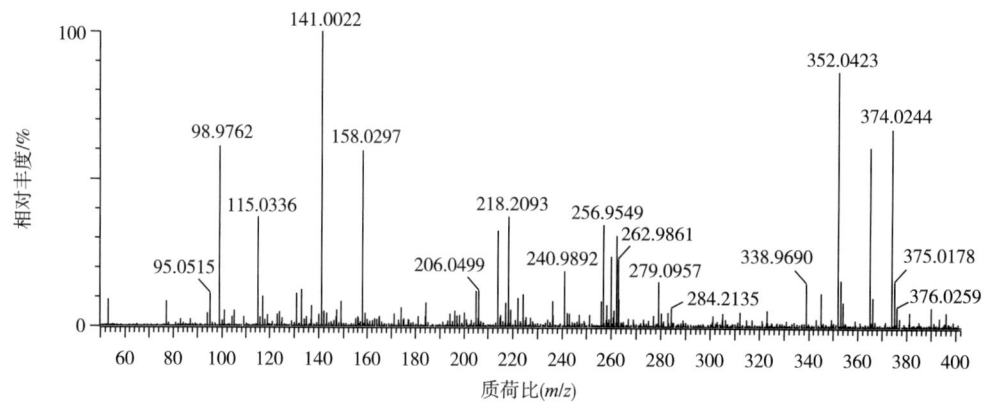

（4）子离子质谱图

①碰撞能量 15eV

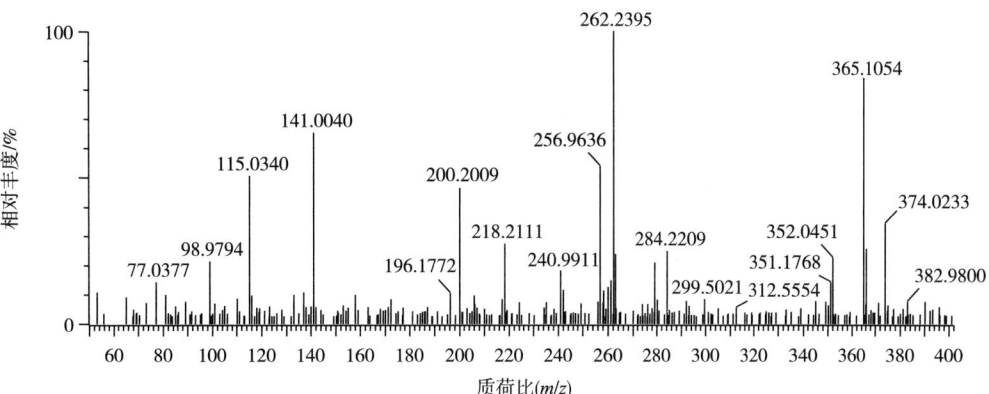

②碰撞能量 30eV

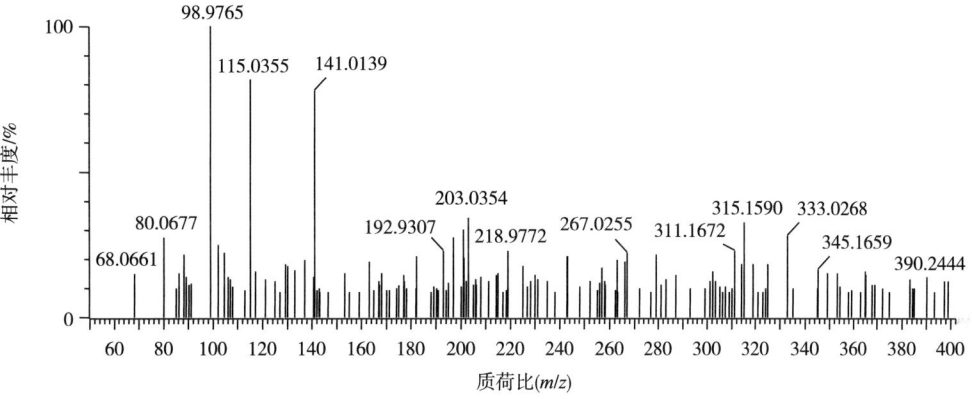

③碰撞能量 45eV

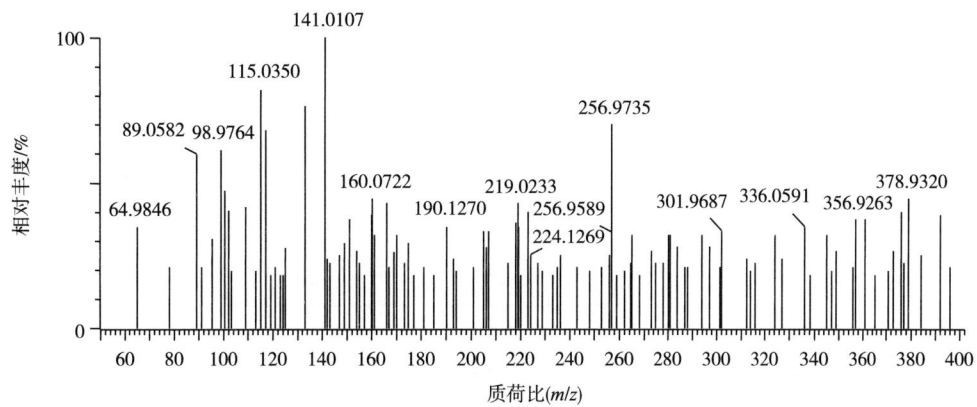

80 美托洛尔
(Metoprolol)

(1) 化合物信息

中文名	美托洛尔
别名	倍他乐克、甲氧乙心安、美多心安
CAS 登录号	37350-58-6
分子式	$C_{15}H_{25}NO_3$
结构式	
单一同位素相对分子质量	267.1834
离子加合形式	ESI 源，$[M+H]^+$
色谱保留时间	5.13min

(2) 提取离子流色谱图

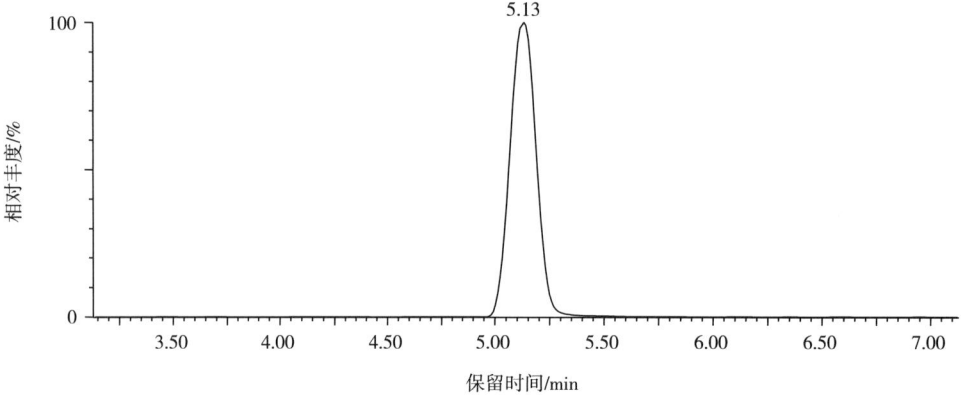

(3) 母离子质谱图

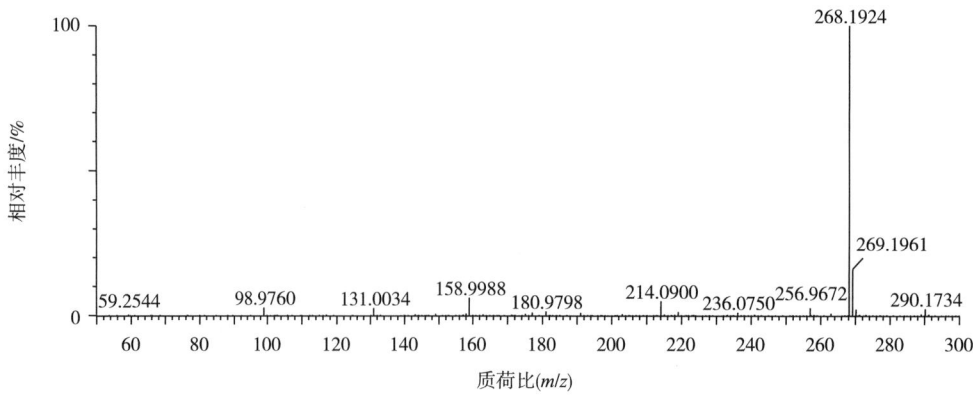

（4）子离子质谱图

①碰撞能量 15eV

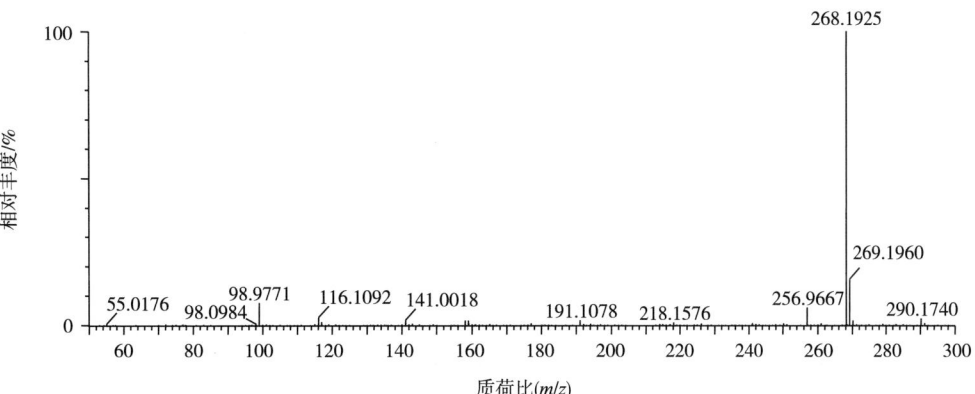

②碰撞能量 30eV

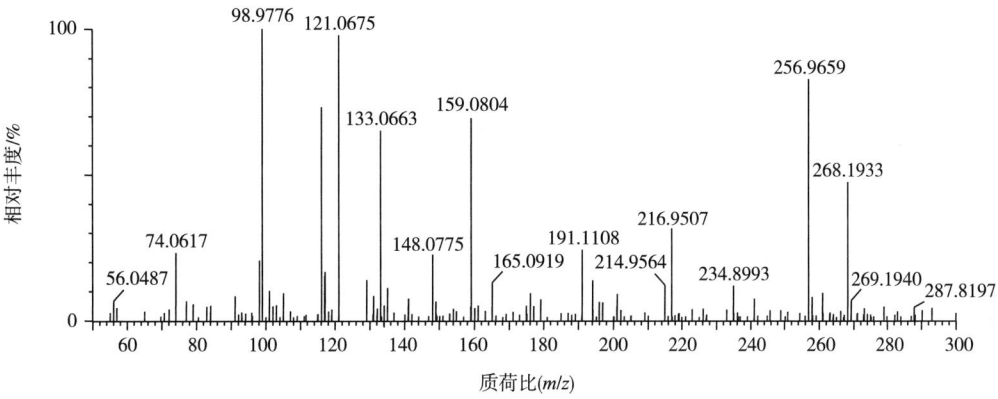

③碰撞能量 45eV

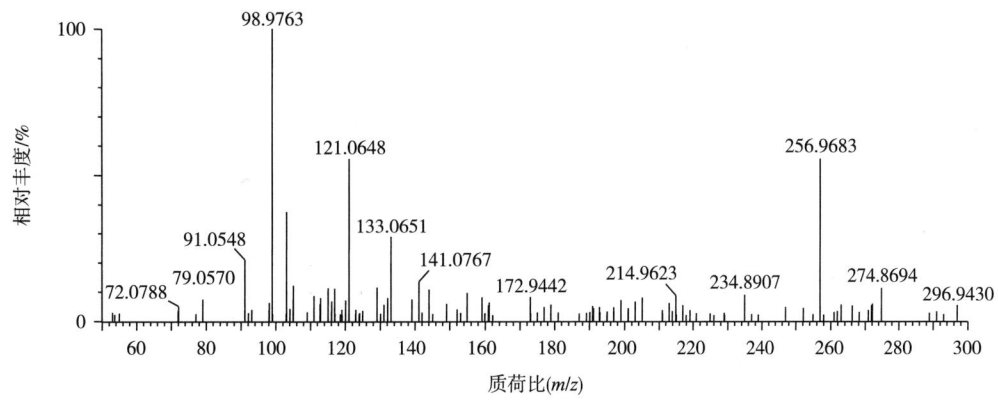

81 美雄酮
(Metandienone)

（1）化合物信息

中文名	美雄酮
别名	甲雄二烯酮、去氢甲睾酮、甲睾烯龙、尼乐宝、大力补
CAS 登录号	72-63-9
分子式	$C_{20}H_{28}O_2$
结构式	
单一同位素相对分子质量	300.2089
离子加合形式	ESI 源，$[M+H]^+$，$[M+Na]^+$，$[M+K]^+$
色谱保留时间	8.64min

（2）提取离子流色谱图

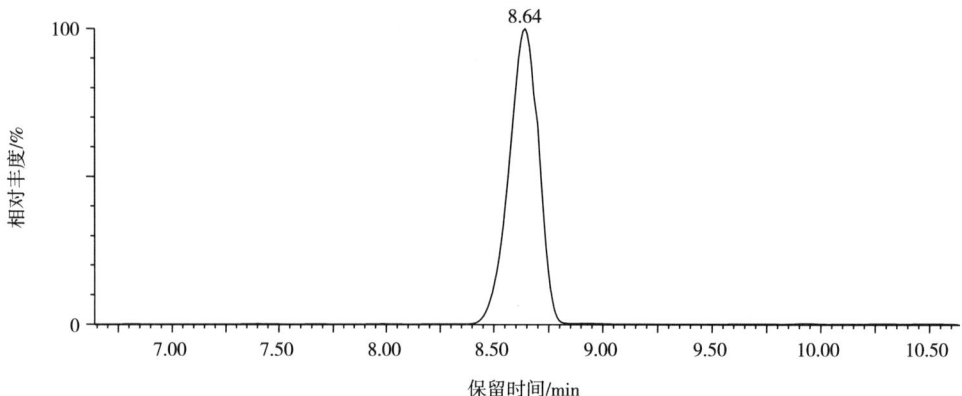

（3）母离子质谱图

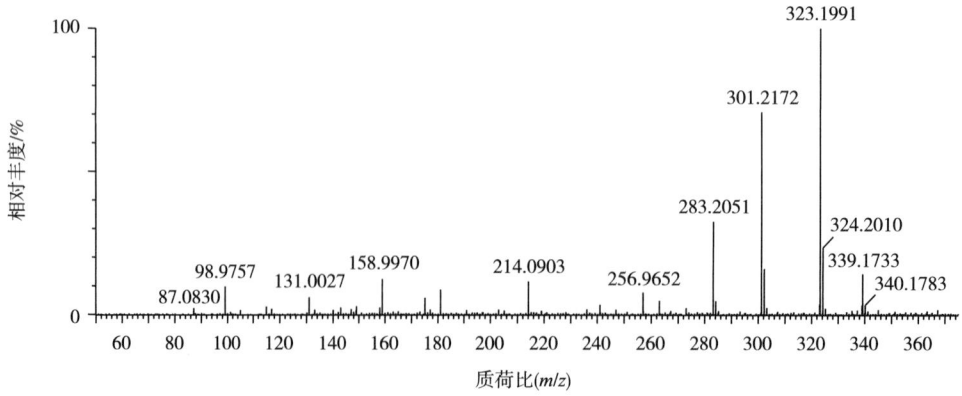

（4）子离子质谱图

①碰撞能量 15eV

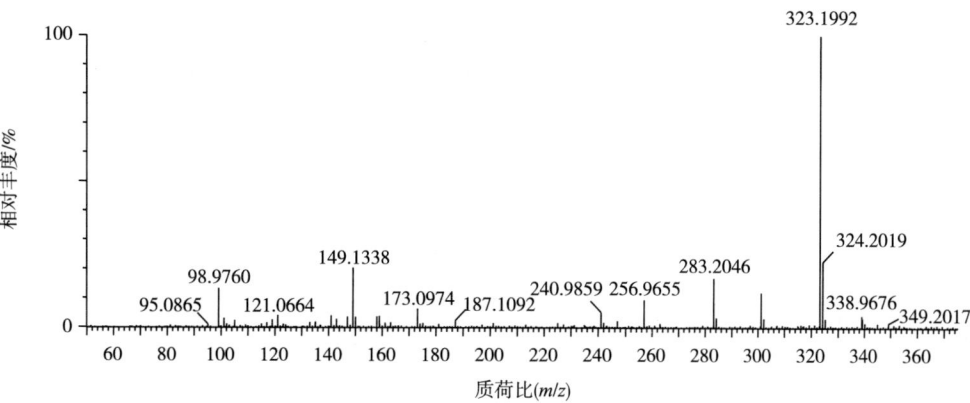

②碰撞能量 30eV

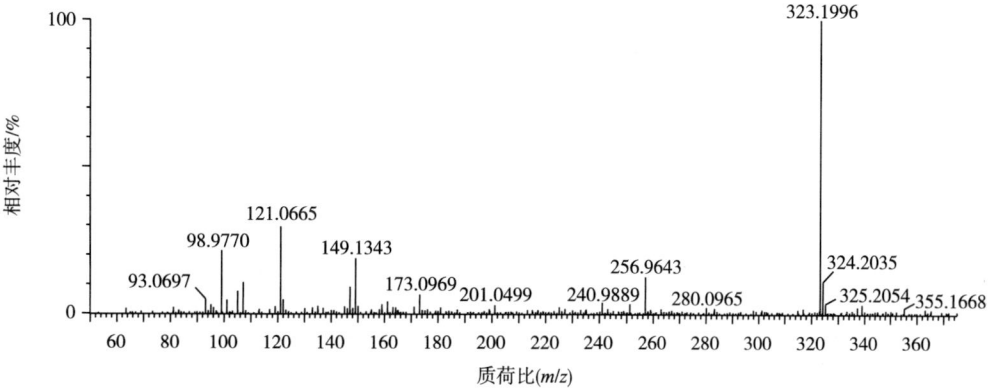

③碰撞能量 45eV

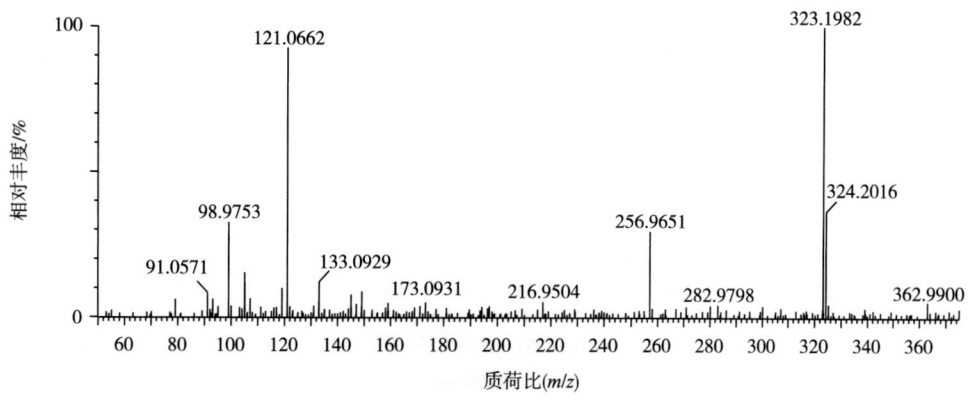

82 咪达唑仑
(Midazolam)

(1) 化合物信息

中文名	咪达唑仑
别名	—
CAS 登录号	59467-70-8
分子式	$C_{18}H_{13}ClFN_3$
结构式	
单一同位素相对分子质量	325.0782
离子加合形式	ESI 源，$[M+H]^+$
色谱保留时间	8.67min

(2) 提取离子流色谱图

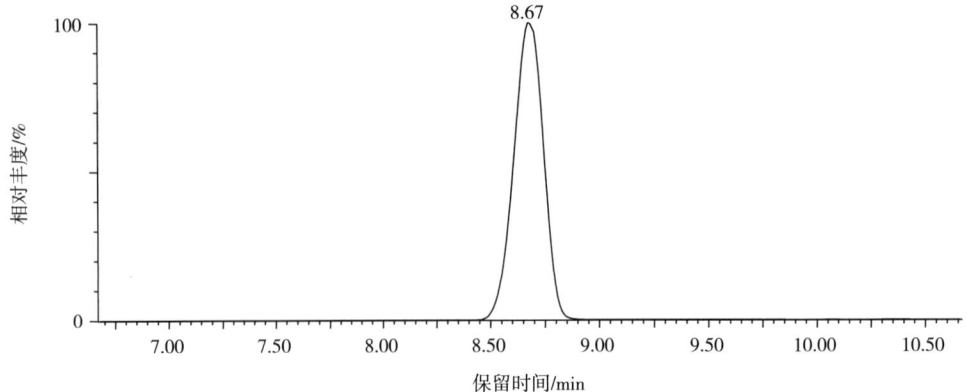

(3) 母离子质谱图

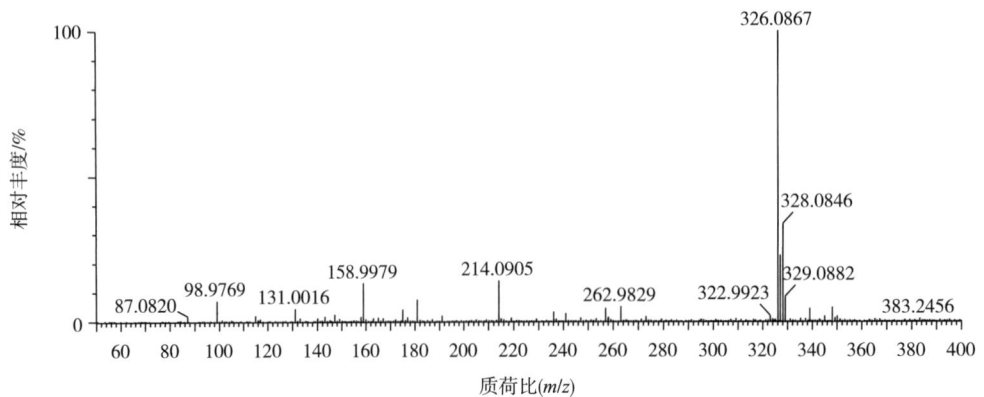

（4）子离子质谱图

①碰撞能量 15eV

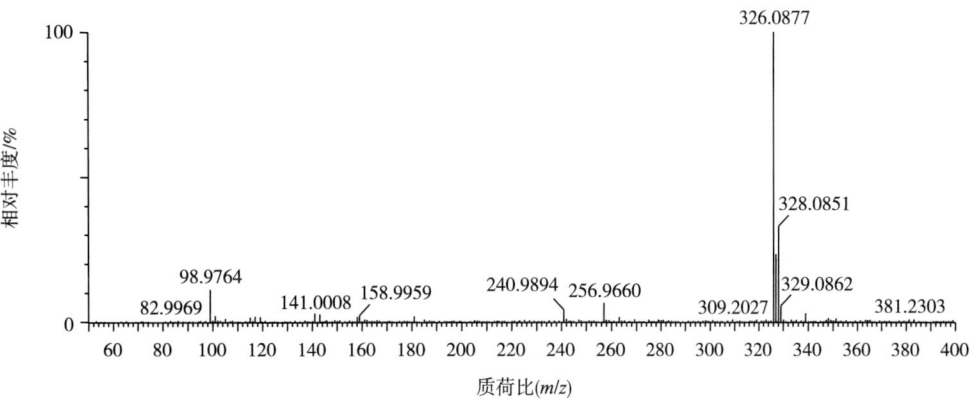

②碰撞能量 30eV

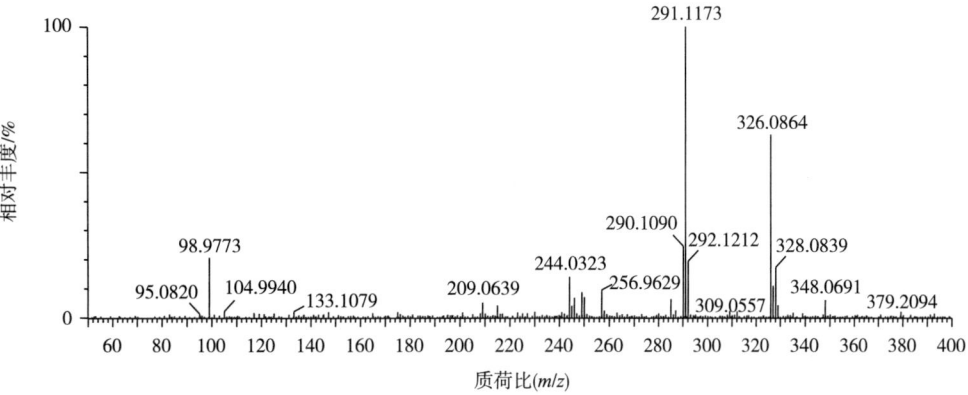

③碰撞能量 45eV

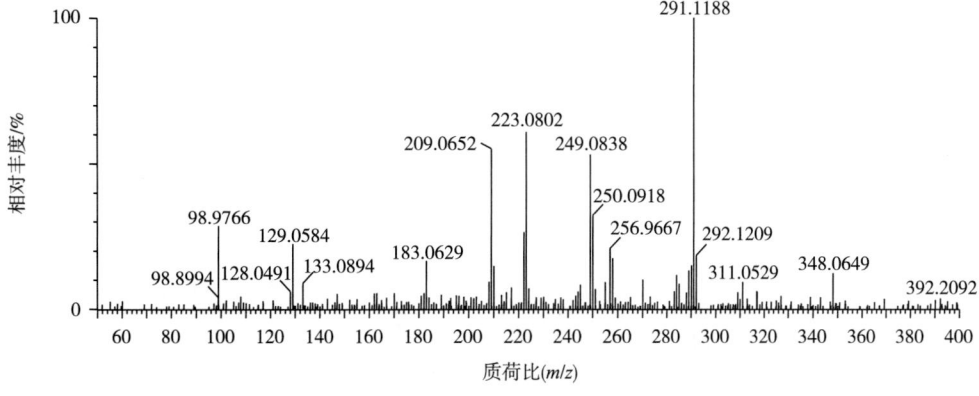

83 米非司酮
(Mifepristone)

(1) 化合物信息

中文名	米非司酮
别名	美服培酮、含珠停、抗孕酮、米那司酮、息百虑、息隐
CAS 登录号	84371-65-3
分子式	$C_{29}H_{35}NO_2$
结构式	
单一同位素相对分子质量	429.2668
离子加合形式	ESI 源，$[M+H]^+$，$[M+Na]^+$，$[M+K]^+$
色谱保留时间	10.01 min

(2) 提取离子流色谱图

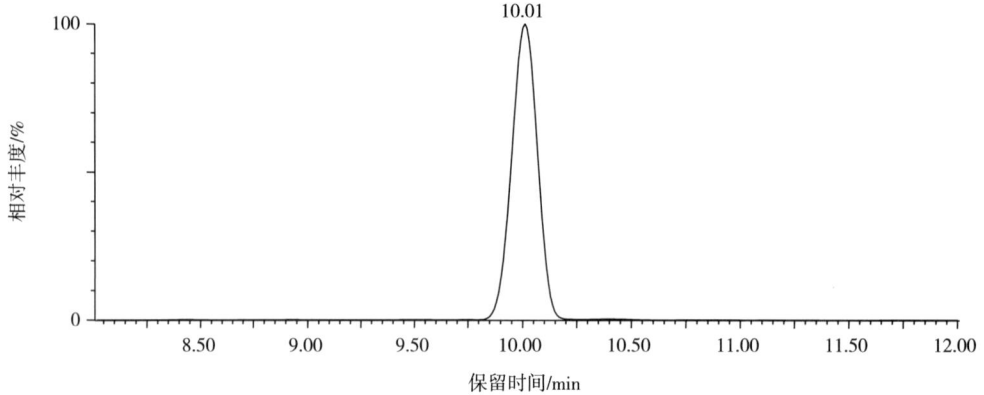

(3) 母离子质谱图

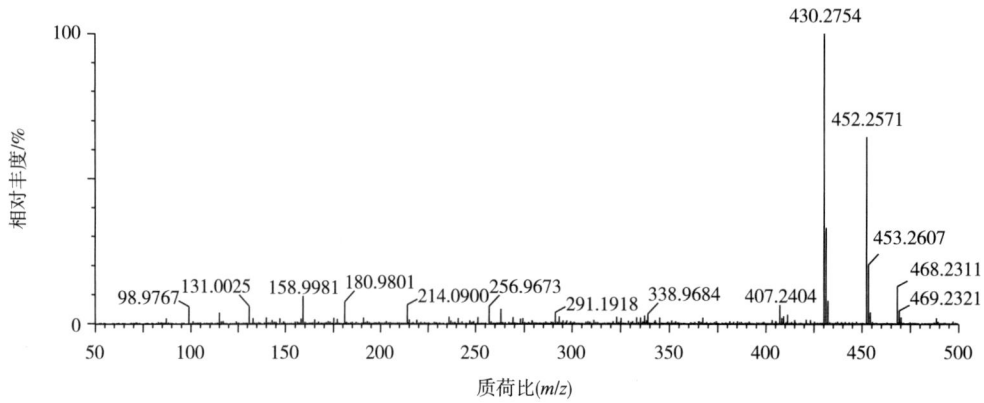

（4）子离子质谱图

①碰撞能量15eV

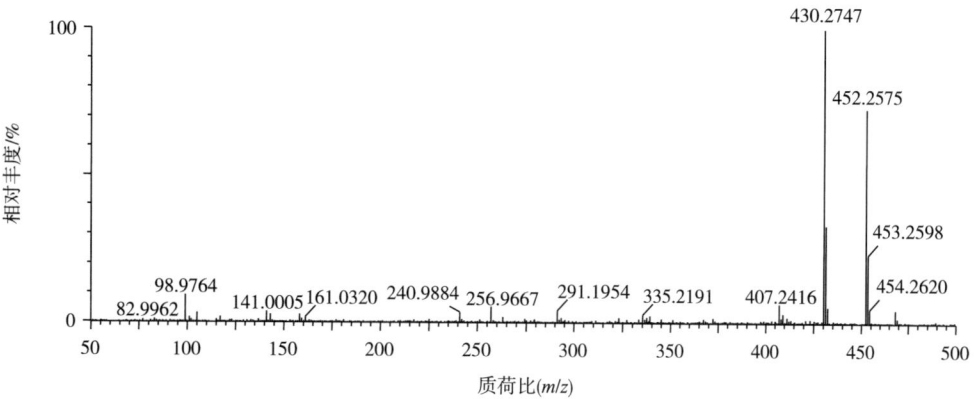

②碰撞能量30eV

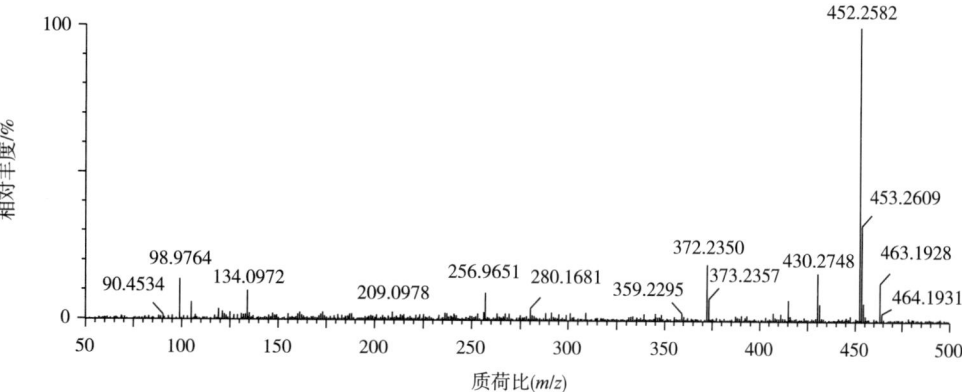

③碰撞能量45eV

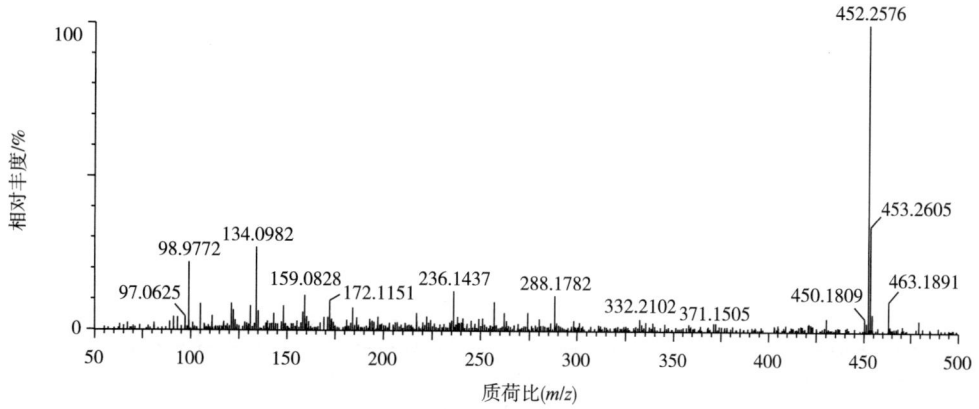

84 那可丁 (Noscapine)

(1) 化合物信息

中文名	那可丁
别名	诺司卡品、那可汀
CAS 登录号	128-62-1
分子式	$C_{22}H_{23}NO_7$
结构式	
单一同位素相对分子质量	413.1475
离子加合形式	ESI 源，$[M+H]^+$
色谱保留时间	8.47 min

(2) 提取离子流色谱图

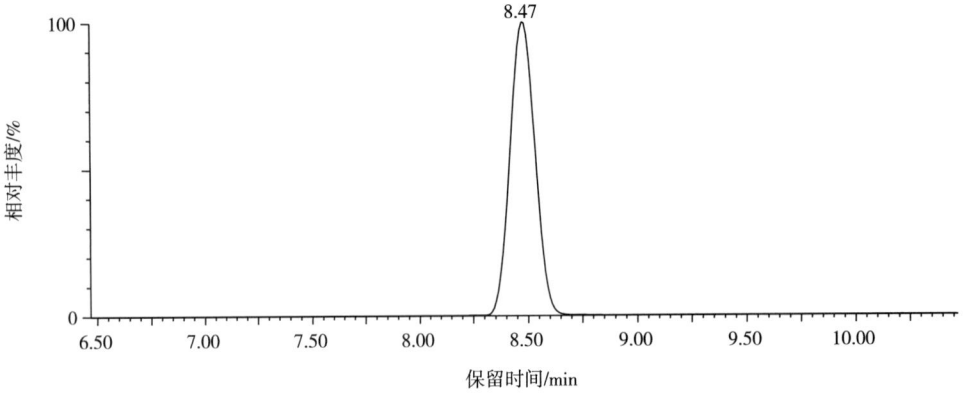

(3) 母离子质谱图

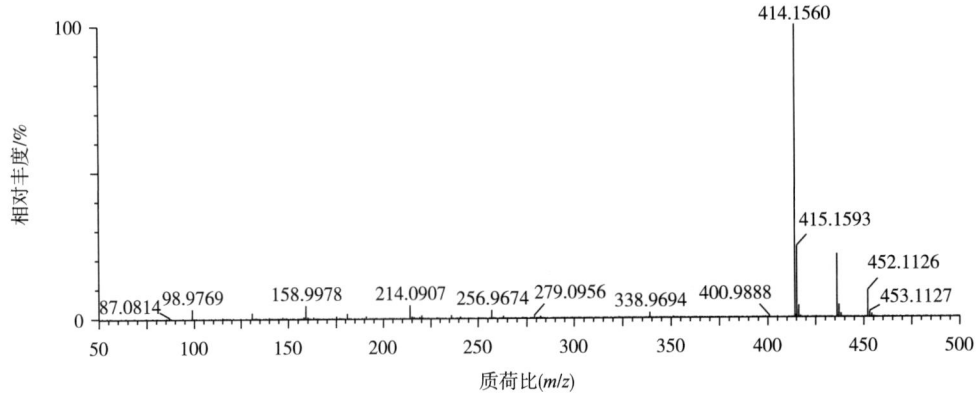

（4）子离子质谱图

①碰撞能量 15eV

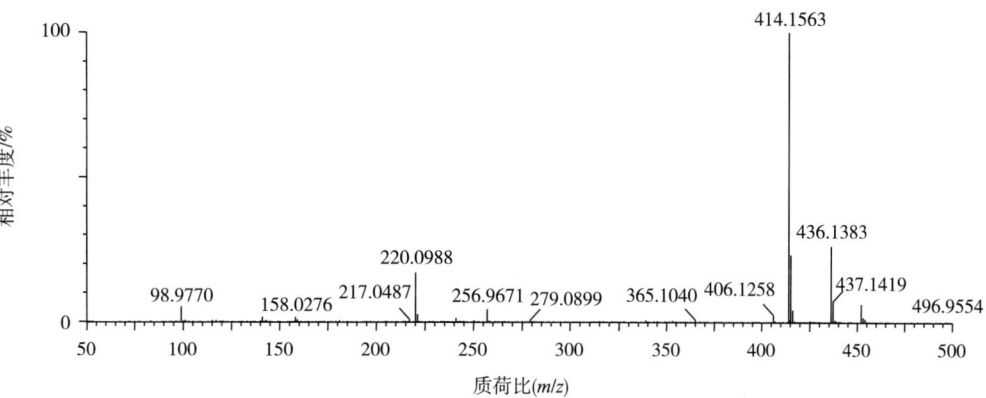

②碰撞能量 30eV

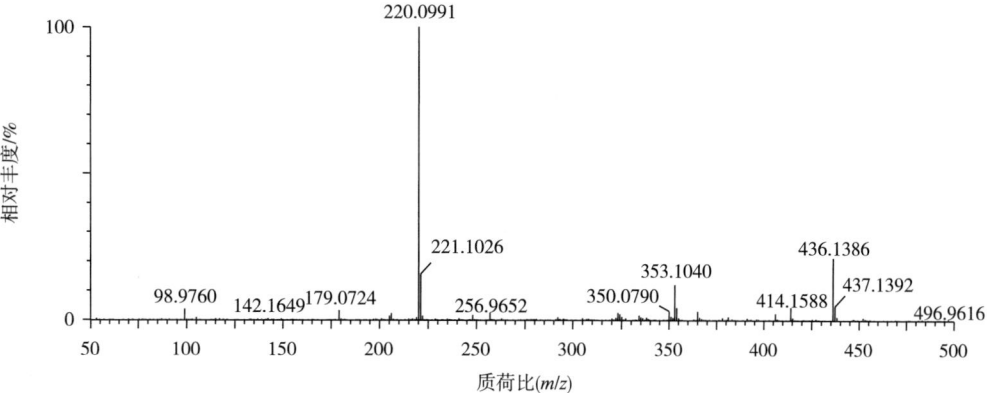

③碰撞能量 45eV

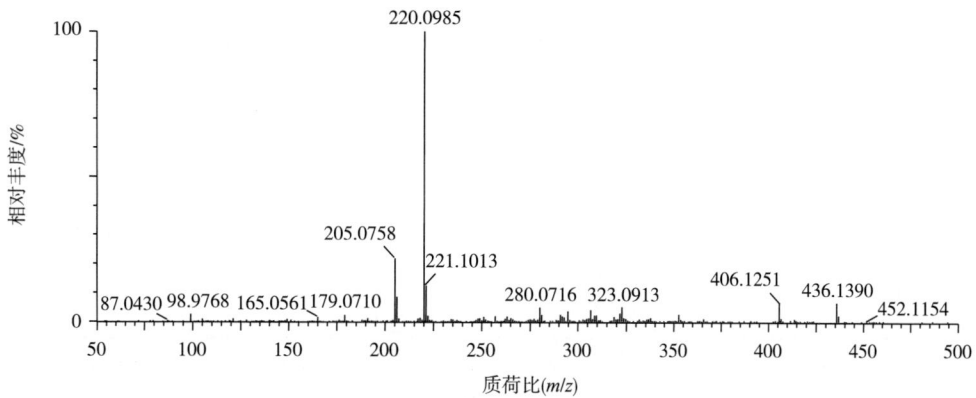

85 那莫西地那非
(Norneosildenafil)

(1) 化合物信息

中文名	那莫西地那非
别名	去甲新西地那非
CAS 登录号	371959-09-0
分子式	$C_{22}H_{29}N_5O_4S$
结构式	
单一同位素相对分子质量	459.1940
离子加合形式	ESI 源，$[M+H]^+$，$[M+Na]^+$，$[M+K]^+$
色谱保留时间	9.80min

(2) 提取离子流色谱图

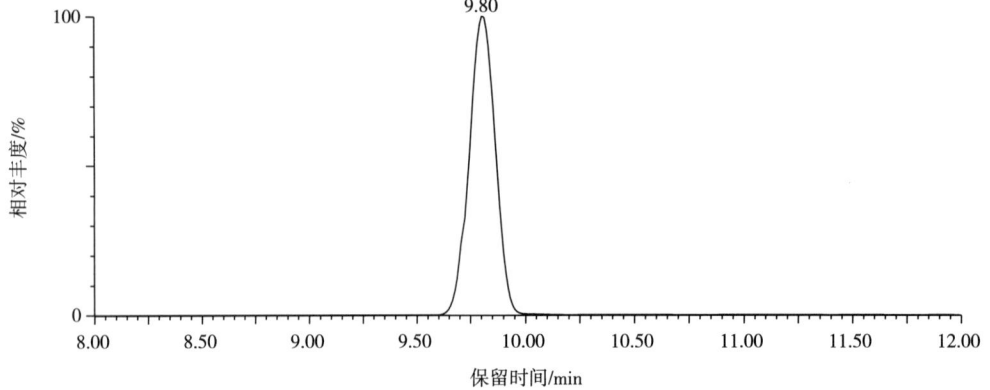

(3) 母离子质谱图

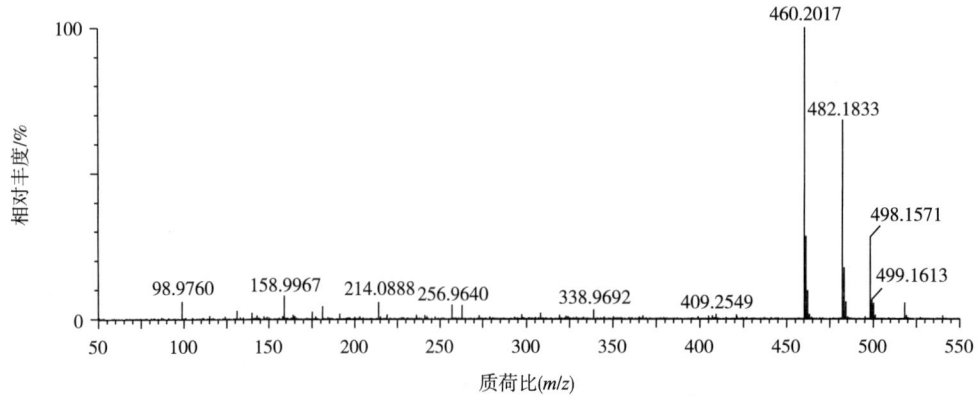

（4）子离子质谱图

①碰撞能量 15eV

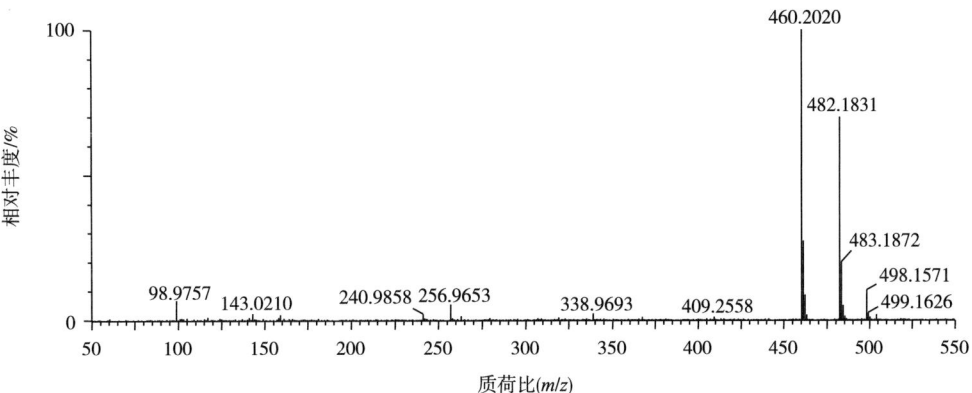

②碰撞能量 30eV

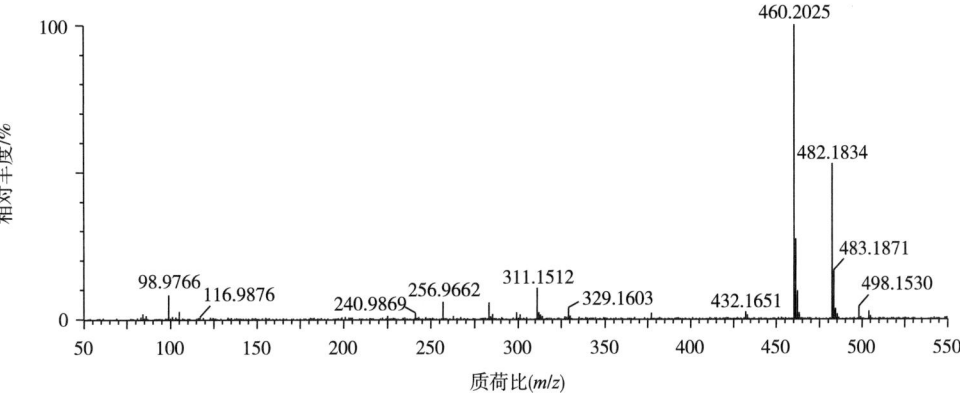

③碰撞能量 45eV

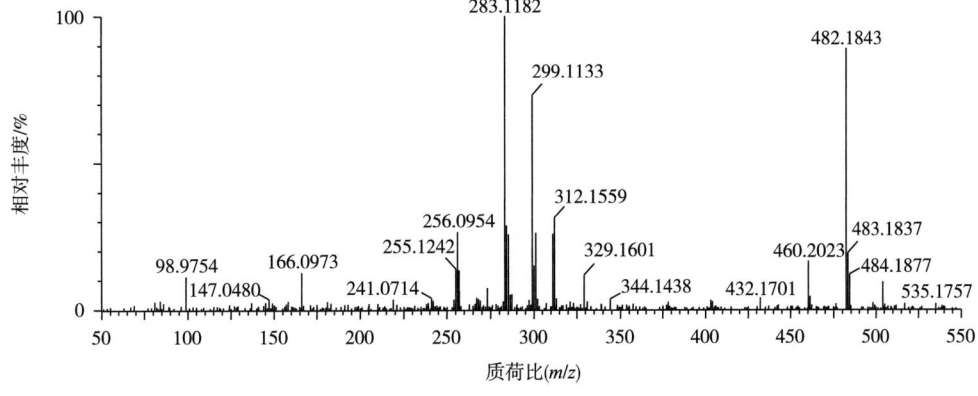

86 纳多洛尔 (Nadolol)

(1) 化合物信息

中文名	纳多洛尔
别名	萘羟心安、苯甲丁氮酮、康加尔多、萘丁乐、萘肟洛尔
CAS 登录号	42200-33-9
分子式	$C_{17}H_{27}NO_4$
结构式	
单一同位素相对分子质量	309.1940
离子加合形式	ESI 源，$[M+H]^+$
色谱保留时间	4.14min

(2) 提取离子流色谱图

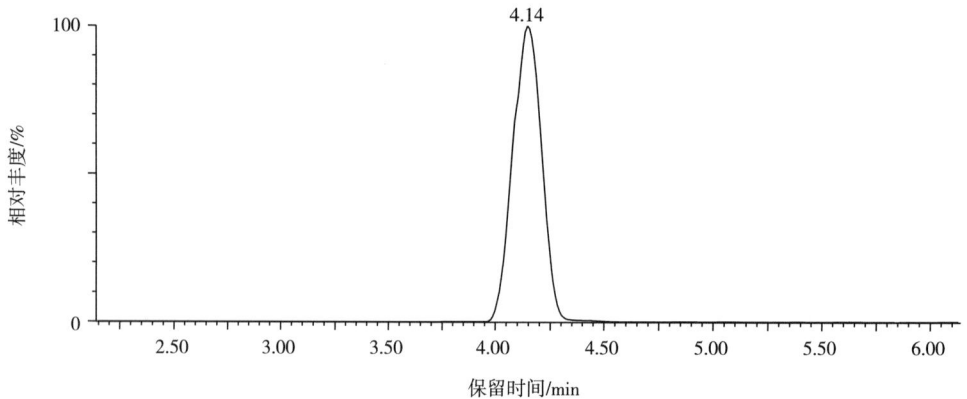

(3) 母离子质谱图

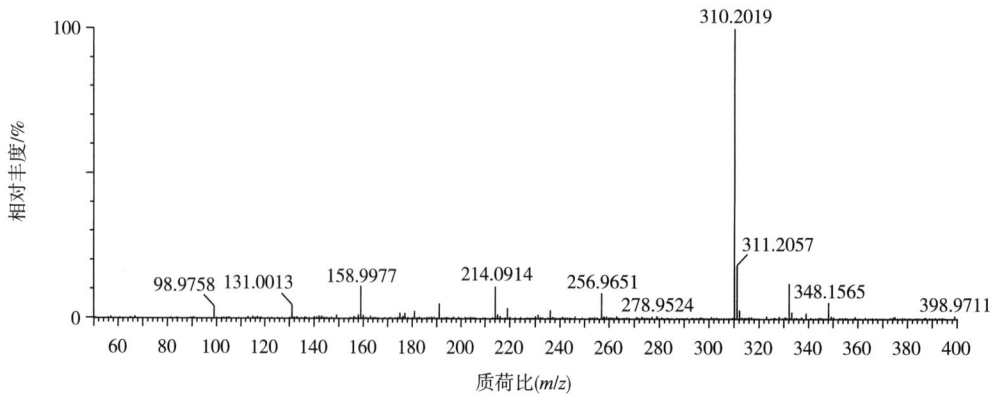

（4）子离子质谱图

①碰撞能量15eV

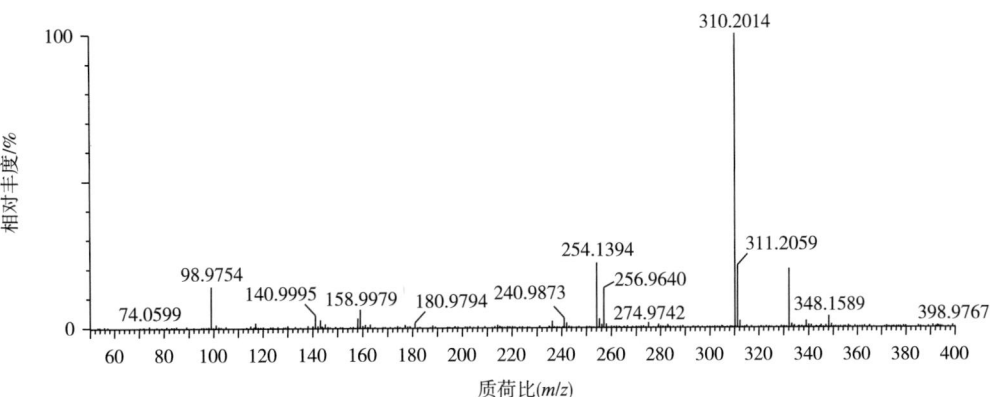

②碰撞能量30eV

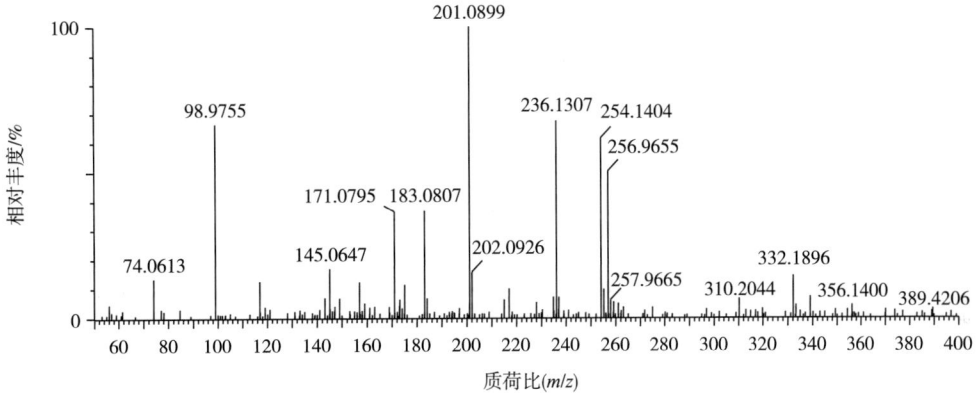

③碰撞能量45eV

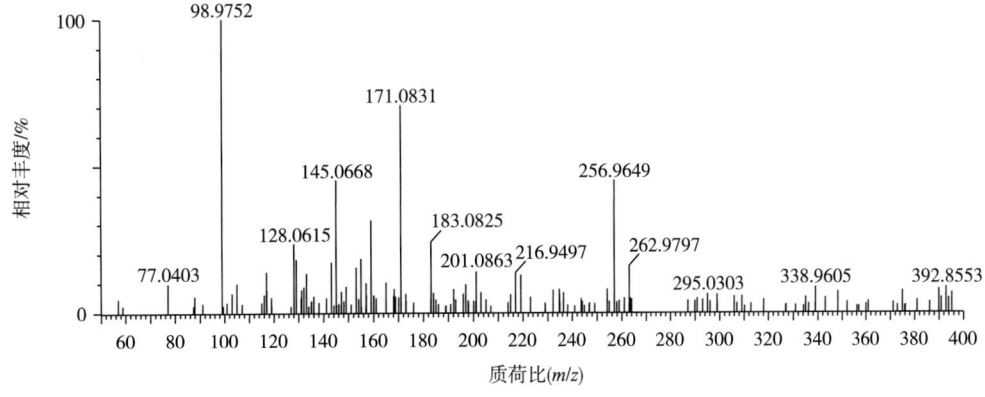

87 奈必洛尔
(Nebivolol)

(1) 化合物信息

中文名	奈必洛尔
别名	莱必伍罗
CAS 登录号	99200-09-6
分子式	$C_{22}H_{25}F_2NO_4$
结构式	
单一同位素相对分子质量	405.1752
离子加合形式	ESI 源，$[M+H]^+$，$[M+Na]^+$
色谱保留时间	8.29min

(2) 提取离子流色谱图

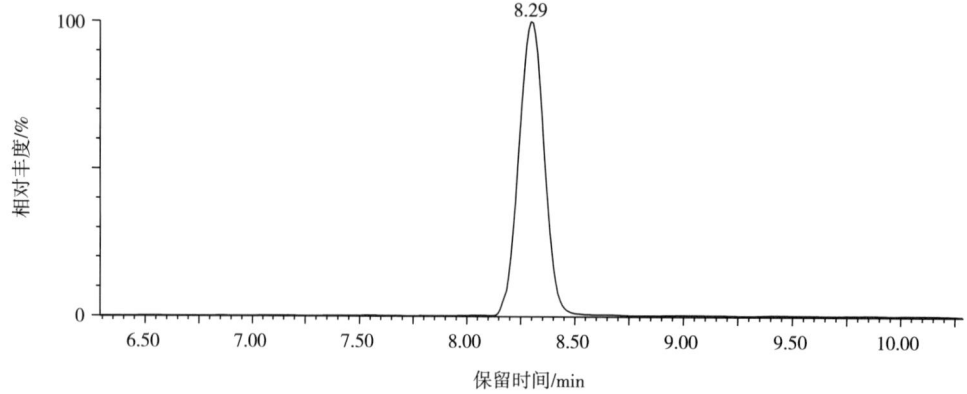

(3) 母离子质谱图

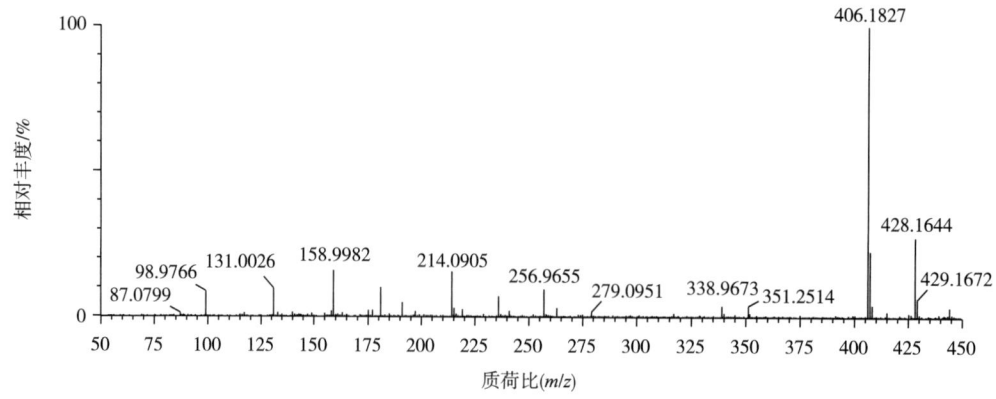

（4）子离子质谱图
①碰撞能量 15eV

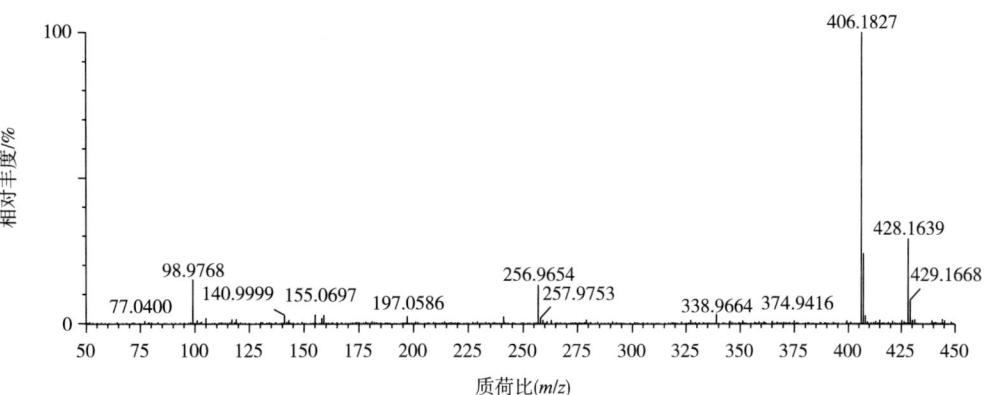

②碰撞能量 30eV

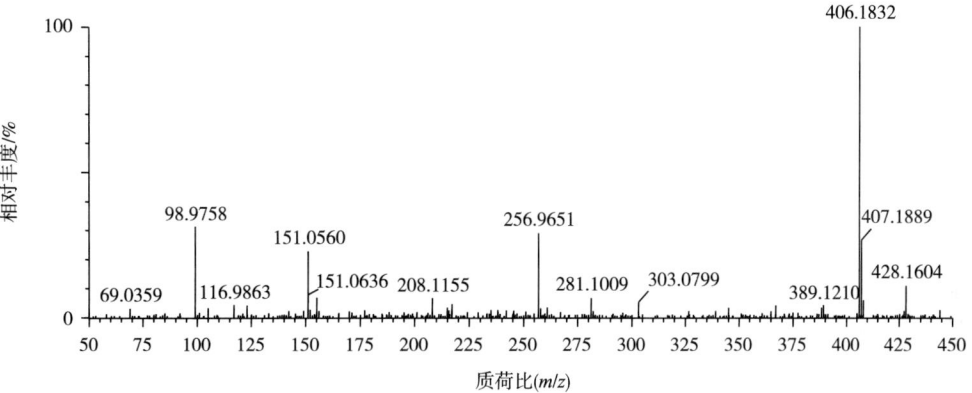

③碰撞能量 45eV

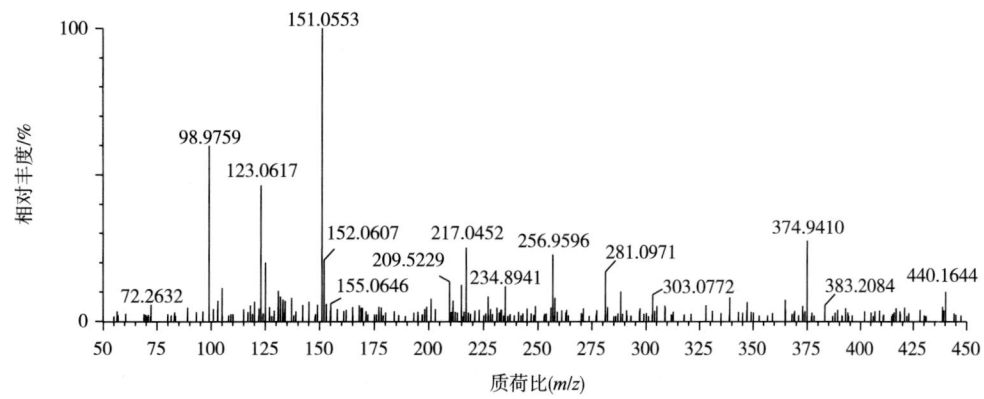

88 喷布特罗
(Penbutolol)

（1）化合物信息

中文名	喷布特罗
别名	喷布洛尔
CAS 登录号	36507-48-9
分子式	$C_{18}H_{29}NO_2$
结构式	
单一同位素相对分子质量	291.2198
离子加合形式	ESI 源，$[M+H]^+$
色谱保留时间	8.64min

（2）提取离子流色谱图

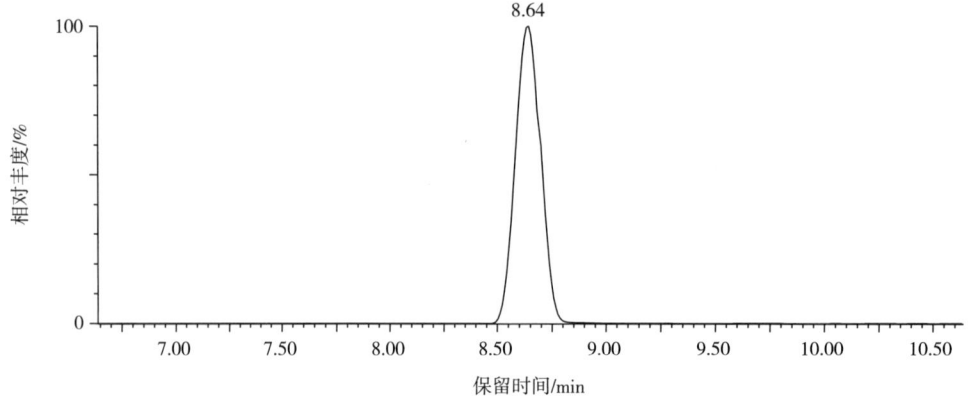

（3）母离子质谱图

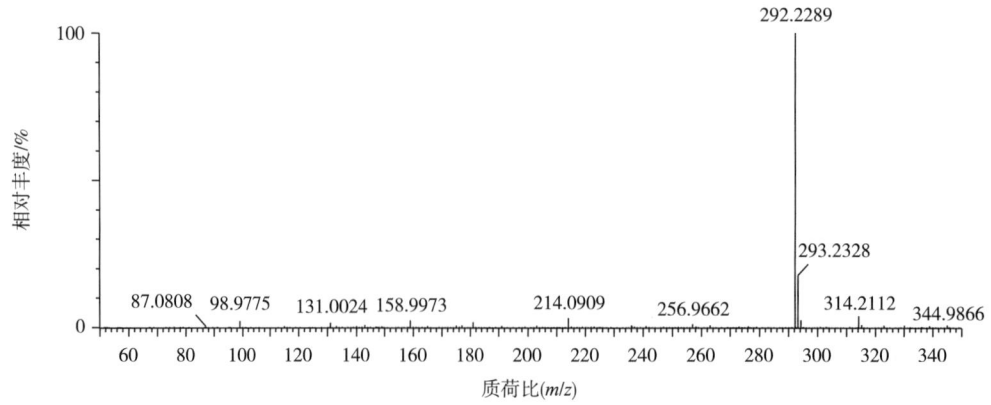

（4）子离子质谱图

①碰撞能量15eV

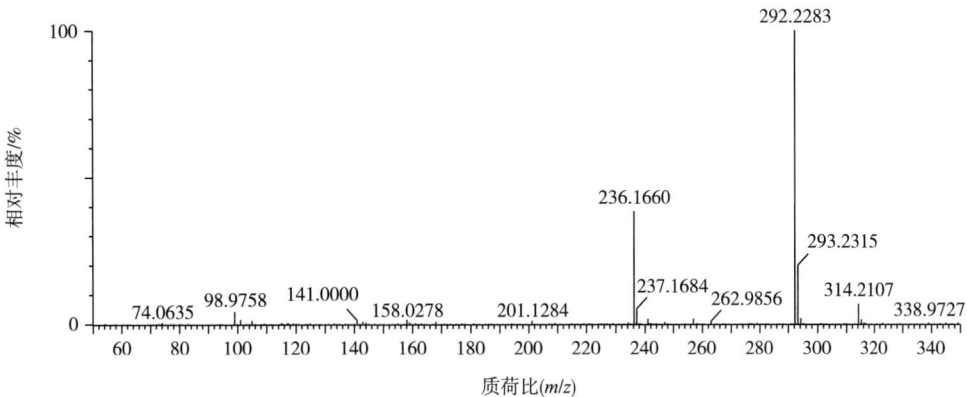

②碰撞能量30eV

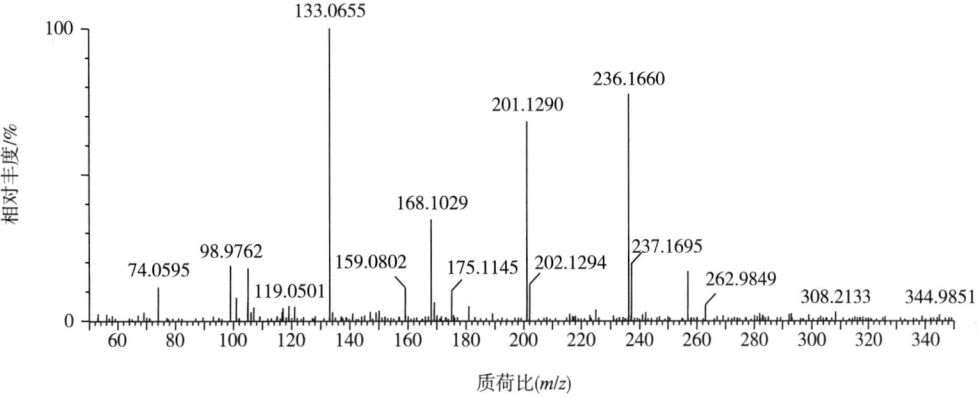

③碰撞能量45eV

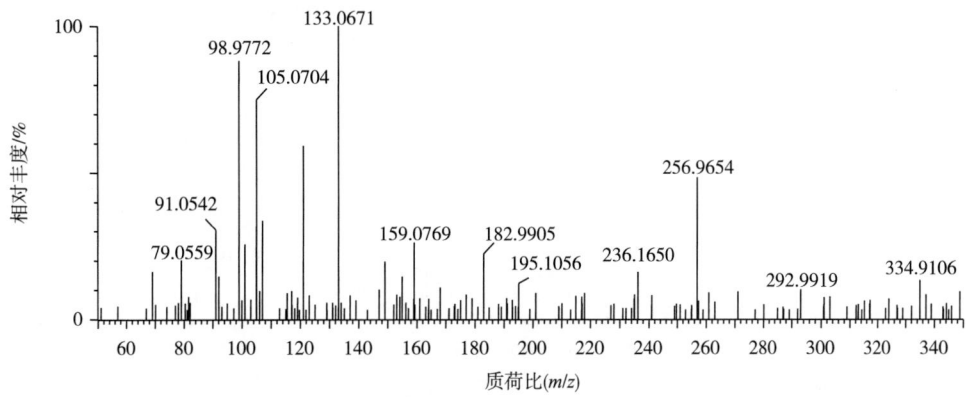

89 齐帕特罗 (Zilpaterol)

(1) 化合物信息

中文名	齐帕特罗
别名	—
CAS 登录号	117827-79-9
分子式	$C_{14}H_{19}N_3O_2$
结构式	
单一同位素相对分子质量	261.1477
离子加合形式	ESI 源，$[M+H]^+$
色谱保留时间	2.66min

(2) 提取离子流色谱图

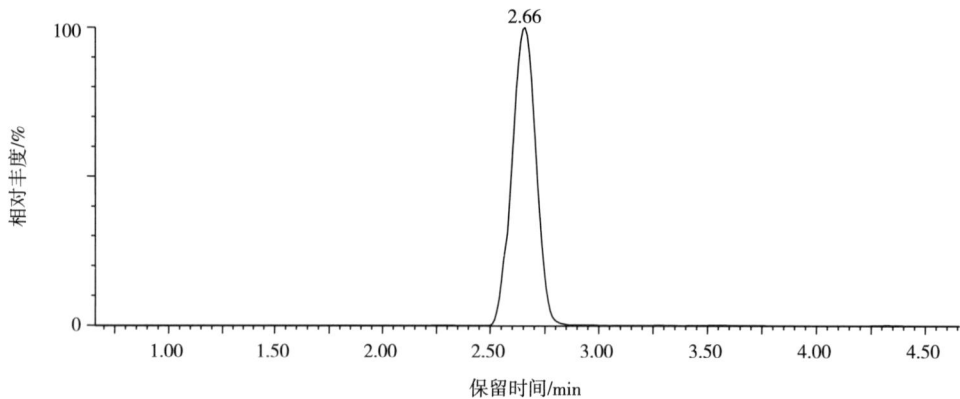

(3) 母离子质谱图

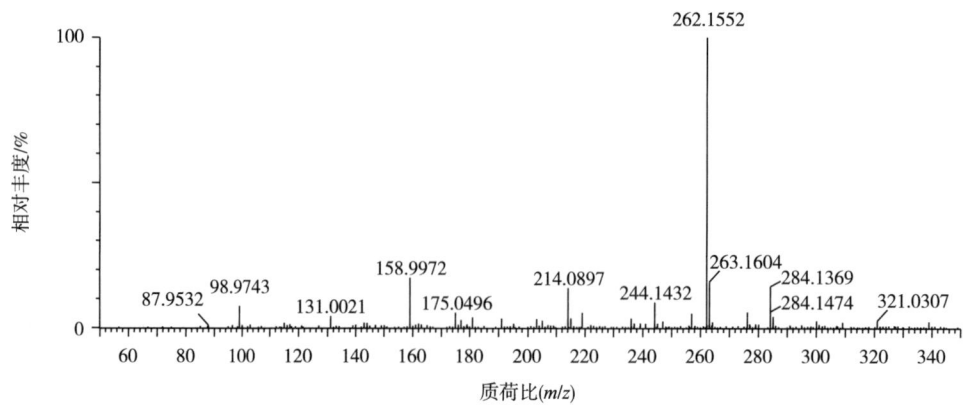

（4）子离子质谱图

①碰撞能量 15eV

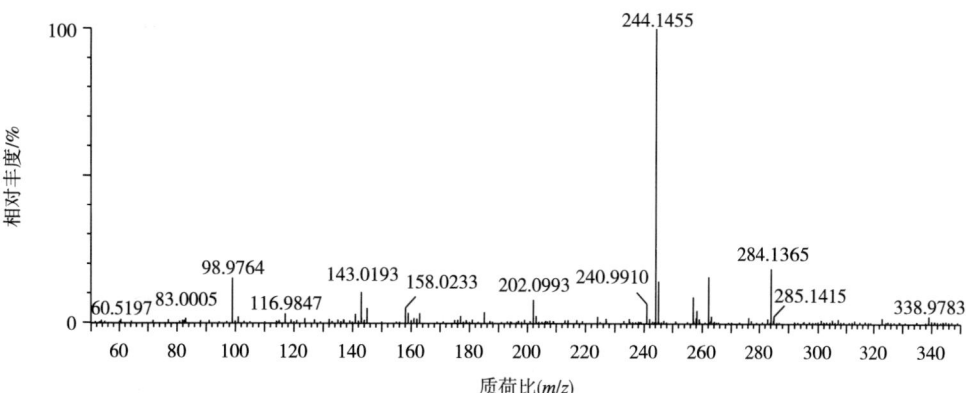

②碰撞能量 30eV

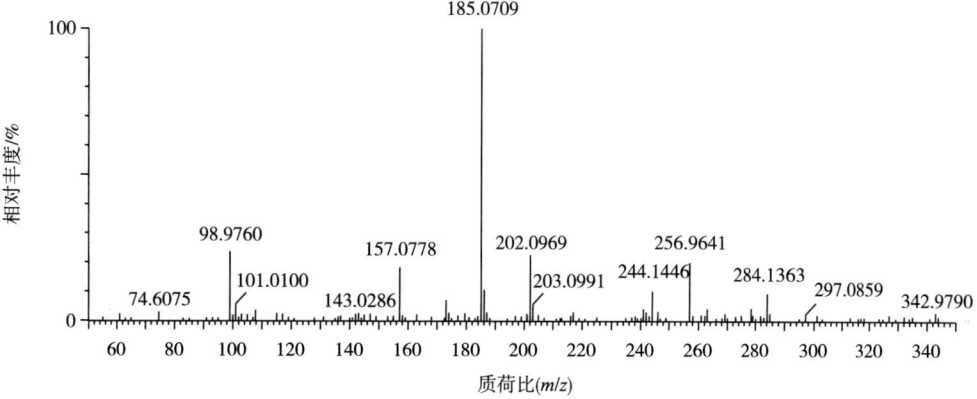

③碰撞能量 45eV

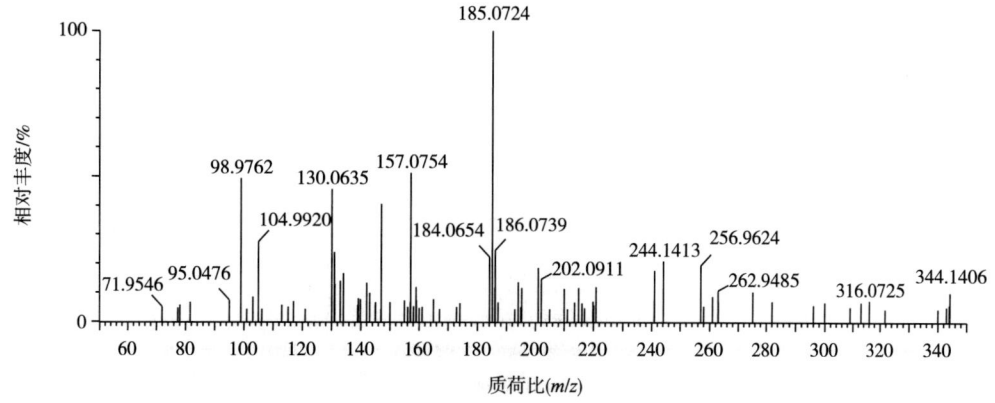

90 羟基豪莫西地那非
(Hydroxyhomosildenafil)

(1) 化合物信息

中文名	羟基豪莫西地那非
别名	罗地那非
CAS 登录号	139755-85-4
分子式	$C_{23}H_{32}N_6O_5S$
结构式	
单一同位素相对分子质量	504.2155
离子加合形式	ESI 源，$[M+H]^+$，$[M+Na]^+$，$[M+K]^+$
色谱保留时间	8.16min

(2) 提取离子流色谱图

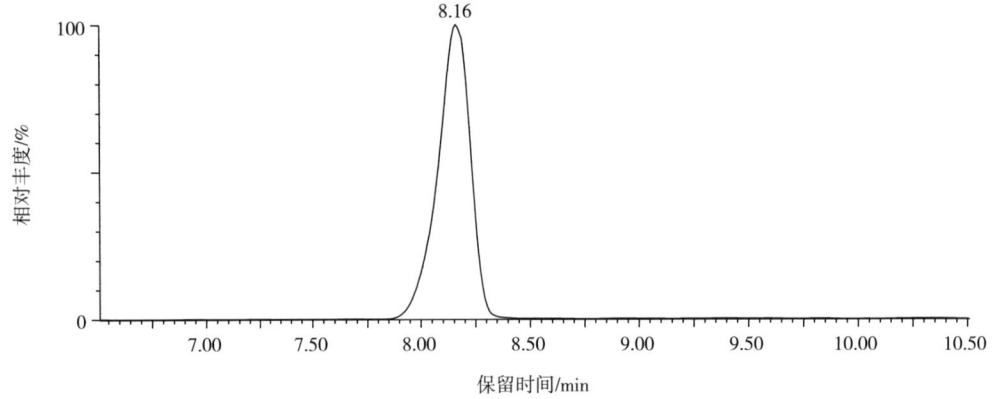

(3) 母离子质谱图

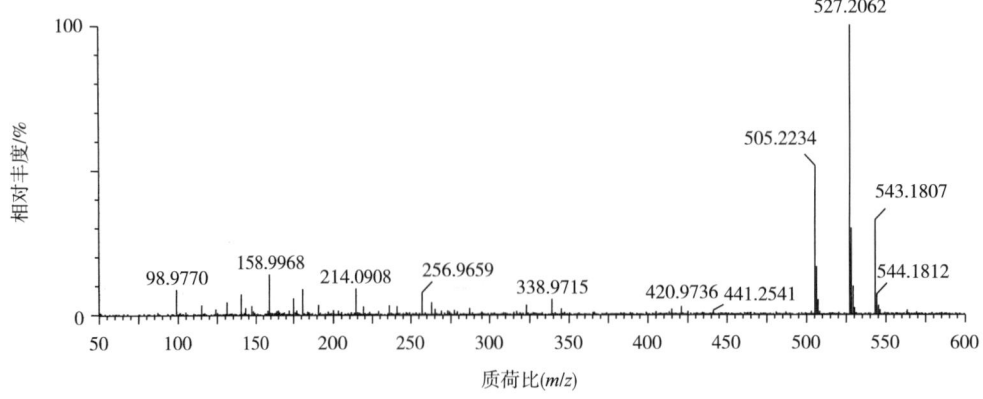

（4）子离子质谱图

①碰撞能量15eV

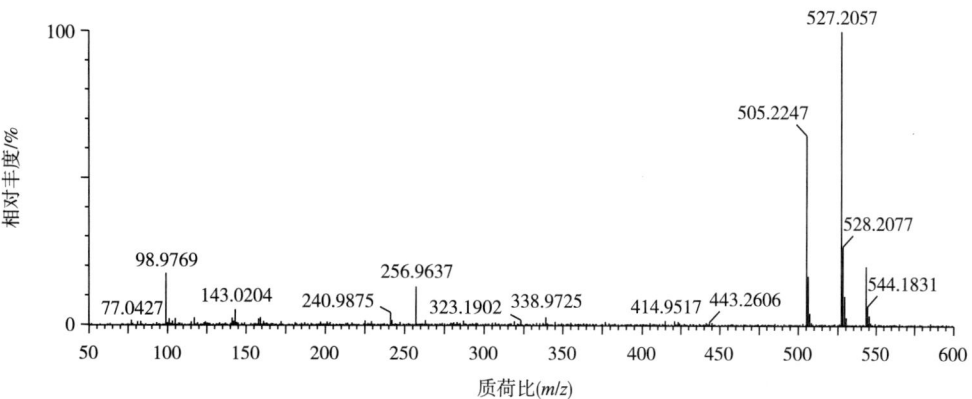

②碰撞能量30eV

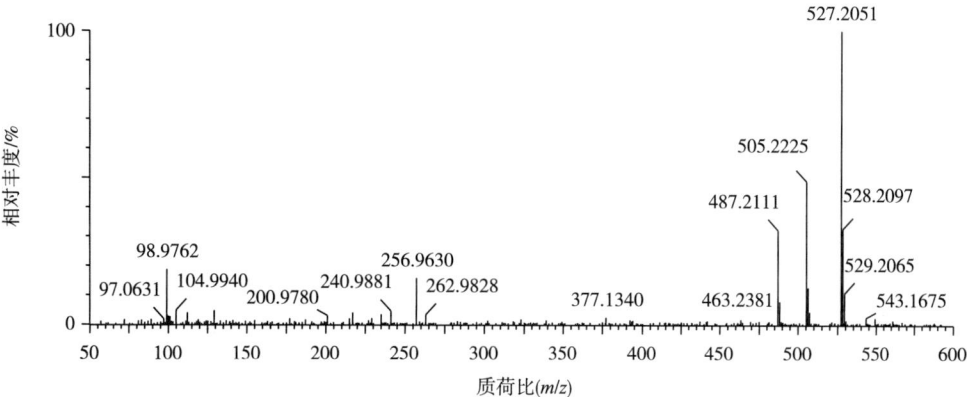

③碰撞能量45eV

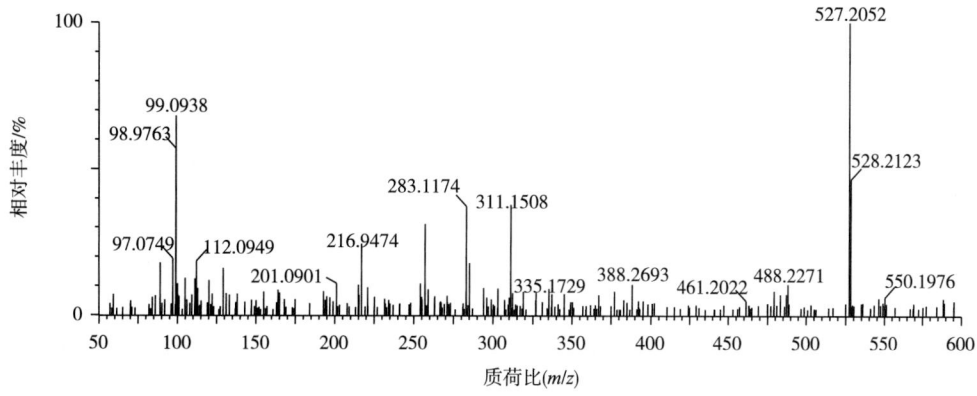

91 羟甲基克仑特罗
(Hydroxymethylclenbuterol)

(1) 化合物信息

中文名	羟甲基克仑特罗
别名	—
CAS 登录号	38339-18-3
分子式	$C_{12}H_{18}Cl_2N_2O_2$
结构式	
单一同位素相对分子质量	292.0745
离子加合形式	ESI 源，$[M+H]^+$
色谱保留时间	4.15 min

(2) 提取离子流色谱图

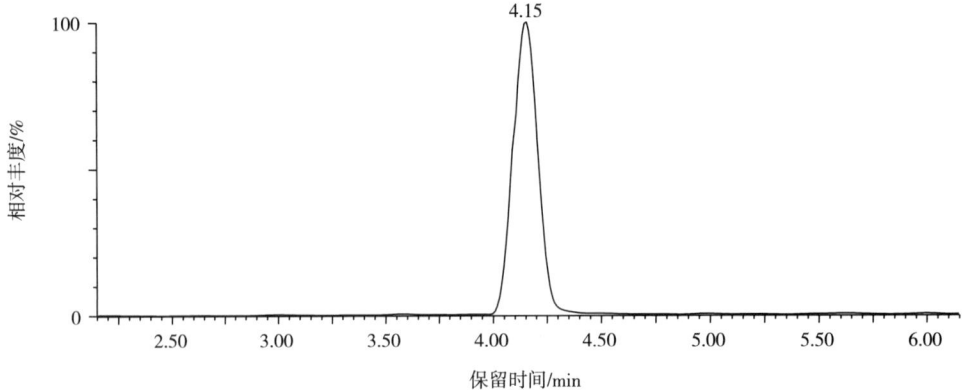

(3) 母离子质谱图

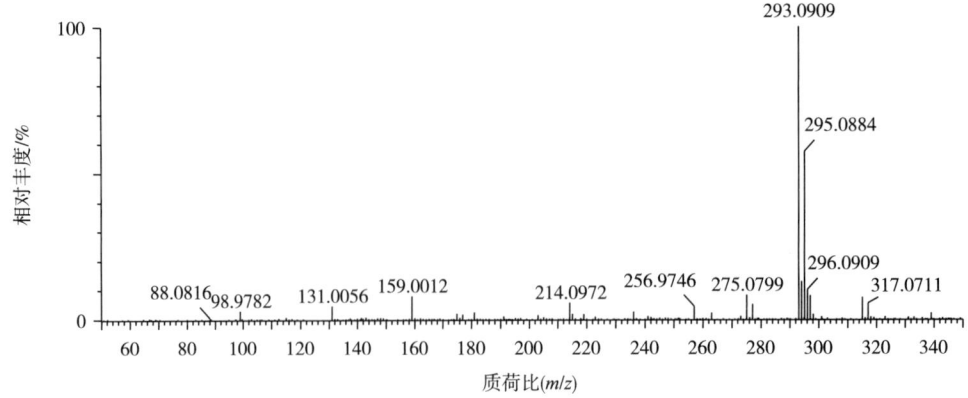

（4）子离子质谱图

①碰撞能量 15eV

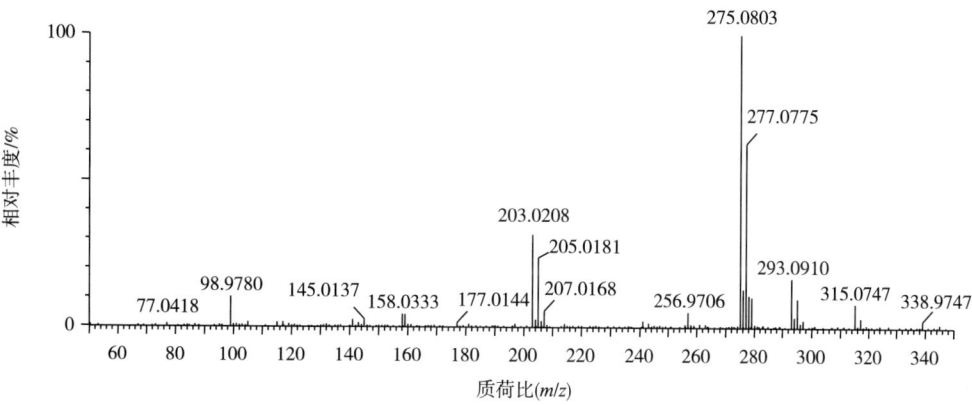

②碰撞能量 30eV

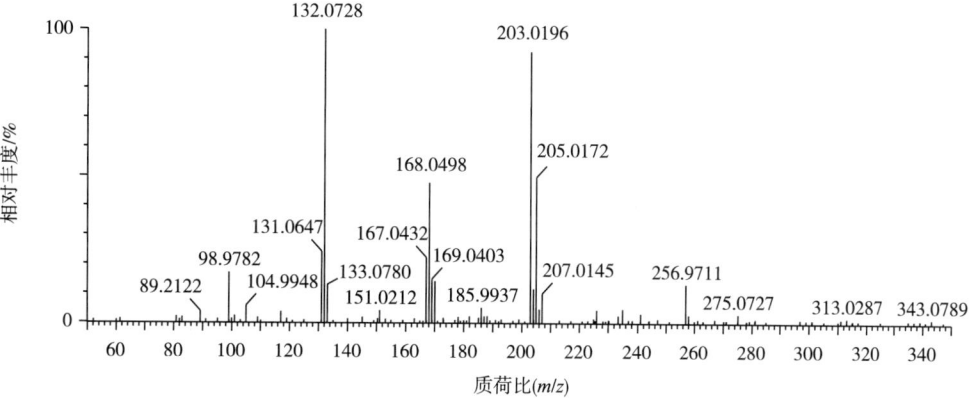

③碰撞能量 45eV

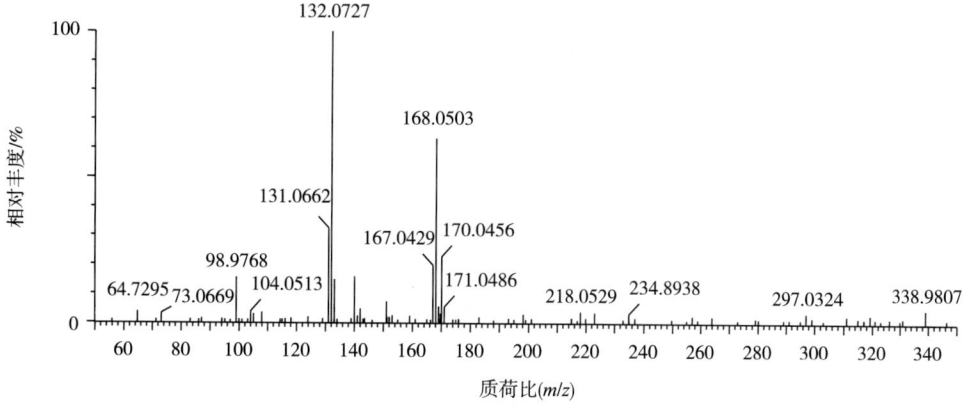

92 曲安奈德
(Triamcinolone acetonide)

(1) 化合物信息

中文名	曲安奈德
别名	曲安缩松、去炎松-A
CAS 登录号	76-25-5
分子式	$C_{24}H_{31}FO_6$
结构式	
单一同位素相对分子质量	434.2105
离子加合形式	ESI 源，$[M+Na]^+$
色谱保留时间	8.08min

(2) 提取离子流色谱图

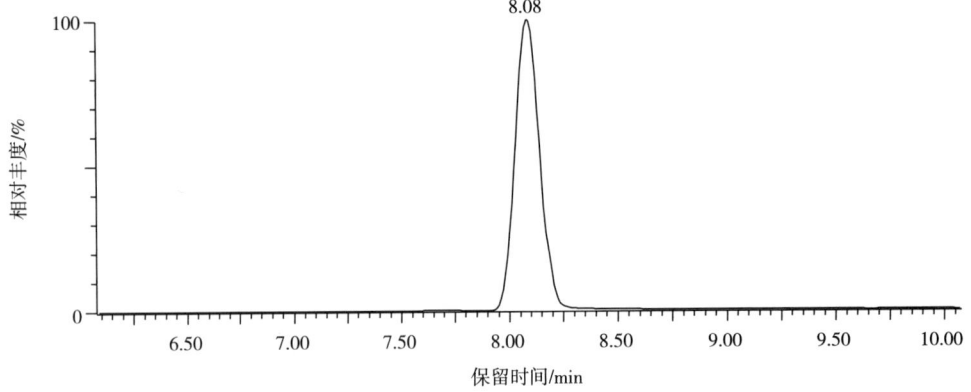

(3) 母离子质谱图

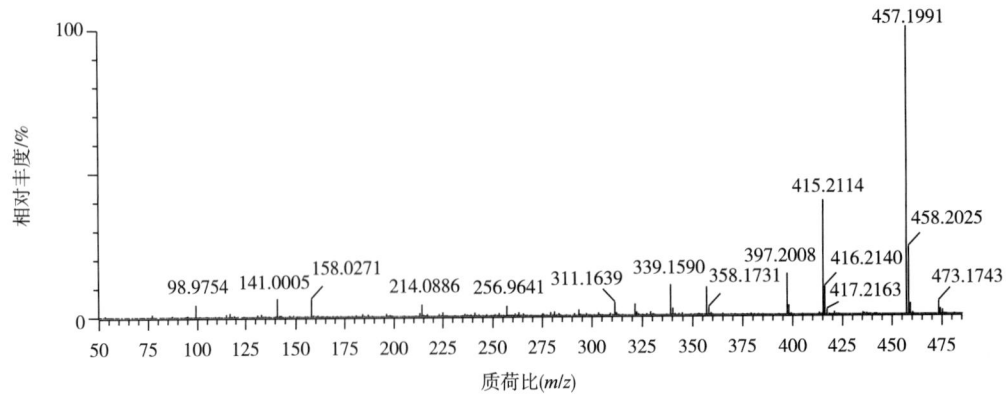

（4）子离子质谱图

①碰撞能量15eV

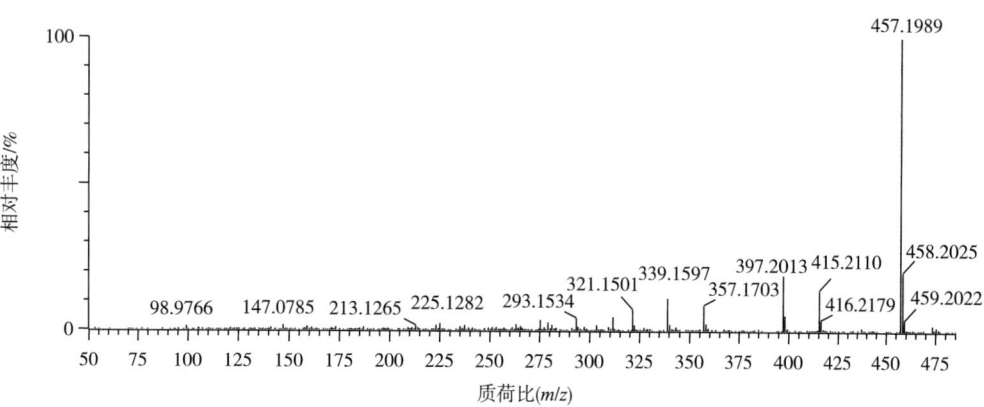

②碰撞能量30eV

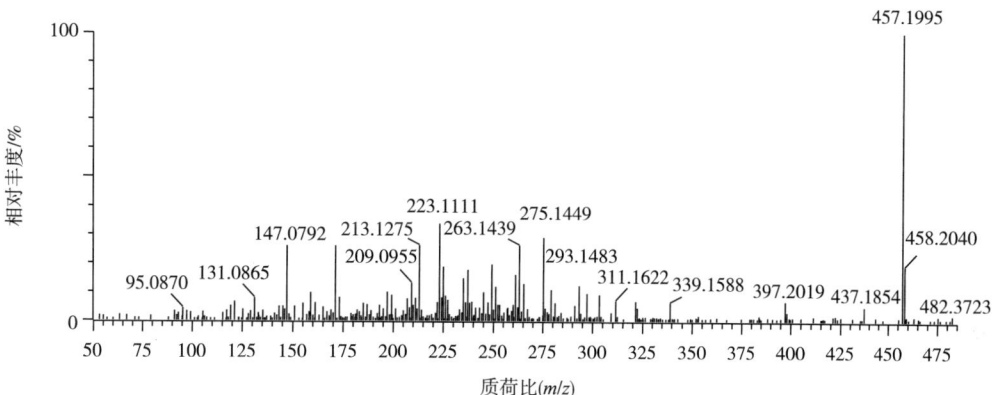

③碰撞能量45eV

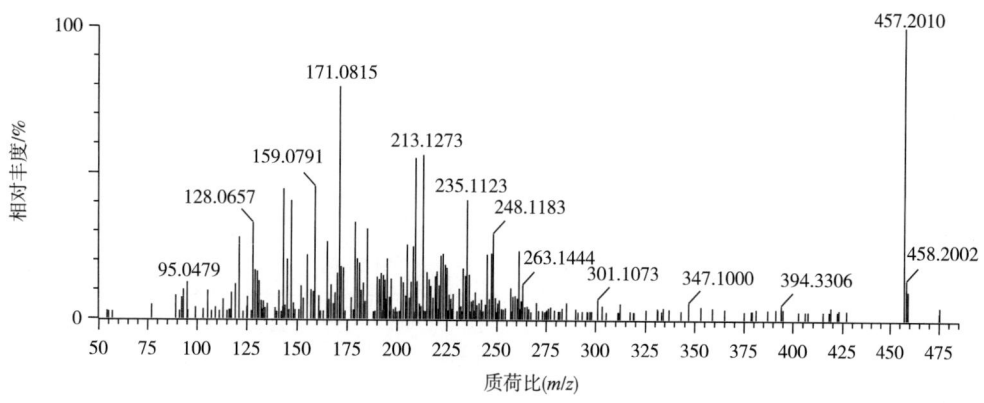

93 曲马多 (Tramadol)

(1) 化合物信息

中文名	曲马多
别名	—
CAS 登录号	27203-92-5
分子式	$C_{16}H_{25}NO_2$
结构式	
单一同位素相对分子质量	263.1885
离子加合形式	ESI 源，$[M+H]^+$
色谱保留时间	4.97 min

(2) 提取离子流色谱图

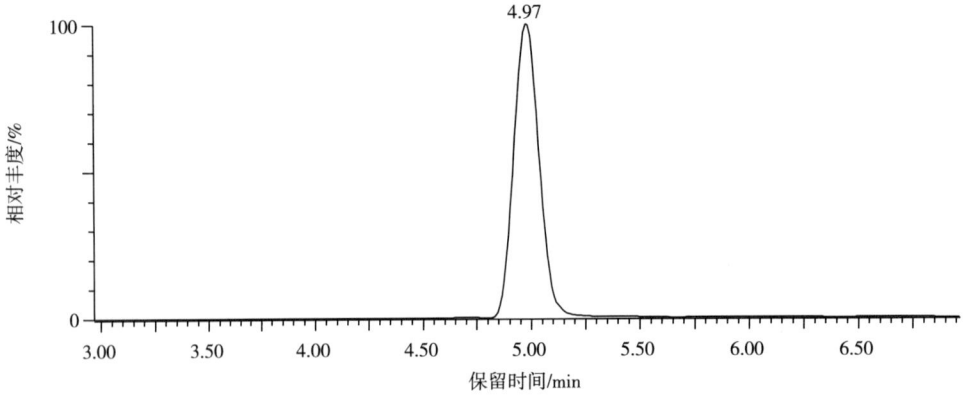

(3) 母离子质谱图

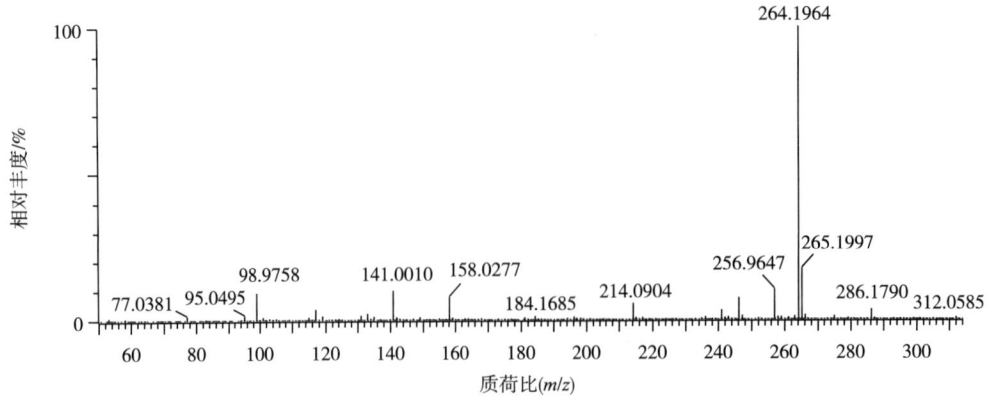

（4）子离子质谱图

①碰撞能量 15eV

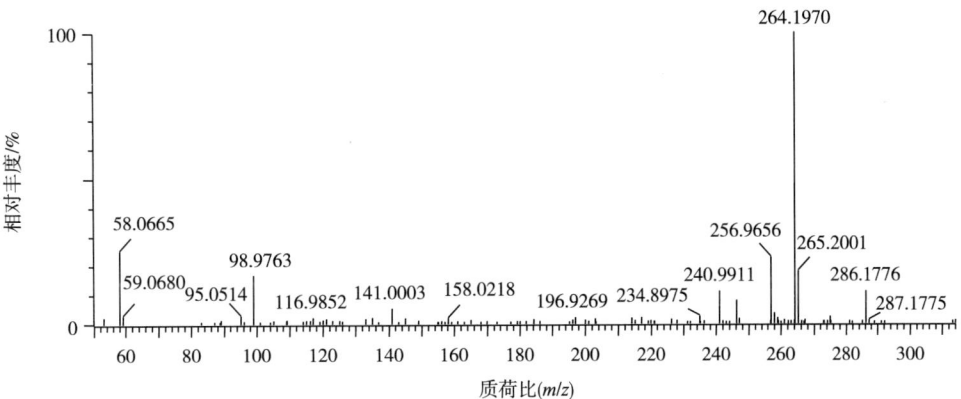

②碰撞能量 30eV

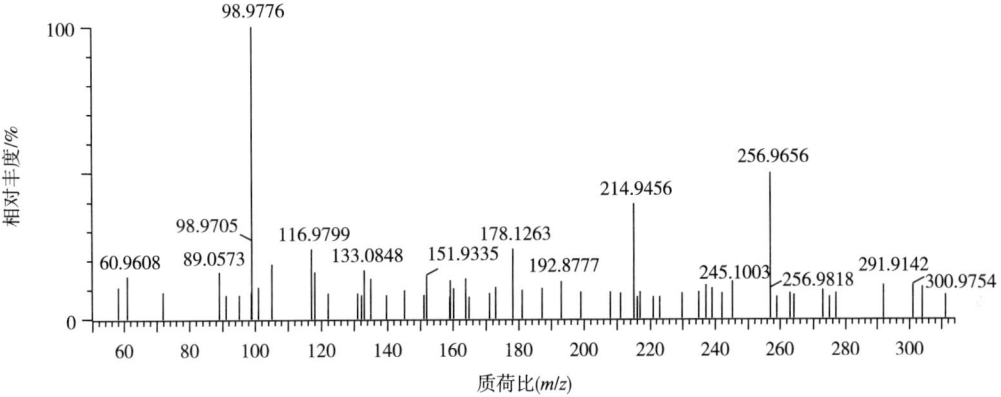

③碰撞能量 45eV

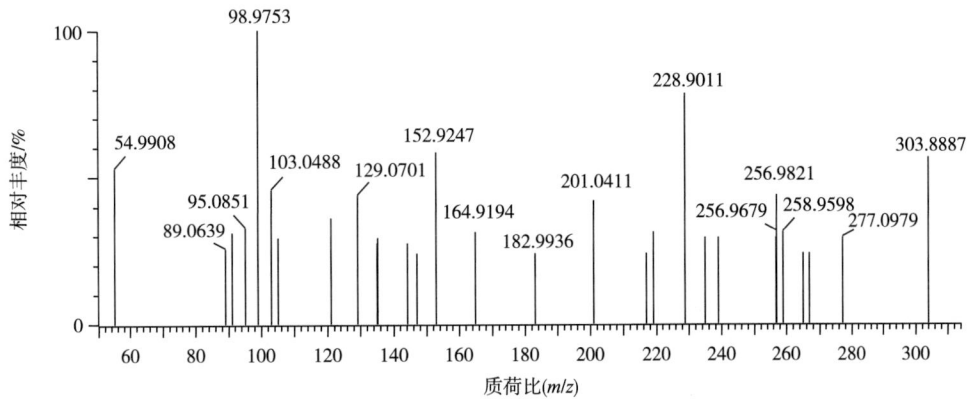

94 去甲替林
(Nortriptyline)

(1) 化合物信息

中文名	去甲替林
别名	—
CAS 登录号	72-69-5
分子式	$C_{19}H_{21}N$
结构式	
单一同位素相对分子质量	263.1674
离子加合形式	ESI 源，$[M+H]^+$
色谱保留时间	8.19min

(2) 提取离子流色谱图

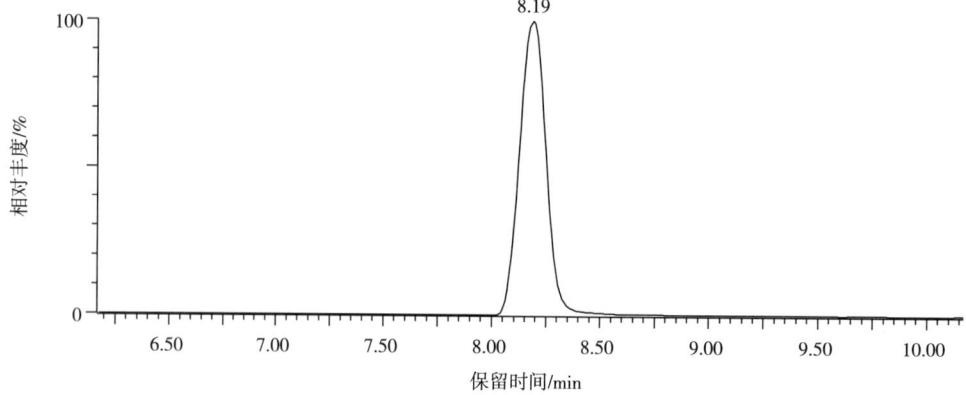

(3) 母离子质谱图

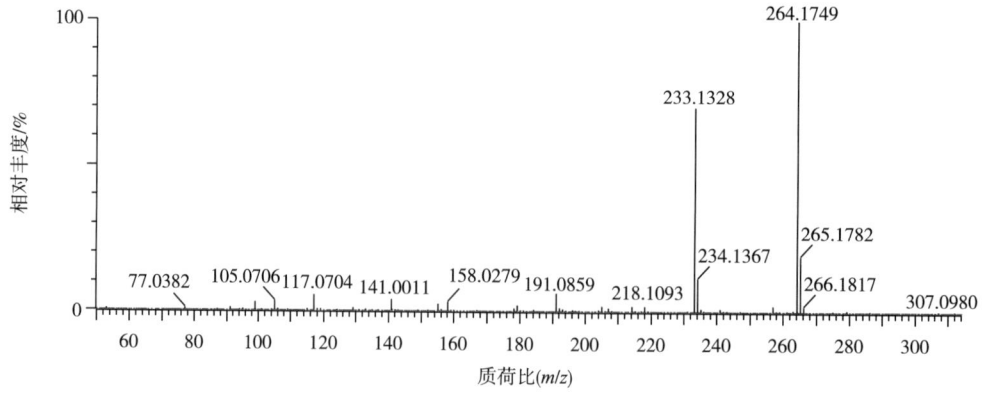

（4）子离子质谱图

①碰撞能量 15eV

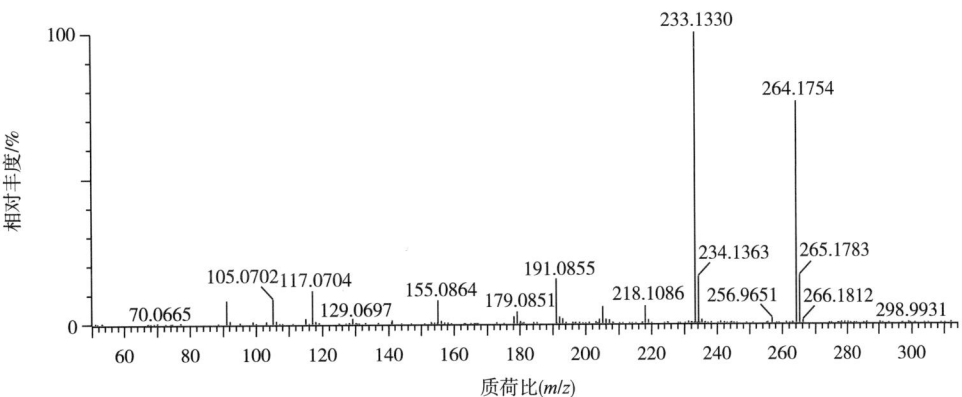

②碰撞能量 30eV

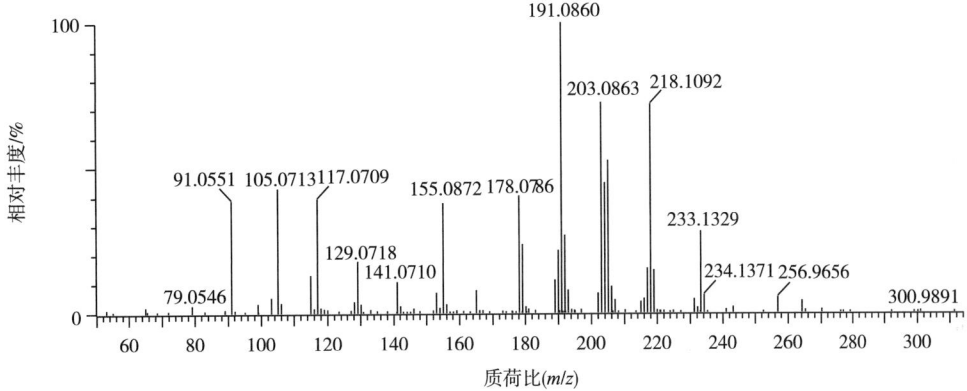

③碰撞能量 45eV

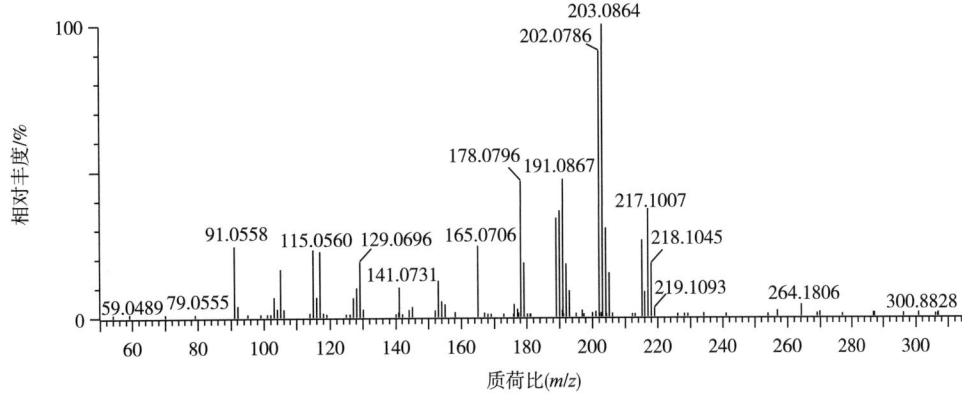

95 去氧苯巴比妥 (Primidone)

(1) 化合物信息

中文名	去氧苯巴比妥
别名	扑米酮、美速林、六嘧啶、密苏林
CAS 登录号	125-33-7
分子式	$C_{12}H_{14}N_2O_2$
结构式	
单一同位素相对分子质量	218.1055
离子加合形式	ESI 源，$[M+H]^+$，$[M+Na]^+$
色谱保留时间	4.84min

(2) 提取离子流色谱图

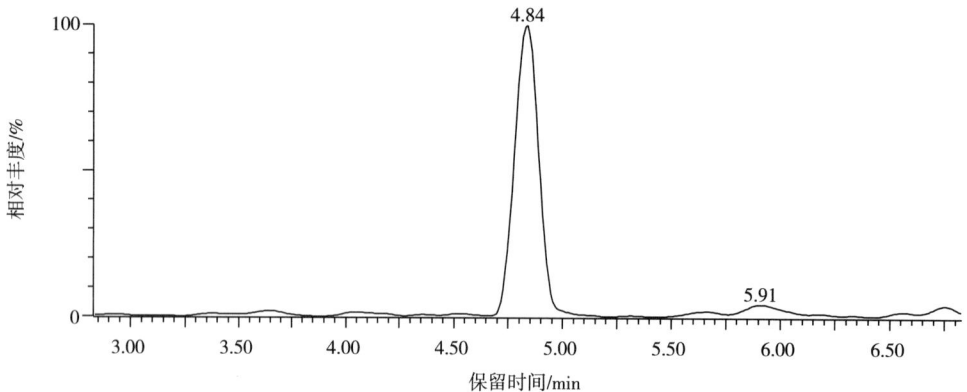

(3) 母离子质谱图

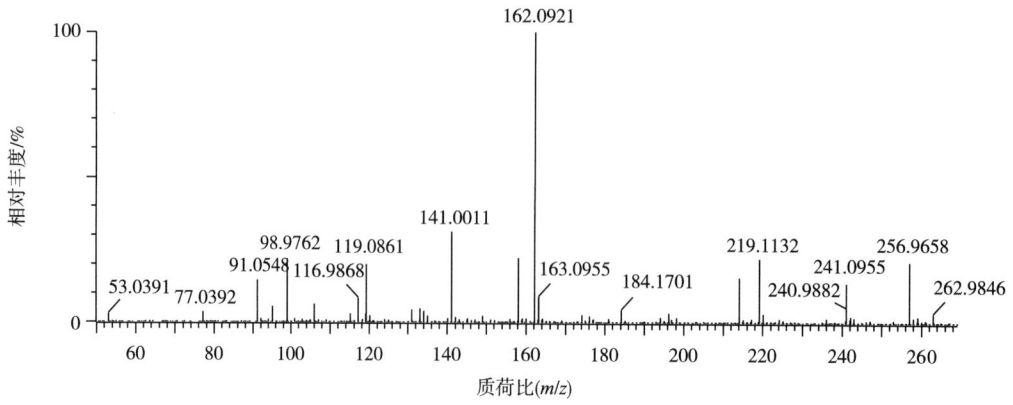

（4）子离子质谱图

①碰撞能量15eV

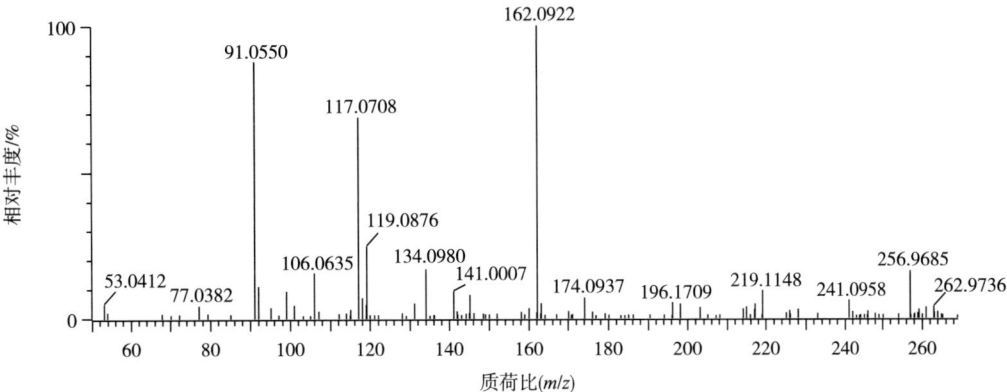

②碰撞能量30eV

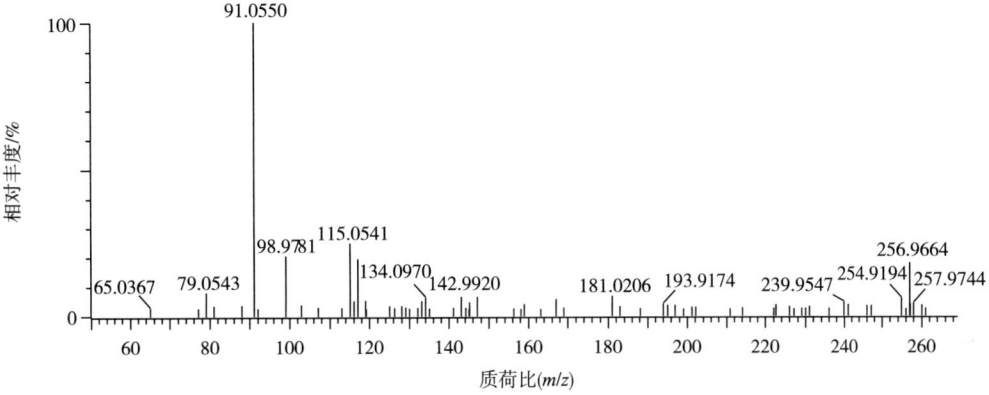

③碰撞能量45eV

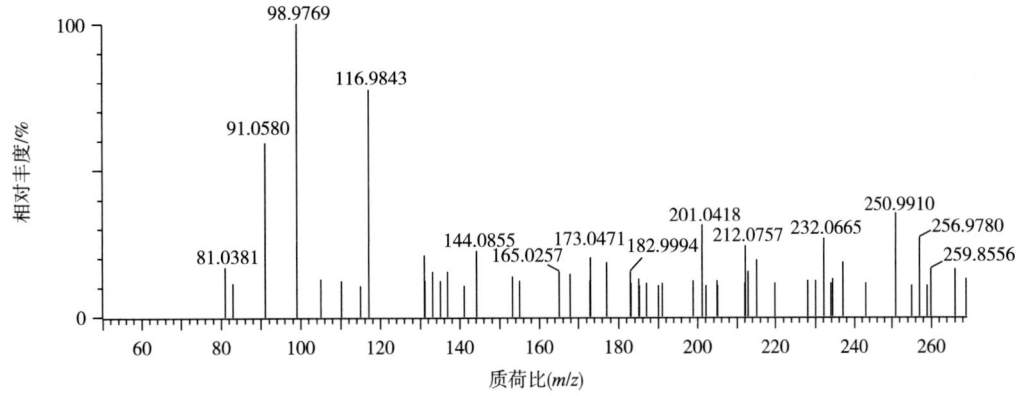

96 去氧皮质酮
(Desoxycorticosterone)

(1) 化合物信息

中文名	去氧皮质酮
别名	21-羟基黄体酮、去氧皮甾酮
CAS 登录号	64-85-7
分子式	$C_{21}H_{30}O_3$
结构式	
单一同位素相对分子质量	330.2195
离子加合形式	ESI 源，$[M+H]^+$，$[M+Na]^+$
色谱保留时间	8.72min

(2) 提取离子流色谱图

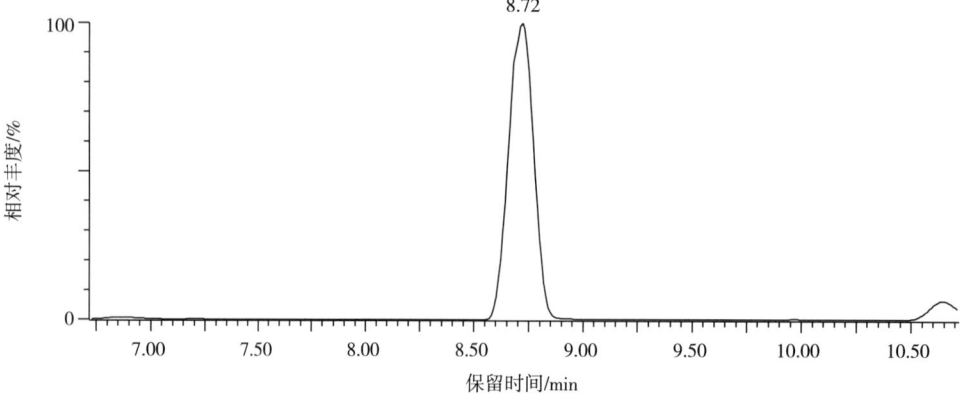

(3) 母离子质谱图

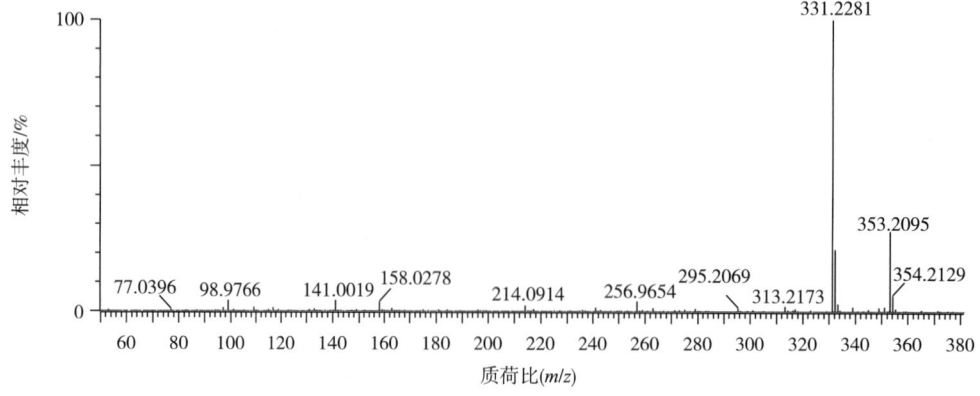

（4）子离子质谱图

①碰撞能量15eV

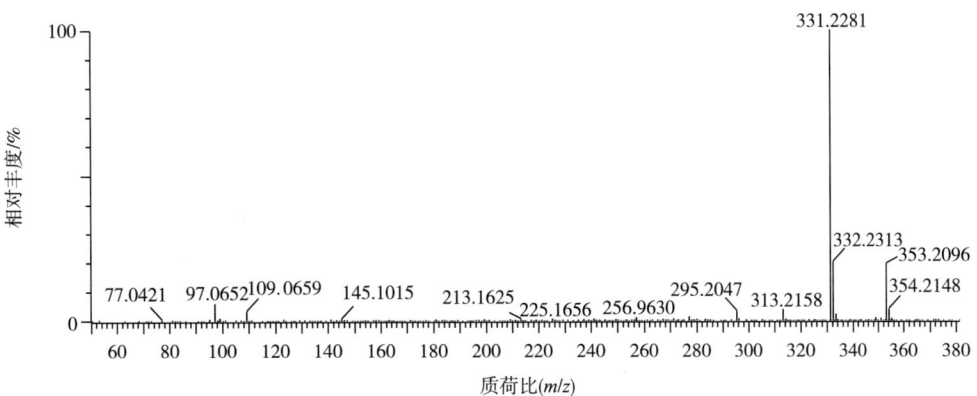

②碰撞能量30eV

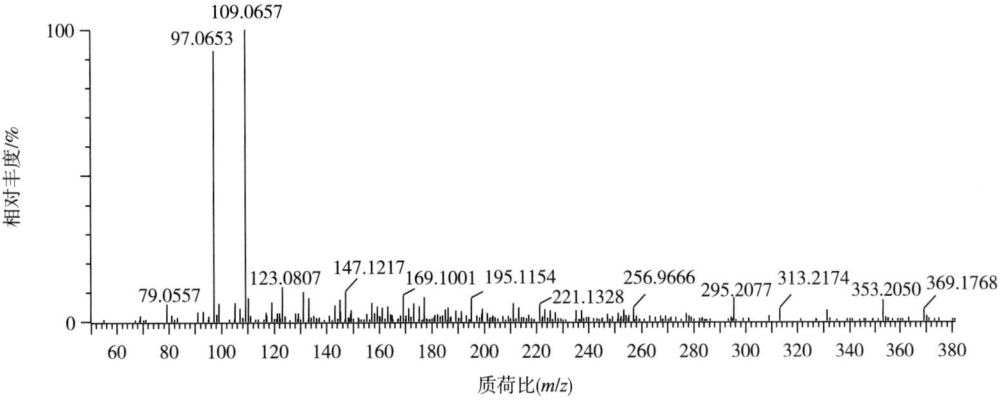

③碰撞能量45eV

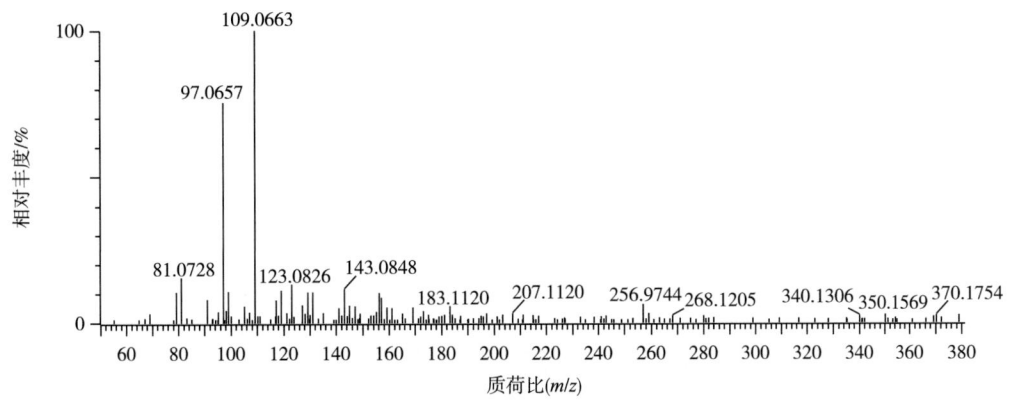

97 炔诺酮
(Norethindrone)

(1) 化合物信息

中文名	炔诺酮
别名	去甲基脱氢羟孕酮、降雄甾炔酮
CAS 登录号	68-22-4
分子式	$C_{20}H_{26}O_2$
结构式	
单一同位素相对分子质量	298.1933
离子加合形式	ESI 源，$[M+H]^+$，$[M+Na]^+$
色谱保留时间	8.51min

(2) 提取离子流色谱图

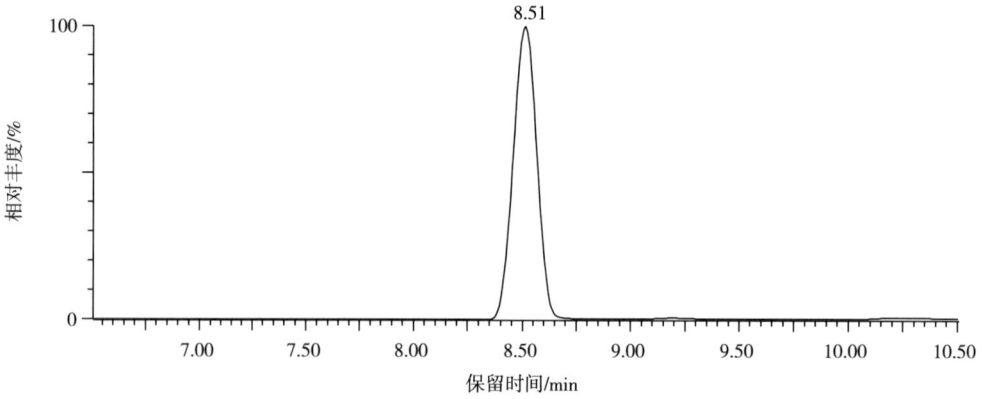

(3) 母离子质谱图

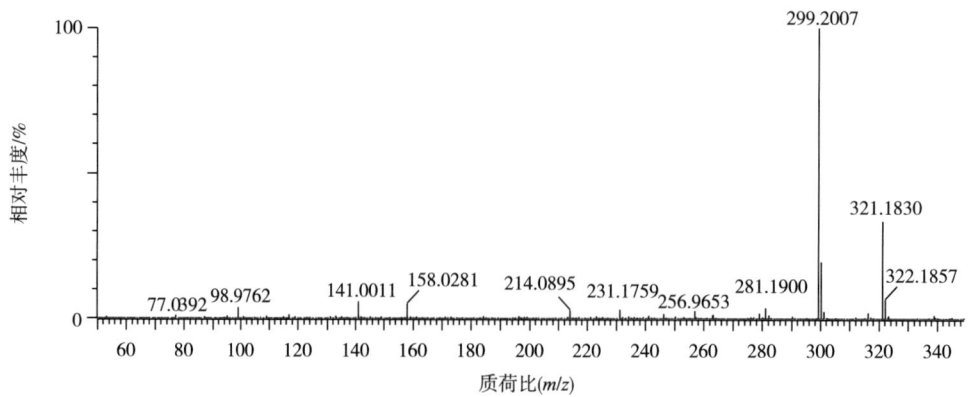

（4）子离子质谱图

①碰撞能量 15eV

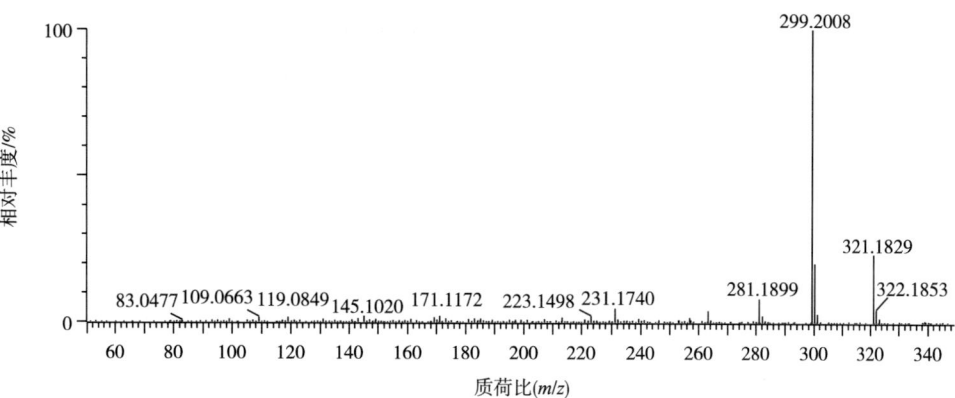

②碰撞能量 30eV

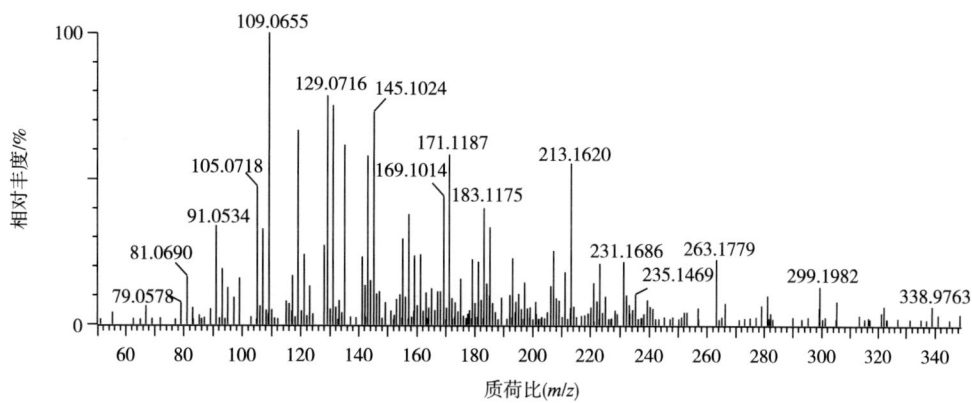

③碰撞能量 45eV

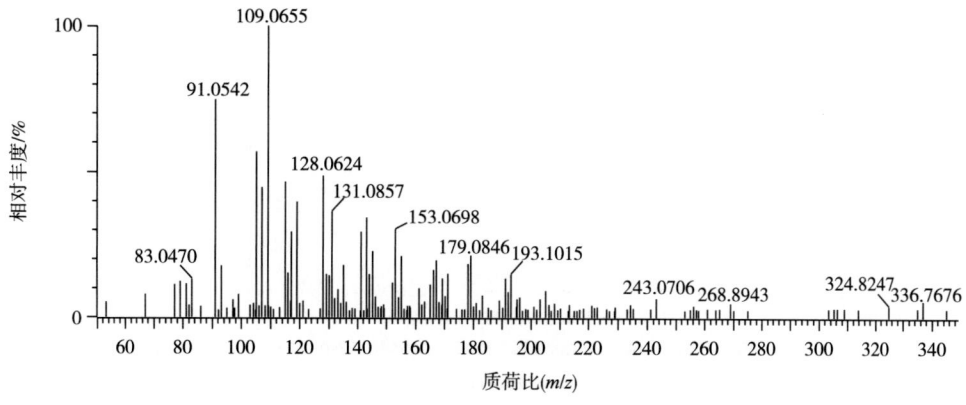

98 炔诺孕酮
(Norgestrel)

(1) 化合物信息

中文名	炔诺孕酮
别名	高诺酮
CAS 登录号	6533-00-2
分子式	$C_{21}H_{28}O_2$
结构式	
单一同位素相对分子质量	312.2089
离子加合形式	ESI 源，$[M+H]^+$，$[M+Na]^+$，$[M+K]^+$
色谱保留时间	9.14min

(2) 提取离子流色谱图

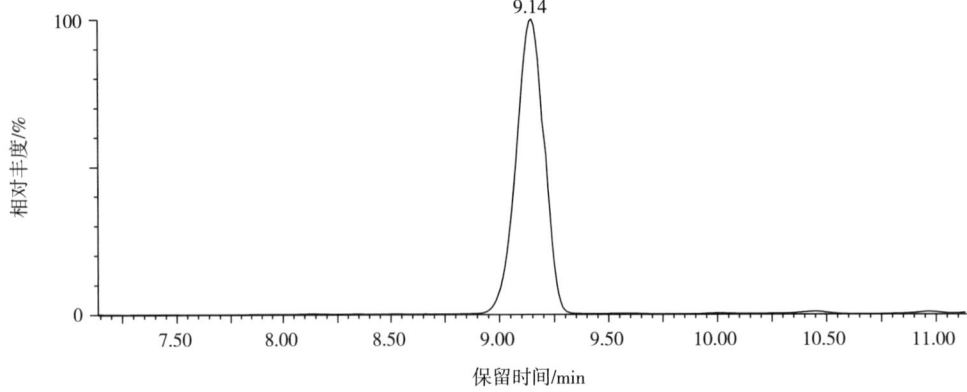

(3) 母离子质谱图

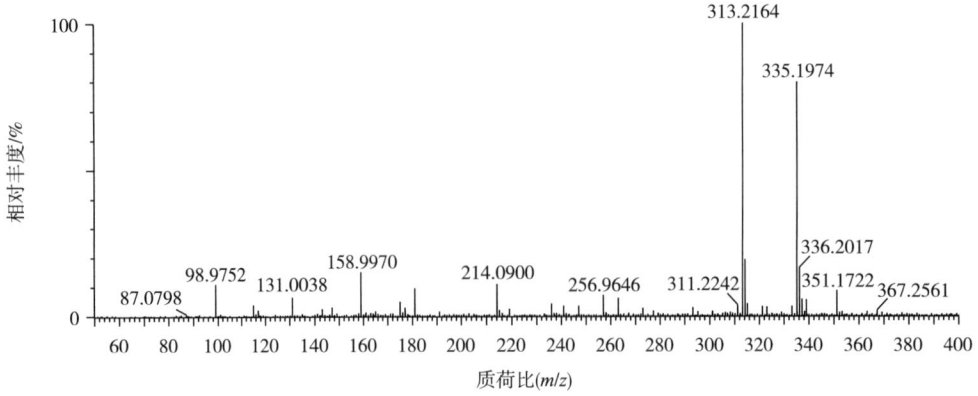

（4）子离子质谱图

①碰撞能量 15eV

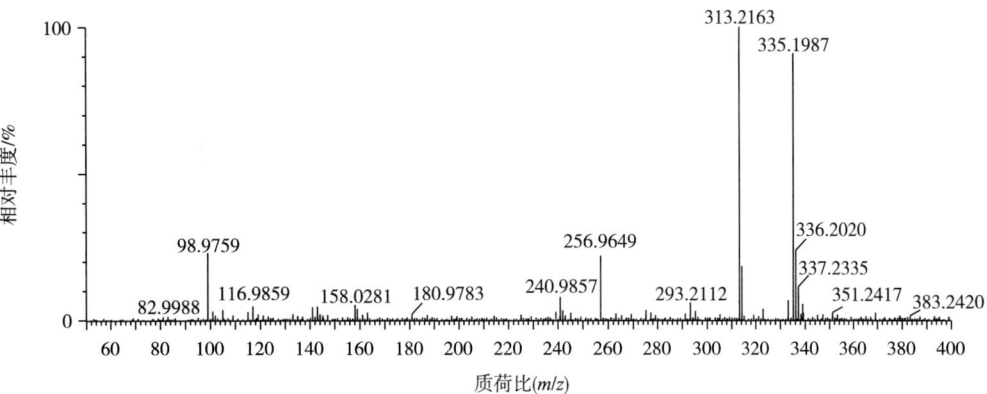

②碰撞能量 30eV

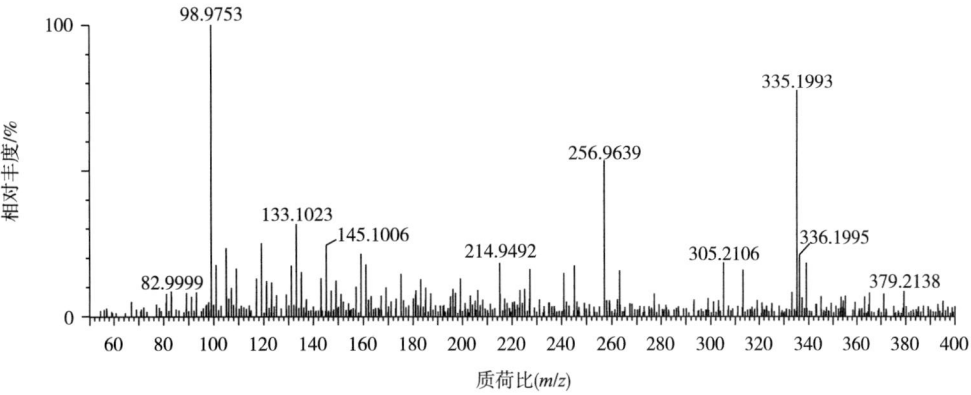

③碰撞能量 45eV

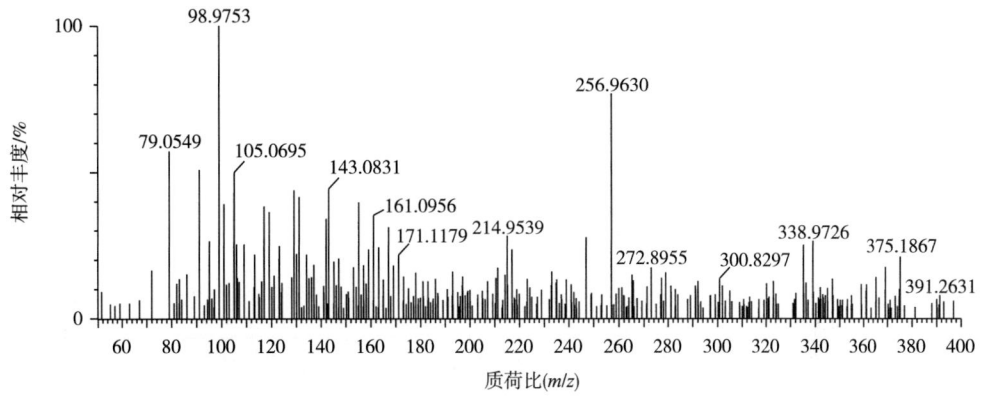

99 群勃龙 (Trenbolone)

(1) 化合物信息

中文名	群勃龙
别名	孕三烯酮、追宝龙
CAS 登录号	10161-33-8
分子式	$C_{18}H_{22}O_2$
结构式	
单一同位素相对分子质量	270.1620
离子加合形式	ESI 源，$[M+H]^+$，$[M+Na]^+$，$[M+K]^+$
色谱保留时间	8.14min

(2) 提取离子流色谱图

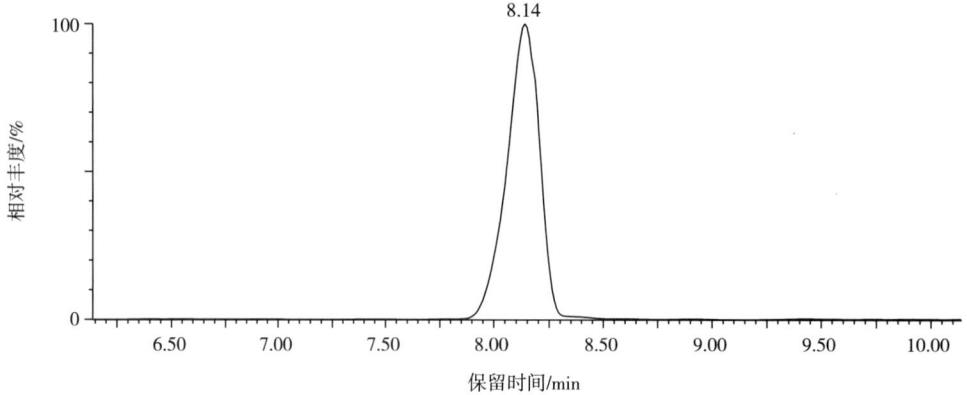

(3) 母离子质谱图

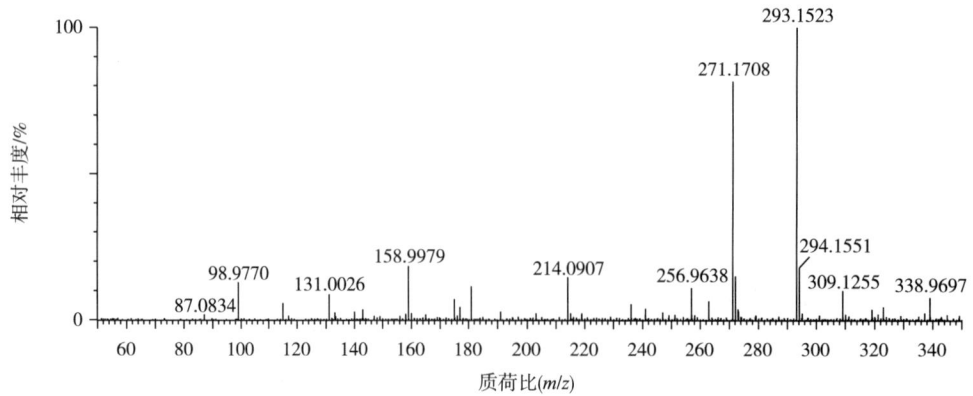

（4）子离子质谱图

①碰撞能量 15eV

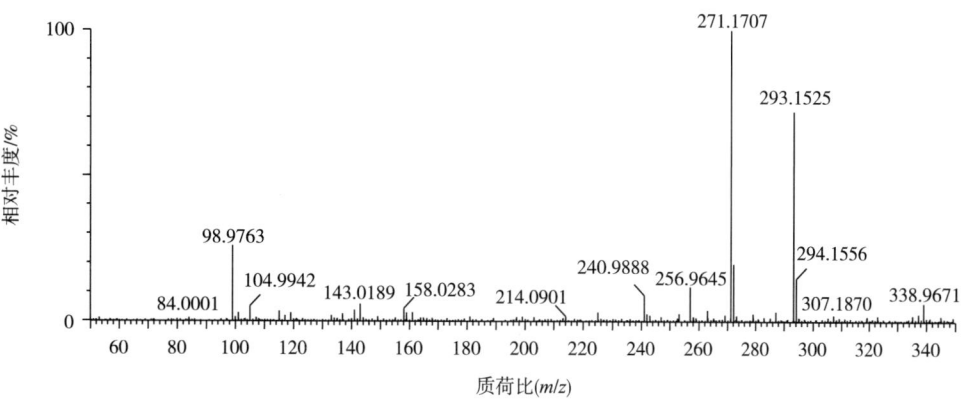

②碰撞能量 30eV

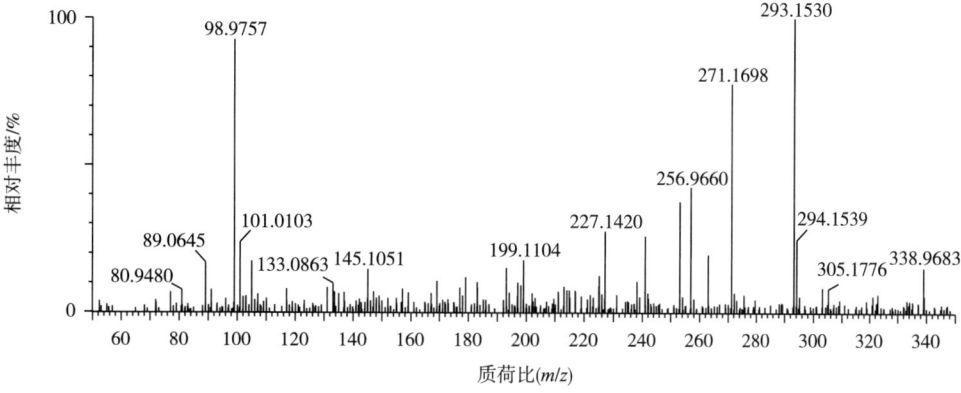

③碰撞能量 45eV

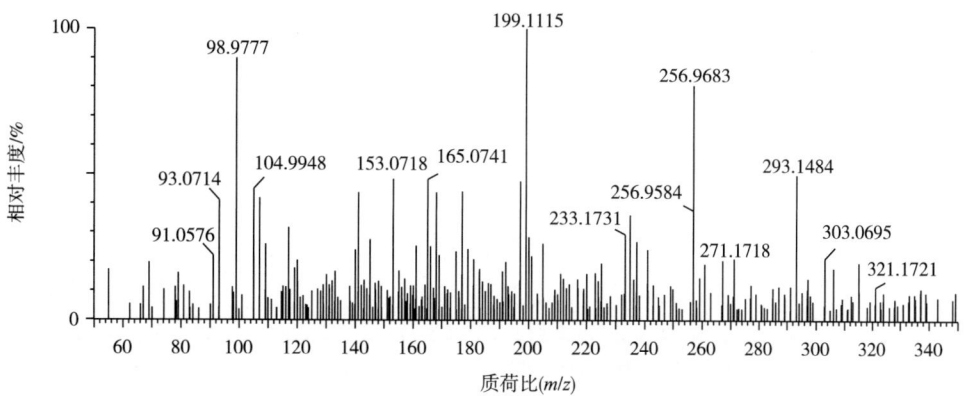

100 瑞普特罗
(Reproterol)

(1) 化合物信息

中文名	瑞普特罗
别名	—
CAS 登录号	54063-54-6
分子式	$C_{18}H_{23}N_5O_5$
结构式	
单一同位素相对分子质量	389.1699
离子加合形式	ESI 源，$[M+H]^+$，$[M+Na]^+$
色谱保留时间	3.15min

(2) 提取离子流色谱图

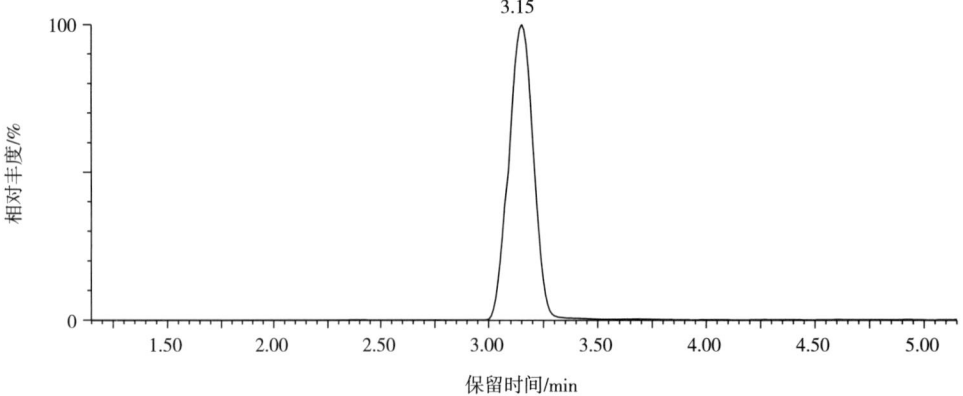

(3) 母离子质谱图

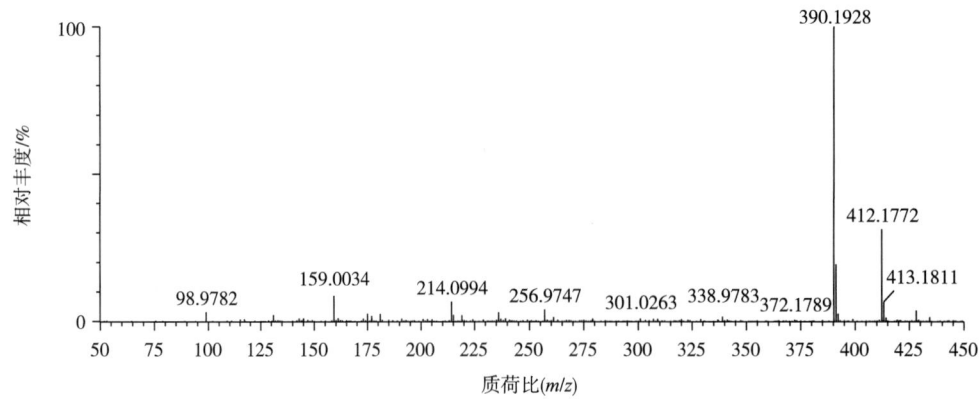

（4）子离子质谱图

①碰撞能量 15eV

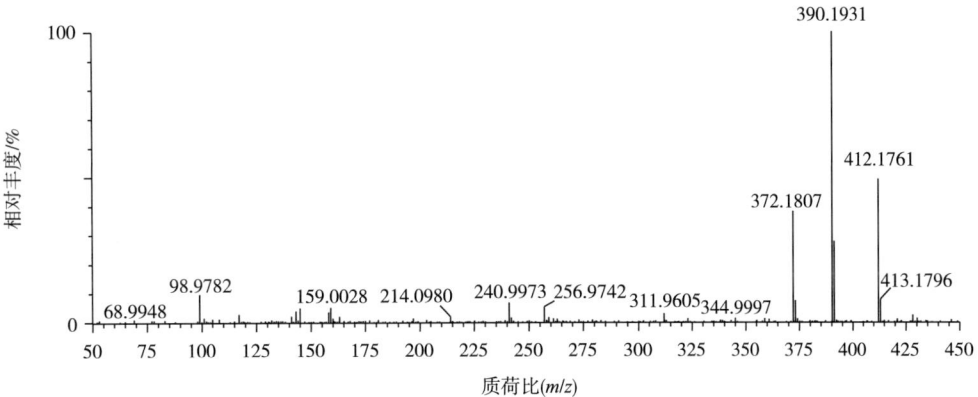

②碰撞能量 30eV

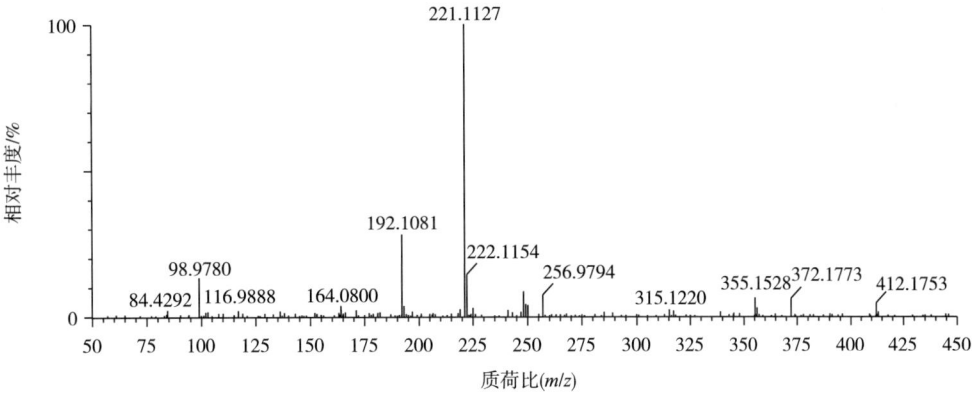

③碰撞能量 45eV

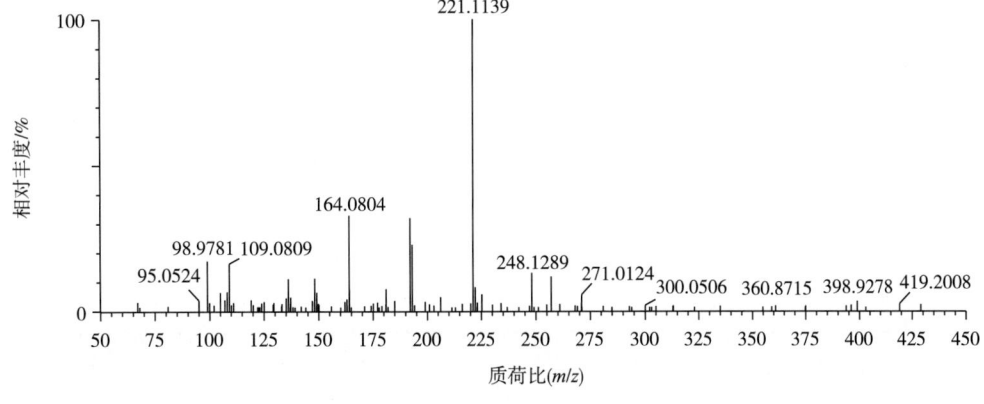

101 瑞舒伐他汀
(Rosuvastatin)

(1) 化合物信息

中文名	瑞舒伐他汀
别名	罗伐他汀、罗苏伐他汀、罗素他汀、舒伐他汀
CAS 登录号	287714-41-4
分子式	$C_{22}H_{28}FN_3O_6S$
结构式	
单一同位素相对分子质量	481.1683
离子加合形式	ESI 源，$[M+H]^+$
色谱保留时间	7.53min

(2) 提取离子流色谱图

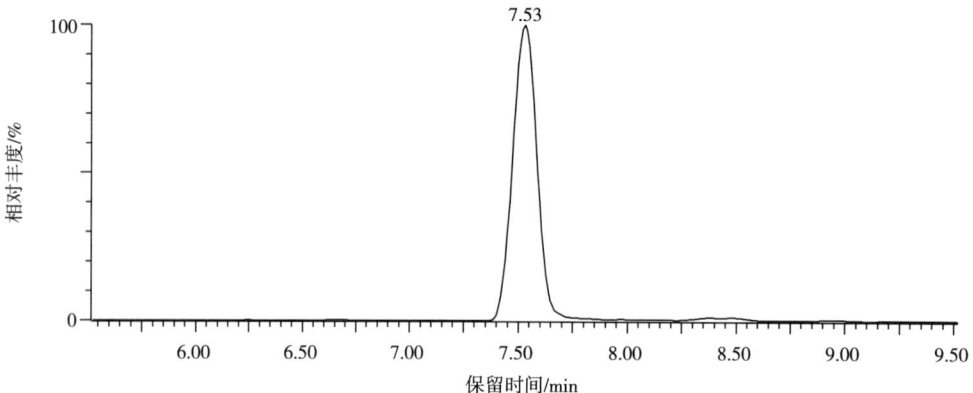

(3) 母离子质谱图

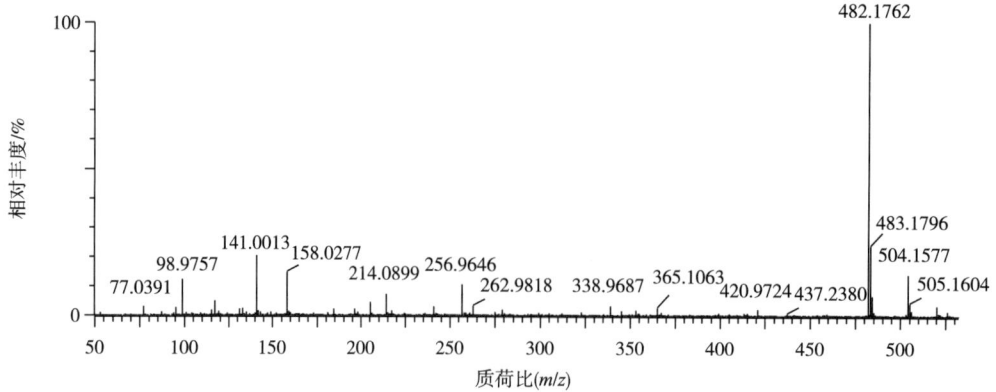

（4）子离子质谱图

①碰撞能量 15eV

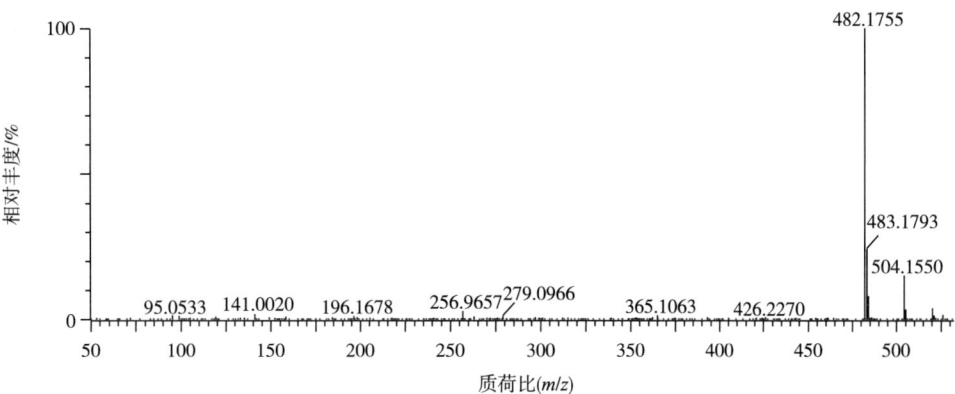

②碰撞能量 30eV

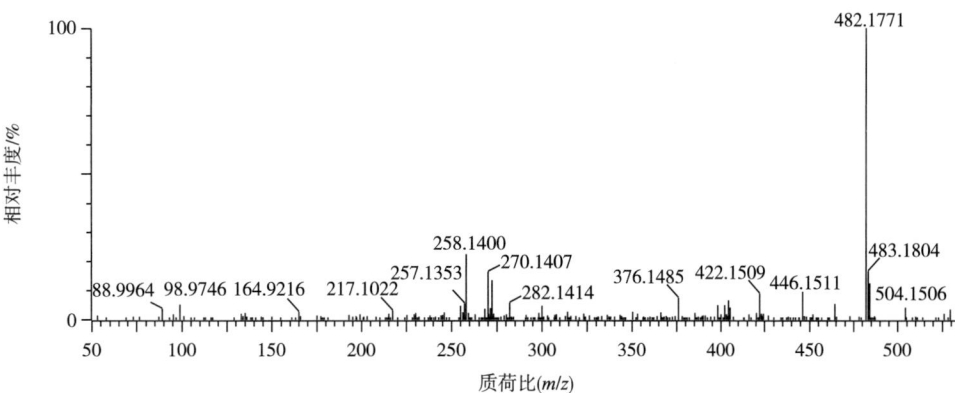

③碰撞能量 45eV

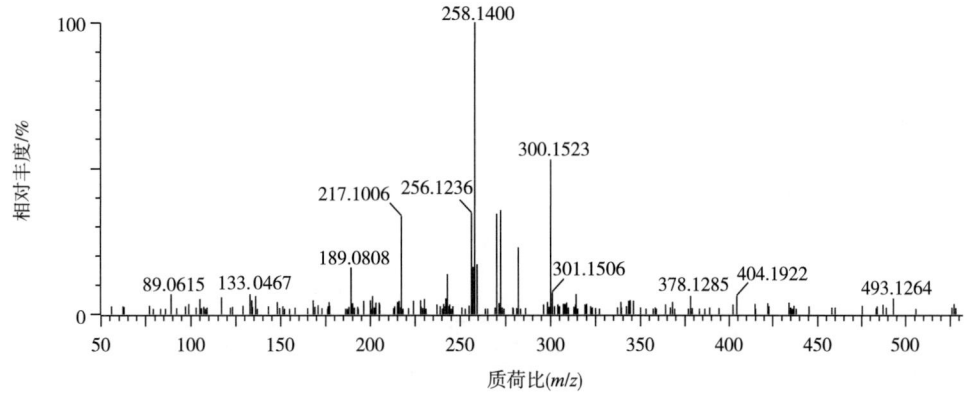

102 塞来昔布 (Celecoxib)

（1）化合物信息

中文名	塞来昔布
别名	塞来考西、希乐葆、赛来克西
CAS 登录号	169590-42-5
分子式	$C_{17}H_{14}F_3N_3O_2S$
结构式	
单一同位素相对分子质量	381.0759
离子加合形式	ESI 源，$[M+H]^+$
色谱保留时间	9.40min

（2）提取离子流色谱图

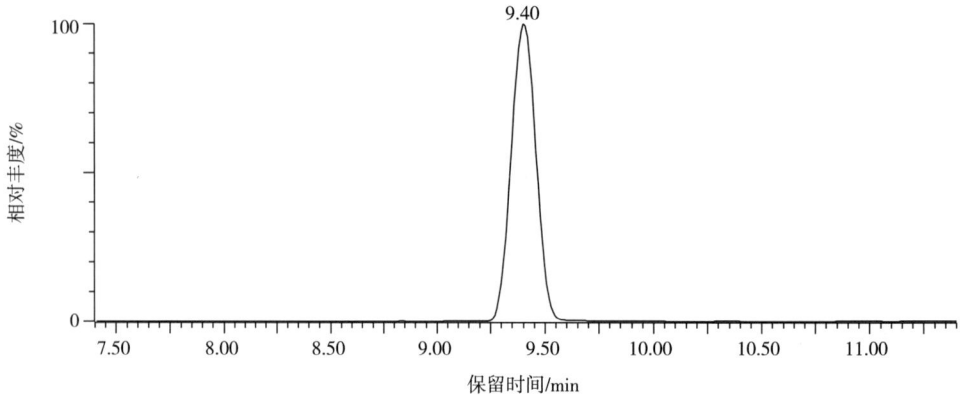

（3）母离子质谱图

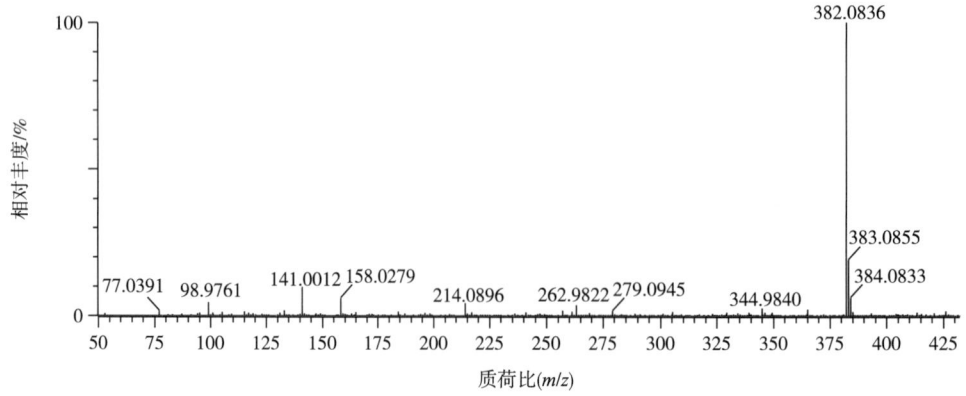

（4）子离子质谱图

①碰撞能量 15eV

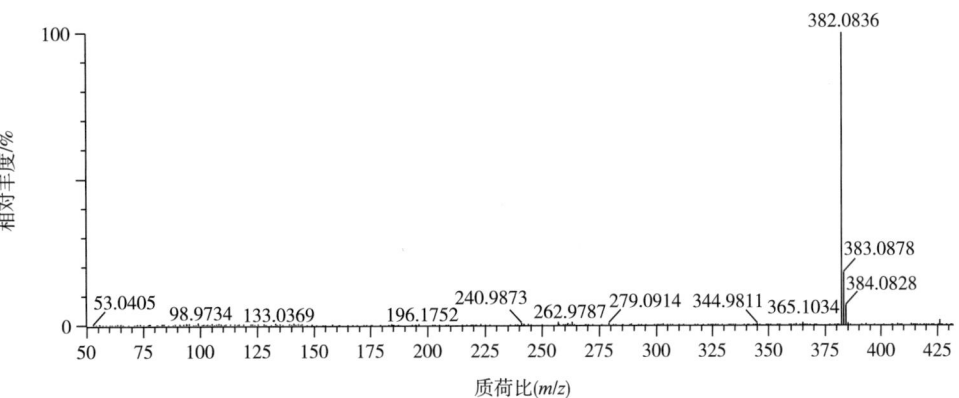

②碰撞能量 30eV

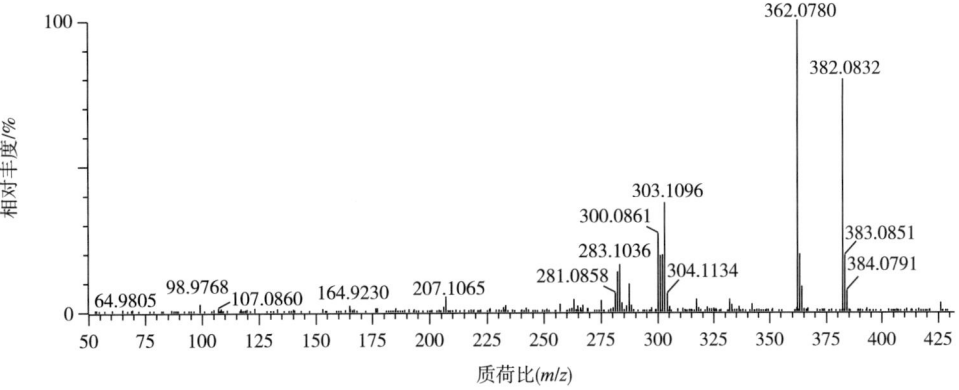

③碰撞能量 45eV

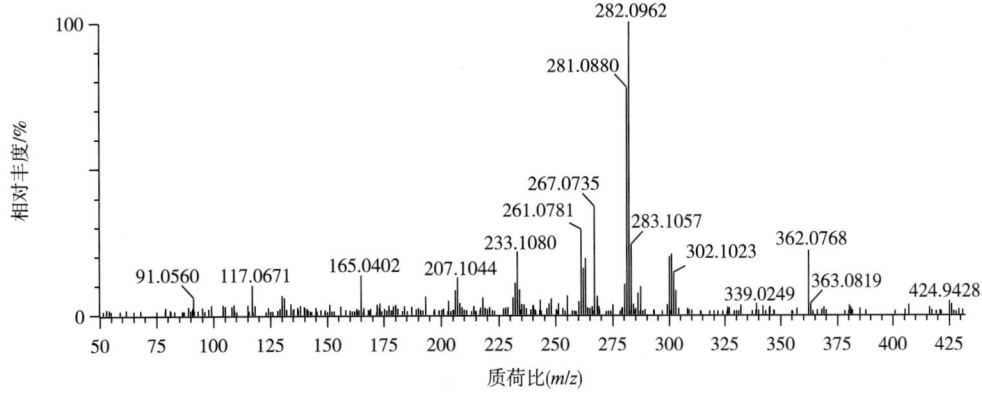

103 赛庚啶 (Cyproheptadine)

（1）化合物信息

中文名	赛庚啶
别名	二苯环庚啶
CAS 登录号	129-03-3
分子式	$C_{21}H_{21}N$
结构式	
单一同位素相对分子质量	287.1674
离子加合形式	ESI 源，$[M+H]^+$
色谱保留时间	8.03min

（2）提取离子流色谱图

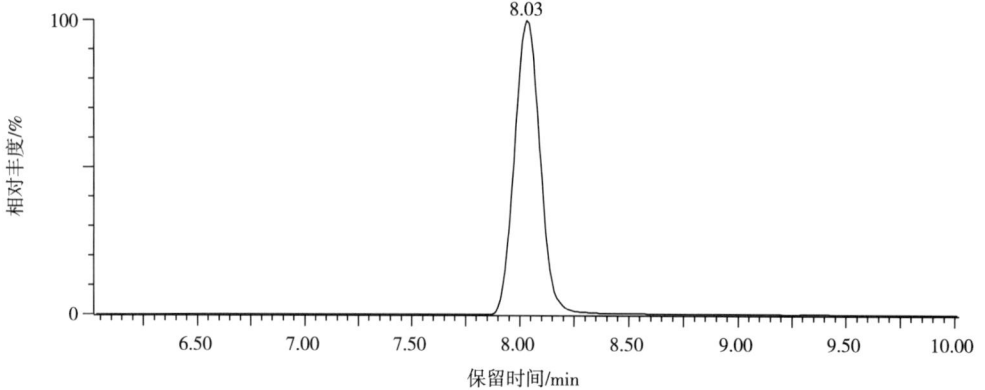

（3）母离子质谱图

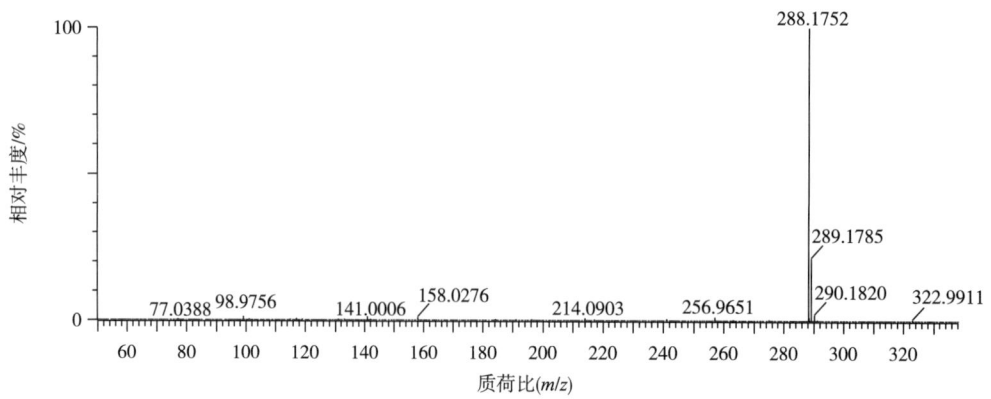

（4）子离子质谱图

①碰撞能量15eV

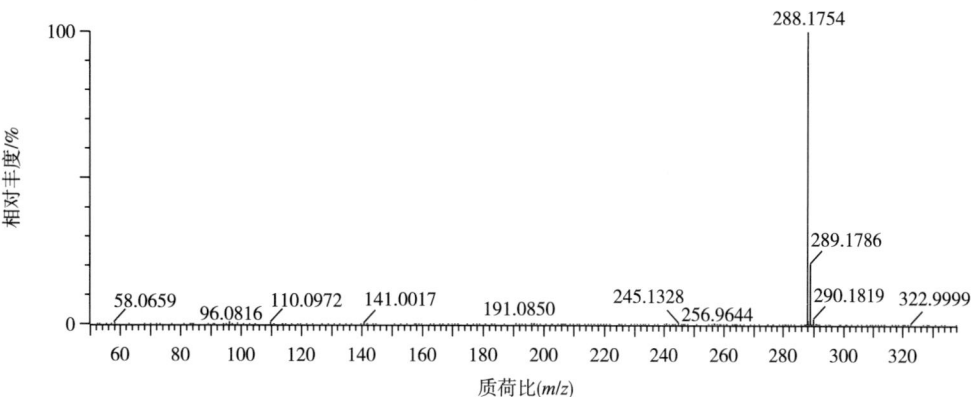

②碰撞能量30eV

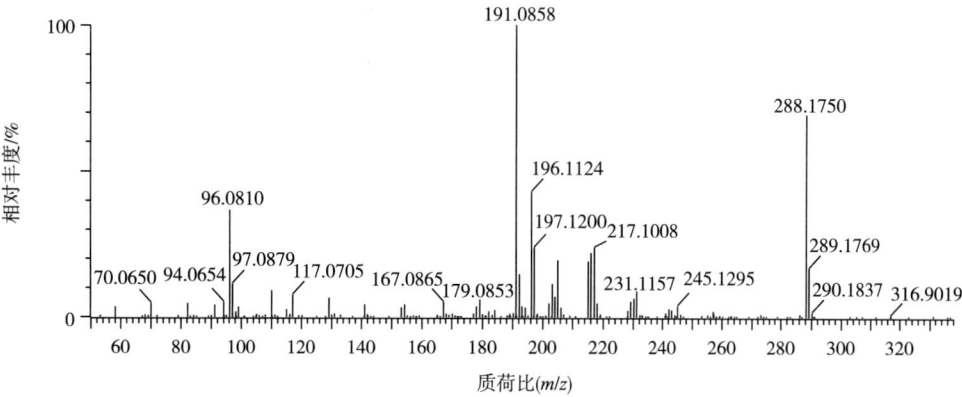

③碰撞能量45eV

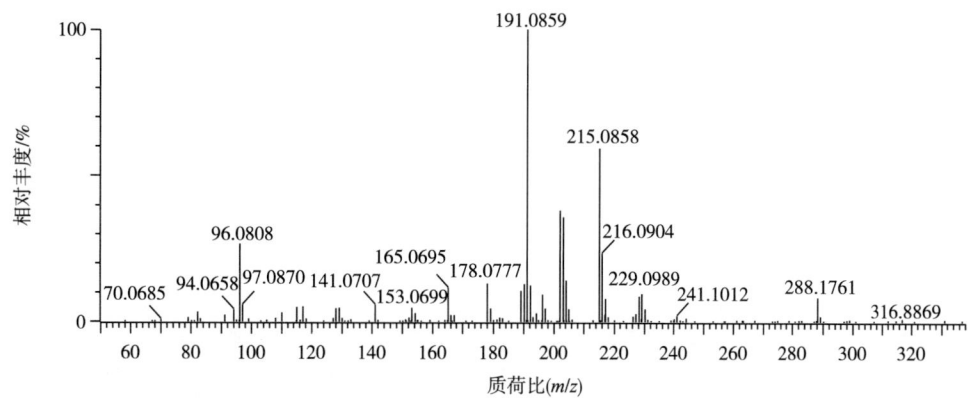

104 三唑仑 (Triazolam)

(1) 化合物信息

中文名	三唑仑
别名	三唑苯二氮卓、三唑氯安定
CAS 登录号	28911-01-5
分子式	$C_{17}H_{12}Cl_2N_4$
结构式	
单一同位素相对分子质量	342.0439
离子加合形式	ESI 源，$[M+H]^+$，$[M+Na]^+$
色谱保留时间	7.98min

(2) 提取离子流色谱图

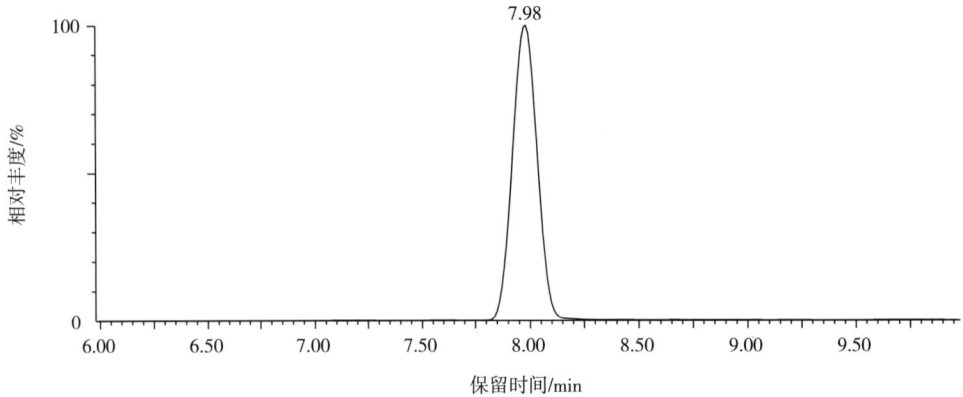

(3) 母离子质谱图

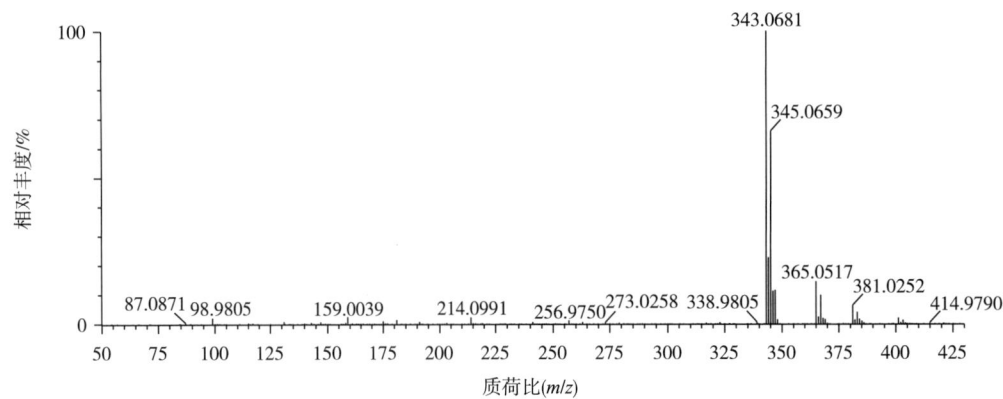

(4)子离子质谱图

①碰撞能量15eV

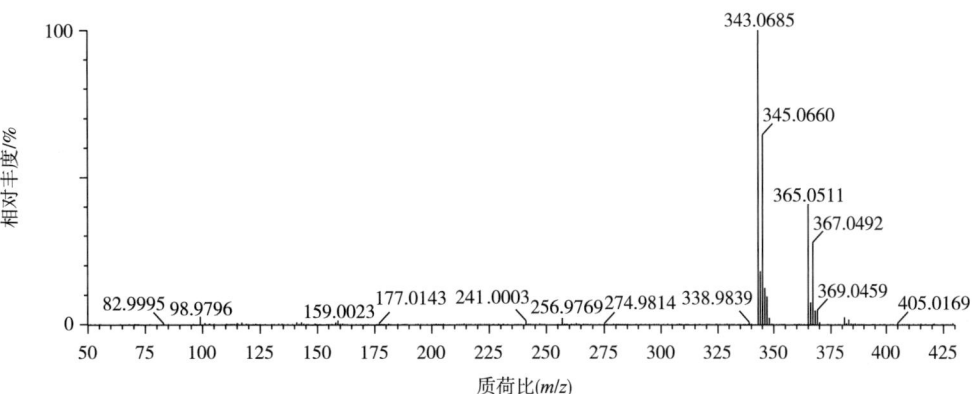

②碰撞能量30eV

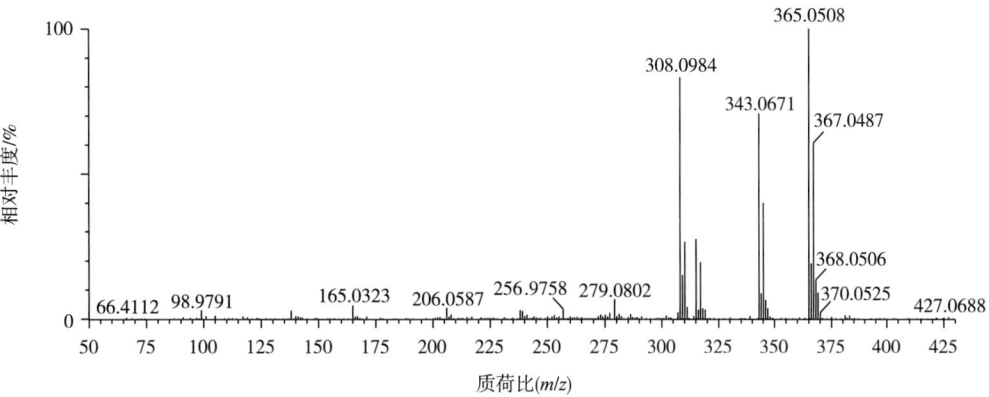

③碰撞能量45eV

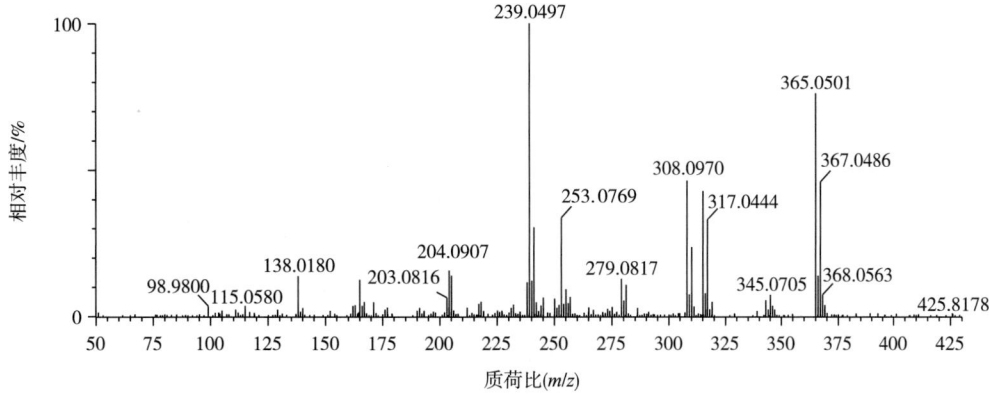

105 沙丁胺醇 (Salbutamol)

(1) 化合物信息

中文名	沙丁胺醇
别名	柳丁氨醇、舒喘灵、舒喘宁
CAS 登录号	18559-94-9
分子式	$C_{13}H_{21}NO_3$
结构式	
单一同位素相对分子质量	239.1521
离子加合形式	ESI 源，$[M+H]^+$
色谱保留时间	2.69min

(2) 提取离子流色谱图

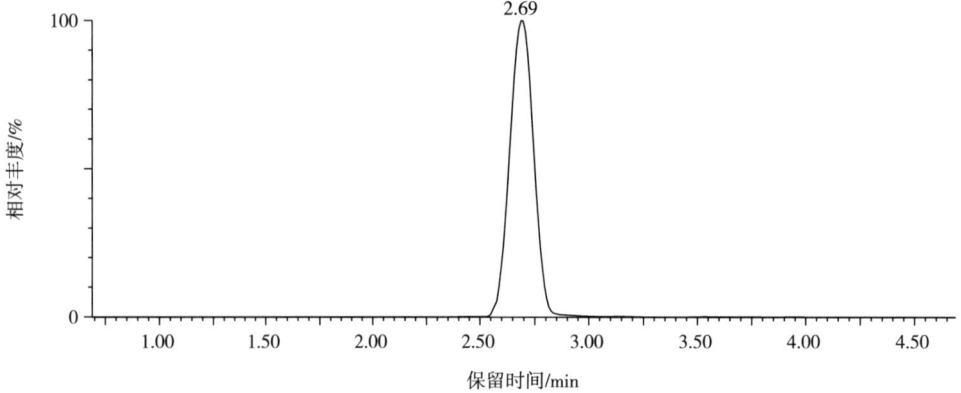

(3) 母离子质谱图

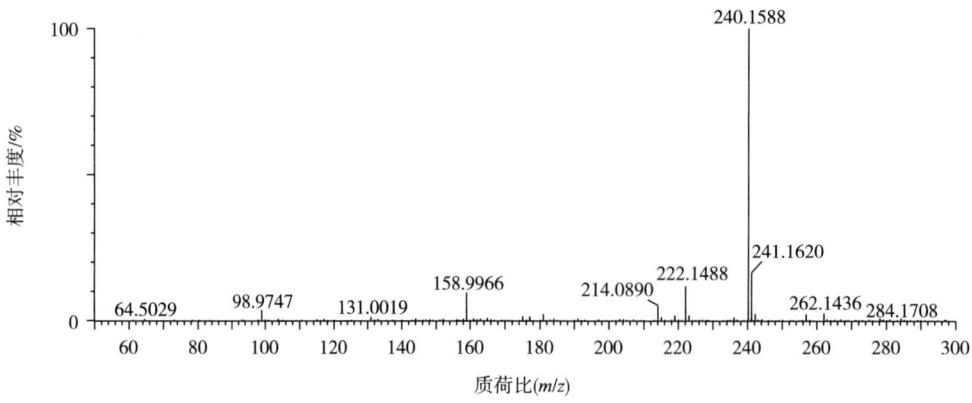

（4）子离子质谱图

①碰撞能量 15eV

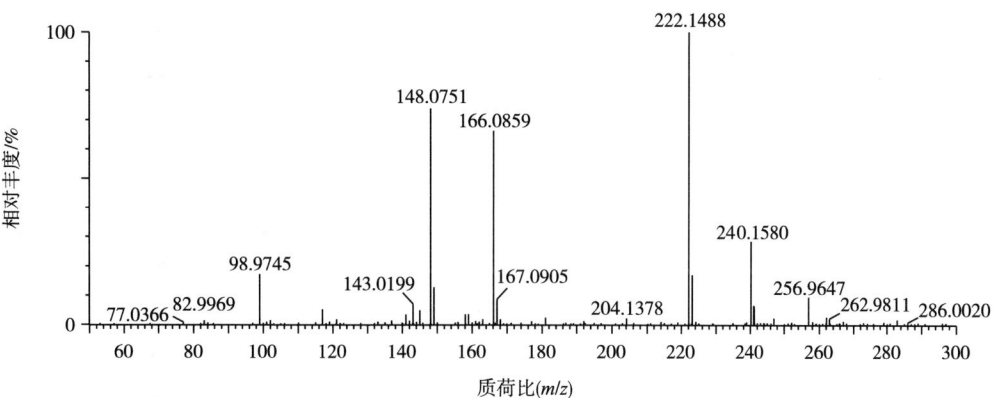

②碰撞能量 30eV

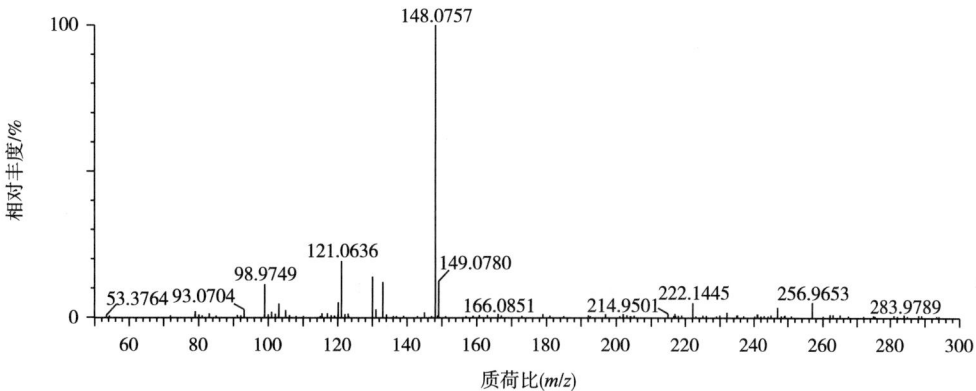

③碰撞能量 45eV

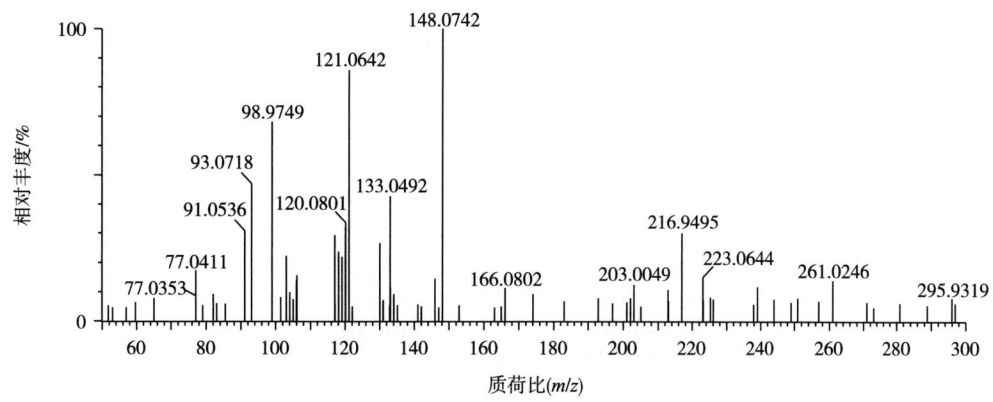

106 沙美特罗 (Salmeterol)

(1) 化合物信息

中文名	沙美特罗
别名	西美特罗
CAS 登录号	89365-50-4
分子式	$C_{25}H_{37}NO_4$
结构式	
单一同位素相对分子质量	415.2723
离子加合形式	ESI 源,[M+H]$^+$
色谱保留时间	8.66min

(2) 提取离子流色谱图

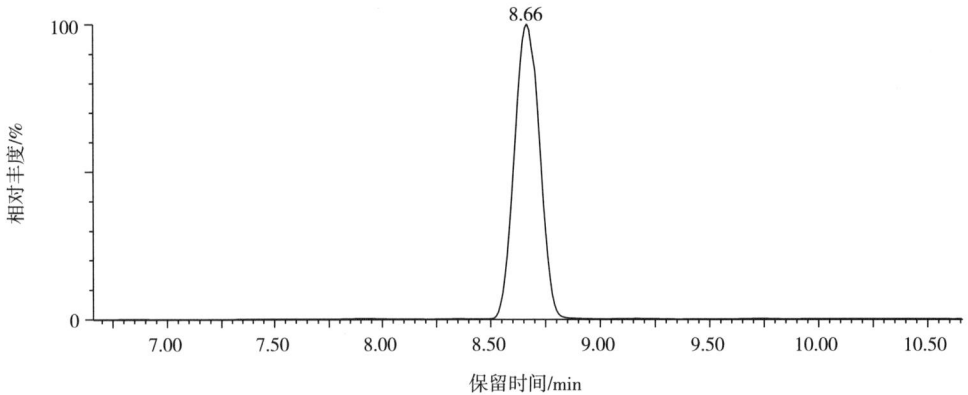

(3) 母离子质谱图

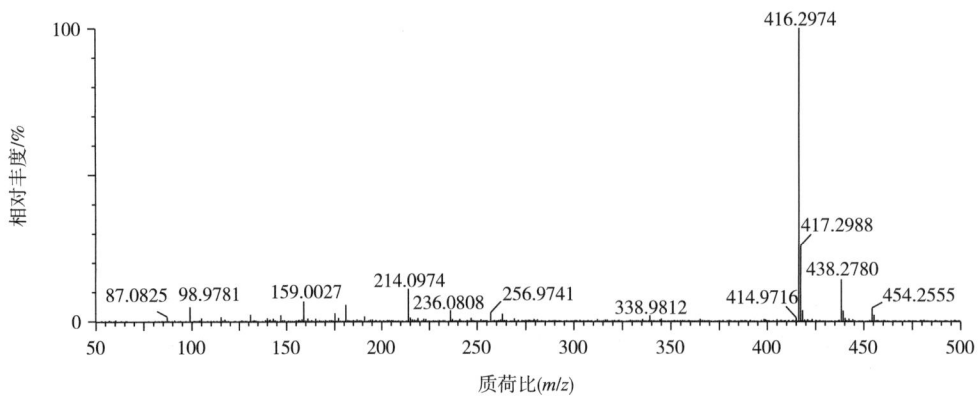

（4）子离子质谱图

①碰撞能量 15eV

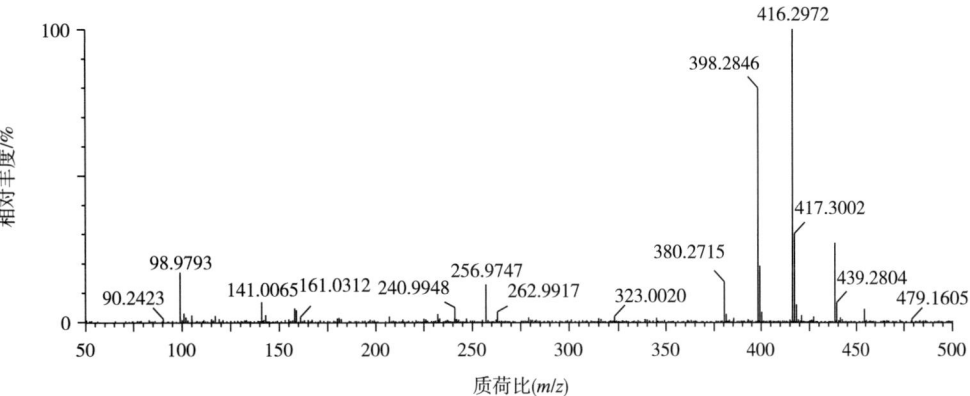

②碰撞能量 30eV

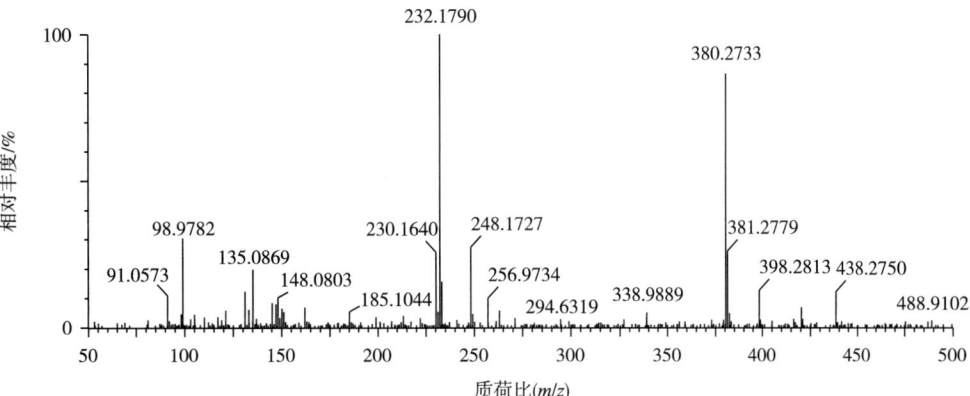

③碰撞能量 45eV

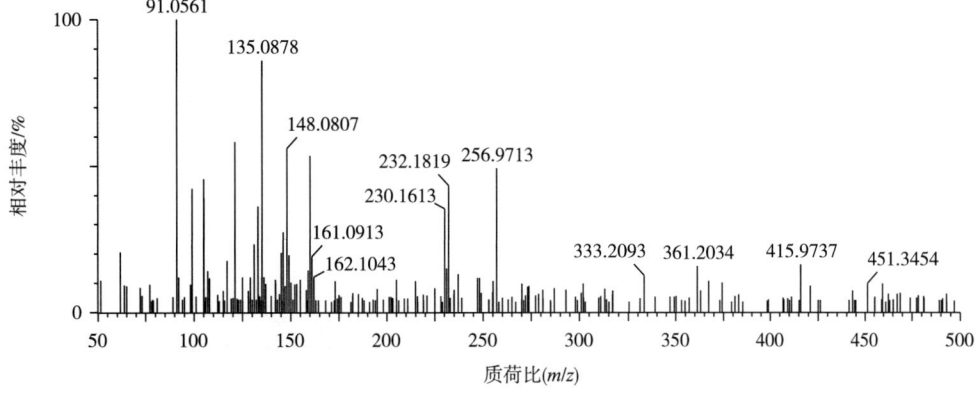

107 舒巴坦匹酯
(Sulbactam pivoxil)

(1) 化合物信息

中文名	舒巴坦匹酯
别名	—
CAS 登录号	69388-79-0
分子式	$C_{14}H_{21}NO_7S$
结构式	
单一同位素相对分子质量	347.1039
离子加合形式	ESI 源，$[M+Na]^+$
色谱保留时间	7.53min

(2) 提取离子流色谱图

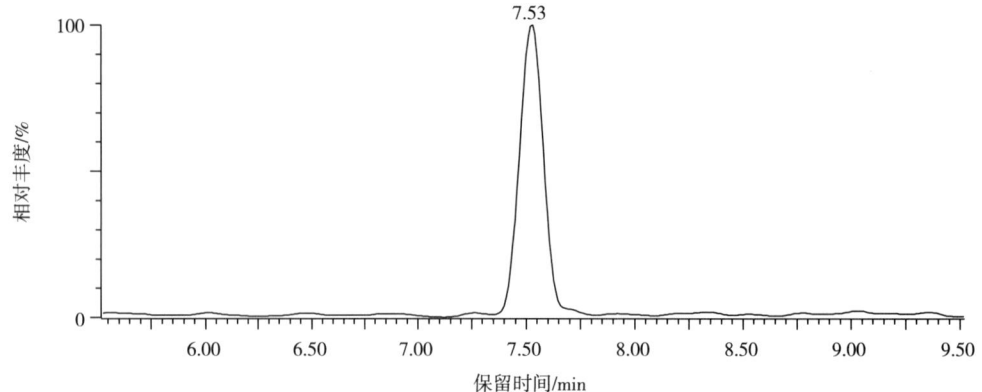

(3) 母离子质谱图

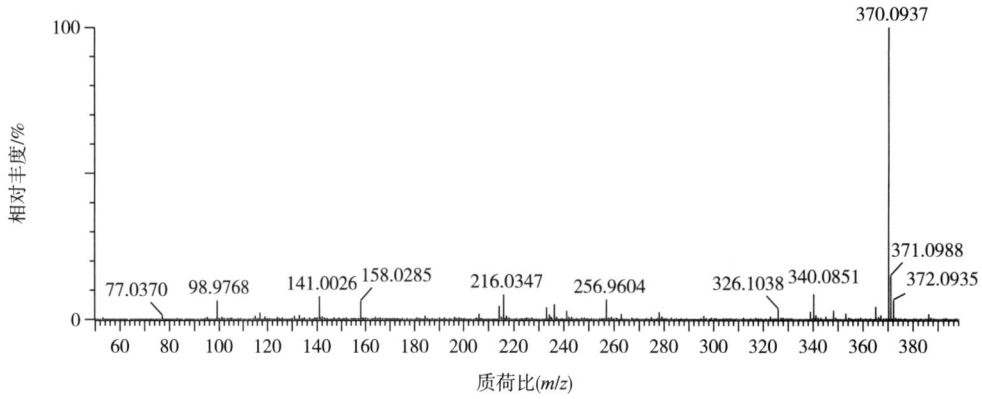

（4）子离子质谱图

①碰撞能量 15eV

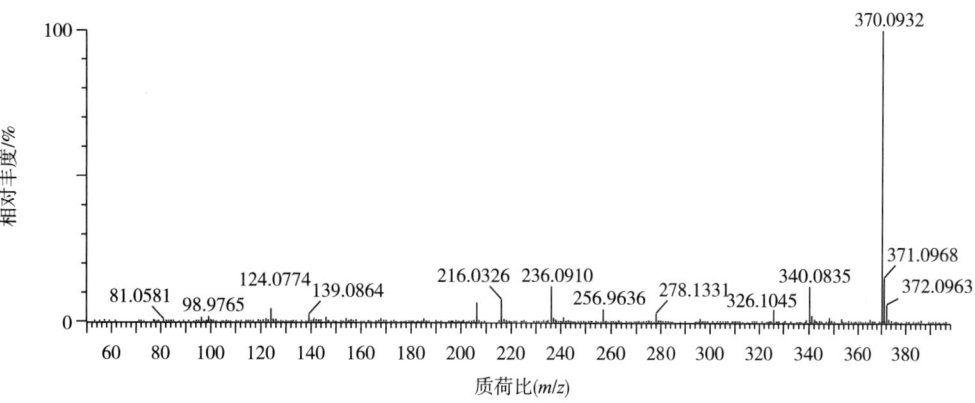

②碰撞能量 30eV

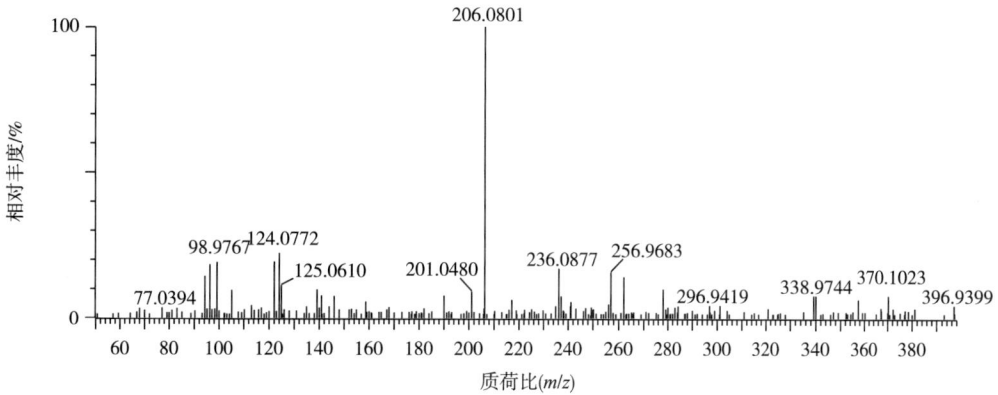

③碰撞能量 45eV

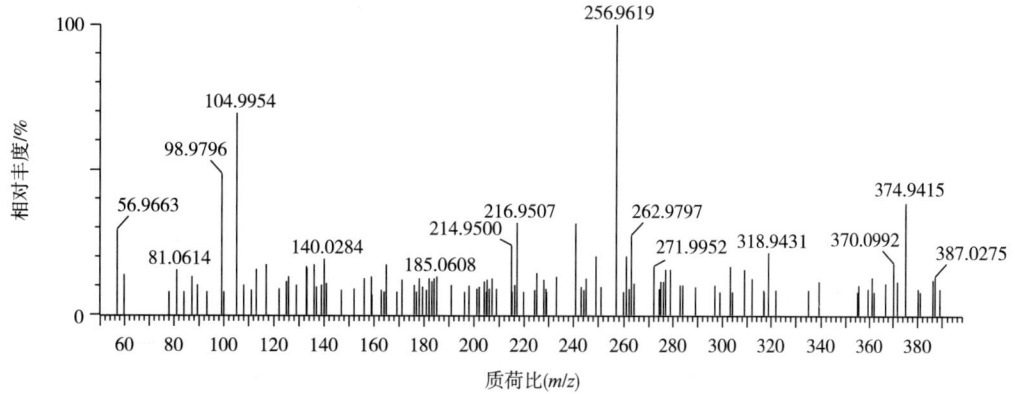

108 司坦唑醇
(Stanozolol)

(1) 化合物信息

中文名	司坦唑醇
别名	康力龙、吡唑甲基睾丸素、吡唑甲氢龙
CAS 登录号	10418 - 03 - 8
分子式	$C_{21}H_{32}N_2O$
结构式	
单一同位素相对分子质量	328.2515
离子加合形式	ESI 源，$[M+H]^+$
色谱保留时间	9.88min

(2) 提取离子流色谱图

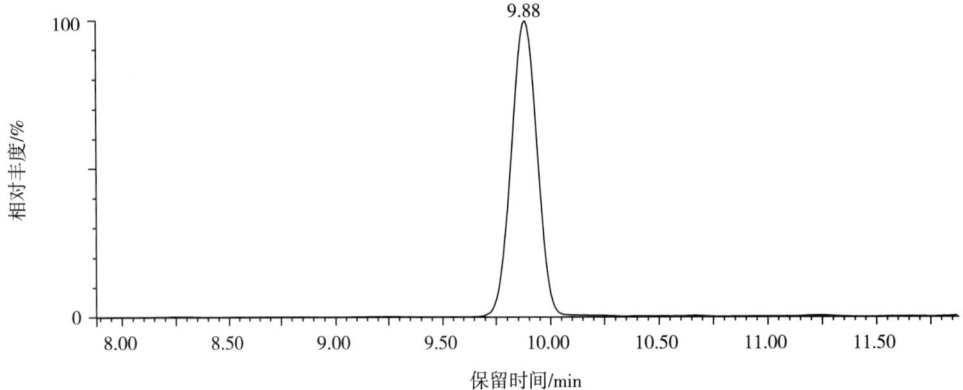

(3) 母离子质谱图

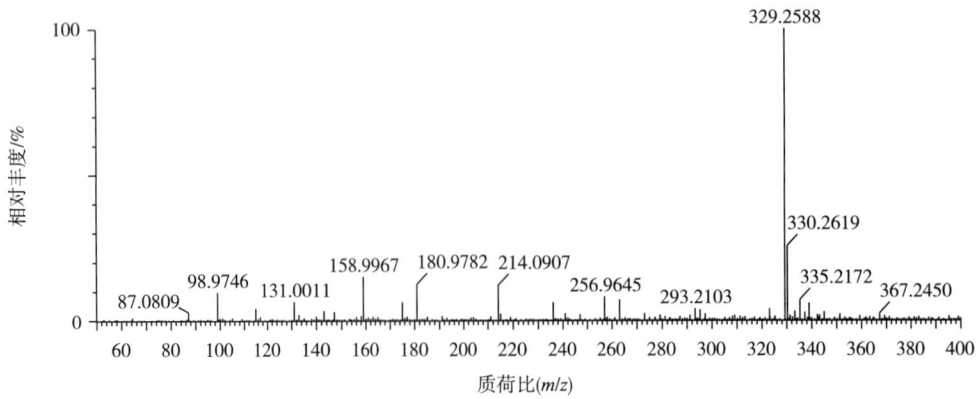

（4）子离子质谱图

①碰撞能量 15eV

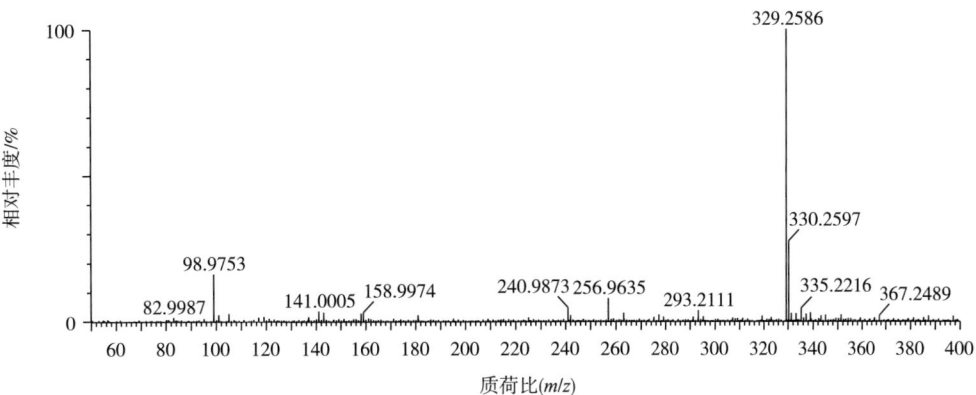

②碰撞能量 30eV

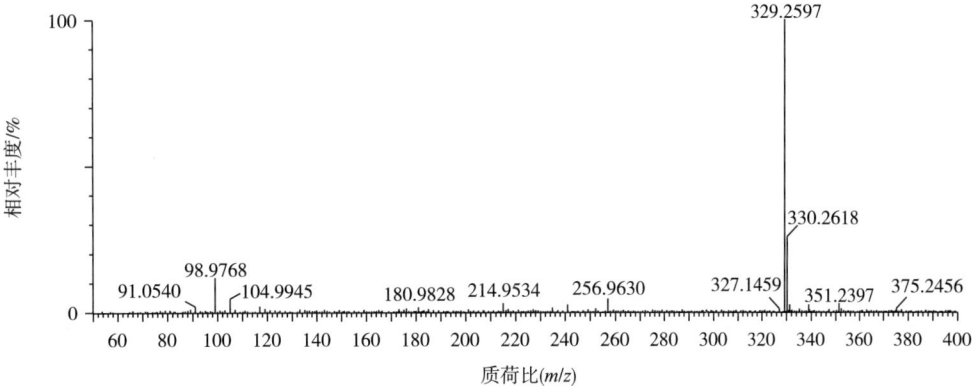

③碰撞能量 45eV

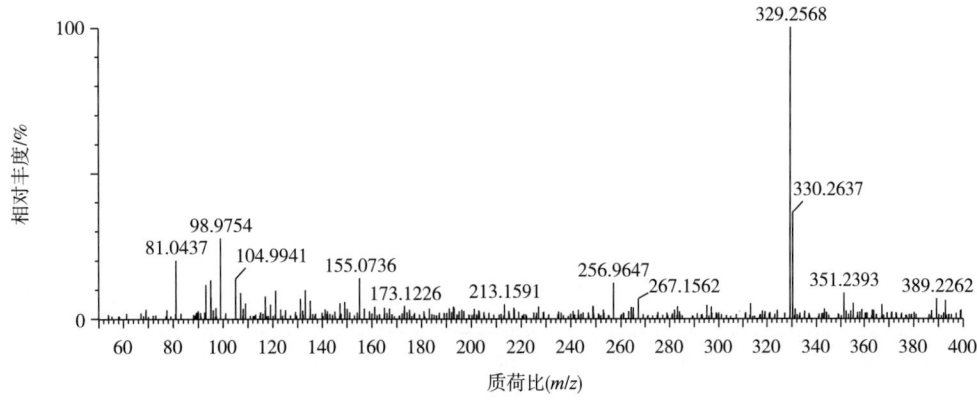

109 索他洛尔
(Sotalol)

(1) 化合物信息

中文名	索他洛尔
别名	甲磺胺心定
CAS 登录号	3930-20-9
分子式	$C_{12}H_{20}N_2O_3S$
结构式	
单一同位素相对分子质量	272.1195
离子加合形式	ESI 源，$[M+H]^+$
色谱保留时间	2.46min

(2) 提取离子流色谱图

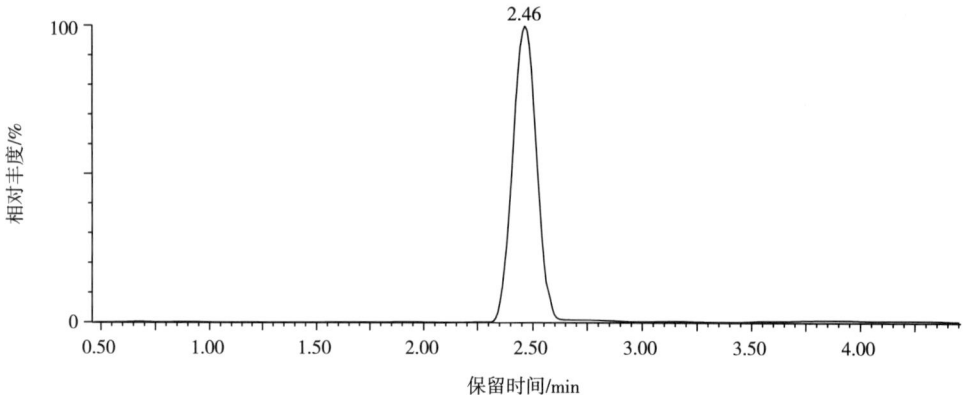

(3) 母离子质谱图

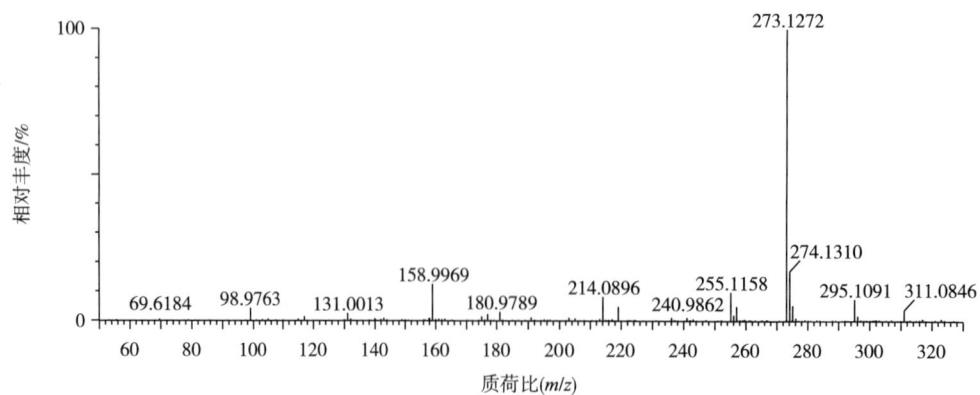

（4）子离子质谱图

①碰撞能量15eV

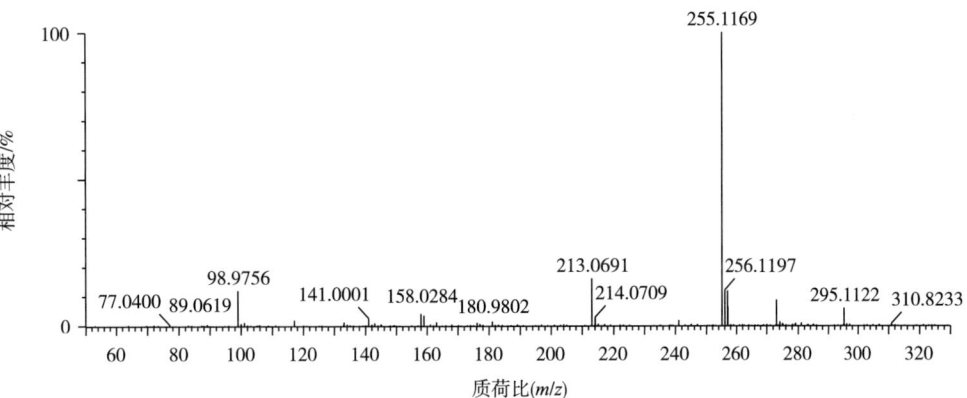

②碰撞能量30eV

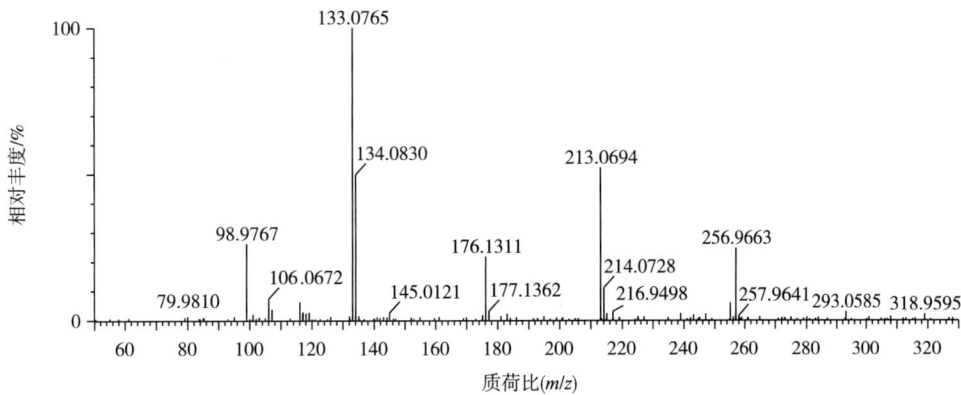

③碰撞能量45eV

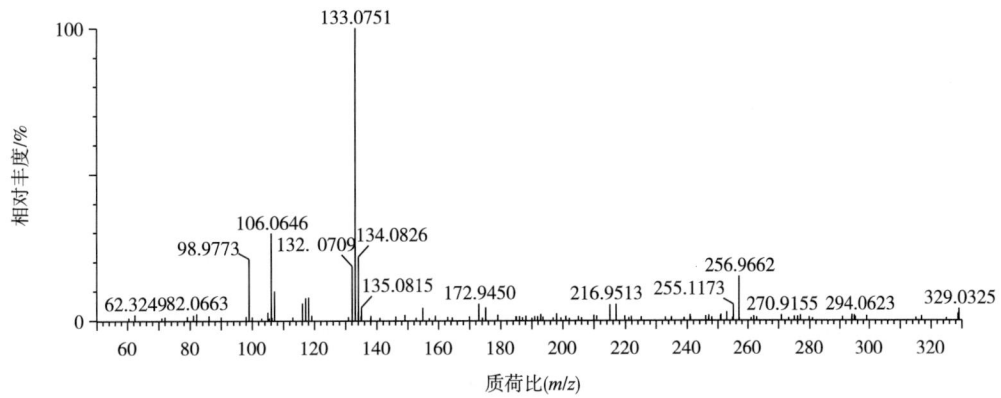

110 他达那非 (Tadalafil)

(1) 化合物信息

中文名	他达那非
别名	西力士、他地那非
CAS 登录号	171596-29-5
分子式	$C_{22}H_{19}N_3O_4$
结构式	
单一同位素相对分子质量	389.1376
离子加合形式	ESI 源，$[M+H]^+$，$[M+Na]^+$，$[M+K]^+$
色谱保留时间	7.89min

(2) 提取离子流色谱图

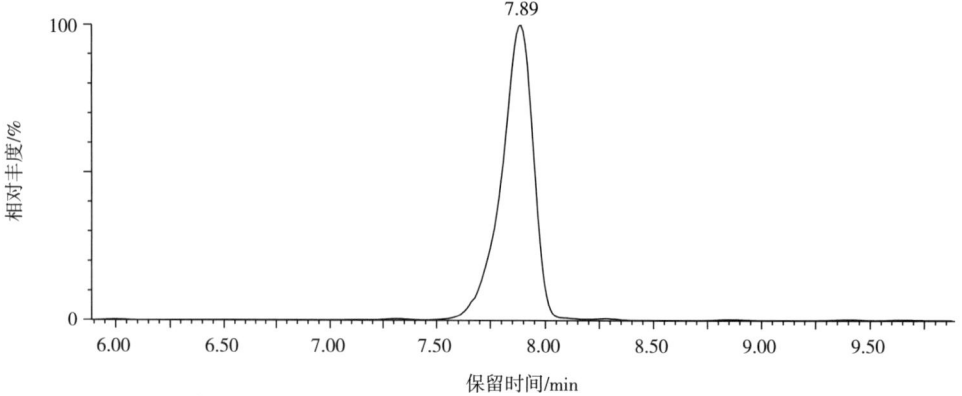

(3) 母离子质谱图

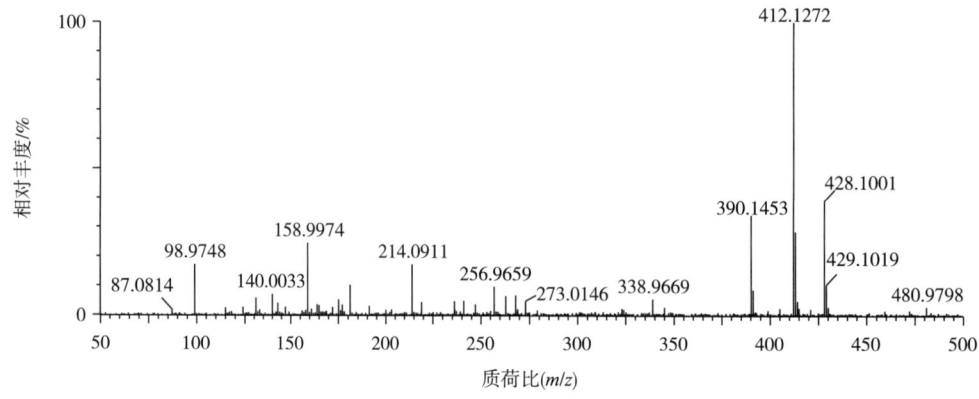

（4）子离子质谱图
①碰撞能量 15eV

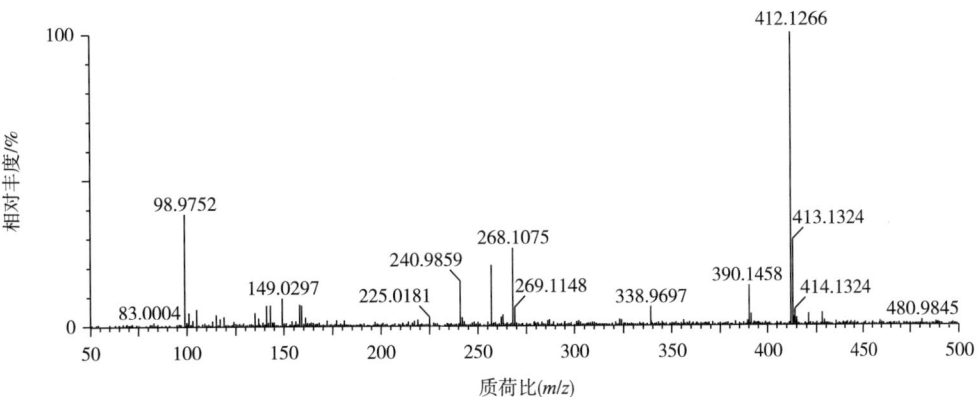

②碰撞能量 30eV

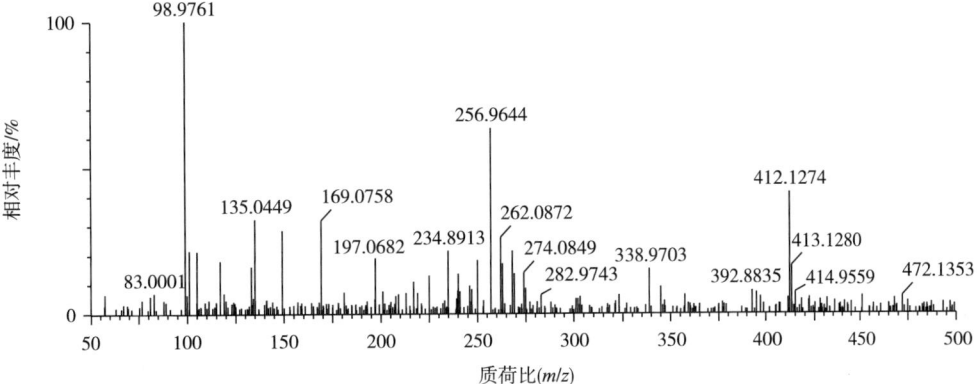

③碰撞能量 45eV

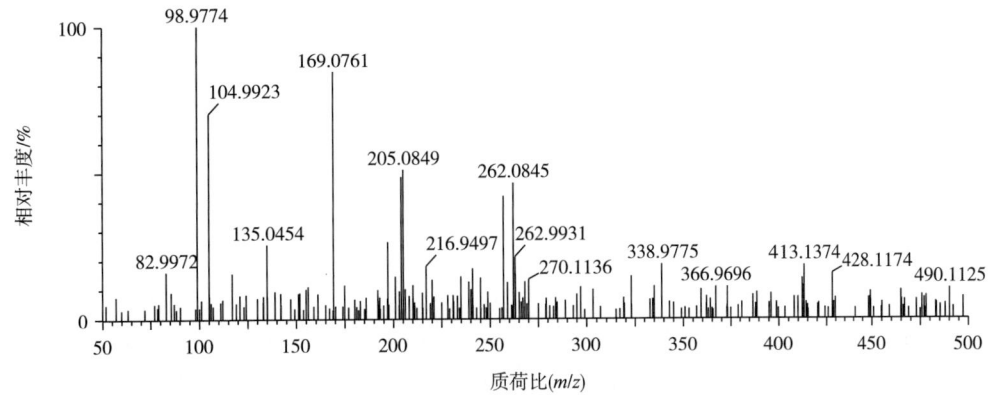

111 特布他林
(Terbutaline)

(1) 化合物信息

中文名	特布他林
别名	—
CAS 登录号	23031-25-6
分子式	$C_{12}H_{19}NO_3$
结构式	
单一同位素相对分子质量	225.1365
离子加合形式	ESI 源，$[M+H]^+$
色谱保留时间	2.56min

(2) 提取离子流色谱图

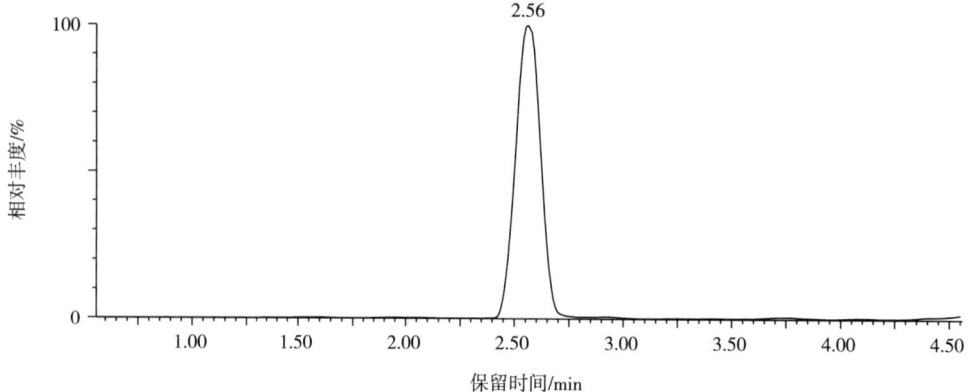

(3) 母离子质谱图

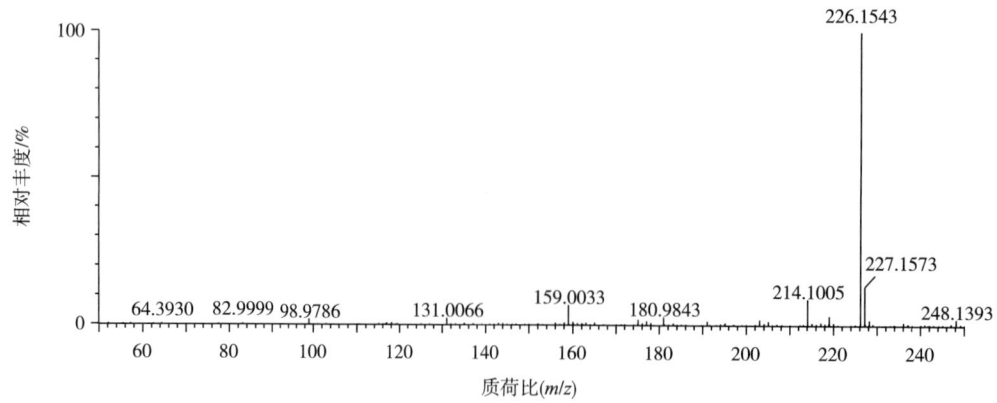

（4）子离子质谱图

①碰撞能量 15eV

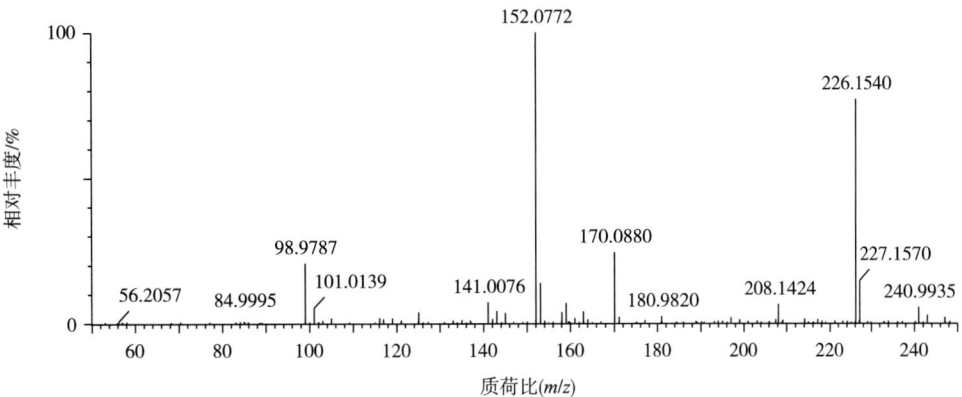

②碰撞能量 30eV

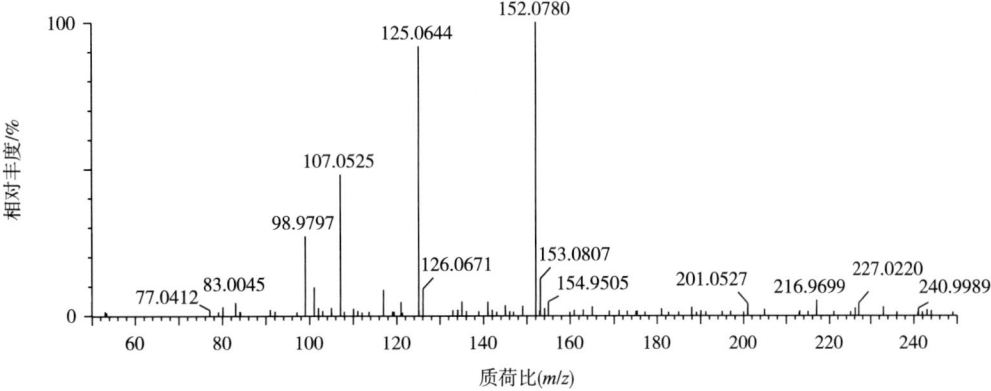

③碰撞能量 45eV

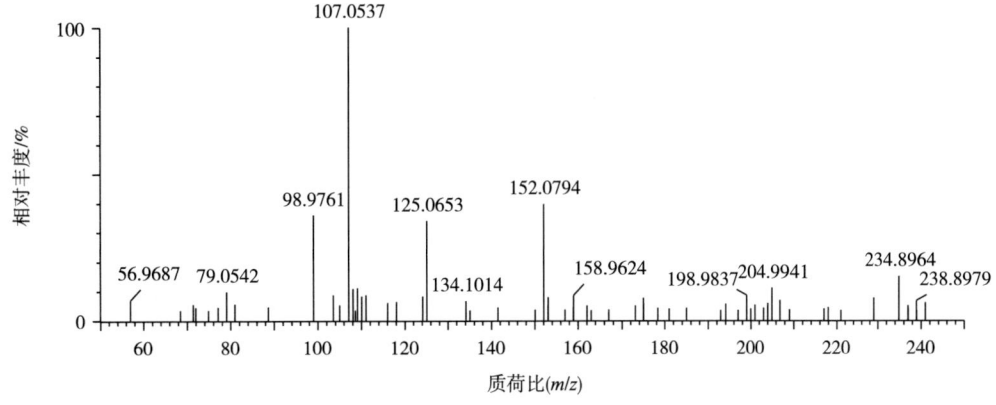

112 妥布特罗 (Tulobuterol)

(1) 化合物信息

中文名	妥布特罗
别名	妥洛特罗
CAS 登录号	41570-61-0
分子式	$C_{12}H_{18}ClNO$
结构式	
单一同位素相对分子质量	227.1077
离子加合形式	ESI 源，$[M+H]^+$
色谱保留时间	5.37min

(2) 提取离子流色谱图

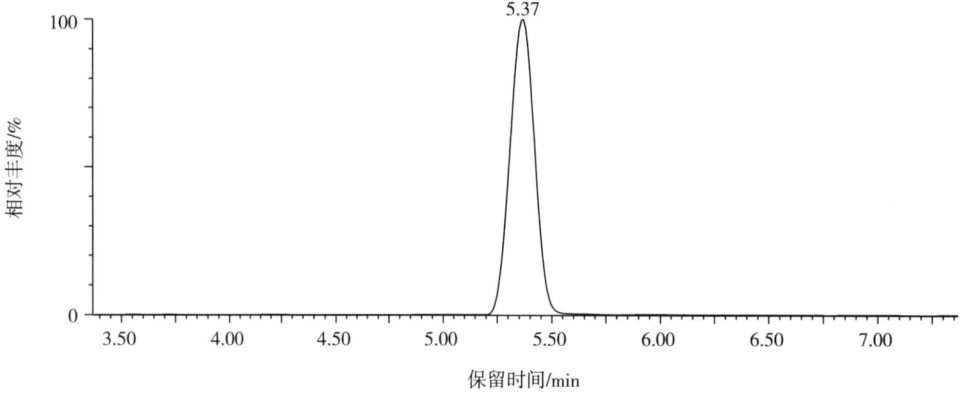

(3) 母离子质谱图

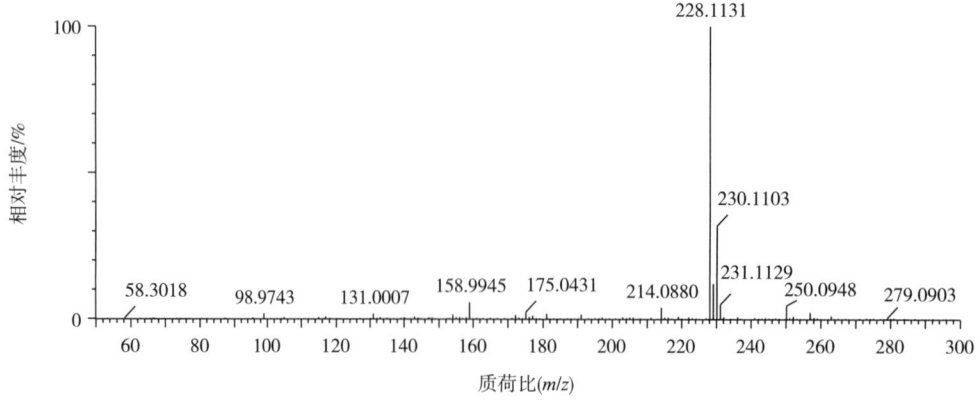

（4）子离子质谱图

①碰撞能量 15eV

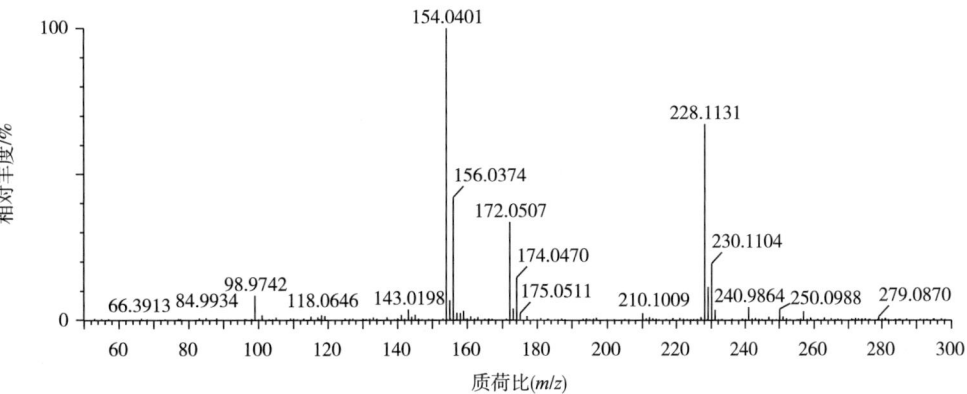

②碰撞能量 30eV

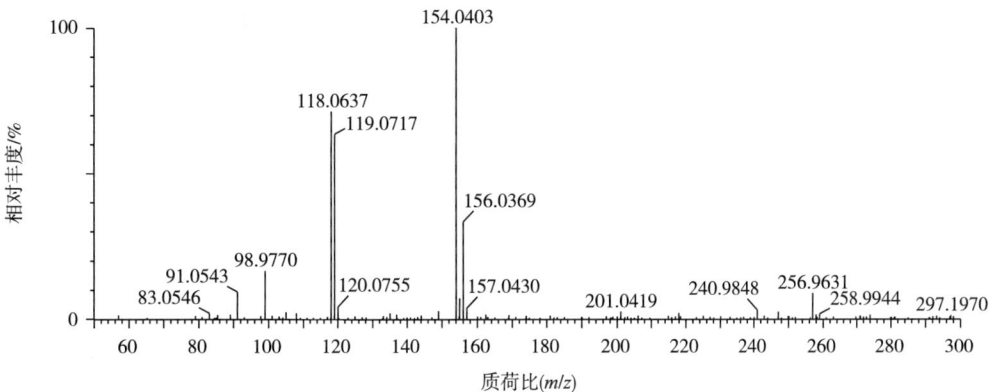

③碰撞能量 45eV

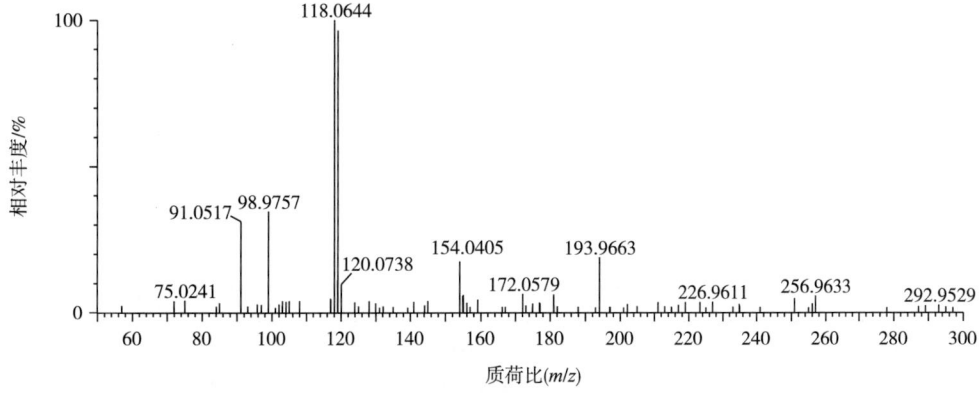

113 维兰特罗 (Vilanterol)

(1) 化合物信息

中文名	维兰特罗
别名	—
CAS 登录号	503068-34-6
分子式	$C_{24}H_{33}Cl_2NO_5$
结构式	
单一同位素相对分子质量	485.1736
离子加合形式	ESI 源，$[M+H]^+$，$[M+Na]^+$
色谱保留时间	8.21 min

(2) 提取离子流色谱图

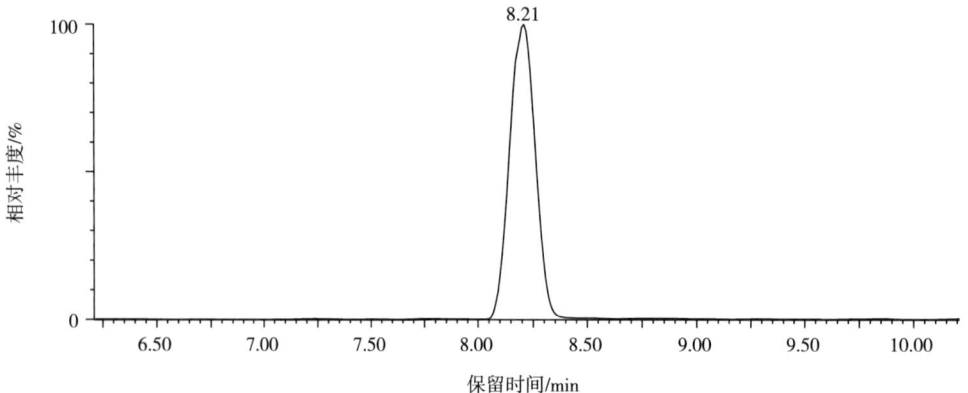

(3) 母离子质谱图

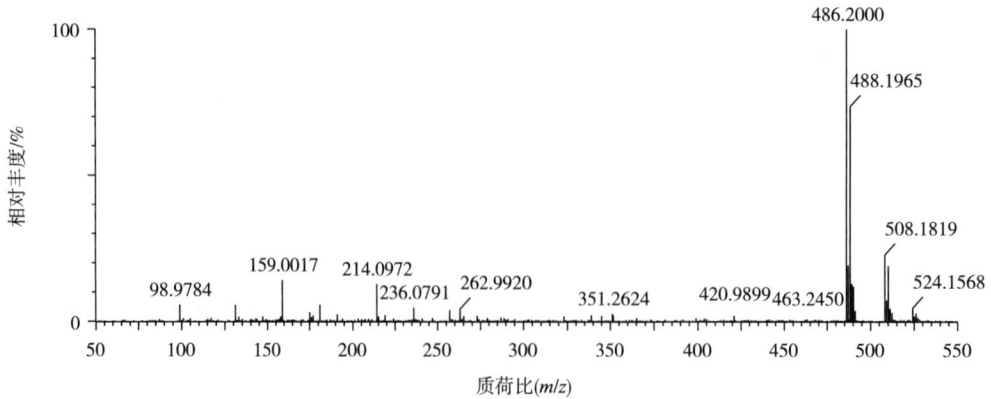

（4）子离子质谱图

①碰撞能量15eV

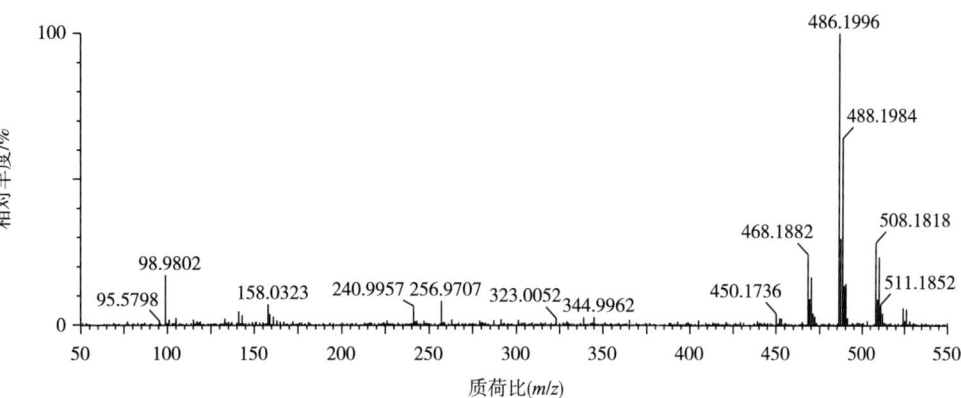

②碰撞能量30eV

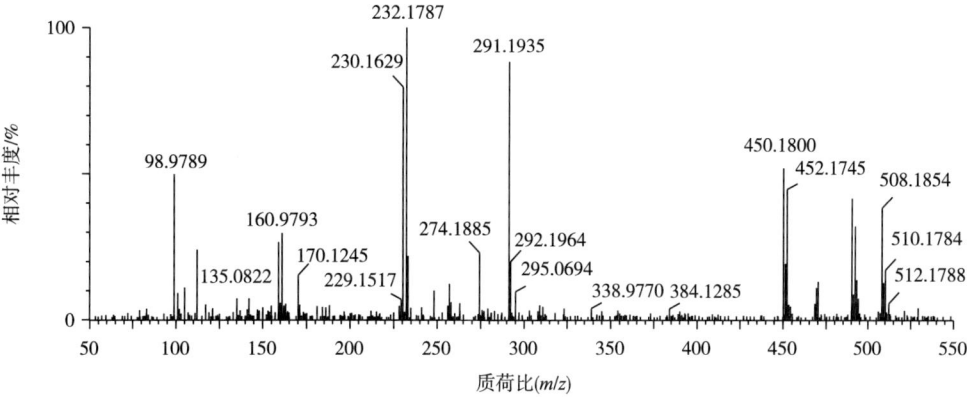

③碰撞能量45eV

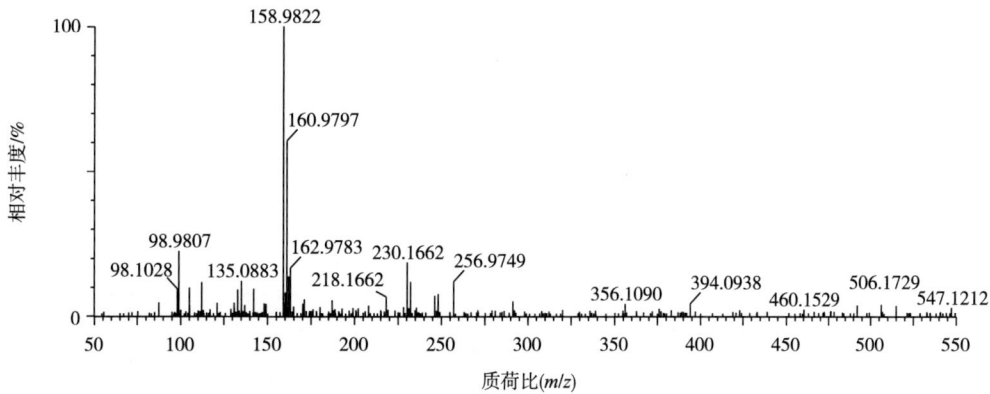

114 西布特罗 (Cimbuterol)

(1) 化合物信息

中文名	西布特罗
别名	赛布特罗
CAS 登录号	54239-39-3
分子式	$C_{13}H_{19}N_3O$
结构式	
单一同位素相对分子质量	233.1528
离子加合形式	ESI 源，$[M+H]^+$
色谱保留时间	3.05min

(2) 提取离子流色谱图

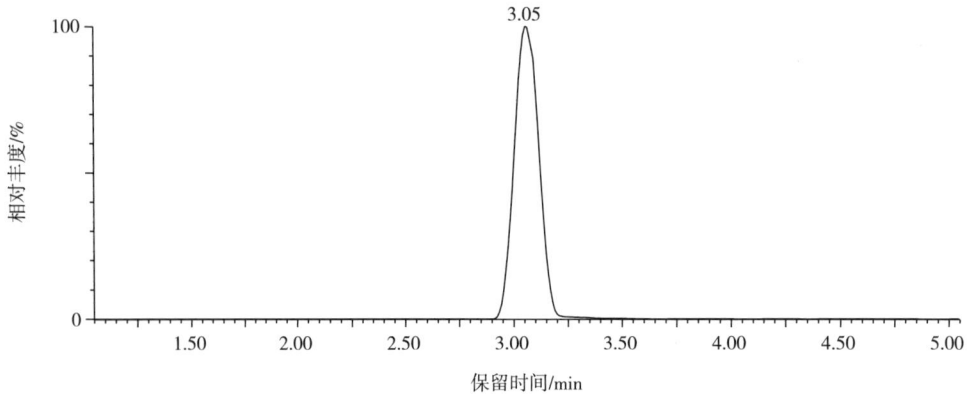

(3) 母离子质谱图

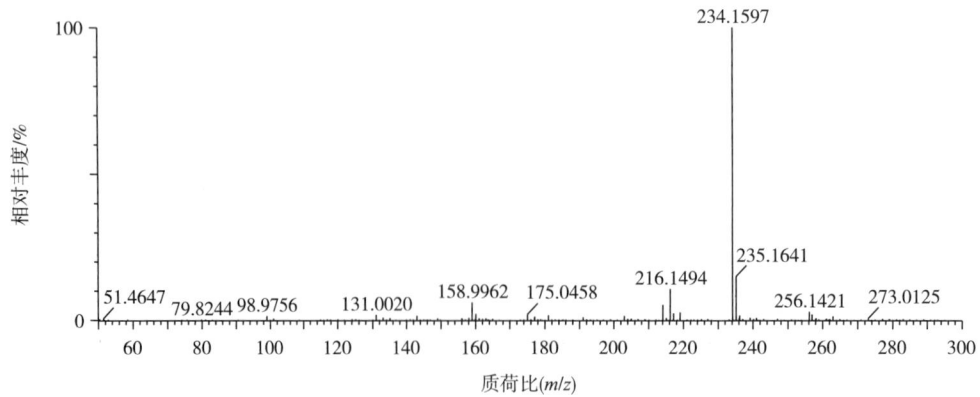

（4）子离子质谱图

①碰撞能量15eV

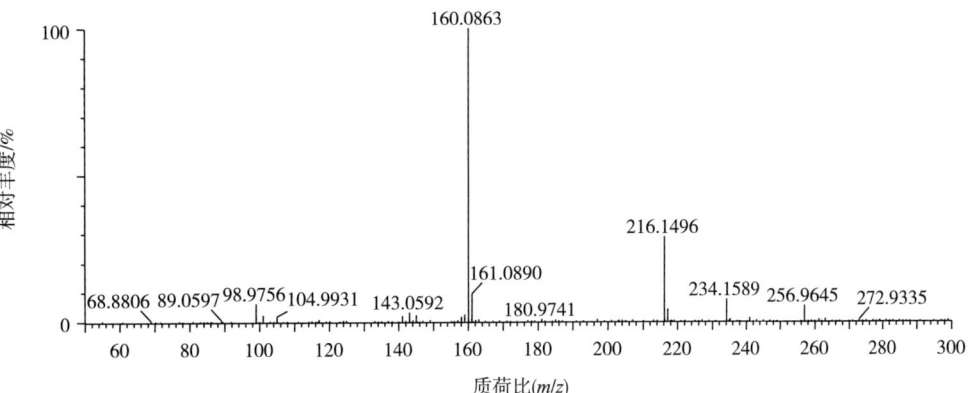

②碰撞能量30eV

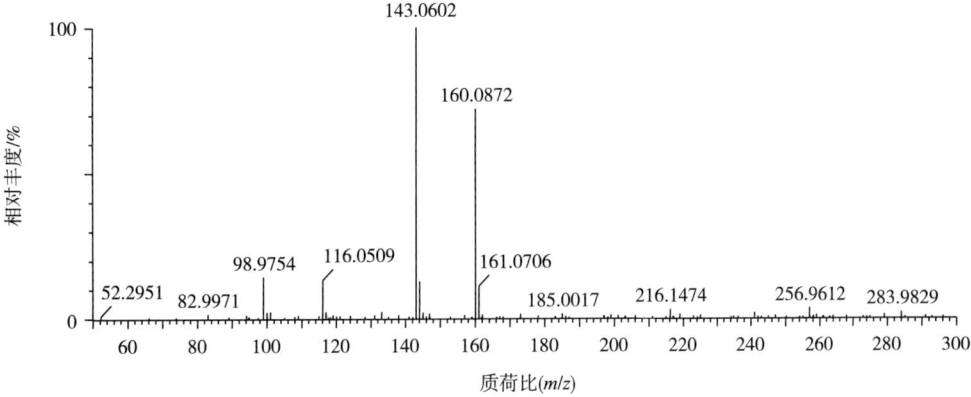

③碰撞能量45eV

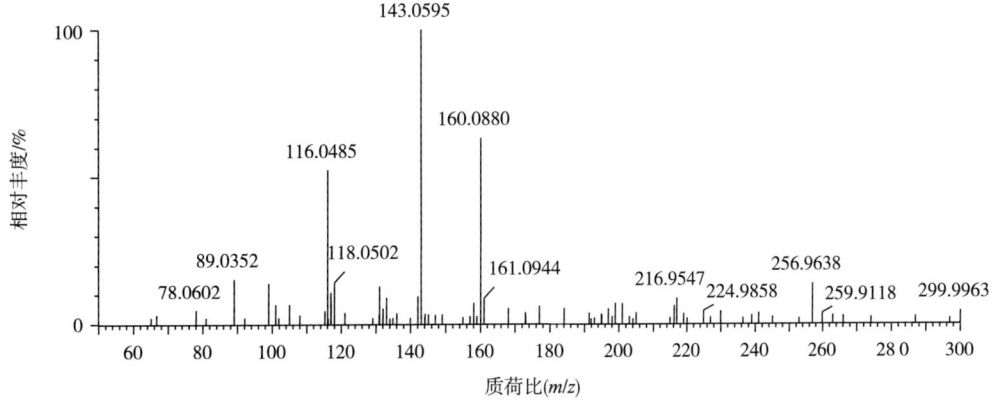

115 西地那非
(Sildenafil)

(1) 化合物信息

中文名	西地那非
别名	—
CAS 登录号	139755-83-2
分子式	$C_{22}H_{30}N_6O_4S$
结构式	
单一同位素相对分子质量	474.2049
离子加合形式	ESI 源，$[M+H]^+$，$[M+Na]^+$，$[M+K]^+$
色谱保留时间	8.44min

(2) 提取离子流色谱图

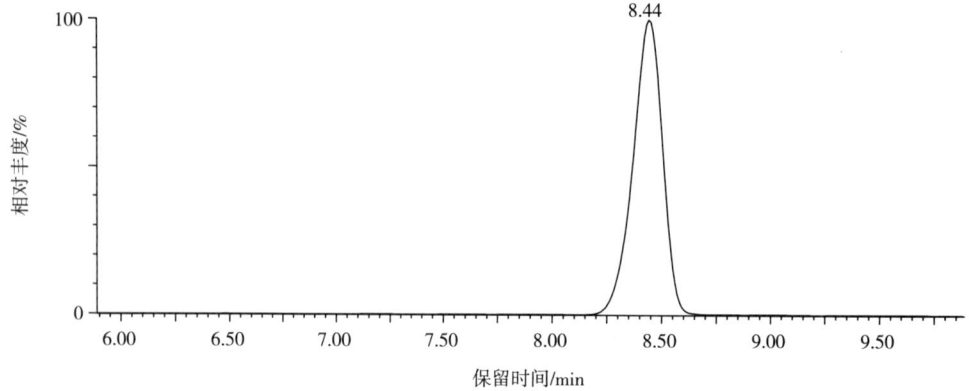

(3) 母离子质谱图

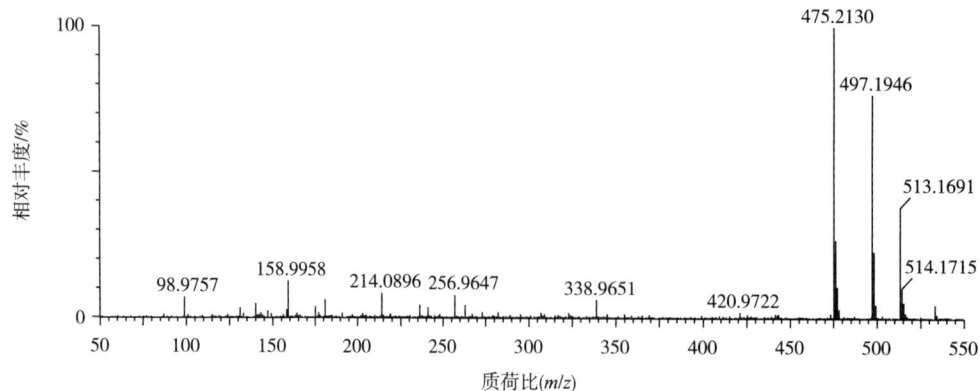

（4）子离子质谱图

①碰撞能量 15eV

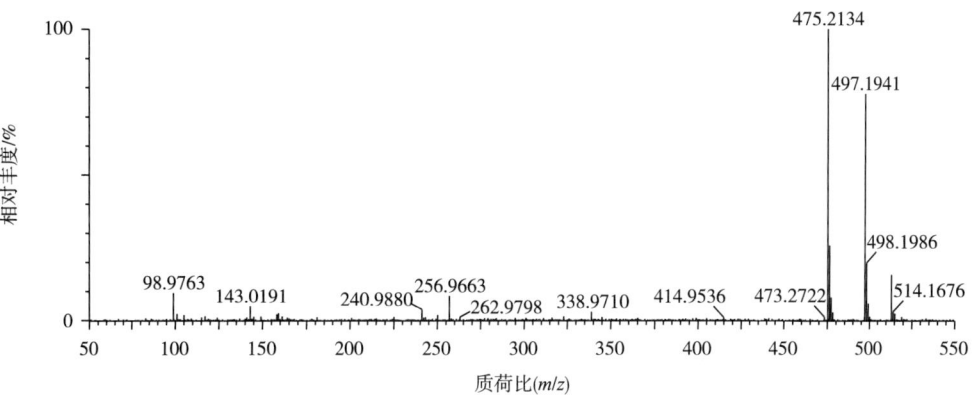

②碰撞能量 30eV

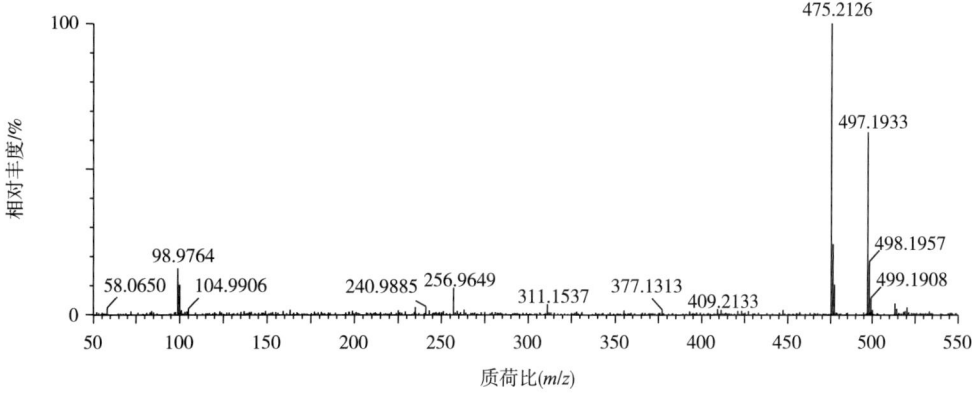

③碰撞能量 45eV

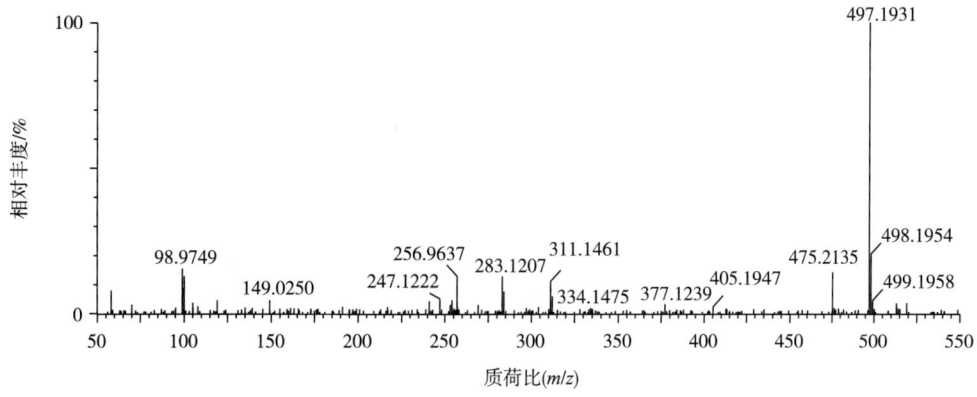

116 西马特罗 (Cimaterol)

(1) 化合物信息

中文名	西马特罗
别名	塞曼特罗、喜马特罗
CAS 登录号	54239-37-1
分子式	$C_{12}H_{17}N_3O$
结构式	
单一同位素相对分子质量	219.1372
离子加合形式	ESI 源，$[M+H]^+$
色谱保留时间	2.44min

(2) 提取离子流色谱图

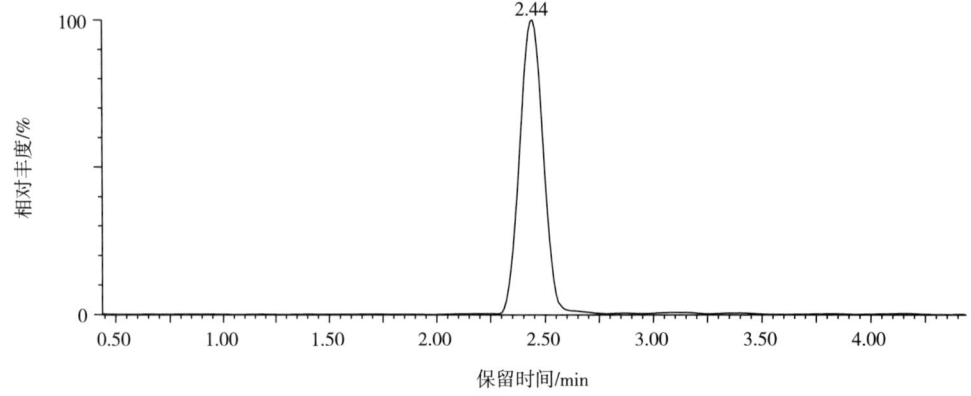

(3) 母离子质谱图

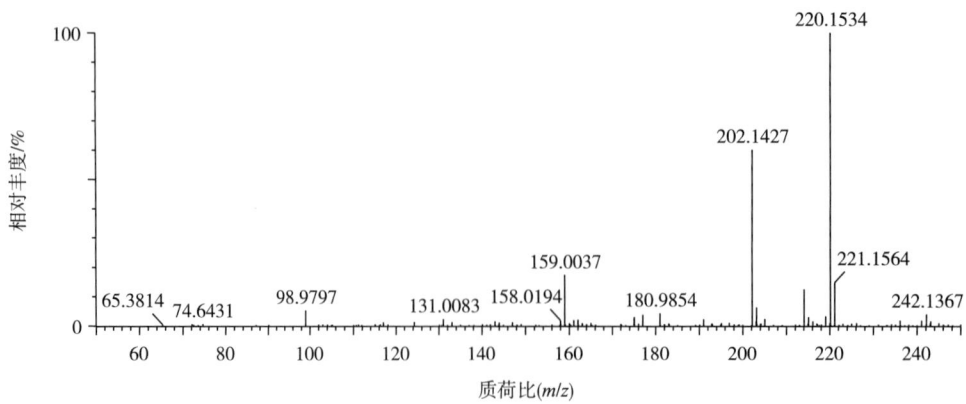

（4）子离子质谱图

①碰撞能量 15eV

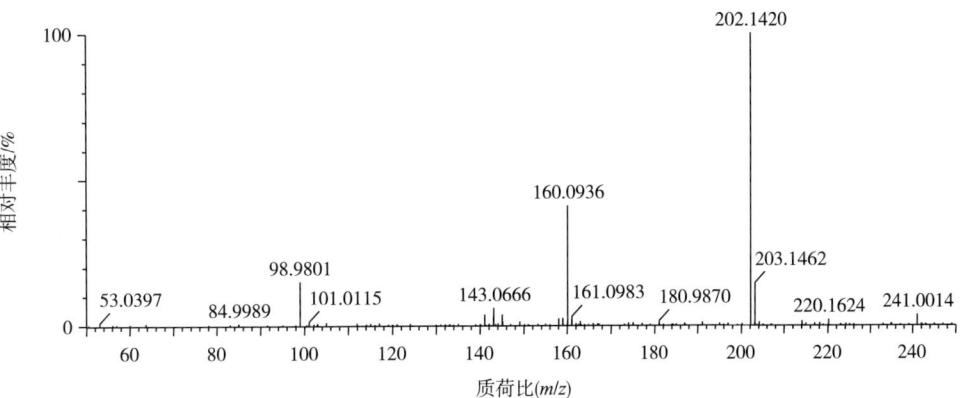

②碰撞能量 30eV

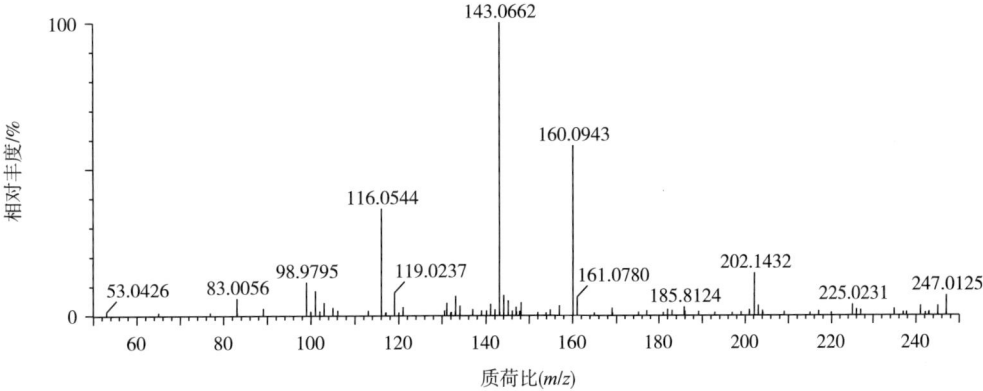

③碰撞能量 45eV

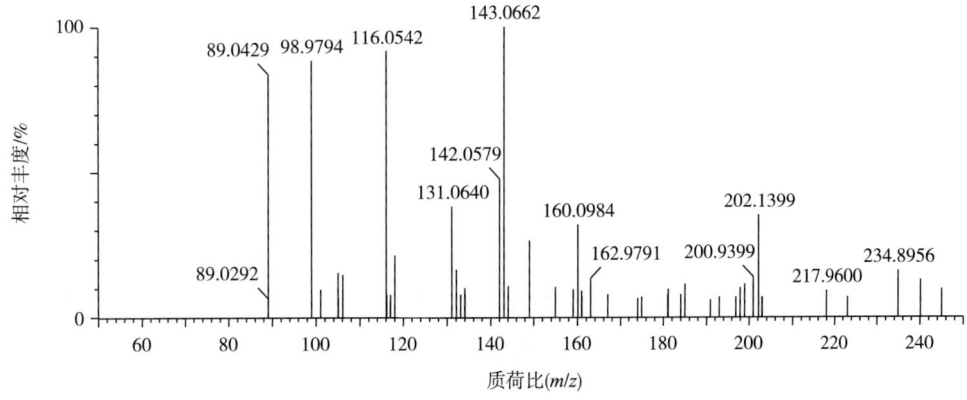

117 四烯雌酮 (Altrenogest)

(1) 化合物信息

中文名	四烯雌酮
别名	烯丙孕素、烯丙基群勃龙
CAS 登录号	850-52-2
分子式	$C_{21}H_{26}O_2$
结构式	
单一同位素相对分子质量	310.1933
离子加合形式	ESI 源，$[M+H]^+$，$[M+Na]^+$，$[M+K]^+$
色谱保留时间	9.43 min

(2) 提取离子流色谱图

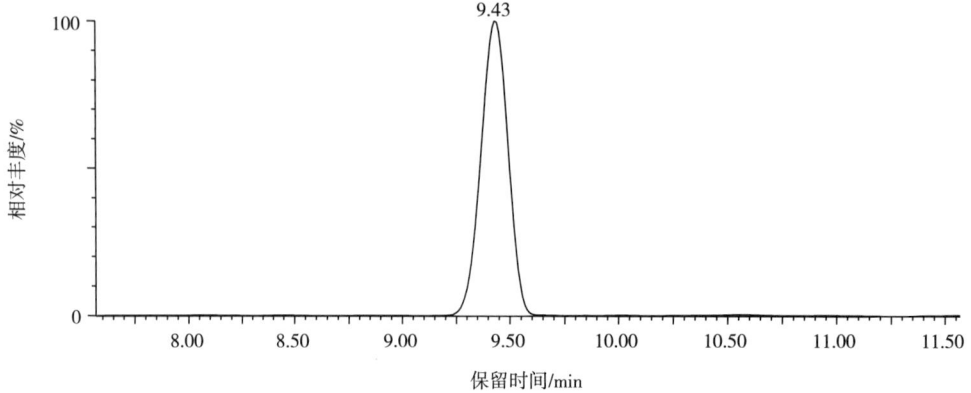

(3) 母离子质谱图

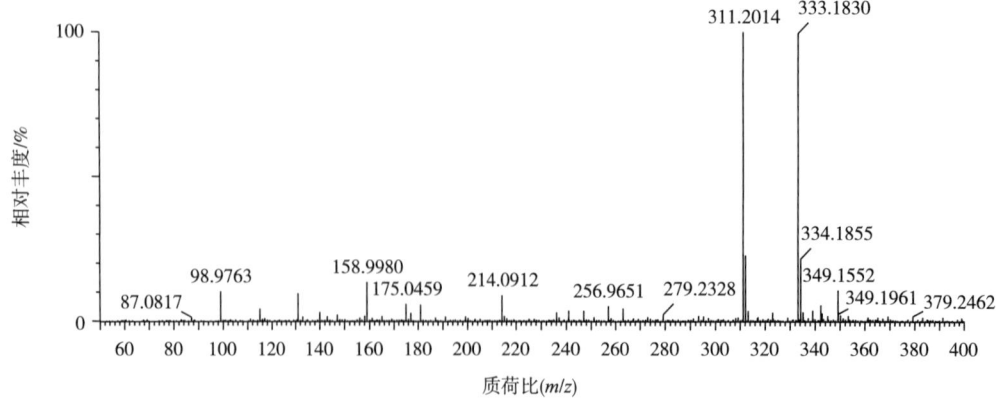

（4）子离子质谱图

①碰撞能量15eV

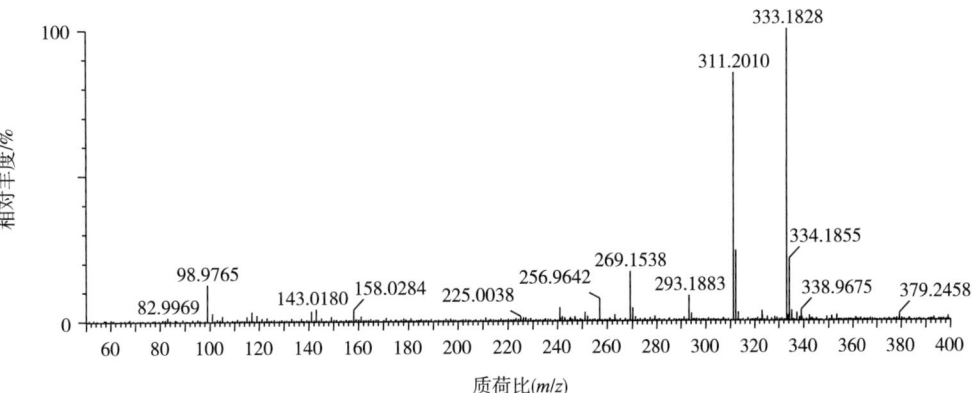

②碰撞能量30eV

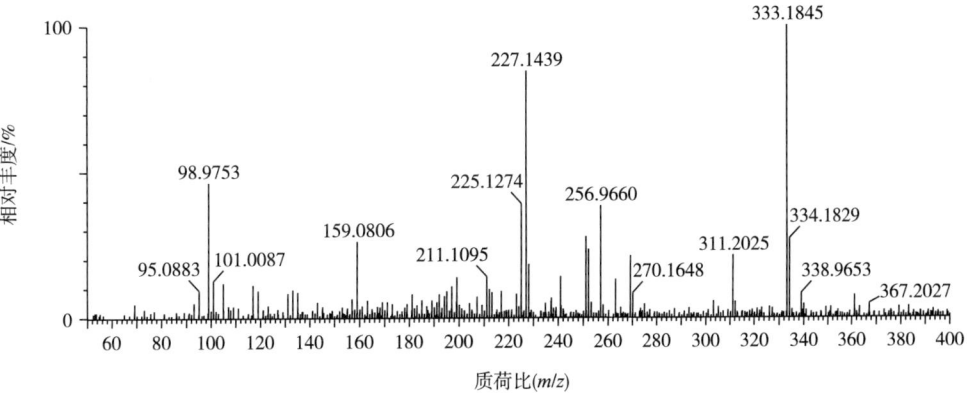

③碰撞能量45eV

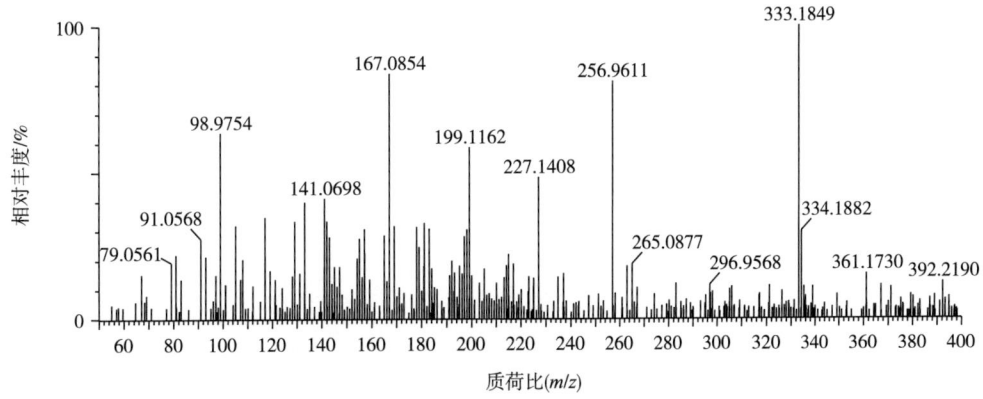

118 硝西泮 (Nitrazepam)

(1) 化合物信息

中文名	硝西泮
别名	硝基安定
CAS 登录号	146-22-5
分子式	$C_{15}H_{11}N_3O_3$
结构式	
单一同位素相对分子质量	281.0800
离子加合形式	ESI 源，[M+H]$^+$
色谱保留时间	7.32min

(2) 提取离子流色谱图

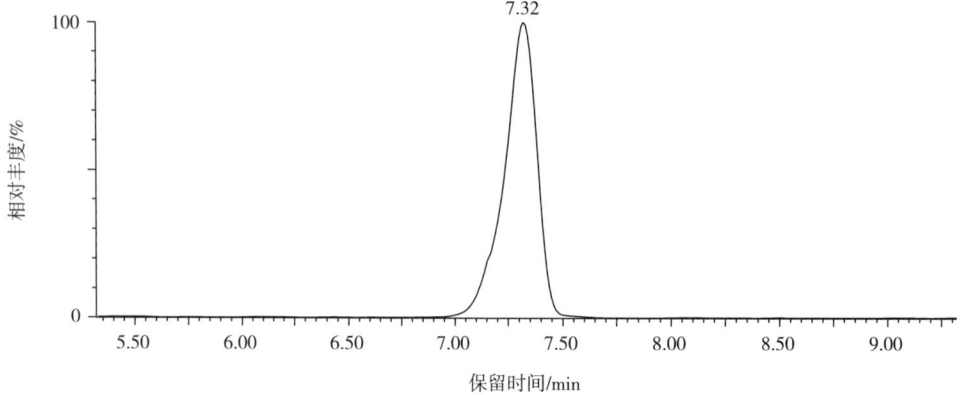

(3) 母离子质谱图

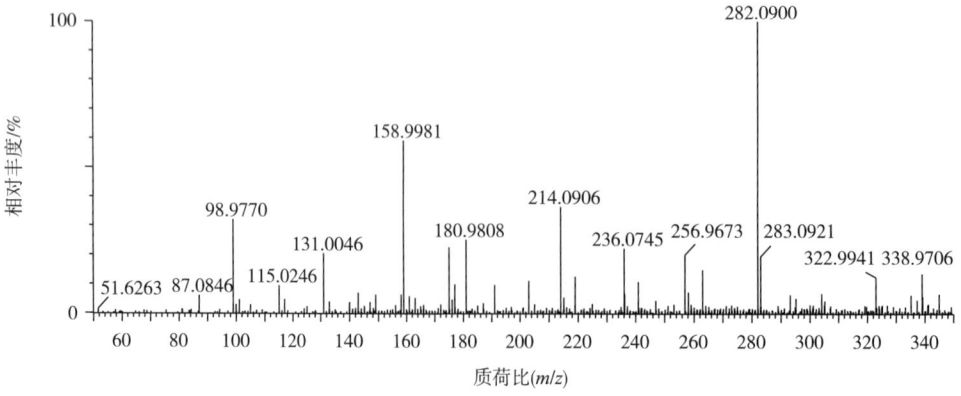

（4）子离子质谱图

①碰撞能量15eV

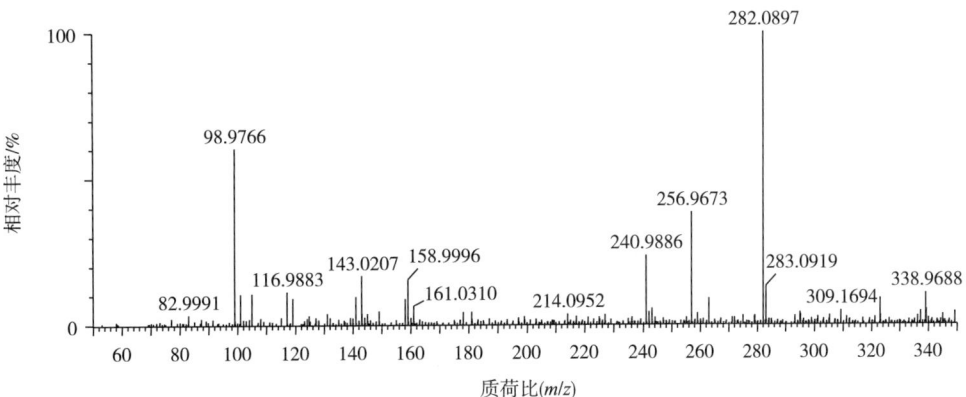

②碰撞能量30eV

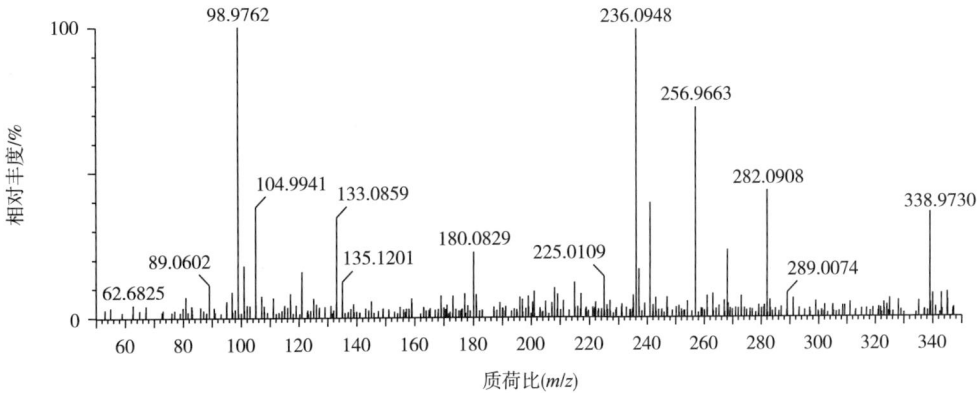

③碰撞能量45eV

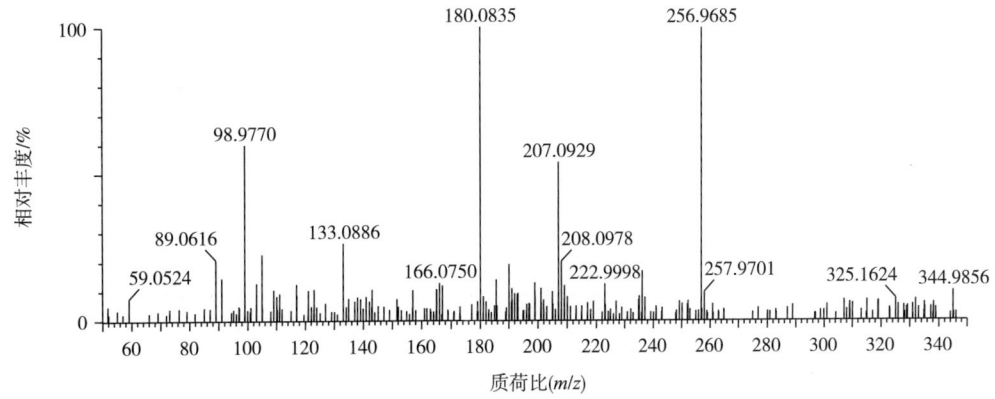

119 雄烯二酮
(Androstenedione)

(1) 化合物信息

中文名	雄烯二酮
别名	雄甾烯二酮
CAS 登录号	63-05-8
分子式	$C_{19}H_{26}O_2$
结构式	
单一同位素相对分子质量	286.1933
离子加合形式	ESI 源，$[M+H]^+$，$[M+Na]^+$
色谱保留时间	8.54min

(2) 提取离子流色谱图

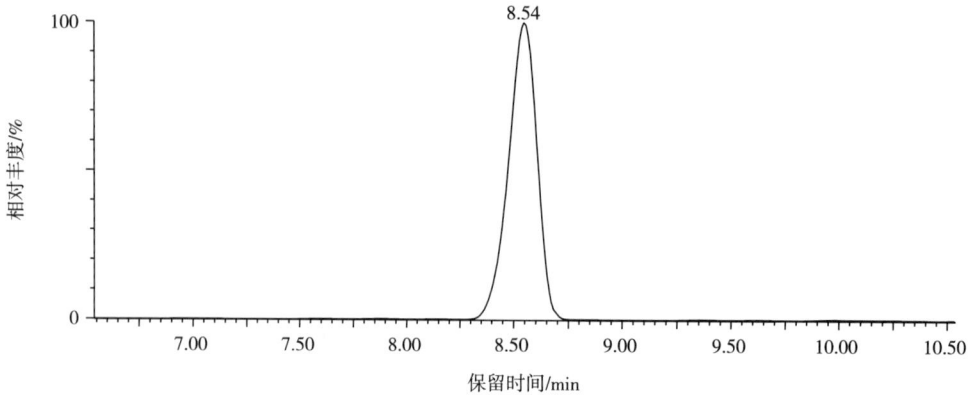

(3) 母离子质谱图

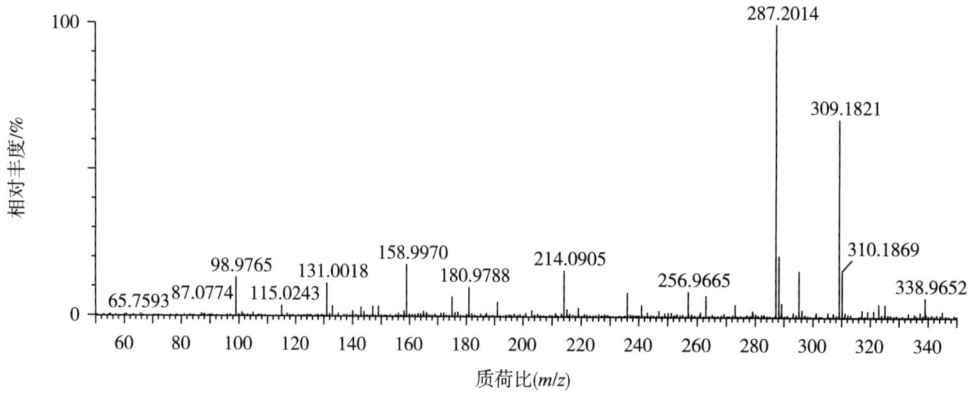

（4）子离子质谱图

①碰撞能量15eV

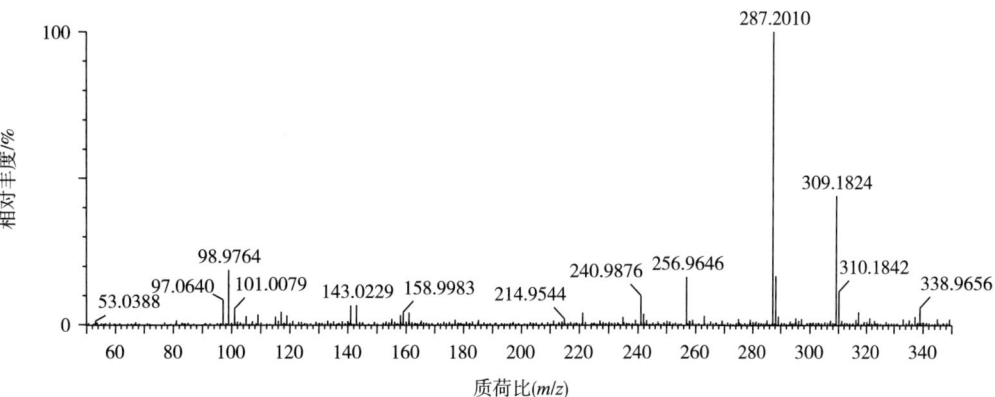

②碰撞能量30eV

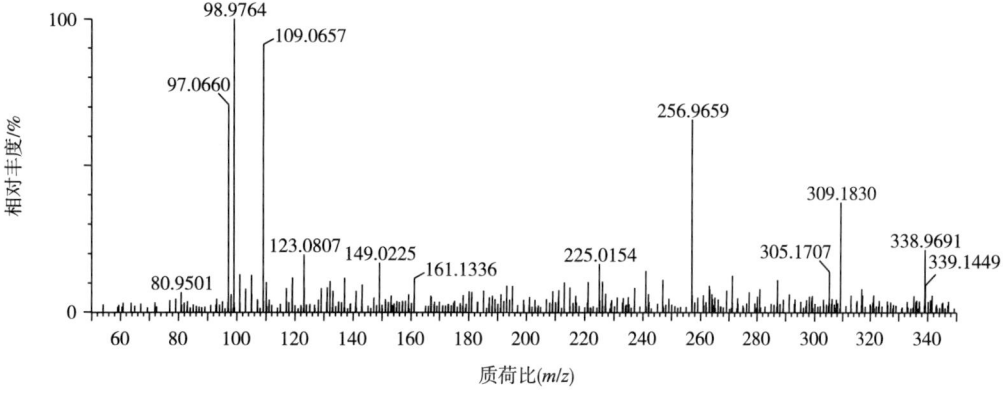

③碰撞能量45eV

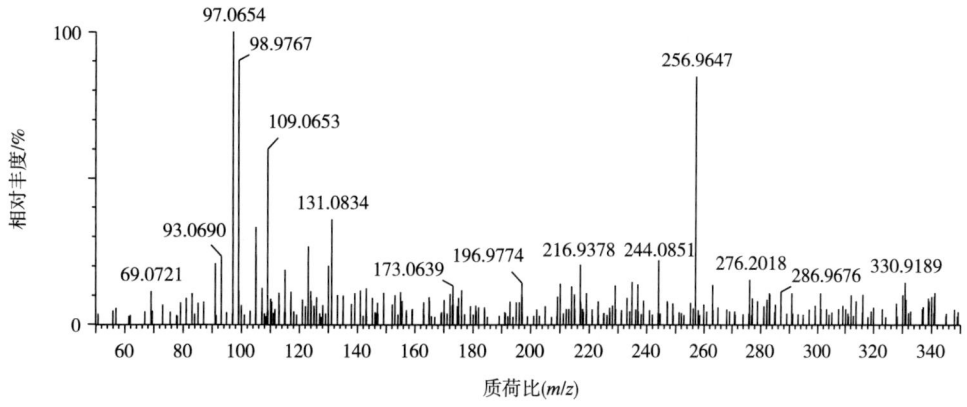

120 溴布特罗 (Brombuterol)

(1) 化合物信息

中文名	溴布特罗
别名	—
CAS 登录号	41937-02-4
分子式	$C_{12}H_{18}Br_2N_2O$
结构式	
单一同位素相对分子质量	363.9786
离子加合形式	ESI 源，$[M+H]^+$
色谱保留时间	5.43min

(2) 提取离子流色谱图

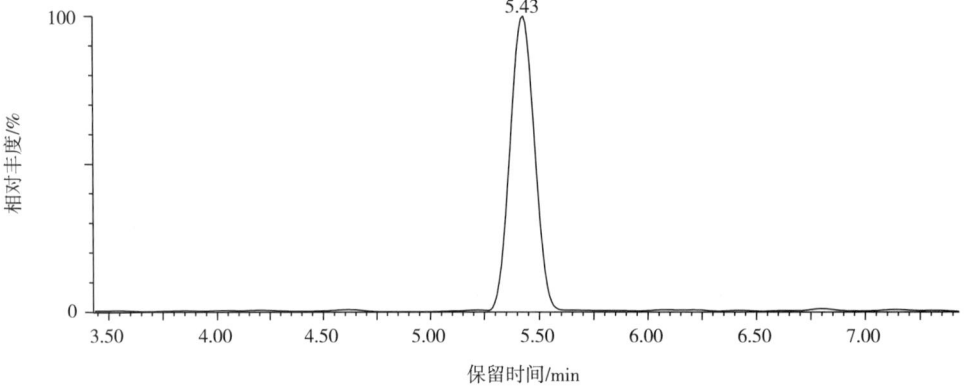

(3) 母离子质谱图

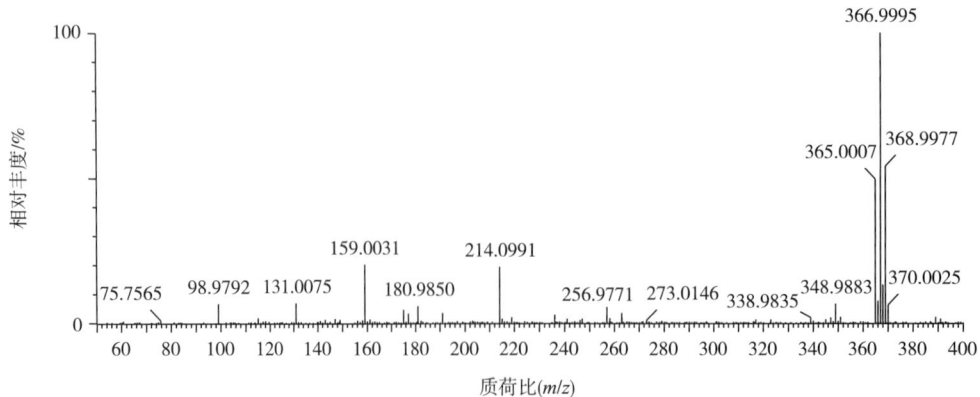

（4）子离子质谱图

①碰撞能量15eV

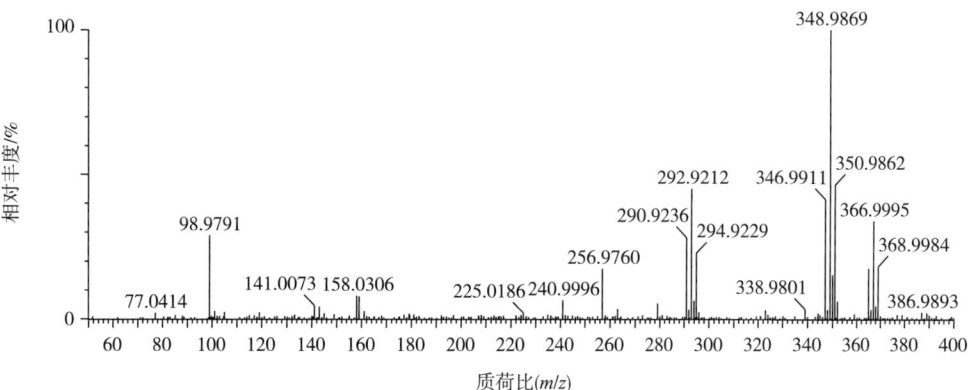

②碰撞能量30eV

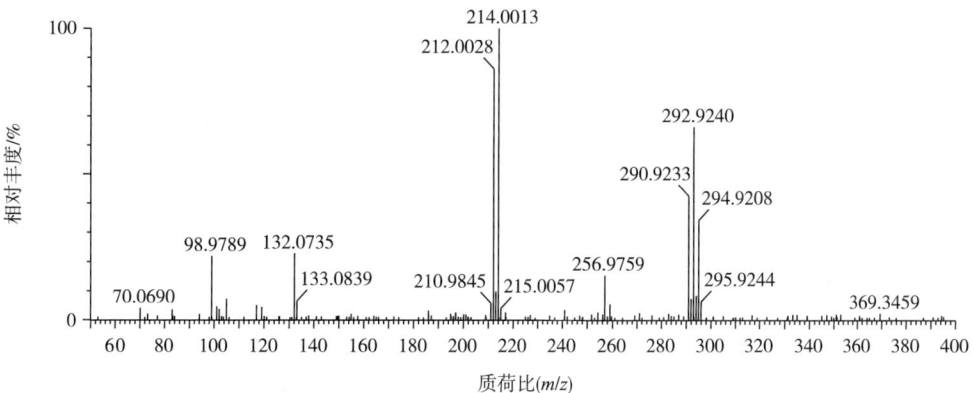

③碰撞能量45eV

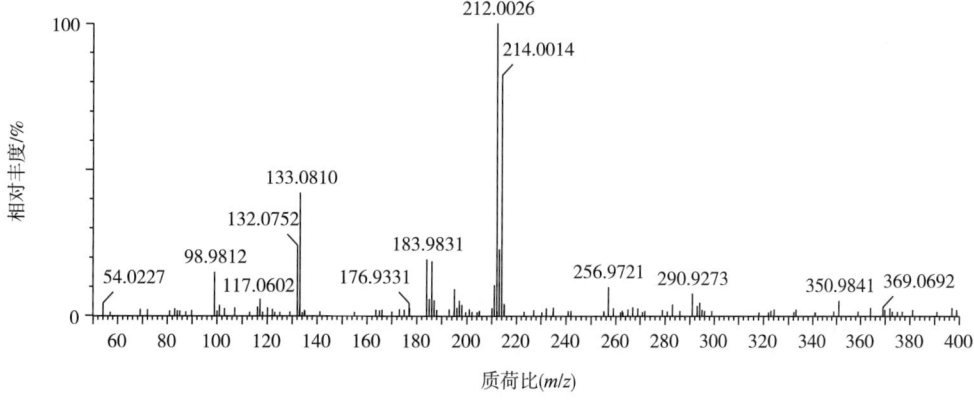

121 溴代克仑特罗
(Bromchlorbuterol)

(1) 化合物信息

中文名	溴代克仑特罗
别名	溴氯布特罗
CAS 登录号	37153-52-9
分子式	$C_{12}H_{18}BrClN_2O$
结构式	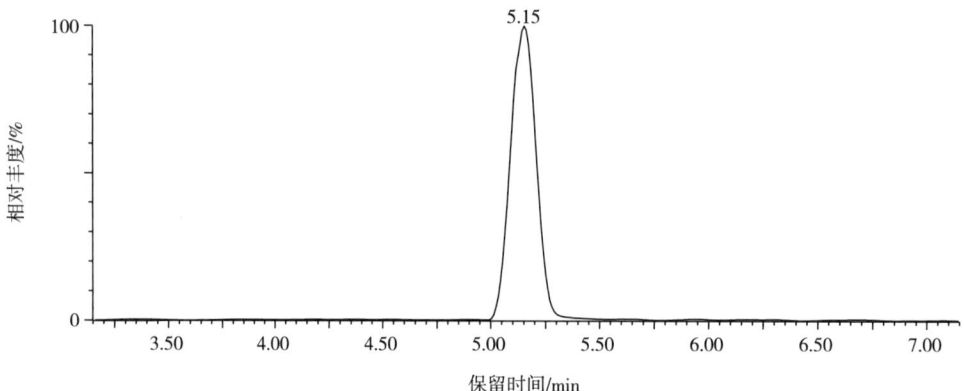
单一同位素相对分子质量	320.0291
离子加合形式	ESI 源，$[M+H]^+$
色谱保留时间	5.15min

(2) 提取离子流色谱图

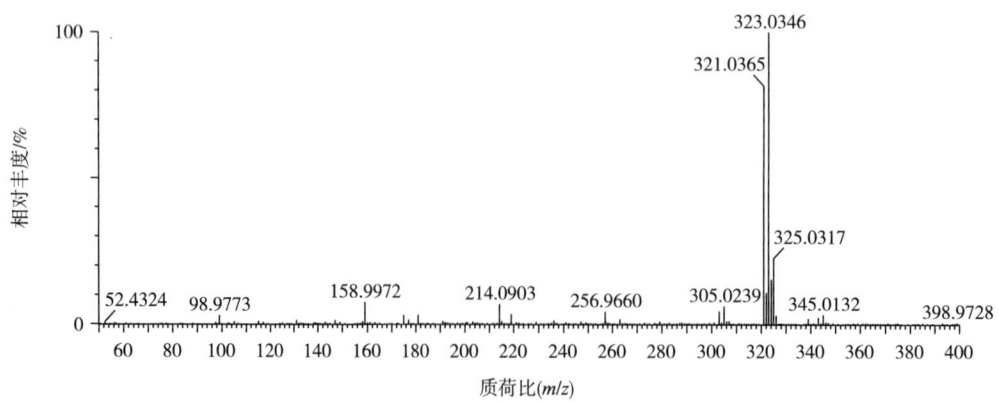

(3) 母离子质谱图

（4）子离子质谱图

①碰撞能量 15 eV

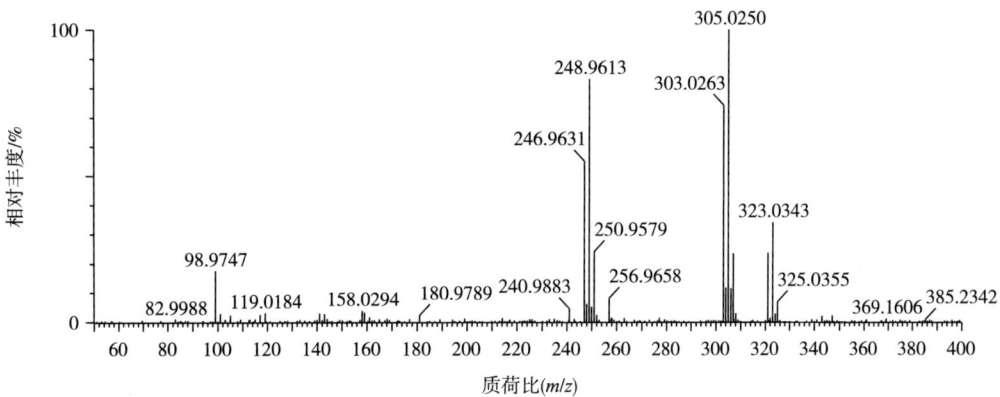

②碰撞能量 30 eV

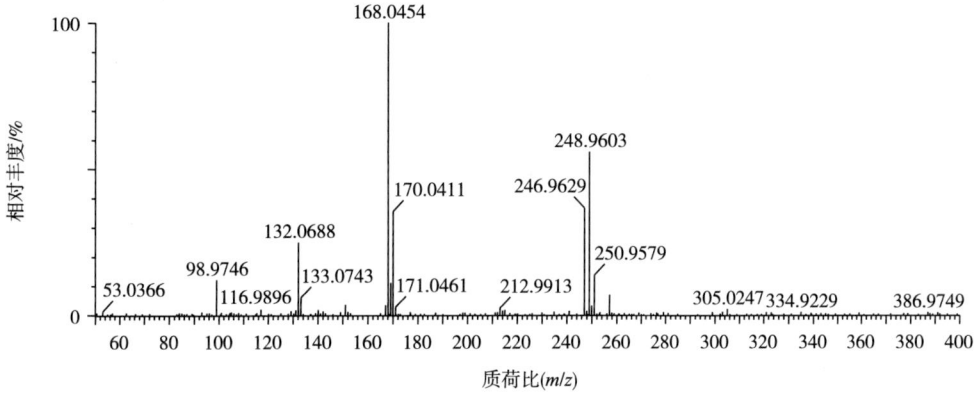

③碰撞能量 45 eV

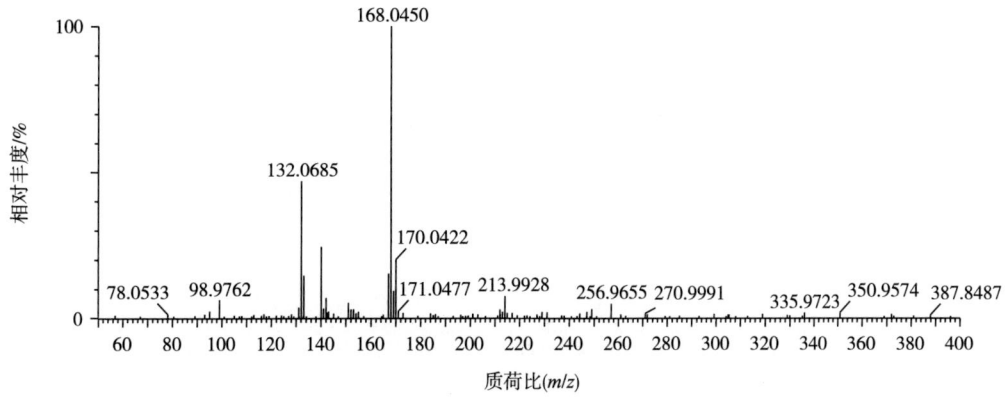

122 异克仑潘特
(Clenisopenterol)

(1) 化合物信息

中文名	异克仑潘特
别名	—
CAS 登录号	157664-68-1
分子式	$C_{13}H_{20}Cl_2N_2O$
结构式	
单一同位素相对分子质量	290.0953
离子加合形式	ESI 源，$[M+H]^+$
色谱保留时间	6.13min

(2) 提取离子流色谱图

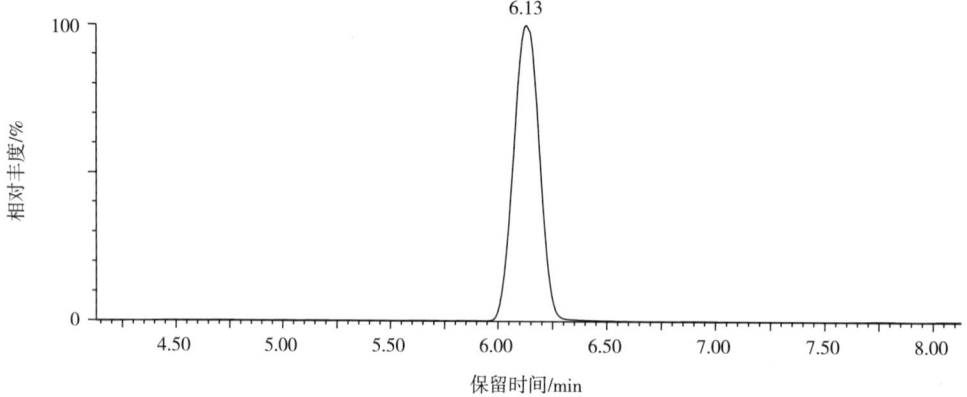

(3) 母离子质谱图

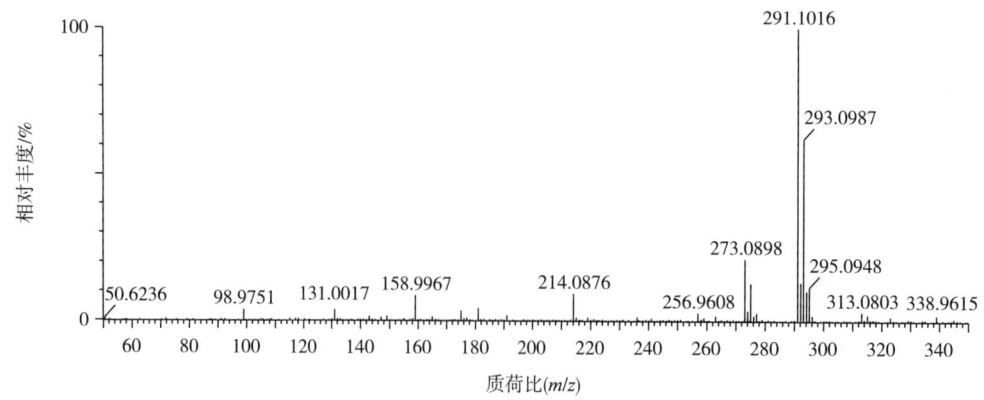

（4）子离子质谱图

①碰撞能量15eV

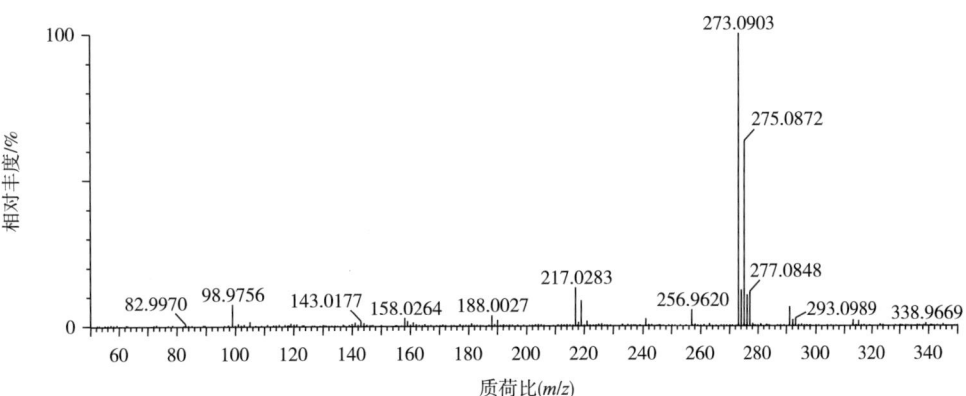

②碰撞能量30eV

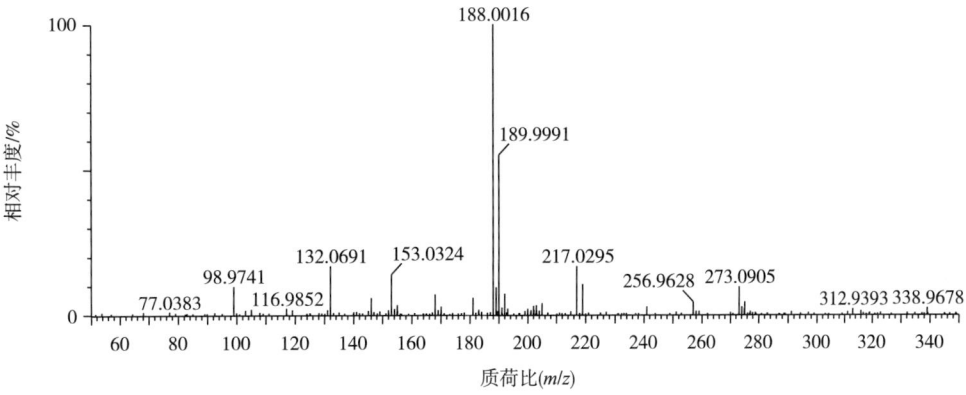

③碰撞能量45eV

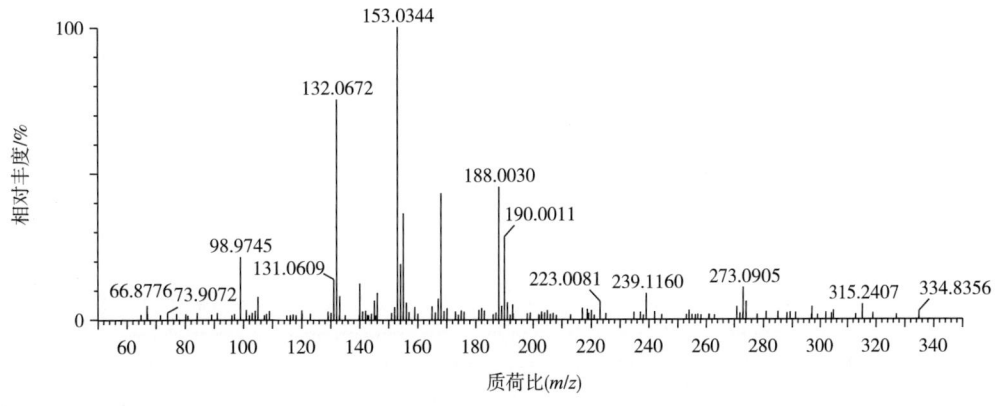

123 印楝素
(Azadirachtin)

(1) 化合物信息

中文名	印楝素
别名	印苦楝子素
CAS 登录号	11141－17－6
分子式	$C_{35}H_{44}O_{16}$
结构式	
单一同位素相对分子质量	720.2629
离子加合形式	ESI 源，$[M+Na]^+$
色谱保留时间	7.44min

(2) 提取离子流色谱图

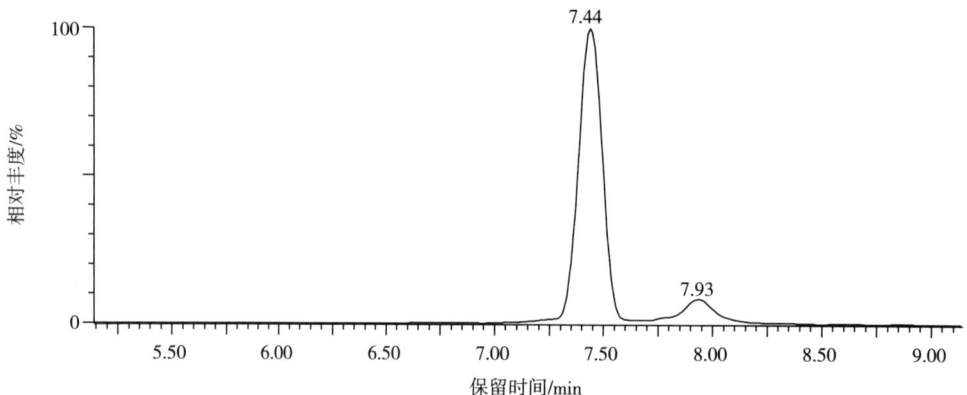

(3) 母离子质谱图

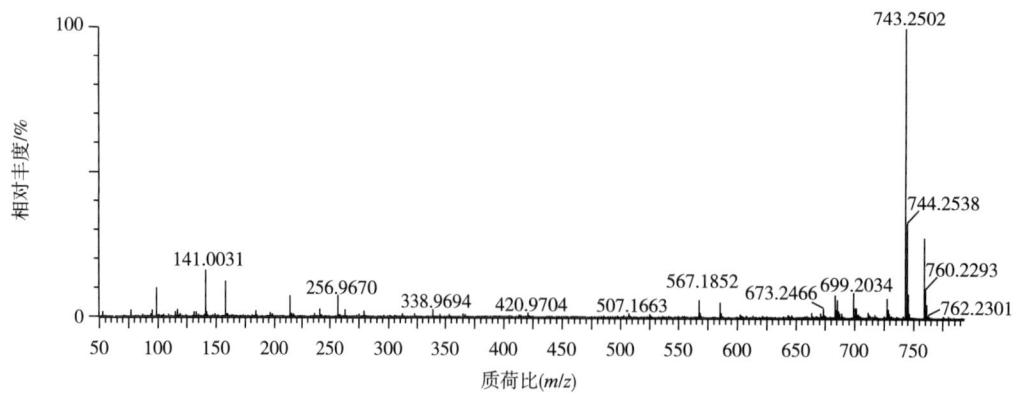

（4）子离子质谱图

①碰撞能量15eV

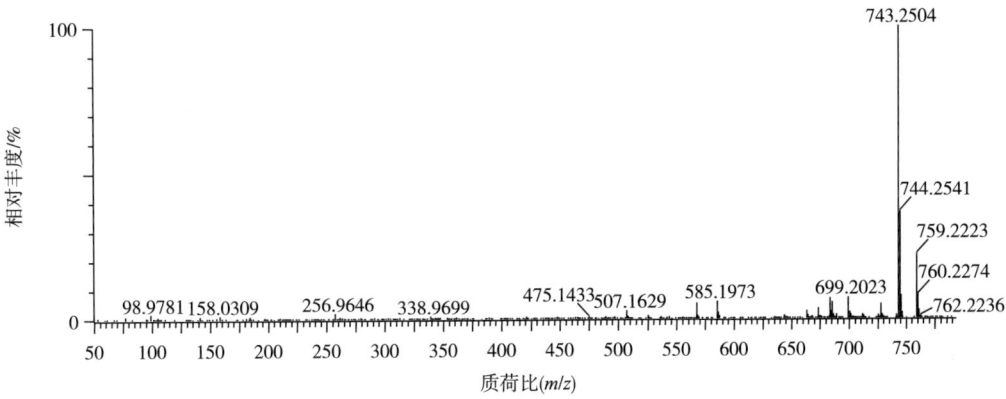

②碰撞能量30eV

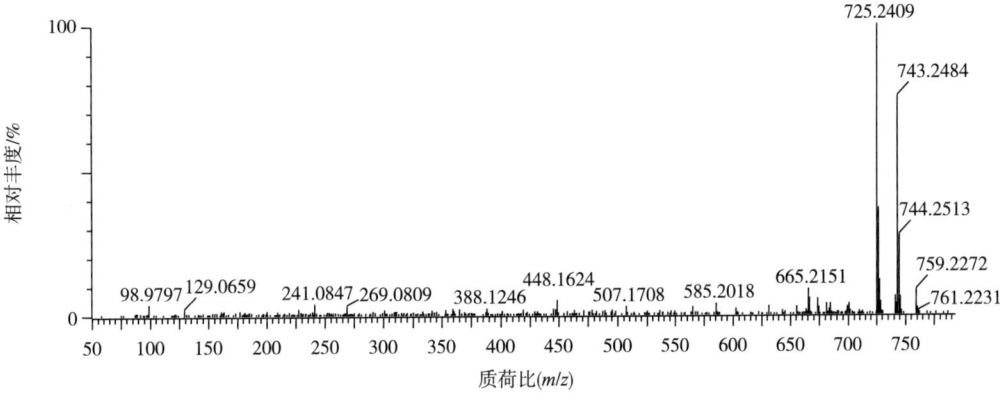

③碰撞能量45eV

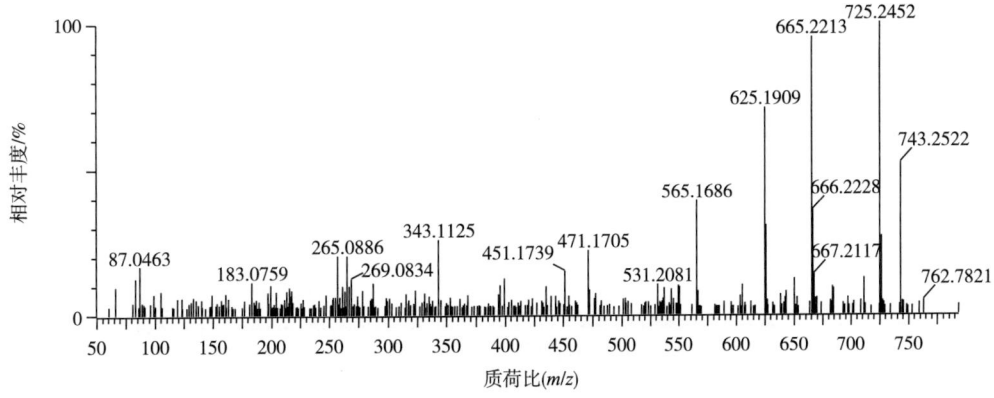

124 茚达特罗
(Indacaterol)

(1) 化合物信息

中文名	茚达特罗
别名	—
CAS 登录号	312753-06-3
分子式	$C_{24}H_{28}N_2O_3$
结构式	
单一同位素相对分子质量	392.2100
离子加合形式	ESI源，$[M+H]^+$，$[M+Na]^+$
色谱保留时间	8.09min

(2) 提取离子流色谱图

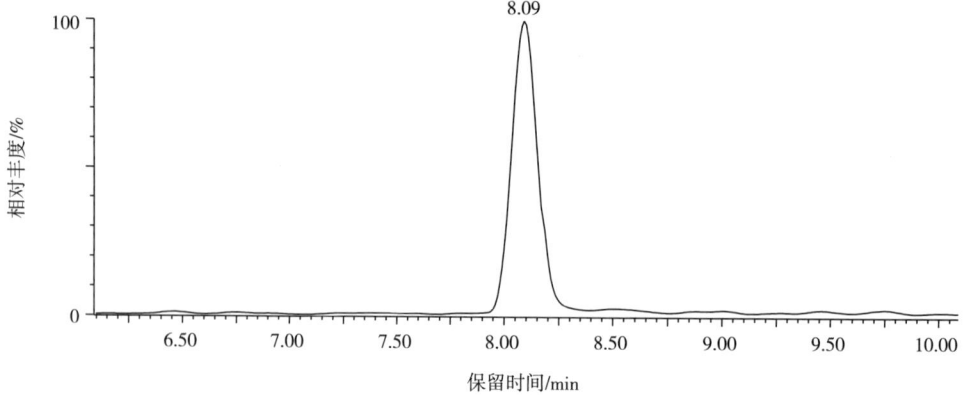

(3) 母离子质谱图

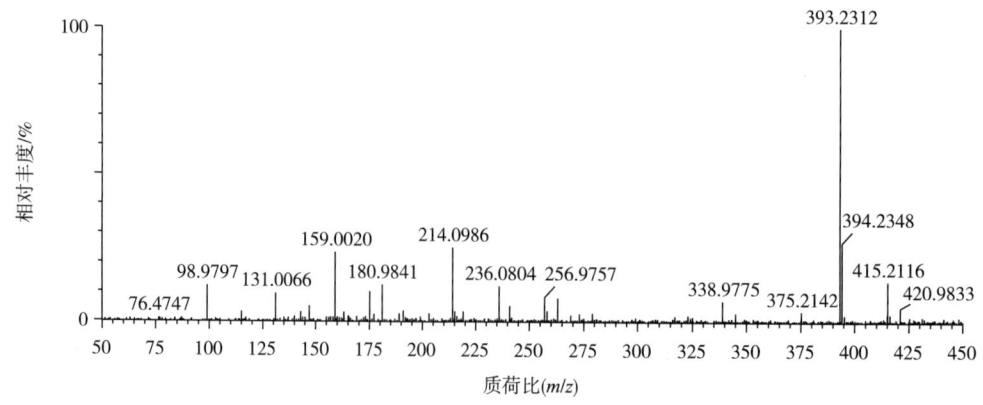

（4）子离子质谱图

①碰撞能量 15eV

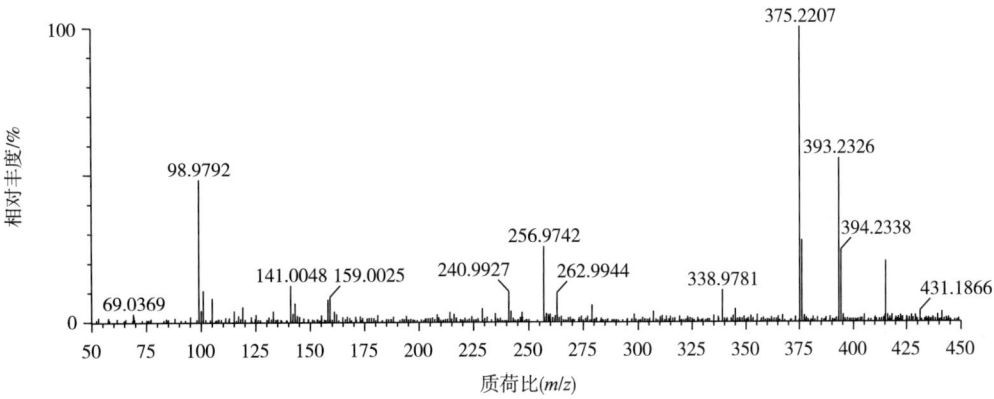

②碰撞能量 30eV

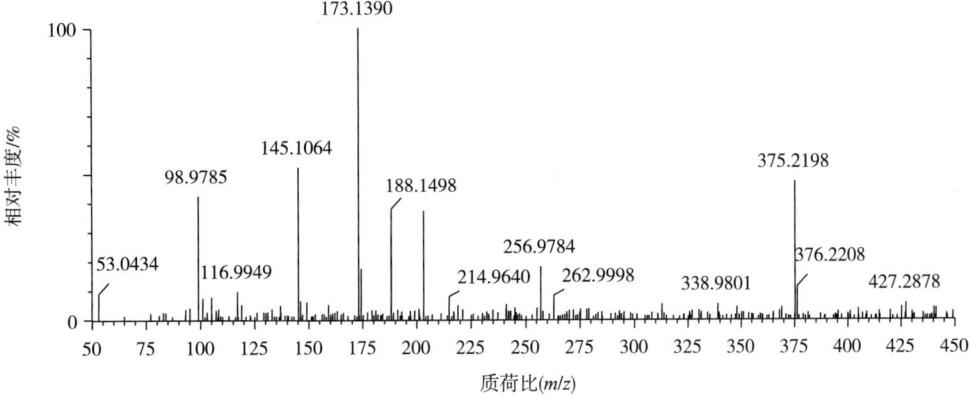

③碰撞能量 45eV

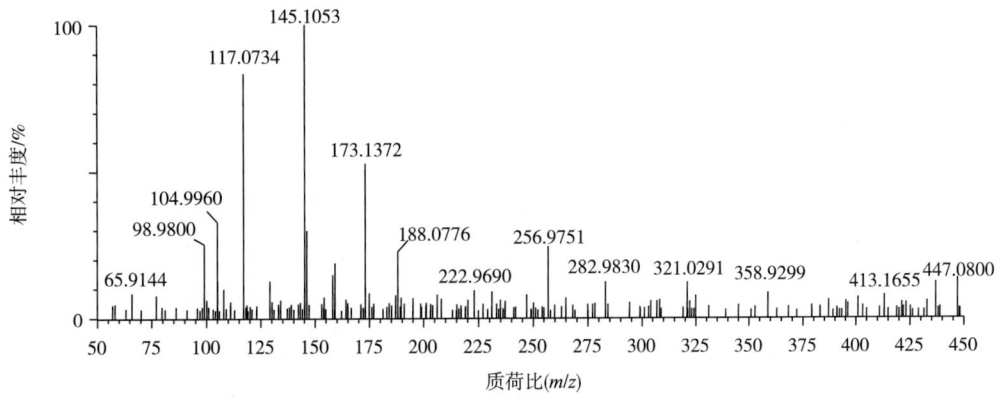

125 罂粟碱 (Papaverine)

(1) 化合物信息

中文名	罂粟碱
别名	怕啪非林
CAS 登录号	58-74-2
分子式	$C_{20}H_{21}NO_4$
结构式	
单一同位素相对分子质量	339.1471
离子加合形式	ESI 源，$[M+H]^+$
色谱保留时间	7.39min

(2) 提取离子流色谱图

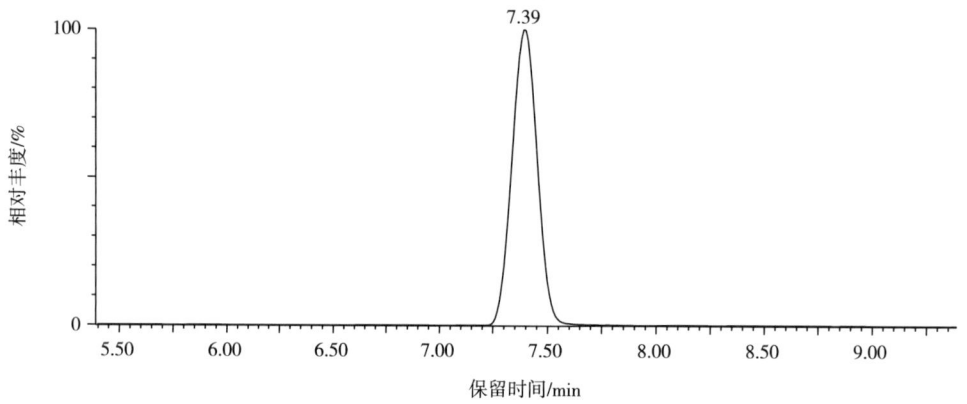

(3) 母离子质谱图

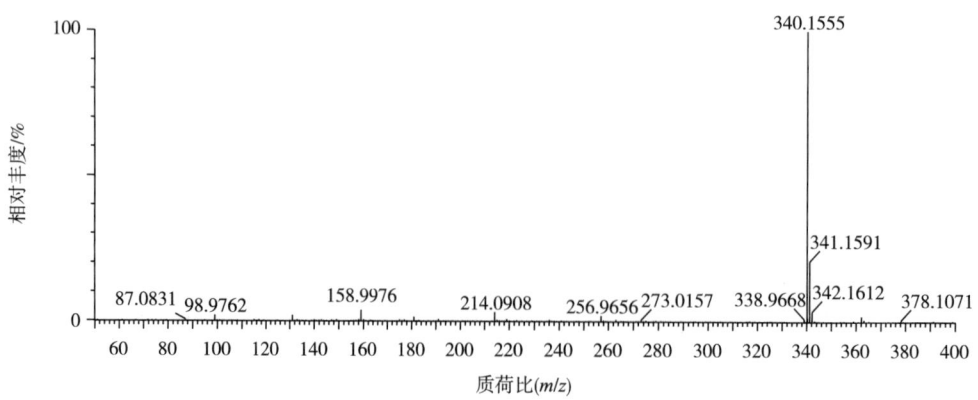

（4）子离子质谱图

①碰撞能量15eV

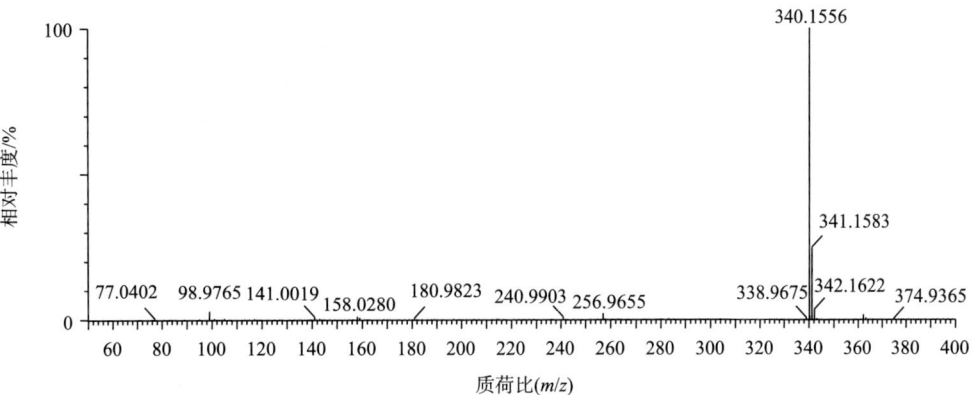

②碰撞能量30eV

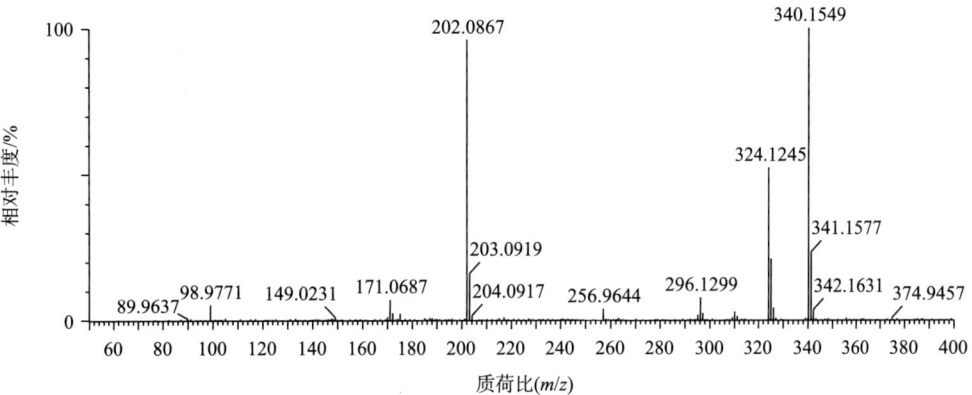

③碰撞能量45eV

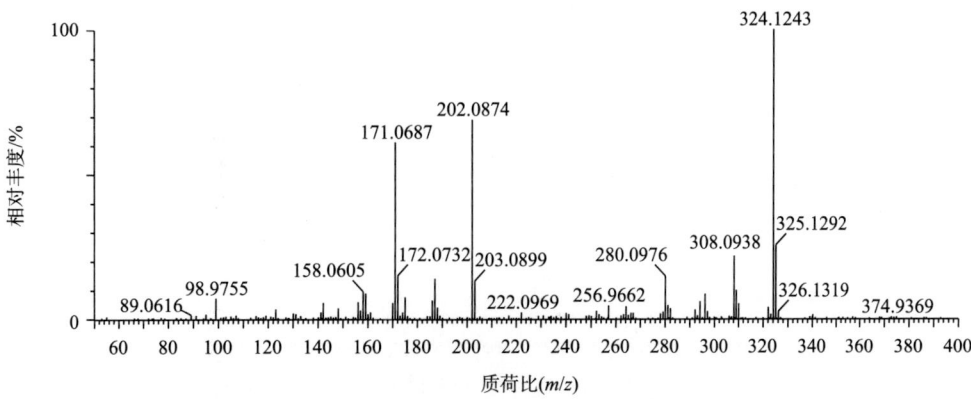

126 右美沙芬 (Dextromethorphan)

(1) 化合物信息

中文名	右美沙芬
别名	右甲吗喃
CAS 登录号	125-71-3
分子式	$C_{18}H_{25}NO$
结构式	
单一同位素相对分子质量	271.1936
离子加合形式	ESI 源，$[M+H]^+$
色谱保留时间	6.78min

(2) 提取离子流色谱图

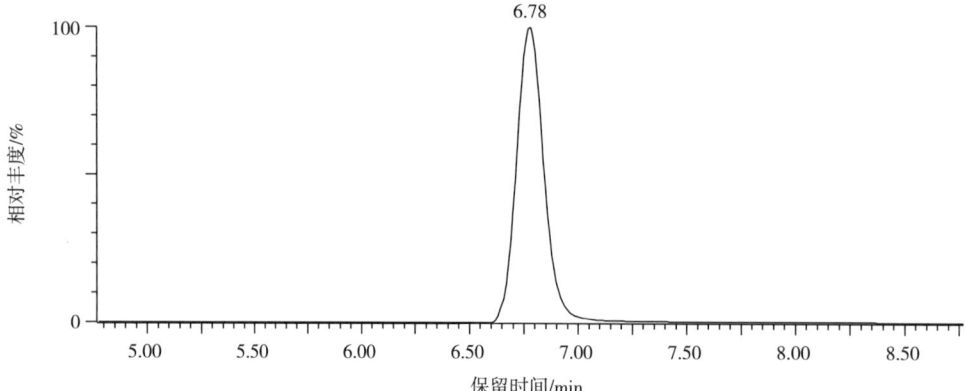

(3) 母离子质谱图

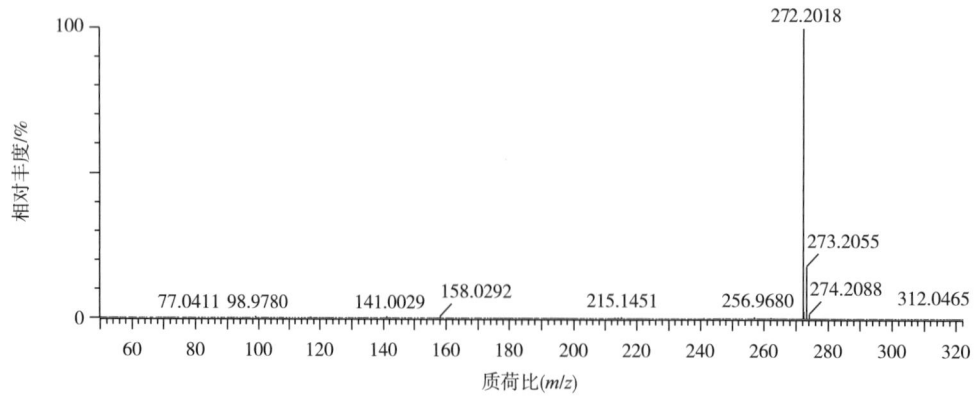

（4）子离子质谱图

①碰撞能量 15eV

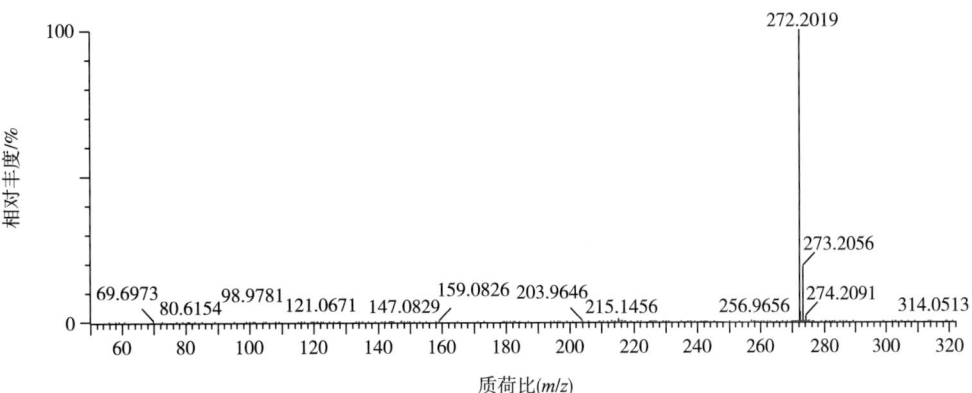

②碰撞能量 30eV

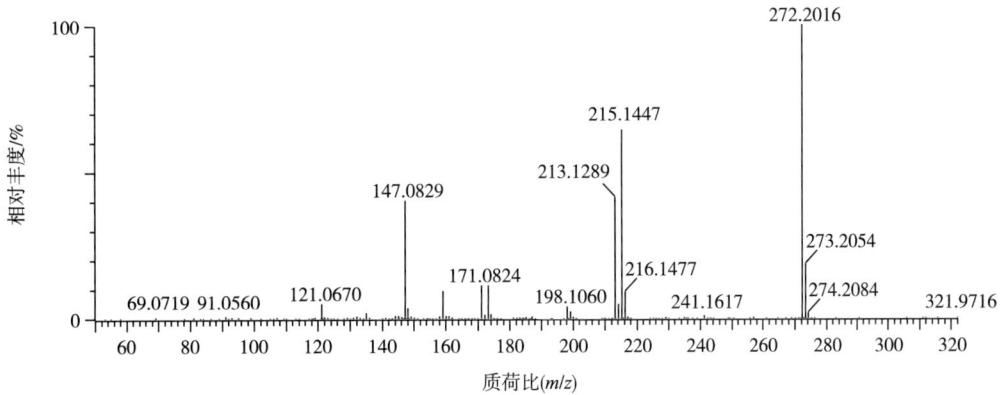

③碰撞能量 45eV

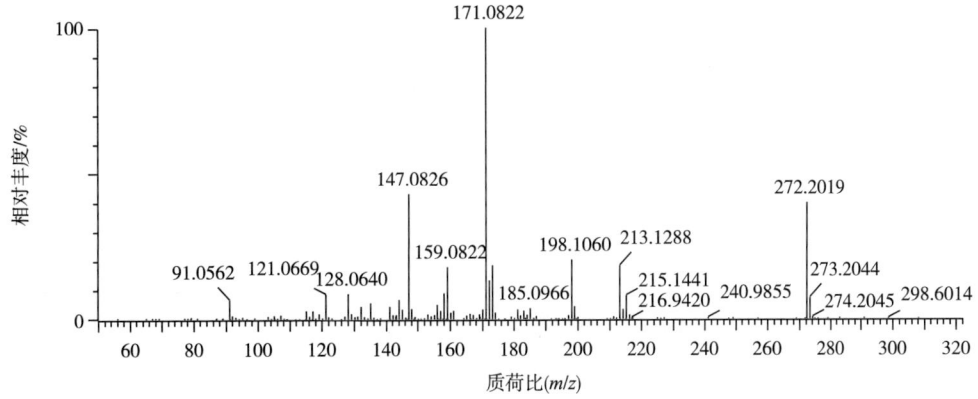

127 孕酮
(Progesterone)

（1）化合物信息

中文名	孕酮
别名	黄体酮、黄体素、助孕素、保孕素、孕烯二酮
CAS 登录号	57-83-0
分子式	$C_{21}H_{30}O_2$
结构式	
单一同位素相对分子质量	314.2246
离子加合形式	ESI 源，$[M+H]^+$，$[M+Na]^+$，$[M+K]^+$
色谱保留时间	9.82min

（2）提取离子流色谱图

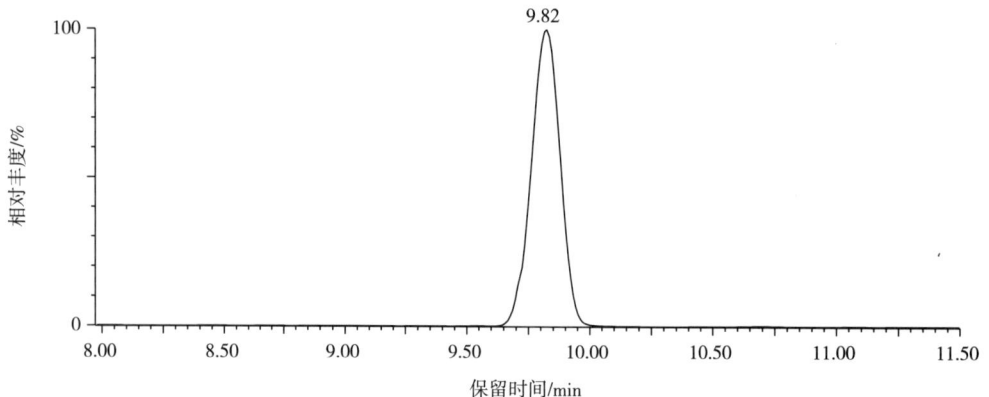

（3）母离子质谱图

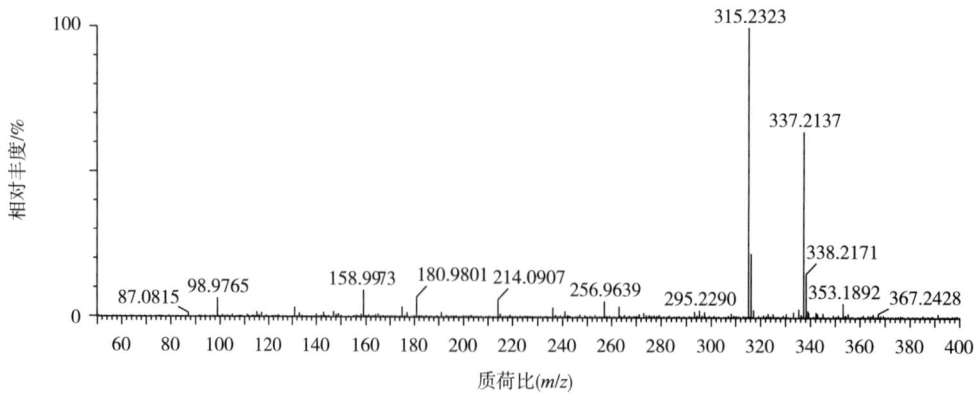

（4）子离子质谱图

①碰撞能量 15eV

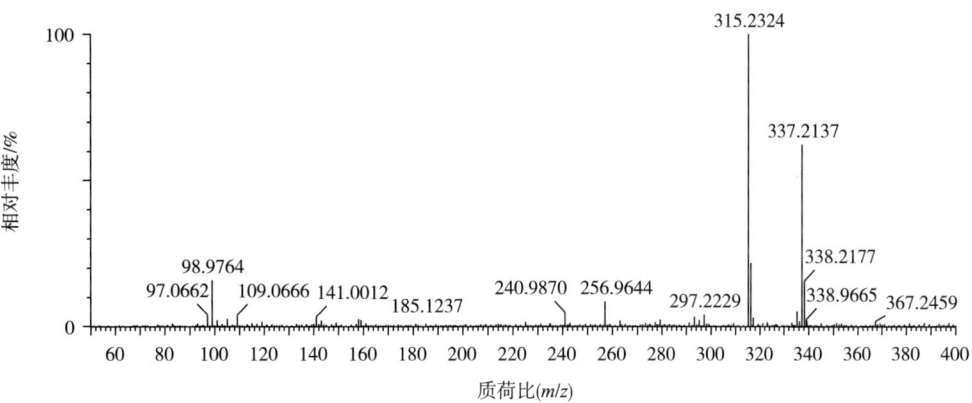

②碰撞能量 30eV

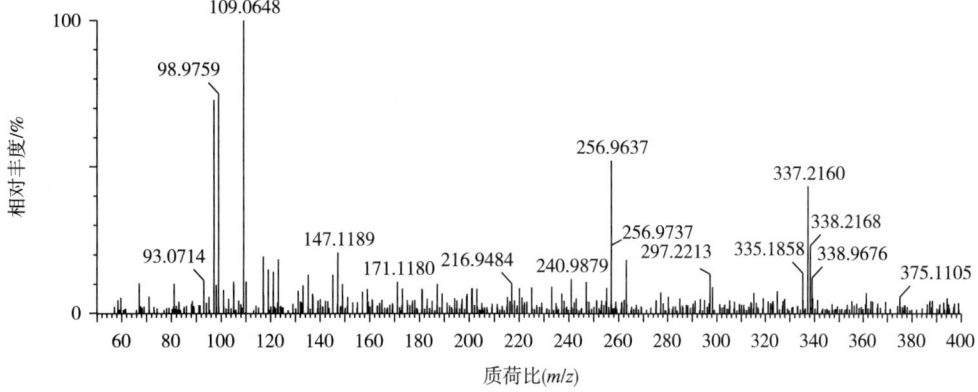

③碰撞能量 45eV

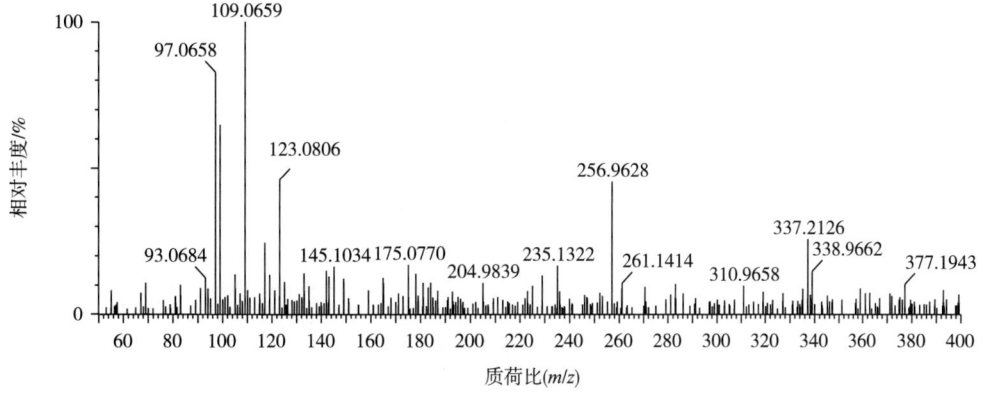

128 扎莱普隆 (Zaleplon)

(1) 化合物信息

中文名	扎莱普隆
别名	拆帕隆
CAS 登录号	151319-34-5
分子式	$C_{17}H_{15}N_5O$
结构式	
单一同位素相对分子质量	305.1277
离子加合形式	ESI 源，$[M+H]^+$，$[M+Na]^+$，$[M+K]^+$
色谱保留时间	6.69 min

(2) 提取离子流色谱图

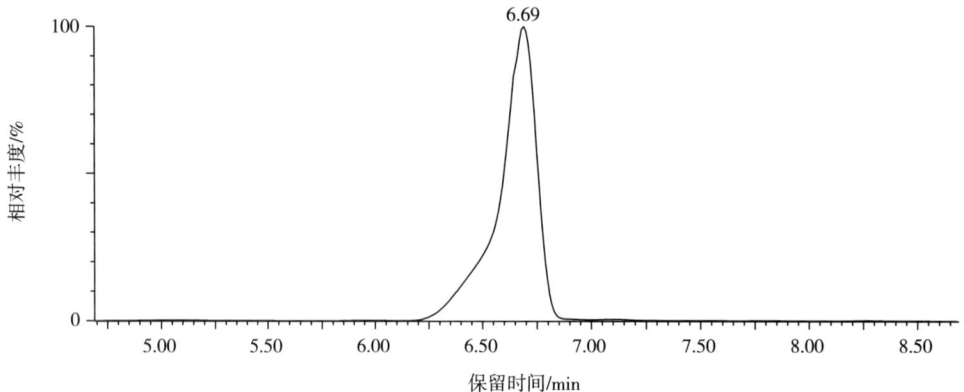

(3) 母离子质谱图

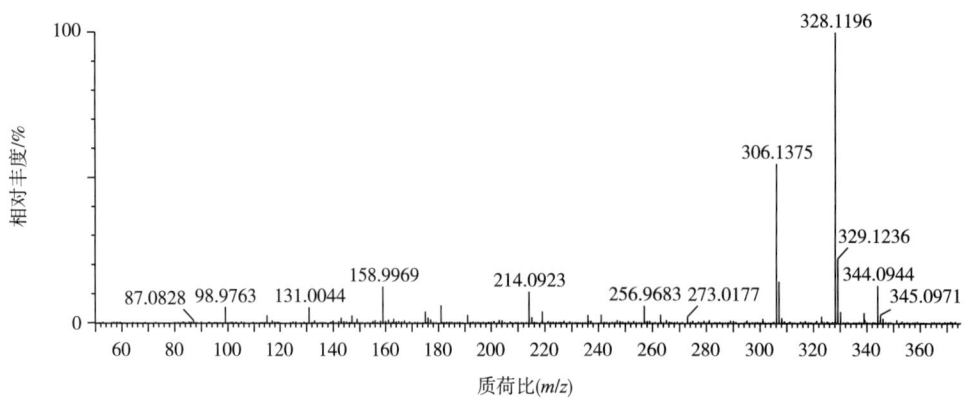

（4）子离子质谱图

①碰撞能量 15eV

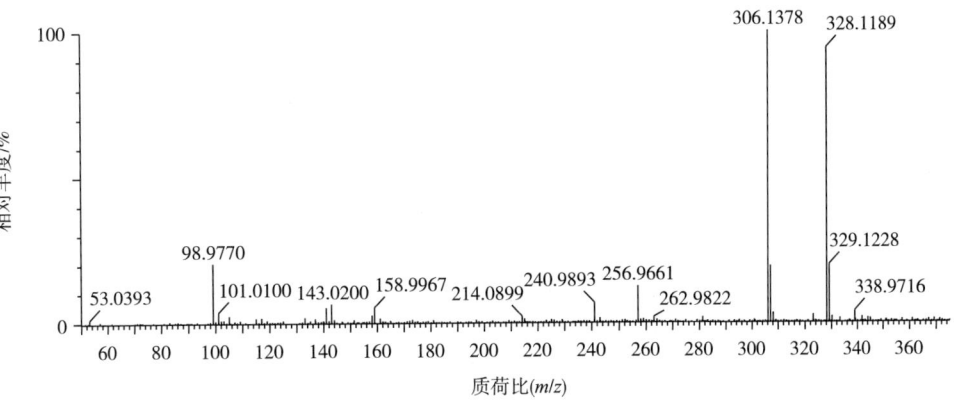

②碰撞能量 30eV

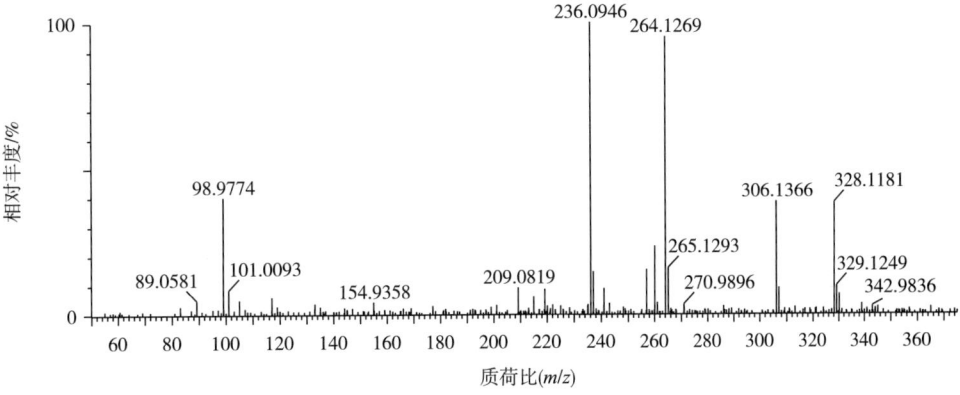

③碰撞能量 45eV

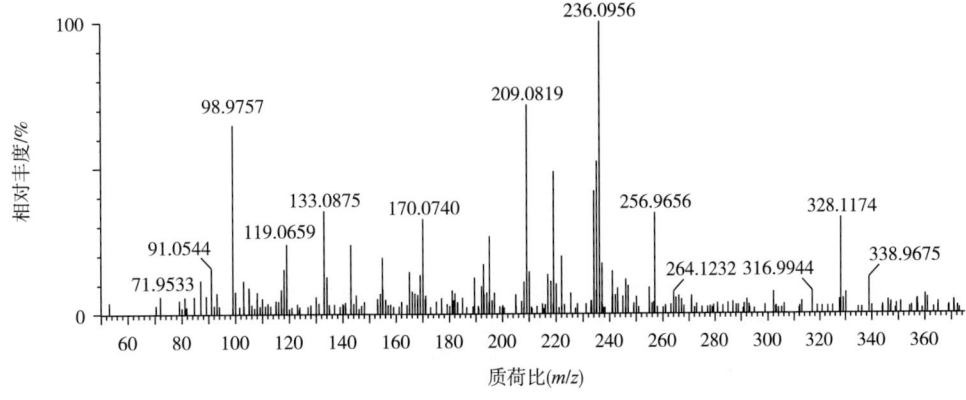

129 左炔诺孕酮
(Levonorgestrel)

(1) 化合物信息

中文名	左炔诺孕酮
别名	—
CAS 登录号	797-63-7
分子式	$C_{21}H_{28}O_2$
结构式	
单一同位素相对分子质量	312.2089
离子加合形式	ESI 源，$[M+H]^+$，$[M+Na]^+$
色谱保留时间	9.10min

(2) 提取离子流色谱图

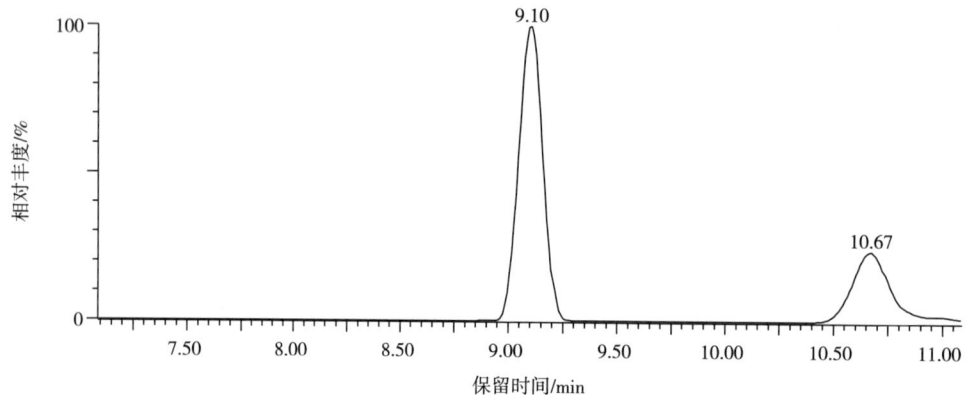

(3) 母离子质谱图

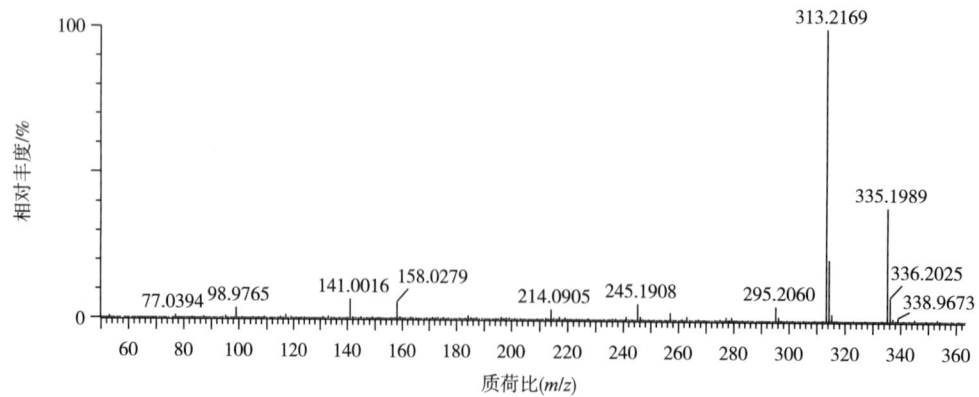

（4）子离子质谱图

①碰撞能量15eV

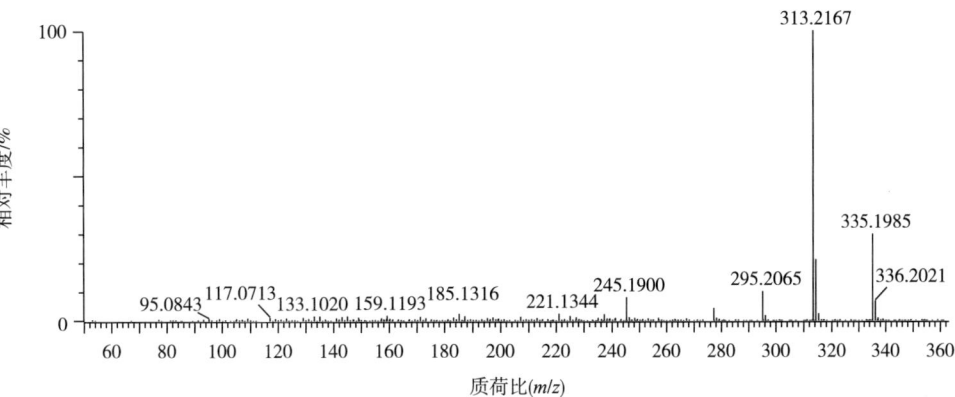

②碰撞能量30eV

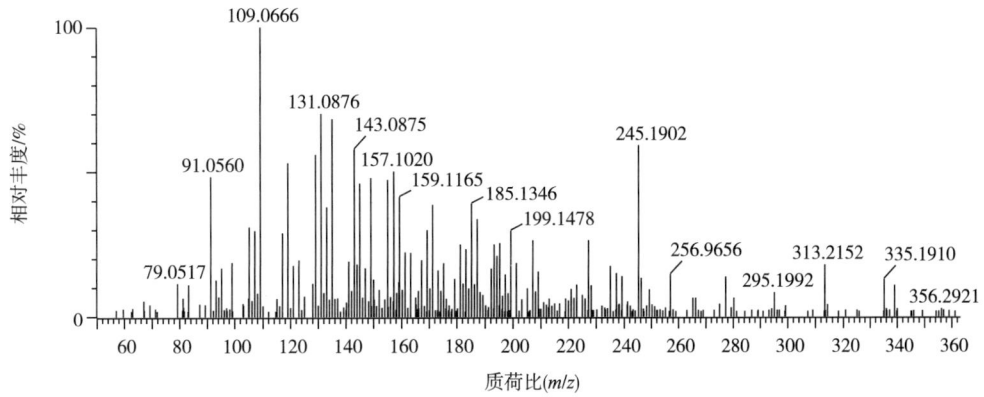

③碰撞能量45eV

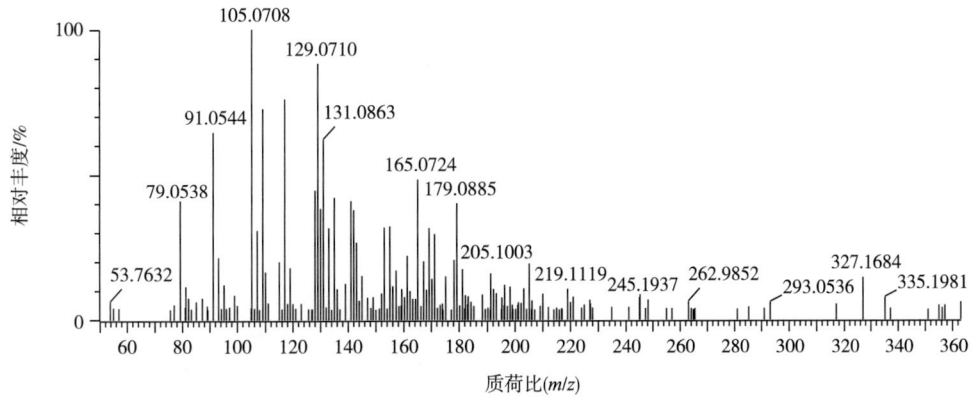

130 唑吡坦
(Zolpidem)

(1) 化合物信息

中文名	唑吡坦
别名	左吡登
CAS 登录号	82626-48-0
分子式	$C_{19}H_{21}N_3O$
结构式	
单一同位素相对分子质量	307.1685
离子加合形式	ESI 源，$[M+H]^+$
色谱保留时间	7.29min

(2) 提取离子流色谱图

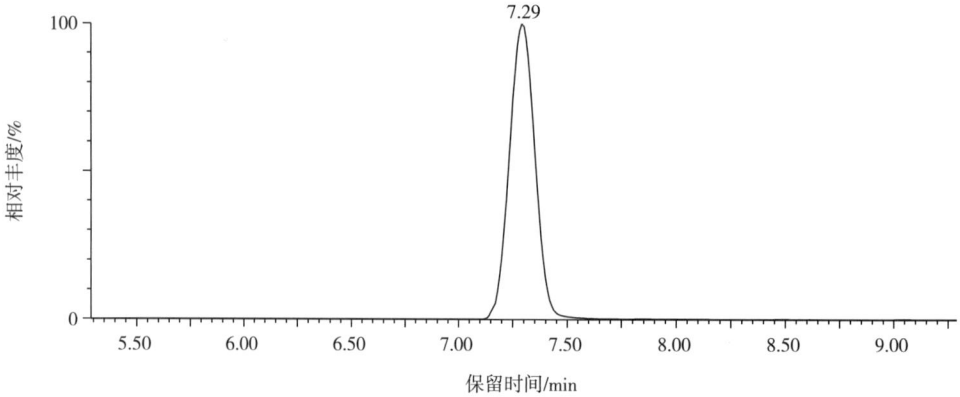

(3) 母离子质谱图

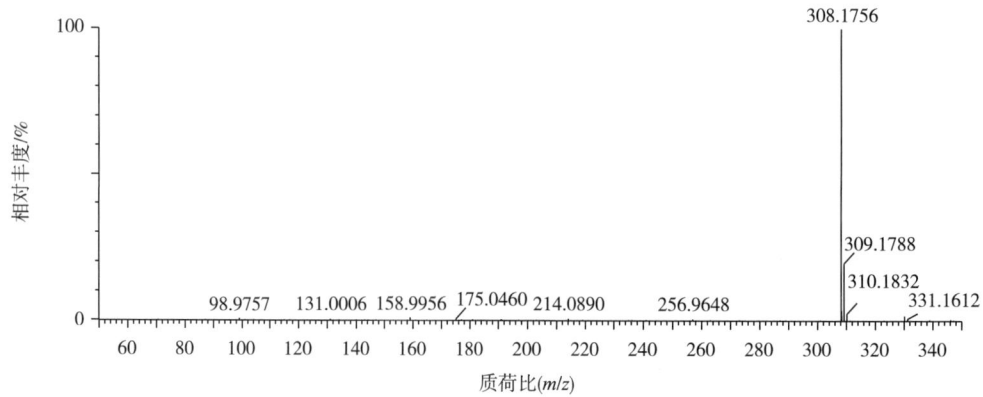

（4）子离子质谱图

①碰撞能量15eV

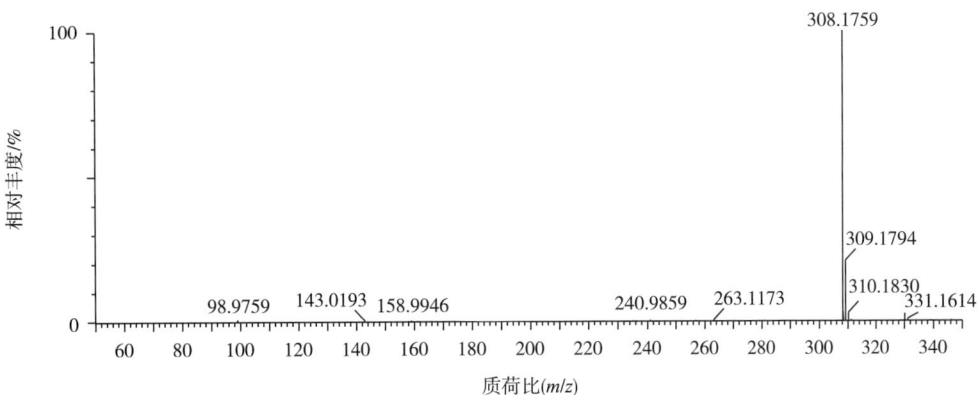

②碰撞能量30eV

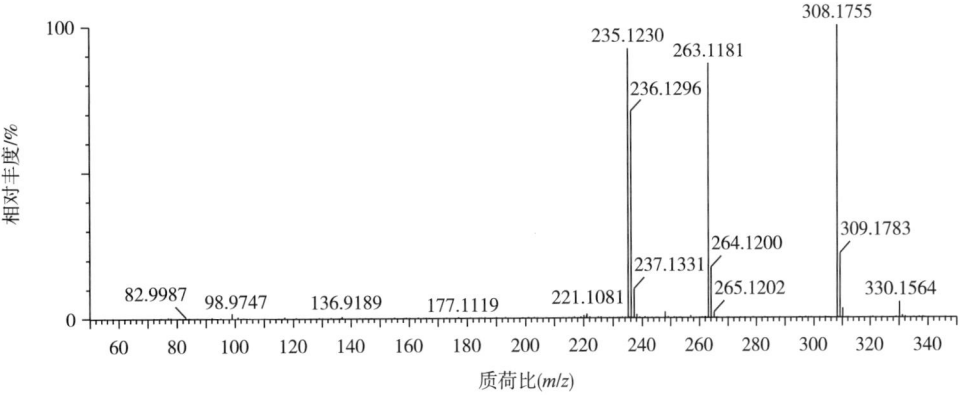

③碰撞能量45eV

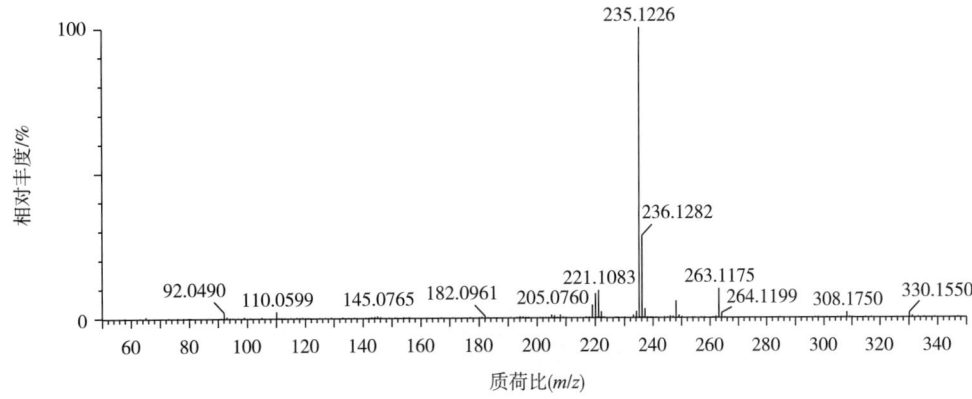

131 N-去甲西地那非
(N-Desmethyl sildenafil)

(1) 化合物信息

中文名	N–去甲西地那非
别名	去甲西地那非
CAS 登录号	139755–82–1
分子式	$C_{21}H_{28}N_6O_4S$
结构式	
单一同位素相对分子质量	460.1893
离子加合形式	ESI 源，$[M+H]^+$，$[M+Na]^+$，$[M+K]^+$
色谱保留时间	7.57min

(2) 提取离子流色谱图

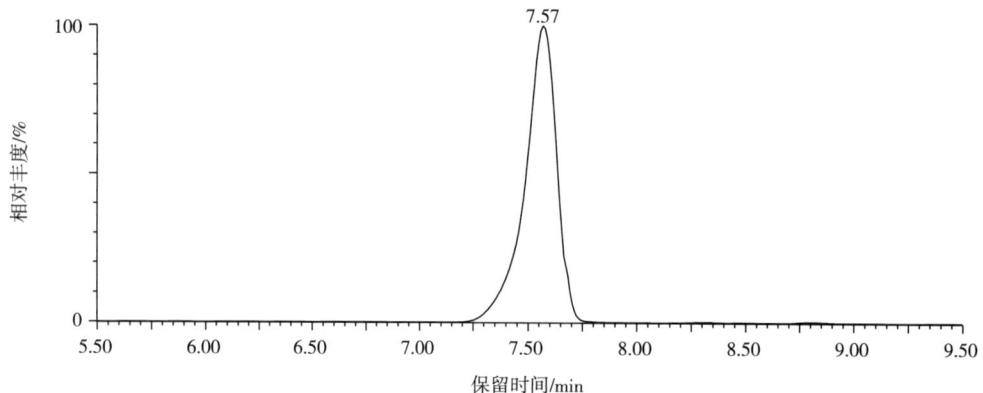

(3) 母离子质谱图

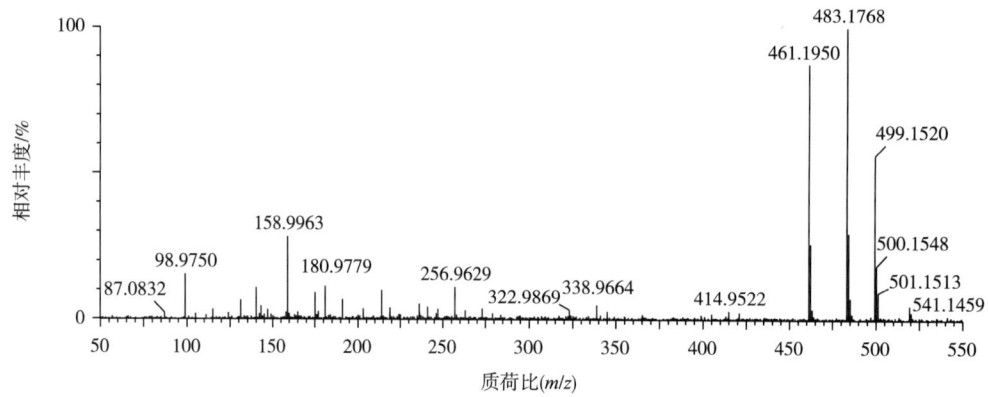

（4）子离子质谱图

①碰撞能量 15eV

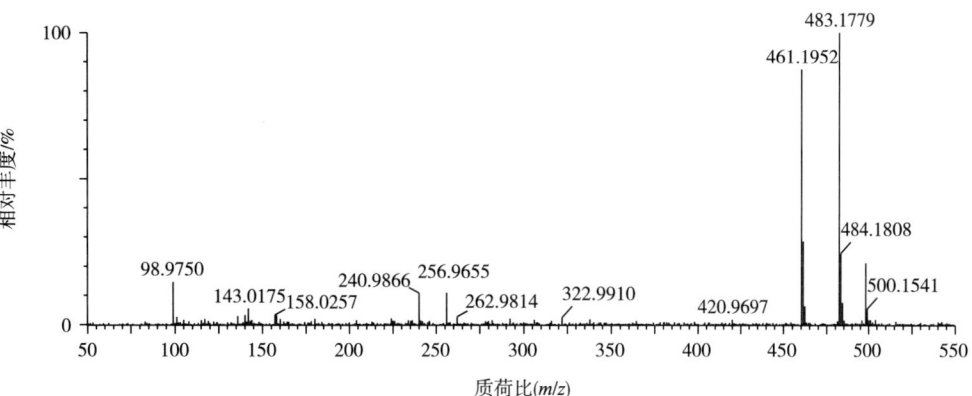

②碰撞能量 30eV

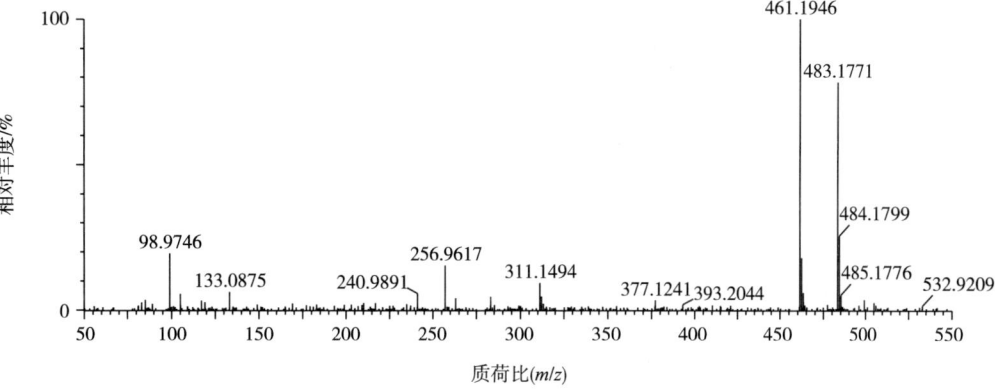

③碰撞能量 45eV

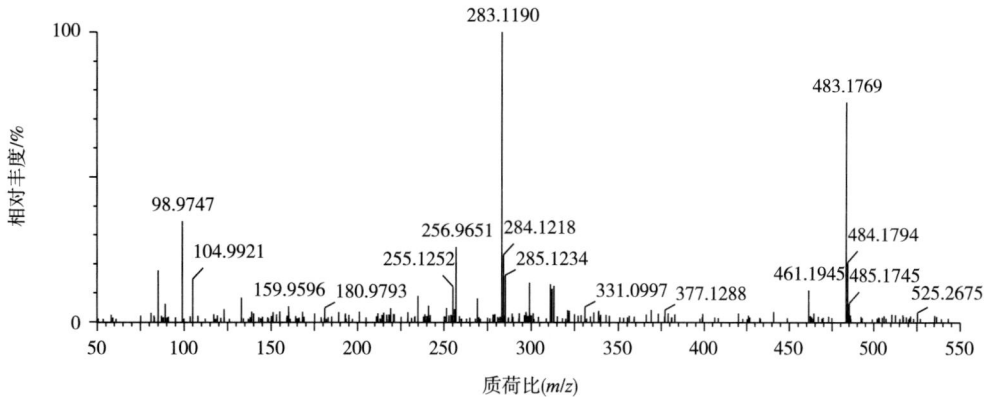

参考文献

［1］郝杰，姜洁，邵瑞婷，等. 超高效液相色谱串联四极杆飞行时间质谱快速筛查猪肉中29种抗菌药物的残留［J］. 食品工业科技，2016，37(11):293-298+304.

［2］(EU) 2021/808 of 22 March 2021. On the performance of analytical methods for residues of pharmacologically active substances used in food – producing animals and on the interpretation of results as well as on the methods to be used for sampling and repealing Decisions 2002/657/EC and 98/179/EC［S/OL］. https：//eur – lex. europa. eu/legal – content/EN/TXT/? uri = CELEX%3A32021R0808&qid = 1623053086122.

［3］SANTE/11813/2017. Analytical quality control and method validation procedures for pesticide residues analysis in food and feed［S/OL］. https：//www. eurl – pesticides. eu/userfiles/file/EurlALL/SANTE_ 11813_ 2017 – fin. pdf.

［4］Council Directive 96/23/EC of 29 April 1996. On measures to monitor certain substances and residues thereof in live animals and animal products［S/OL］. https：//eur – lex. europa. eu/legal – content/EN/TXT/? uri = CELEX: 01996L0023 – 20130701.

［5］SANCO/12571/2013. Guidance document on analytical quality control and validation procedures for pesticide residues analysis in food and feed［S/OL］. https：//www. eurl – pesticides. eu/library/docs/allcrl/AqcGuidance_ Sanco_ 2013_ 12571. pdf.

［6］USFDA Sep 2015. acceptance criteria for confirmation of identity of chenmical residues using exact mass data with the office of foods and veteribary medicine program［S/OL］. https：//www. fda. gov/media/96499/download.

［7］WADA Technical Document – TD2021IDCR. Minimum criteria for chromatographic – mass spectrometric confirmation of the identity of analytes for doping control purposes［S/OL］. https：//www. wada – ama. org/sites/default/files/resources/files/td2021idcr_ final_ eng_ 0. pdf.